园艺植物病虫害防治

李仲科　吴海清　主编

中国农业大学出版社
·北京·

内 容 简 介

本书分园艺昆虫和园艺植物病理两部分。上篇园艺昆虫部分介绍了昆虫的形态特征、内部解剖、生物学特性、昆虫的分类、昆虫发生与环境的关系、害虫的调查和预测、害虫防治原理与方法,并介绍了园艺植物主要害虫的形态特征、发生特点、综合治理策略及有益昆虫及其保护利用的基本知识和方法。下篇园艺植物病理部分介绍了园艺植物病理的基本概念、基本原理、各类病原物的生物学特性及其主要类群、园艺植物病害的发生与发展规律、诊断与治理措施。本书还分别介绍了果树、蔬菜等园艺植物的真菌类病害、细菌类病害、病毒类病害和线虫病害等。本书力图全面、系统地认识和了解各类园艺昆虫和园艺病害,掌握防治的基本原理和技能。

图书在版编目(CIP)数据

园艺植物病虫害防治 / 李仲科,吴海清主编. —北京:中国农业大学出版社,2018.11
(2019.12 重印)
 ISBN 978-7-5655-2122-5

Ⅰ.①园…　Ⅱ.①李…②吴…　Ⅲ.①园艺作物-病虫害防治-中等专业学校-教材
Ⅳ.①S436

中国版本图书馆 CIP 数据核字(2018)第 240117 号

书　名	园艺植物病虫害防治		
作　者	李仲科　吴海清　主编		
策划编辑	张　玉	**责任编辑**	冯雪梅
封面设计	郑　川		
出版发行	中国农业大学出版社		
社　址	北京市海淀区圆明园西路 2 号	**邮政编码**	100193
电　话	发行部 010-62818525,8625	**读者服务部**	010-62732336
	编辑部 010-62732617,2618	**出　版　部**	010-62733440
网　址	http://www.caupress.cn	**E-mail**	cbsszs @ cau.edu.cn
经　销	新华书店		
印　刷	北京时代华都印刷有限公司		
版　次	2018 年 11 月第 1 版　2019 年 12 月第 2 次印刷		
规　格	787×1092　16 开本　18.25 印张　450 千字		
定　价	48.00 元		

编写人员

主　编　李仲科　吴海清

副主编　张　敏　曾雯雯　邓　晨

参　编　陆　耀　曾燕红　黄孙文　余胜尤　班祥东
　　　　　　韦幼梅　阙名锦　梁明骅　叶祖森　黄孙文

前　言

随着我国改革开放的进一步深入,随着高等教育的迅猛发展,培养面向 21 世纪宽基础、高素质、强能力的人才,已经成为广大高等教育工作者的共识和迫在眉睫的任务。为了拓宽学生专业知识面,提高实践能力,增强创新能力的培养,我们博采相关院校和学科教学改革之长,总结本学科多年教学实践经验,编写了《园艺植物病虫害防治》。

本教材比较系统地介绍了园艺植物病虫害的基本知识和基本原理,在结构和内容方面进行了重新构思和编写,涵盖了原《果树病虫害》《蔬菜病虫害》《花卉病虫害》三本教材的主要内容。在内容方面,融汇了 20 世纪末植物病虫害学科的最新成果。针对果树、蔬菜和花卉植物种类繁多、病虫害多样的特点,改变了传统的按植物类别编写病虫害的体系,如在昆虫方面以为害特点进行系统介绍,在病害方面以病原类别为系统介绍病害,并采取重点内容详细阐述,一般病虫害简单介绍的方法,以便学生在有限的学时内,掌握更多的知识和技能。

本书分园艺昆虫和园艺植物病理两部分。上篇园艺昆虫部分介绍了昆虫的形态特征、内部解剖、生物学特性、昆虫的分类、昆虫发生与环境的关系、害虫的调查和预测、害虫防治原理与方法,并介绍了园艺植物主要害虫的形态特征、发生特点、综合治理策略及有益昆虫及其保护利用的基本知识和方法。下篇园艺植物病理部分介绍了园艺植物病理的基本概念、基本原理、各类病原物的生物学特性及其主要类群、园艺植物病害的发生与发展规律、诊断与治理措施。本书还分别介绍了果树、蔬菜等园艺植物的真菌类病害、细菌类病害、病毒类病害和线虫病害等。本书力图全面、系统地认识和了解各类园艺昆虫和园艺病害,掌握防治的基本原理和技能。

由于编者的水平有限,书中难免有疏漏、不足,敬请读者不吝指正。

编者
2018 年 7 月

目　录

上篇　园艺昆虫部分

下篇　园艺植物病理部分

上篇 园艺昆虫部分

绪　　论

一、学习园艺昆虫的任务

园艺作物在生长发育过程中，农产品在收后贮藏、运输贸易中，常遭受到多种不利因子的危害，使产量降低，品质变劣，造成很大的经济损失，甚至给人类带来灾难。这些不利因子中，有害昆虫的为害是主要因子之一，自古以来，虫害就被列为三大自然灾害（水灾、虫灾、旱灾）之一。

人类开始从事农业生产活动以来，就遇到虫害问题，开展向虫害的斗争，时刻伴随着人类的农业生产活动。不过随着人类农业生产活动的发展，种植种类和品种的日益多样化，农产品交流贸易日益增多，特别是人类对农产品产量和质量要求越来越高，防治害虫的任务就越来越重。随着人类防治害虫斗争实践和科学技术的发展，形成了农业昆虫科学，而园艺昆虫是农业昆虫的一个分支。根据现代农业昆虫的研究，我国已知蔬菜害虫 200 余种，苹果、梨、桃、葡萄等北方常见果树害虫 700 余种，小麦害虫 237 种，水稻害虫 385 种，玉米害虫 234 种，大豆害虫 240 余种，油菜害虫 118 种，棉花害虫 310 余种，烟草害虫 300 余种。我国每年因病虫为害蔬菜、水果损失高达 20%～30%，粮食损失 5%～10%，棉花损失约 20%。随着改革开放的发展，国内外贸易日益增多，一些重要害虫会随农产品输入而传入我国，这样就使害虫防治和研究的任务更加任重道远。

为了确保农业生产的高产、优质、高效，促进农业生产的可持续发展，对害虫为害及时发现，有效控制，把握好农业生产中害虫防治这一重要环节，促进国民经济发展，这就是农业昆虫工作者及园艺工作者的主要任务。

二、园艺昆虫研究的主要内容及与相关学科的联系

从农业昆虫科学的产生、发展和任务看出，园艺昆虫作为一门科学，主要内容是研究害虫及其灾害的发生发展规律，提出科学地控制害虫为害与成灾的技术措施，及时有效地控制害虫为害，保护园艺作物的优质、高产、高效，满足人类对园艺产品的高产、优质要求，促进国家经济建设发展，提高人民生活水平。园艺植物昆虫是一门基础理论广泛、实践应用性强、具有广阔发展前景的学科。

园艺植物昆虫的研究，涉及三个主要方面。第一是害虫，研究了解害虫的种类与鉴定，分布与为害特点，生活史与习性，发生与环境的关系，预测预报方法，控制为害的技术措施，这些均涉及昆虫学的基础理论、知识与技术。这些昆虫的理论知识与技术掌握得越多越深越好，对

害虫的研究也就越能深入。第二是园艺植物,一定的害虫发生在一定的植物上,要研究了解某种植物害虫,就要了解该植物的生长发育过程及主要栽培措施,这样才能研究了解害虫与植物及栽培措施的关系,找出植物的抗虫性,提出利用栽培控制害虫的方法,进而培育抗虫品种,改进耕作栽培措施。这就涉及作物栽培、耕作、遗传育种、土壤肥料等学科的知识。这些科学理论和实践技术掌握越多越好,对研究利用作物抗虫性,培育抗虫品种,运用农业技术措施防治害虫,就能越深入,越能取得较好成效。第三是环境,作物与害虫均生活在一定环境中,如温度、湿度、雨量、光照、风、寄主植物、天敌均影响害虫的发生。深入研究环境因子对害虫发生量的作用,才能揭示害虫成灾的规律与调控机制,提出通过改善作物生长环境和抑制虫口数量增长的措施。这就涉及植物生长与环境、气象、植物、动物等学科的学习。

随着科学技术的发展,害虫综合治理的理论和技术向更新、更高、更深发展,计算机、生物工程技术等新的理论和技术,都会应用在害虫的研究和治理中。

由上看出,园艺植物昆虫虽是一门实践性很强的应用学科,但却与许多理论、应用基础学科的研究紧密地联系着。这些基础理论与应用基础学科的发展,推动和丰富了园艺昆虫的发展,园艺昆虫的发展也为这些学科提供许多新的研究课题。

▶ 三、园艺昆虫的成就与害虫发生的新动向

人类防治害虫的历史与人类从事农业生产活动的历史一样悠久。中国是世界农业发展最早的国家,也是世界上研究昆虫最早的国家。新中国成立后,党和政府十分重视病虫的防治工作,从中央到地方均设有植保和植检机构,培养了大批植保人才。经过广大昆虫工作者和群众的共同努力,在害虫研究和防治方面取得了一些成就,基本上摸清了不同地区害虫的种类、分布及为害特点,搞清了害虫的发生规律及综合治理措施,控制了大范围成灾的现象,害虫预测预报有了很大发展,在防治技术方面,逐步改变了单纯依赖化学防治的状况,生物防治、抗虫品种的选育和推广、激素防治、不育技术防治等方面的研究取得了长足的发展,并在生产上取得了较大的效益。

时代在发展,条件在变化。害虫对园艺生产的威胁并未从根本上消除。随着栽培制度的变化,品种的更换,农药的更新换代,以及农村经营管理体制的改革,害虫的发生也发生了响应的变化,特别是我国加入WTO,国际交流将有更大的发展,新的害虫从国外传入的危险性更大。害虫问题出现了新动态,集中表现为:次要害虫上升为主要害虫,对农业生产构成了新的威胁,一些长期得到控制的历史性害虫再度猖獗,以前未曾报道过或国外传入的检疫性害虫不断出现。如温室白粉虱在我国北方地区猖獗成灾是随保护地大面积推广而出现的;美国白蛾、美洲斑潜蝇分别于20世纪80年代和90年代传入我国沿海及内陆省份,给农林生产造成了严重威胁。

随着农业产业结构的调整,果树、蔬菜、经济作物、中草药等和园林花卉植物种植面积大幅度增加,与之相应的虫害问题非常突出,在许多地方已成为影响这些作物产量进一步提高,面积进一步扩大的关键限制因素之一。

目前害虫发生的总趋势是发生面积扩大,成灾频率提高,为害增加。害虫防治工作在整个农事操作管理和保证农业生产高产、稳产、高效、优质中的地位与作用越来越重要。所以,害虫的防治工作是一项长期、复杂而又艰巨的工作,任重而道远,需要有志于这项伟大事业的广大

科技人员长期不懈的努力,为国家的经济建设和繁荣富强做出新的更大贡献。

四、昆虫的多样性和适应性

昆虫是动物王国种类分化最繁多的类群,全世界已知动物中,昆虫就占了 70%～75%,大约占 150 万种动物种群的 2/3。昆虫起源于三亿五千万年前的泥盆纪,在漫长的演化过程中,形成了许多独特的适应特性,并分化出众多的适应不同生态环境的类群。其特性概述如下:

(1)体型小,吃得少,很少的食物便可以完成个体发育,同时也便于隐藏。

(2)有翅膀,会飞行,这对昆虫的求偶、避敌、觅食、迁移及扩大分布十分有利,也许地球上最早出现的具有飞行能力的动物就是昆虫。

(3)适应能力强,昆虫遍布地球的各个角落,在地球上分布之广也是其他动物不能比拟的。从两极到赤道,从海洋到沙漠,从平原到高山,从地面到空中,从石油到剧毒药物中,都有昆虫的栖息,到处都有它们的"足迹"。水蝇可以在 55～65℃ 的温泉水里生活,曲蝇可以在石油中生活,盐蝇可以在盐水里生活,某些甲虫甚至可以在鸦片及辣椒等刺激或有毒物质中生活。

(4)昆虫繁殖力强大,除了种类众多以外,昆虫同种个体的数量也十分惊人,有人统计过一窝白蚁就有 250 万个个体,一窝蚂蚁群体可以多达 50 万个个体,一棵树上可以有 10 万头蚜虫,蜂王一天可以产 1 000～2 000 粒卵,一对苍蝇一年可以繁殖出 5.5 亿个后代,有人估计地球上昆虫的总重量可能是人类的 12 倍,即使自然死亡 90%,昆虫仍能保持一定的种群数量。

(5)昆虫的食料也是极复杂的,有吃植物的,有吃动物的,还有吃腐败食物的等。此外,昆虫的食性非常广泛,从植物到动物,从活体到死体和排泄物,甚至有机矿物等,几乎所有的天然有机物都可以是昆虫的食物。昆虫大都具有惊人的食量,尤其是取食植物的昆虫,一般每天摄取 2～3 倍于自身体重的食物,有些蝗虫成虫期甚至可以摄取 20 倍于自身体重的食物。即使在不良环境条件下,昆虫也有很强的耐饥饿能力,臭虫 4 年不取食,仍能维持生命。这些特性都赋予昆虫以强大的适应能力,并使之获得了最成功的进化。

五、昆虫与人类的关系

昆虫种类多,分布广,与人类关系非常密切。在人类出现以前,昆虫已和其他动、植物建立了历史关系,在人类出现以后,也和人类发生了密切的关系。有些对人类有害,有些对人类有益,现概述如下:

(一)有害方面

1. 经济作物害虫

昆虫中有 48.2% 是以植物为生,人类种植的各种经济作物,无一种不受其害,有的造成十分惊人的损失。园艺植物害虫,是本教材所要介绍的重要种类,其他如花卉、农作物、林木、烟草、药材、甘蔗、茶树等,也都有害虫为害,造成不少的损失。

2. 卫生害虫

有些昆虫能直接为害人类,有些还能传染疾病,危害人的健康,甚至引起死亡。如跳蚤、蚊子、虱子、臭虫等,不但直接吸取人们的血液,扰乱人的安宁,而且还能传播各种疾病。例如跳蚤是传播鼠疫的媒介。14 世纪鼠疫在欧洲大流行,也曾夺取 2 500 万人的生命,占当时欧洲人口的 1/4。清代鼠疫在我国东北也流行过,死亡 50 多万人。其他如斑疹伤寒、脑膜炎、疟疾等,也都是蚊、蝇等传染的。疟蚊传播的疟疾在非洲同样造成过类似的灾难。具估计,人类传染病中有 2/3 与昆虫传播有关。

3. 家畜害虫

许多昆虫能为害家畜、家禽,如牛虻、蚊、蝇、虱、蚤等,直接吸取家畜的血液,影响它们的栖息和健康。许多蝇类幼虫寄生于家畜的体内,造成蝇蛆病。如牛瘤蝇的幼虫寄生于牛的背部皮下,造成很多孔洞,影响牛的健康,降低牛皮价值。马胃蝇的幼虫寄生在马的胃里,影响马的饮食和健康,降低其免疫力。有些昆虫还能传染家禽的疾病,如马的脑炎(病毒)、鸡的回归热(螺旋体)、牛马的锥虫病、焦虫病(原生动物)、犬的丝虫病(蠕虫)等,都是由各种吸血昆虫所传染的。

4. 传播植物病害

许多植物的病害是由昆虫传播的,特别是植物的病毒病,多数是由刺吸植物汁液的昆虫传播。此外,昆虫也能传播细菌或真菌所引起的病害。1970 年麦蚜传播小麦黄矮病,仅陕西一省就损失小麦 1.5 亿 kg。飞虱、叶蝉等能传播小麦丛矮病、水稻矮缩病等。根据已有记载,由昆虫传播的病毒病有 397 种,其中 170 种由蚜虫传播,133 种由叶蝉传播。由昆虫传病造成的损失,甚至比昆虫为害本身所造成的损失还大得多。

(二)有益方面

1. 工业用昆虫

一些昆虫的产品是重要的工业原料,如家蚕、柞蚕是绢丝工业的主体,现在我国每年出口的生丝 500 万 kg 以上,给国家换回大量外汇。紫胶虫分泌的紫胶,胭脂虫可以提取染料,白蜡虫雄虫分泌的白蜡,倍蚜的虫瘿五倍子所含单宁酸都是重要的工业原料。从昆虫中提取的特殊酶类,如从萤火虫中提取荧光酶素,从白蚁中提取的纤维水解酶素,已分别应用于医疗器械工业及轻工与食品中。这些具有重要经济价值的昆虫,又被称为特种经济昆虫。

2. 天敌昆虫

在自然界中昆虫约有 30% 的种群是捕食性或寄生性的,它们多数是害虫的天敌,在害虫种群增长方面发挥巨大的控制作用。它们帮助人们防治害虫,也是人们用来开展生物防治的重要途径。如瓢虫类、草蛉类、食蚜蝇类等,都能大量捕食各种害虫、叶螨和虫卵。赤眼蜂类、小茧蜂类、姬蜂类和青蜂等,能把卵产在许多害虫的卵内或幼虫、蛹的体内,结果把害虫杀死。

3. 传粉昆虫

显花植物中,约有 85% 的种类是虫媒植物,一些取食花蜜和花粉的昆虫,通过活动为植物传粉,为人类创造巨大的财富。昆虫 33 目中,15 目有访花习性,真正为植物授粉的有 6 目,其中蜜蜂总科在生产实践中起着真正的授粉作用。除利用家养蜜蜂为植物授粉外,也重视利用野生蜜蜂,如用壁蜂为苹果、梨等授粉。此外利用切叶蜂为苜蓿授粉,利用熊蜂为三叶草授粉,均已取得较好成绩。

4. 药用昆虫

许多昆虫的虫体、产物或被真菌寄生的虫体可入药,如九香虫(一种椿象)、桑螵蛸(螳螂卵)、冬虫夏草(蝙蝠蛾幼虫被虫草菌寄生)。《中国药用动物志》记载,药用昆虫 141 种,属 12 目 49 科。另外利用虫体提取物的特殊生化成分,制备新药,如蜂毒、斑蝥素、蜣螂毒素、抗菌肽,其中有些对肿瘤细胞有明显抑制作用。

5.观赏昆虫

昆虫中有些形态奇异,色彩艳丽,鸣声悦耳,或有争斗行为,可供人们观赏娱乐,给人以精神享受。如有的蝴蝶是受人们喜欢的昆虫,被誉为"会飞的花朵",用其制作的工艺品,蝴蝶画等有很高经济价值。此外,斗蟋蟀、鸣虫蝈蝈(螽斯)都有较高欣赏和经济价值。

6.食品昆虫

很多昆虫,因营养价值高,烹饪后味道好,而成为人类的美食。生化分析证明,虫体内含有丰富的蛋白质、脂肪等。昆虫作为食品起源于民间,如东北人吃柞蚕蛹、烧螳螂卵,云南人吃胡蜂蛹、广东人吃龙虱、稻蝗,山东人吃豆天蛾。世界各国的各民族多少都有吃昆虫的习惯。今后人类的食品向昆虫方面发展,已成为一种趋向,以炸炒蚂蚁、蝗虫、蟑螂、蟋蟀等的昆虫宴在新加坡已登上餐馆大雅之堂。在西安一些餐馆中,也有了油炸黄粉虫、蚱蝉的若虫、天蛾幼虫等的昆虫宴。

7.饲用昆虫

几乎所有的昆虫虫体都可作为动物,特别是家畜、家禽的蛋白质饲料,但野生昆虫不能作为大宗饲料的来源。近年来,国内外都在发展人工笼养家蝇,进行工厂化生产,获取大量的家畜蛋白质饲料。笼养家蝇是将家畜的粪便,人类的废物转化为可利用的蛋白质饲料,既利用废物,又洁净环境,是一种功利两全的昆虫产业,受到各国重视。

8.环保昆虫

腐蚀性昆虫以动植物遗体或动物排泄物为食,是地球上的清洁者,加速了微生物对生物残体的消解。如埋葬甲群聚于鸟兽尸体下,挖掘土壤,将尸体埋葬,蜣螂将地表的动物粪便转入土内,清洁了环境。中国的神农蜣螂曾被引入澳大利亚,解决畜粪覆盖草原的问题,现已被纳入《趣味昆虫》一书。

9.科研特殊材料昆虫

许多昆虫由于生活周期短,个体小,易饲养,是现代生物学重要的实验动物。由于其种类多,特性各异,而成为选择实验动物的宝库。其中果蝇长期被作为遗传学研究材料,为遗传学发展做出了贡献,在现代遗传学中的作用尤为突出,显著加速了现代遗传学的发展。吸血椿象是内分泌研究的极好材料,在生理学研究中立了功。昆虫的一些器官,如复眼等形态功能奇妙,结构完善,成为仿生学研究的主要对象。一些水生昆虫,如蜉蝣等,对水质很敏感,成为水质污染监测的良好指标。

由上看出,昆虫和人类的关系非常密切又很复杂。昆虫对人类的益与害,不是绝对的,会因条件不同而转化。例如,寄生蝇类,寄生在害虫身体内,对人类是益虫,但寄生在柞蚕体内,则成为人类有益昆虫的害虫。又如蝴蝶,成虫是主要观赏昆虫,但有些种类的幼虫,为害植物,又是害虫。天蛾、蚱蝉等取食经济作物,是害虫,但将其虫体制成昆虫宴,就又产生经济效益。

总之,控制害虫的为害,充分利用昆虫的有益资源,造福人类,是我们研究昆虫学的目的和意义。

第一章　昆虫的外部形态

◆ 学习目标

了解昆虫头部、胸部、腹部、体壁的构造功能。

昆虫属于动物界节肢动物门昆虫纲。昆虫的种类不同,它们的身体构造差别很大,但有共同特征(图1-1):

(1)体分头、胸、腹三个体段。

(2)头部有口器,一对触角、一对复眼、0～3个单眼。

(3)胸部生有6足4翅。

(4)腹部由10节左右组成,末端有外生殖器。

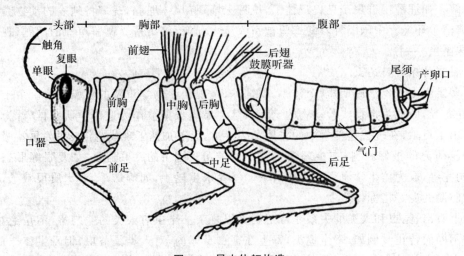

图1-1　昆虫体躯构造

昆虫的种类繁多,外部形态千变万化,昆虫的种类不同,形态构造和生理功能也有差别。昆虫这些形形色色的变化,都是它们长期以来为了适应生活环境而发展变化来的。其实,它们存在着共同的普遍性的东西。我们要认识昆虫,正是要从这些千变万化中找出它们规律性的东西来,其中很重要的就是要了解昆虫一般体躯构造及其生理功能,我们以此作为辨别昆虫种类和确定防治对象的重要依据,这也是学习园艺昆虫需要掌握的最基本的知识。

第一节　昆虫的头部

　　昆虫的头部是昆虫身体的最前体段，以膜质的颈与胸部相连，它是由几个体节合并而成的一个整体，不再分节。头壳坚硬，上面生有口器、触角和眼。因此头部是昆虫感觉和取食的中心。

▶ 一、头部的构造与分区

　　坚硬的头壳多呈半球形、圆形或椭圆形。在头壳形成过程中，由于体壁的内陷，表面形成许多沟缝，因此将头壳分成若干区。这些沟、区在各类昆虫中变化很大，每一小区都有一定的位置和名称，是昆虫分类的重要依据。

　　昆虫头部通常可分头顶、额、唇基、颊和后头（图 1-2）。头的前上方是头顶，头顶前下方是额（头顶和额的中间以"人"字形的头颅缝为界，头颅缝又称蜕裂线，是幼虫蜕皮时头壳裂开的地方）。额的下方是唇基，额和唇基中间以额唇基沟为界。唇基下连上唇，其间以唇基上唇沟为界。颊在头部两侧，其前方以额颊沟与额为界。头的后方连接一条狭窄拱形的骨片是后头，其前方与后头沟与颊为界。如果把头部取下，还可看到一个孔洞，这是后头孔，消化道、神经等都从这里通向身体内部。

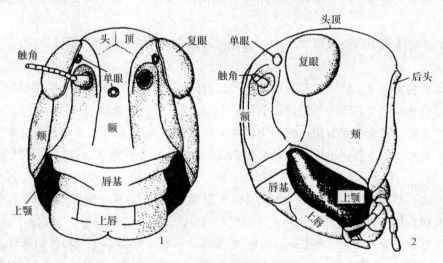

图 1-2　昆虫头部构造图

▶ 二、昆虫的触角

（一）触角的构造和功能

　　昆虫绝大多数种类都有一对触角，着生在额区两侧，基部在一个膜质的触角窝内。它由柄节、梗节及鞭节三部分组成(图 1-3)。柄节是连在头部触角窝里的一节,第二节是梗节,一般比较细小,梗节以后称鞭节,通常是由许多亚节组成。鞭节的亚节数目和形状,随昆虫种类的不同而变化很大,在昆虫分类上是常用的特征,可以区分不同的种类,有的还可以区别雌雄。

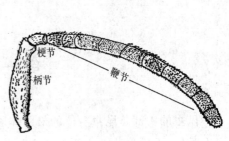

图 1-3　昆虫触角的构造

　　触角是昆虫的重要感觉器官,上面生有许多感觉器和嗅觉器(可以算是昆虫的"鼻子"),有的还具有触觉和听觉的功能。昆虫主要用它来寻找食物和配偶。一般近距离起着接触感觉作用,决定是否停留或取食;远距离起嗅觉作用,能闻到食源气味或异性分泌的性激素气味,借此可找到所需的食物或配偶。如菜粉蝶凭着芥子油的气味找到十字花科植物;许多蛾类的雌虫分泌的性外激素,能引诱数里外的雄虫飞来交尾。

　　有些昆虫的触角还有其他功能,如雄蚊触角的梗节能听到雌蚊飞翔时所发出的音波而找到雌蚊;雄芫菁的触角在交尾时能抱握雌体;水生的仰泳蝽的触角能保持身体平衡;莹蚊的触角能捕食小虫;水龟虫的触角能吸收空气等。

(二)触角的类型

　　昆虫触角的类型很多(图 1-4),主要有以下几种:

　　(1)丝状或线状　触角细长,圆筒形,除基部一、二节稍大外,其余各节的大小、形状相似,逐渐向端部缩小。如蝗虫、草蛉等。

　　(2)刚毛状或刺状　触角很短,基部的一、二节粗大,其余的各节纤细似刚毛。如蜻蜓、叶蝉等。

　　(3)念珠状　鞭节各亚节形如小珠,大小相似,整个触角像一串佛教用的念珠。如白蚁、褐蛉等。

　　(4)球杆状或钩状　鞭节端部数亚节膨大如球,其余各节细长如杆。如蝶类、蚁蛉等。

　　(5)羽毛状　鞭节各节向两侧作细羽状突出,形似鸟羽。如蚕蛾、毒蛾等。

　　(6)栉齿状　鞭节各亚节向一侧伸出枝状突起,整个触角似梳子。如雄性绿豆象等。

　　(7)锯齿状　鞭节各亚节向一侧稍突出如锯齿,整个触角似锯条。如雌性绿豆象、叩头虫和锯天牛等。

　　(8)锤状　基部各节细长如杆,鞭节端部数亚节突然膨大,整个触角较短,形似锤。如瓢虫、郭公虫和长角蛉等。

　　(9)环毛状　鞭节各亚节环生一圈细毛,近基部的环毛较长,端部的较短。如雄蚊、摇蚊等。

　　(10)具芒状　触角只有三节,即鞭节不分亚节。鞭节较粗大,上长一刚毛或羽状毛,称此毛为触角芒。此类触角为蝇类所特有。

　　(11)鳃片状或鳃叶状　鞭节端部数亚节或鞭节各亚节向一面扩展成片状或叶片状,状如鱼鳃。此类触角为金龟子类所特有。

　　(12)膝状　柄节细长,梗节短小,鞭节各节与柄节形成膝状曲折。如蜜蜂、象鼻虫等。

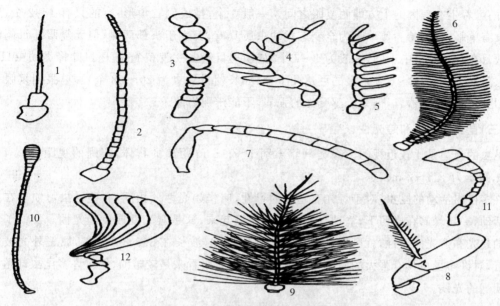

图 1-4　昆虫触角的类型

1.丝状或线状　2.刚毛状或刺状　3.念珠状　4.球杆状或钩状　5.羽毛状　6.栉齿状
7.锯齿状　8.锤状　9.环毛状　10.具芒状　11.鳃片状或鳃叶状　12.膝状

总之,昆虫种类不同,触角形式也不一样,昆虫触角常是昆虫分类的常用特征。例如,具有鳃片状触角的,几乎都是金龟甲类;凡是具芒状的都是蝇类。此外,触角着生的位置、分节数目、长度比例、触角上感觉器的形状数目及排列方式等,也常用于蚜虫、蜂的种类鉴定。利用昆虫的触角,还可区别害虫的雌雄,这在害虫的预测预报和防治策略上很有用处。例如,小地老虎雄蛾的触角是羽毛状,而雌蛾则是丝状;雄性绿豆象触角栉齿状,雌性绿豆像锯齿状。如果诱虫灯下诱到的害虫多是雌虫尚未达到产卵的程度,那么及时预报诱杀成虫就可减少产卵为害,这常用于测报上分析虫情。

▶ 三、昆虫的眼

昆虫的眼有两类:复眼和单眼。

(一)复眼

完全变态昆虫的成虫期,不完全变态的若虫和成虫期都具有复眼。复眼是昆虫的主要视觉器官,对于昆虫的取食、觅偶、群集、归巢、避敌等都起着重要的作用。

复眼由许多小眼组成。小眼的数目在各类昆虫中变化很大,可以有 1~28 000 个不等。小眼的数目越多,复眼的成像就越清晰。复眼能感受光的强弱,一定的颜色和不同的光波,特别对于短光波的感受,很多昆虫更为强烈。这就是利用黑光灯诱虫效果好的道理。复眼还有一定的辨别物象的能力,但只能辨别近处的物体。

(二)单眼

昆虫的单眼分背单眼和侧单眼两类。背单眼为成虫和不全变态类的幼虫所具有,一般与复眼并存,着生在额区的上方即两复眼之间。一般 3 个,排成倒三角形,有的只有 1~2 个,还有的没有单眼,如盲蝽。侧单眼为全变态类幼虫所具有,着生于头部两侧,但无复眼。每侧的单眼数目在各类昆虫中不同,一般为 1~7 个(如鳞翅目幼虫一般 6 个,膜翅目叶蜂类幼虫只 1 个,鞘翅目幼虫一般 2~6 个),多的可达几十个(如长翅目幼虫为 20~28 个)。单眼同复眼一样,也是昆虫的视觉器官,但只能感受光的强弱,不能辨别物像。

(三)昆虫的视力和趋光性

昆虫的视力是比较近视的。蝶类只能辨别 1~1.5 m 距离的物体,家蝇的视距为 0.4~0.7 m,蜻蜓为 1.5~2 m。

许多夜出活动的昆虫,对于灯光有趋向的习性,叫作趋光性。相反,有些昆虫习惯于在黑暗处活动,一旦暴露在光照下,立即寻找阴暗处潜藏起来,这是避光性或负趋光性。我们了解昆虫的趋光和避光的习性,就可以诱杀害虫。众所周知,波长在 365 nm 左右,属紫外光波的黑光灯,对许多昆虫具有强大的诱集力。这种光波在人眼看来是较暗的,但对许多昆虫却是一种最明亮的光线。

四、昆虫的口器

昆虫的口器是昆虫取食的器官。由于各类昆虫的食性不同,取食方式不一样,口器的构造也发生相应的变化,形成各种类型的口器,但这些类型都由最原始的咀嚼式口器演化而来。

(一)咀嚼式口器

这类口器为取食固体食物的昆虫所具有,如蝗虫、甲虫等。基本构造由五个部分组成:上唇、上颚、下颚、下唇和舌(图 1-5)。

以蝗虫为例,了解咀嚼式口器的基本构造。

上唇是一个薄片,悬在头壳的前下方,盖在上颚的前面。外面坚硬,内部柔软,能辨别食物的味道。

上颚是着生在上唇后面的一对坚硬带齿的锥形物。端部有齿称切区,用来切碎食物;基部有臼称磨区,用来磨碎食物。

下颚也是一对,着生在上颚的后面。每个下颚分成几个部分:端部有两片,靠外的叫外颚叶,靠内的叫内颚叶;此外还有一根通常分为五节的下颚须。下颚能帮助上颚取食,当上颚张开时,下颚就把食物往口里推送,以便上颚继续咬食,即托持、抱握、刮集并输送食物。下颚须具有嗅觉、味觉作用,用来感触食物。

下唇一片,着生在口器的底部,是由一对同下颚相似的构造合并而成:下唇端部有两对突起和一对下唇须,外面的一对称为侧唇舌,里面的一对称为中唇舌,前者比后者大得多;下唇须通常分为三节。下唇及下唇须的作用同下颚及下颚须。

舌位于上、下颚之间,口器的中央,是一个袋形构造,后侧有唾腺开口,能帮助搅拌和吞咽食物。

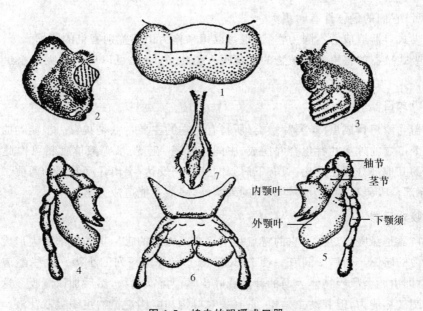

图 1-5　蝗虫的咀嚼式口器
1.上唇　2、3.上颚　4、5.下颚　6.下唇　7.舌

　　咀嚼式口器昆虫能把植物咬成缺刻、穿孔或将叶肉吃去仅留下网状的叶脉，甚至全部吃光，如蝗虫、黏虫、毛毛虫等；钻蛀茎秆或果实的造成孔洞和隧道，如玉米螟、食心虫等；为害幼苗常咬断根茎，如蛴螬、蝼蛄等；有的还能钻入叶片上下表皮之间蛀食叶肉，如潜叶蝇、潜叶蛾等；还有吐丝卷叶在里面咬食的，如各种卷叶虫。总之，具有这类口器的害虫，都能给植物造成机械损伤，为害性很大。我们可以根据不同为害状来鉴别害虫的种类和为害方式，如地下害虫为害幼苗，被害的幼苗茎秆地下部分被整齐地切断，好像剪刀剪去的一样，这一定是蛴螬类为害的结果；如果被害处像乱麻一样的须状，无明显的切口，这就是蝼蛄或金针虫为害的结果。根据这些我们可以采取相应的防治措施。

　　由于咀嚼式口器的害虫是将植物组织切碎嚼烂后吞入消化道，因此可以应用胃毒剂来毒杀它们。如将药剂喷布在食料植物上或做成诱饵，使药剂和食物一起吞入消化道而杀死害虫。

（二）刺吸式口器

　　这类口器为取食动植物体内液体食物的昆虫所具有，如蚜虫、叶蝉、蚊、臭虫等。这类口器的特点是具有刺进寄主体内的针状构造和吸食汁液的管状构造。

　　以蝉为例来了解刺吸式口器的基本构造。

　　该口器有一个由下唇特化成的长管形分节的喙。喙的前面有一个槽，里面埋藏着四根口针，四根口针相互嵌合。上颚口针一对，是刺进的构造；下颚口针里面有两个槽，两根下颚口针嵌合成两条管道，其中一条管道是用来排出唾液的通道，另一条管道是用来把汁液吸进消化道。

　　具有刺吸口器的昆虫主要有半翅目、同翅目、缨翅目和双翅目的一部分成虫（蚊类）。刺吸式口器的害虫为害植物后一般并不造成破损，只在为害部位形成斑点，并随着植物的生长而引起各种畸形，如卷叶、虫瘿、肿瘤等，也有形成破叶的（如棉盲蝽刺吸棉花嫩叶后，随着叶片长大在被害部分就裂开了，形成所谓的"破叶疯"）。此外，刺吸式口器的害虫往往是植物病毒病害的重要传播者,它们的危害性有时更大。

根据刺吸式口器造成的不同为害状,也可以用来作为田间鉴别害虫的依据。

由于刺吸式口器的害虫是将植物的汁液吸入消化道,因此可以应用内吸性杀虫剂来防治这类害虫。

(三)虹吸式口器

这类口器为鳞翅目成虫(蝶类和蛾类)所特有。它的主要特点是具有一根能卷曲和伸直的喙。喙由两个下颚的外颚叶特化合并而成,中间有管道,花蜜、水等液体食料可由此被吸进消化道。口器的其他部分都已退化,只有下唇须的三节仍发达,突出在喙基部的两侧。具这类口器的昆虫,除部分吸果夜蛾能为害近成熟的果实外,一般不能造成为害。

(四)舐吸式口器

蝇类的口器是舐吸式口器。它的特点是下唇变成粗短的喙。喙的端部膨大形成一对富有展缩合拢能力的唇瓣。两唇瓣间有一食道口,唇瓣上有许多横列的小沟。这些小沟为食物的进口,取食时即由唇瓣舐吸物体表面的汁液或吐出唾液湿润食物,然后加以舐吸。这类口器的昆虫都无穿刺破坏能力,但其幼虫是蛆,它有一对口钩却能钩烂植物组织吸取汁液。

(五)锉吸式口器

蓟马的口器是锉吸式口器。蓟马头部具有短的圆锥形的喙,是由上唇、下颚和下唇形成的,内藏有舌,只有三根口针,由一对下颚和一根左上颚特化而成,右上颚已完全退化,形成不对称的口器。食物管由两条下颚互相嵌合而成,唾液管则由舌与下唇紧接而成。取食时左上颚针先锉破组织表皮,然后以喙端吸取汁液。被害植物常出现不规则的变色斑点、畸形或叶片皱缩卷曲等被害状,同时有利于病菌的入侵。

附:昆虫的头式(或口式)

依照口器在头部的着生位置和所指方向,可以将昆虫头部分三种形式。

(1)下口式　口器着生在头部下方,与身体的纵轴垂直,如蝗虫、黏虫等。具有这种头式的昆虫大多数适于在植物表面取食茎、叶,取食方式是比较原始的形式。

(2)前口式　口器着生于头部的前方,与身体的纵轴呈一钝角或近乎平行,如步行虫、天牛幼虫等。具有这类头式的昆虫大多数适于捕食或钻蛀。

(3)后口式　口器向后倾斜,与身体纵轴呈一锐角,不用时贴在身体的腹面,如椿象、蝉等。具有这类头式的昆虫大多数适于刺吸植物或动物的汁液。

不同的头式反映了不同的取食方式,这是昆虫适应生活环境的结果。在昆虫分类上经常要用到头式。

第二节　昆虫的胸部

昆虫的胸部是昆虫身体的第二个体段,它由颈膜和头部连接。胸部由三个体节组成,依次称为前胸、中胸和后胸。每个胸节的侧下方均有一对分节的胸足,依次称为前足、中足和后足。在大多数种类中,中胸和后胸的背侧各有一对翅,分别称为前翅和后翅,因此中胸和后胸也被称为具翅胸节。由于胸部有足和翅,而足和翅又是昆虫的主要运动器官,所以胸部是昆虫的运动中心。

一、胸部的基本构造

昆虫胸部要支撑足和翅的运动,承受足、翅的强大动力,故胸节体壁通常高度骨化,形成四面骨板:在上面的称为背板,在腹面的称为腹板,在两侧的称为侧板。这些骨板上还有内陷的沟,里面形成内脊,供肌肉着生。胸部的肌肉也特别发达。

胸部各节发达程度与足翅发达程度有关。如蝼蛄、螳螂的前足很发达,所以前胸较比中、后胸发达;蝗虫、蟋蟀的后足善跳跃,因此后胸也发达;蝇类、蚊类的前翅发达,所以它们的中胸特别发达。三个胸节连接很紧密,特别是两个具翅胸节。胸部通常有两对气门(体内气管系统在体壁上的开口构造),位于节间或前节的后部。

二、胸足的构造及其类型

(一)胸足的构造

胸足是昆虫体躯上最典型的附肢,是昆虫行走的器官,由 6 节组成(图 1-6)。

(1)基节 基节是足和胸部连接的第一节,形状粗短,着生于胸部侧下方足窝内。

(2)转节 转节很小呈多角形,可使足在行动时转变方向。有些种类转节可分为两个亚节,如一些蜂类。

(3)腿节 腿节一般最粗大,能跳的昆虫腿节更发达。

(4)胫节 胫节细长,与腿节呈膝状相连,常具成行的刺和端部能活动的距。

(5)跗节 跗节是足末端的几个小节,通常分成 2~5 个亚节。

(6)前跗节 在跗节末端通常还有一对爪,称为前跗节。爪间的突起物称中垫;爪下的叫爪垫,爪和垫都是用来抓住物体的。

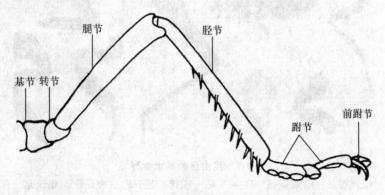

图 1-6 昆虫足的基本构造

(二)胸足的类型

由于各类昆虫的生活习性不同,胸足发生种种特化,形成不同功能的类型(图 1-7)。

(1)步行足 这是最普通的一种。足较细长,各节不特化,适于行走。如步行虫、蟒等。

（2）跳跃足　这是指后足。腿节特别发达,胫节细长。跳动前,胫节折贴于腿节下,然后突然伸直,使虫体弹跳起来。如蝗虫、蟋蟀等。

（3）捕捉足　这是由前足特化而成。基节延长,腿节的腹面有一沟槽,胫节可以折嵌其内,好像一把折刀用来捕捉其他昆虫、蜘蛛等。如螳螂、猎蝽等。

（4）开掘足　这是由前足特化而成的。胫节宽扁,外侧具齿,跗节呈铲状,用来掘土。如蝼蛄、金龟子等。

（5）携粉足　这是由后足特化而成的。胫节宽扁,向外的一面光滑略凹,边缘有长毛,形成一个可以携带花粉的容器,称此为花粉篮;第一跗节也特别膨大,内侧有很多列横排的刚毛,用来梳集粘在体毛上的花粉。此为蜜蜂类所特有。

（6）游泳足　这是由后足特化而成的。足各节扁平,有长的缘毛,以利于划水。此为水生昆虫所具有。如龙虱、松藻虫等。

（7）抱握足　这是由前足特化而成的。跗节特别膨大,上面有吸盘状构造,用于交配时抱持雌虫。如龙虱雄虫。

（8）攀缘足　这是外寄生于人及动物毛发上的虱类所具有。跗节只一节,前跗节变为一钩状的爪,胫节肥大外缘有一指状突起,当爪内缩时可与此指状物紧接,形成钳状,便于夹住毛发。

（9）净角足　这是由前足特化而成的。第一跗节的基部有一凹陷,胫节端部有1～2个瓣状的距,可以盖在此凹口上,形成一个闭合的空隙,触角从中抽过,便可去掉黏附在上面的东西。此为一些蜂类所具有。

胸足的类型除在分类上常用到外,还可以推断昆虫的栖息场所和取食方式等。如具有捕捉足的为捕食性;具携粉足的取食花粉和花蜜;具开掘足的为土栖。因此,足的类型可供害虫防治和益虫保护上的参考。

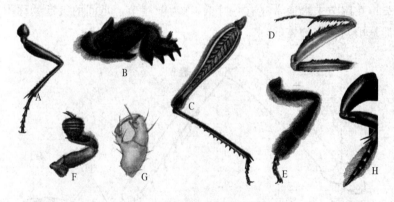

图 1-7　昆虫足的基本类型

A.步行足　B.开掘足　C.跳跃足　D.捕捉足　E.携粉足　F.抱握足　G.攀缘足　H.游泳足

➤ 三、翅

昆虫纲除少数种类外,绝大多数到成虫期都有两对翅,翅是昆虫的飞翔器官。翅对于觅食、求偶、营巢、育幼和避敌等都非常有利。有些种类只有一对翅，后翅特化成平衡棒（如双翅目成虫和雄蚧等），或前翅退化成拟平衡棒（如捻翅目雄成虫），用于飞行时维持身体平衡。有些种类翅退化或完全无翅；有些无翅的只限于一性，如枣尺蠖雌成虫、雌蚧等无翅；有些只限于种的一些型，如白蚁、蚂蚁的工蚁和兵蚁都无翅；有些则只限于一个时期或一些世代，如在植物生长季为害的若干代的无翅蚜等。此外，还有些种类有短翅型和长翅型之分，如稻褐飞虱等。

（一）翅的形状与构造

1. 翅的形状

一般呈三角形，有三个边，三个角（图 1-8）。前面的边称为前缘，后面的边称为后缘或内缘，两者之间的边即外面的边称为外缘。前缘与胸部间的角称为肩角，前缘与外缘间的角称为顶角又叫翅尖，外缘与内缘间的角称为臀角。此外，昆虫的翅面还有褶纹，从而把翅面划分为几个区。如从翅基到翅的外方有一条臀褶，因而把翅前部划分为臀前区，是主要纵脉分布的区域；臀褶的后方为臀区，是臀脉分布的区域。有时在翅基后方，还有基褶划出腋区，轭褶划出轭区。总之，褶纹可增强昆虫飞行的力量。

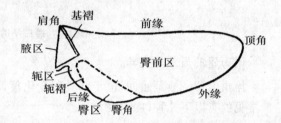

图 1-8　昆虫翅的基本构造

2. 翅脉

翅脉可以分为纵脉和横脉两类，纵脉是从翅基部伸到边缘的脉；横脉是横列在两纵脉之间的短脉。纵脉和横脉都有一定的名称和符号（图 1-9）。

1）纵脉的名称

（1）前缘脉（C）　在翅的最前缘，一支。

（2）亚前缘脉（Sc）　在前缘脉之后，端部常分成 2 支（Sc_1、Sc_2）。

（3）径脉（R）　在亚前缘脉之后，先分出 2 支，前支称第一径脉（R_1），后支称为径分脉（Rs），径分脉再分支两次成为 4 支（R_2、R_3、R_4、R_5）。

（4）中脉（M）　在径脉之后，位于翅的中部。端部分为 4 支（M_1、M_2、M_3、M_4）。

（5）肘脉（Cu）　在中脉之后，端部分为 3 支（Cu_{1a}、Cu_{1b}、Cu_2）。

（6）臀脉（A）　在肘脉之后，分布在臀区，数目 1～12 支，通常 3 支（1A、2A、3A、……）。

（7）轭脉（J）　在臀脉之后，位于轭区，一般 2 支（1J、2J）。

2）横脉的名称　根据所连接的纵脉而命名：

（1）肩横脉（h）　连接 C～Sc。

（2）径横脉（r）　连接 R_1～R_{2+3}。

（3）分横脉（s）　连接 R_3～R_4 或 R_{2+3}～R_{4+5}。

（4）径中横脉（r—m）　连接 R_{4+5}～M_{1+2}。

（5）中横脉（m）　连接 M_2～M_3。

（6）中肘横脉（m—cu）　连接 M_{3+4}～Cu_1。

由于纵横翅脉的存在，把翅面划分为若干小区，每个小区称为翅室。

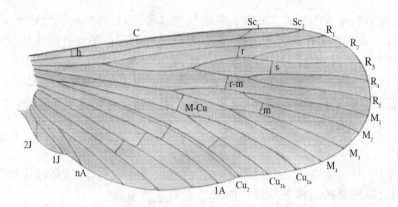

图 1-9　昆虫翅的假想模式脉序图

(二)翅的质地与变异

昆虫的翅一般是膜质,但不同类型变化很大。有些昆虫为适应特殊需要,发生各种变异。最常见的有以下几种(图 1-10)。

(1)覆翅　蝗虫和蟋蟀类的前翅加厚变为革质,栖息时覆盖于后翅上面,但翅脉仍保留着。

(2)鞘翅　各类甲虫的前翅,骨化坚硬如角质,翅脉消失,栖息时两翅相接于背中线上。

(3)半翅或半鞘翅　椿象类的前翅,基部一半加厚革质,端部一半则为膜质。

(4)鳞翅　蛾蝶类的翅为膜质,但翅面覆盖很多鳞片。

(5)毛翅　石蛾的翅为膜质,但翅面上有很多细毛。

(6)缨翅　蓟马的翅细而长,前后缘具有很长的缨毛。

(7)膜翅　蜂类、蝇类的翅为膜质透明。

(8)平衡棒　蚊蝇类的后翅,退化为小型棒状体,飞行时有保持身体平衡的作用。

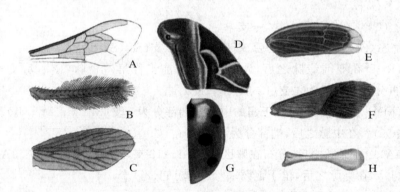

图 1-10　昆虫翅的类型

A.膜翅　B.缨翅　C.毛翅　D.鳞翅　E.覆翅　F.半翅　G.鞘翅　H.平衡棒

第三节　昆虫的腹部

昆虫的腹部是昆虫身体的第三个体段,前端与胸部紧密相接,后端有肛门和外生殖器等。腹部内包有大部分内脏和生殖器官,所以腹部是昆虫新陈代谢和和生殖的中心。

▶ 一、腹部的构造

腹部一般由 9～11 节组成,除末端几节外,一般无附肢。构造比较简单,只有背板和腹板,两侧为侧膜,而无侧板。腹部的节间膜发达,即腹节可以互相套叠,伸缩弯曲,以利于交配产卵等活动。

腹部 1～8 节两侧各有气门(气门是体壁内陷的开口,圆形或椭圆形)1 对,用以呼吸。有些种类在末节背部有一对须状的构造称为尾须,尾须是末节未完全退化的附肢,有感觉的功能。在各类昆虫中变化很大,分节或不分节或消失,在分类上常用到。

▶ 二、外生殖器

外生殖器是交配和产卵的器官。

(一)雌性外生殖器

雌虫的外生殖器称为产卵器,由 2～3 对瓣状的构造所组成。在腹面的称为腹产卵瓣,在内方的称为内产卵瓣,在背方的称为背产卵瓣,如螽斯的雌性产卵器。产卵器的构造、形状和功能,在各类昆虫中变化很大。有的种类并无特别的产卵器,直接由腹部末端几节伸长成一细管来产卵,如鳞翅目、双翅目、鞘翅目等的雌虫即属此类。有的种类产卵器已不再用来产卵,而特化成螫刺,用以自卫或麻醉猎物,如蜜蜂、胡蜂、泥蜂、土蜂等蜂类即属此类。还有些种类利用产卵器把植物组织刺破将卵产入,给植物造成很大的伤害,如蝉、叶蝉和飞虱等。这些变化在分类上也是常用到的特征。

(二)雄性外生殖器

雄虫的外生殖器称为交配器,交配器主要包括阳具和抱握器。交配器的构造比较复杂,具有种的特异性,以保证自然界昆虫不能进行种间杂交,在昆虫分类上常用作种和近缘类群鉴定的重要特征。

第四节　昆虫的体壁

前面介绍节肢动物门的特征时,说到节肢动物的最外面被一层外骨骼包住,即节肢动物的骨骼长在身体的外面,而肌肉却着生在骨骼的里面,这层外骨骼叫作体壁。

▶ 一、体壁的功能

昆虫体壁是昆虫体躯(包括附肢)最外层的组织,它的功能归纳起来主要有以下几点。

(1)它构成昆虫身体外形,并供肌肉着生,起着高等动物的骨骼作用,因此有"外骨骼"之称。

(2)它对昆虫起着保护作用。一方面防止体内水分过度蒸发,这点对陆生昆虫维持体内水分平衡是十分重要的;另一方面防止外来物的侵入,如病原微生物和杀虫剂等的侵入。这对于我们施用杀虫剂时是必须十分注意的。

（3）它上面有许多感觉器官，是昆虫接受刺激并产生反应的场所。

（4）由它形成的各种皮细胞腺起着特殊的分泌作用。

（5）它还可以起着一定的呼吸和排泄作用（在一些昆虫中主要靠体壁进行呼吸和排泄）。

二、体壁的基本构造

体壁为什么能起这些作用？这就要从它的基本构造谈起。

昆虫体壁是由胚胎发育时期的外胚层发育而形成的，它由三层组成。由里向外看，包括底膜、皮细胞层和表皮层。皮细胞层和表皮层是体壁的主要组成部分，皮细胞层是一层活细胞，而表皮层又是皮细胞层所分泌的，是非细胞性物质。体壁的保护作用和特性大都是由表皮层而形成的。

（一）皮细胞层

这是由一单层连续的细胞组成，它是体壁中唯一的活组织，主要由具有分泌功能的一般皮细胞组成。此外，还有一些特化了的皮细胞，如刚毛、鳞片、感觉器、腺体等。在昆虫生长期（如幼虫期），特别在新表皮形成时，皮细胞层很发达，但到了成虫期，一般退化成一薄层。皮细胞层的主要功能是分泌表皮层和蜕皮液，控制昆虫脱皮，还可以修补伤口等。

（二）表皮层

表皮层是构造最复杂的一层，也是影响杀虫剂作用最大的一层，因此对它的研究也较多。表皮层不仅覆盖虫体的整个表面，还覆盖着前后肠、气管、生殖管道等的内壁。它具有许多特性，如坚硬性、不透性和弹性等。体壁的骨骼支撑作用和保护作用就是由表皮层形成的。表皮层由许多层次组成，从里向外可以分成内表皮、外表皮和上表皮三层。上表皮不含几丁质，内、外表皮含有几丁质。

近来人工合成的杀虫剂，都是根据昆虫体壁特性而制造的。如有机磷杀虫剂、拟除虫菊酯类等，都对昆虫体壁具有强烈的亲和力，能很好地附着体壁，使药剂的毒效成分溶解于蜡质，为药剂进入虫体打开通道，能很快地杀死害虫。人工合成的灭幼脲类，也是根据体壁特性而制造的。这类药剂具有抗蜕皮激素的作用，当幼虫吃下这类药物后，体内几丁质的合成受到阻碍，不能生出新的表皮，因而使幼虫蜕不下表皮受阻而死。

三、体壁的衍生物

由于昆虫对不同生活条件的适应，在体壁上还发生一些特化现象，大致可以分成两类：一类是向外发生的外长物，如刚毛、毒毛、刺、距、鳞片等；另一类是向内发生的腺体，如唾腺、丝腺、蜡腺、毒腺、臭腺、胶腺、蜕皮腺及性引诱腺等，这些腺体统称为皮细胞腺。

第二章　昆虫的内部器官与功能

◆ 学习目标
　　1. 了解昆虫内部器官的位置、基本构造及其主要功能,昆虫的激素及其在生产上的应用。
　　2. 理解昆虫的消化系统、呼吸系统、神经系统、血液循环和分泌系统与防治的关系。

　　前面介绍了昆虫外部形态方面的一些基本知识,本章介绍昆虫内部器官方面的一些基本知识,以便帮助大家进一步认识昆虫。

　　昆虫的外部形态与内部器官间有着密切的联系。例如,昆虫的口器与消化器官之间,由于口器和食性的不同,消化器官也随着演变成了不同的类型,而消化与排泄功能也有了相应的变化。此外,各器官间也是密切联系的。例如,昆虫的循环器官是开管式的,体腔即血腔,所有的器官都直接浸没在血液中,但由于昆虫的血液不能输送氧气和二氧化碳,这样氧气的供给和二氧化碳的排除,主要由分布在各器官上的气管系统进行。这是一种很巧妙的配合方式,它是昆虫在进化过程中适应强烈运动(如飞行、跳跃等)的结果。在器官的组织结构与其生理功能之间也是配合一致的,而整个虫体的生命活动以及行为表现,又与它的形态、器官、功能密切相关,形成一个统一的整体。

第一节　昆虫的体腔

　　昆虫体壁是虫体最外面的一个重要组织,它包围着整个体躯,里面形成一个相通的体腔,所有的内部器官都位于这个体腔内。体腔中存在着血液,各器官都直接浸没在血液中,这不同于脊椎动物的体腔,所以这样的体腔称为血腔(所有的节肢动物都具有血腔)。

一、体腔的分区

　　昆虫血腔内有1~2层肌纤维和结缔组织构成的隔膜,将血腔纵向地分隔成2~3个小血腔,每个小血腔称为血窦。位于背面在背血管下的一层隔膜称为背膈,它将血腔分隔成背血窦和围脏窦。这为大多数昆虫所具有。

　　在有些昆虫中,不仅有背膈,而且有腹膈,它们将血腔分成三个血窦,即背面的背血窦、中央的围脏窦和腹面的腹血窦。背膈和腹膈的两侧以及背膈的末端,都有孔隙可以让血液在其中流动。

二、器官的位置

昆虫的内部生理系统（器官等）在血腔中的位置如下。

（1）循环系统　主要器官为背血管，位于背血窦，背血窦因此又称为围心窦。

（2）消化系统　主要器官为消化道，位于围脏窦的中央。与消化功能有关的唾腺位于围脏窦，在消化道的腹面。

（3）排泄系统　主要器官为马氏管，位于围脏窦。与排泄功能有关的脂肪体主要位于背血窦和围脏窦中，包围在内脏器官的周围。

（4）呼吸系统　主要器官为气管，大部分分布于围脏窦中。

（5）神经系统　主要器官为中枢神经系统和交感神经系统。中枢神经系统的脑位于头壳内；腹神经索位于腹血窦，因此腹血窦又称为围神经窦。交感神经系统分布在各内脏器官上，主要位于围脏窦。

（6）生殖系统　主要器官雄性为睾丸及输精管等；雌性为卵巢及输卵管等，都位于围脏窦，主要在消化道的背、侧面上。

（7）分泌系统　主要器官为内分泌腺体（如心侧体、咽侧体、前胸腺等），位于头部和前胸内（咽喉及气门气管附近）。

此外，肌肉组织中的体壁肌着生于体壁下面、内脏肌附着于内脏器官的表面。

上述各类系统或组织中，生殖系统属于"种"的繁殖系统，该器官又可称为种繁殖器官；其余均属于个体生命系统，它们的器官又可称为个体生命器官。

第二节　消化系统

一、消化系统的构造与功能

昆虫的消化系统，其主要器官是一条由口到肛门的消化道，以及同消化功能有关的腺体。消化道纵贯于围脏窦的中央，分为前肠、中肠和后肠三段。前肠开口于口器舌前的食窦；后肠开口于体躯末节的肛门。唾腺一般位于胸部（也有的扩展到腹部）腹面，开口于舌后的唾窦，分泌唾液，帮助消化食物。

昆虫除卵、蛹外，幼虫和绝大多数成虫都需要取食，以获得生命活动和繁殖后代所需的营养物质和能量。昆虫的消化道主要用于摄取、运送食物、消化食物和吸收营养物质，并经血液输送到各需能组织中去，将未经消化的食物残渣和代谢的排泄物从肛门排出体外。

由于各类昆虫的口器与食性不同，所以消化道也有相应的变化。但基本上都由具有咀嚼式口器昆虫的消化道演变而来。

咀嚼式口器消化道的基本构造如下：

前肠包括口、咽喉、食道、嗉囊和前胃几部分。口是进食的地方；咽喉可以摄食；咽喉与食道一起构成食物的通道；嗉囊能临时贮存食物；前胃有发达的肌肉包围，内壁有瓣状或齿状的突起,可以磨碎食物。但前肠的内膜不能渗透消化产物,因此无吸收营养的作用。

中肠是消化食物和吸收养分的主要器官,中肠能分泌酶类如消化道液分解食物并吸收养料,起着高等动物胃的作用。中肠的前端有贲门瓣,后端有幽门瓣,防止食物的逆流。有些昆虫如蝗虫等,中肠前端肠壁向外方突出形成胃盲囊,可增加中肠的分泌和吸收面积。

后肠包括有回肠、结肠和直肠几部分,后肠前端以马氏管为界,后端终止于腹部最末端的肛门。主要功能是吸收食物残渣中的水分、排出食物残渣和代谢产物。

▶ 二、消化系统与防治

昆虫消化食物,主要依赖消化液中的各种酶的作用,把糖、脂肪、蛋白质等水解为单糖、甘油脂肪酸和氨基酸等,才被肠壁所吸收。这种分解消化作用,必须在稳定的酸碱度下才能进行。各种昆虫中肠的酸碱度也不一样,如蛾蝶类幼虫多为 pH 8.5～9.9,蝗虫为 pH 5.8～6.9,甲虫为 pH 6～6.5,蜜蜂为 pH 5.6～6.3。同时昆虫肠液还有很强的缓冲作用,不因食物中的酸或碱而改变中肠的酸碱度。

了解昆虫的消化生理对于选用杀虫药剂具有一定的指导意义。杀虫药剂被害虫吃进肠内能否溶解和被中肠吸收,直接关系到杀虫效果。药剂在中肠的溶解度与中肠液的酸碱度关系很大。例如酸性砷酸铝在碱性溶液中易溶解,对于中肠液是碱性的菜青虫毒效很好;反之,碱性砷酸钙易溶于酸性溶液中,对于中肠液是碱性的菜青虫则缺乏杀虫效力。同样杀螟杆菌的有毒成分伴孢晶体能够杀死菜青虫也是这个道理。

近年来研究的拒食剂,能破坏害虫的食欲和消化能力,使害虫不能继续取食,以至饥饿而死。而三氮苯类对蛾蝶类幼虫和甲虫类都有效。其次是有机锡类,如毒菌锡、薯瘟锡等对棉卷叶虫、马铃薯甲虫、小菜蛾幼虫都有拒食作用。

第三节　排泄系统

昆虫的排泄系统主要是马氏管。马氏管着生在消化道的中肠与后肠交界处,是一些浸溶在血液里的细长盲管,内与肠管相通。它的功能相当于高等动物的肾脏,能从血液中吸收各组织新陈代谢排出的废物,如酸性尿酸钠和酸性尿酸钾等。这些废物被吸入马氏管后便流入后肠,经过直肠时大部分的水分和无机盐被肠壁回收,以便保持体内水分的循环和利用,形成的尿酸便沉淀下来,随粪便一同排出体外。

马氏管的形状和数目随昆虫种类而不同。少的只有两条,如介壳虫等;多的可达 150 条以上,如蝗虫、蜜蜂等。一般数目少的管道就长,数目多的就短,这样可使马氏管与体内血液保持一定的接触面,以利于对排泄物的吸收。但也有些昆虫的马氏管已退化,如蚜虫等。

昆虫的排泄除马氏管外,还借助于脂肪体进行。昆虫的体腔与各器官间,有一种能积聚尿酸盐化合物结晶的脂肪细胞,称为尿盐细胞。这种细胞与脂肪体细胞的构造和来源相同,只是功能不同,能够吸收贮存体内的代谢产物,但平时不能排出体外。此外,昆虫体内还有一种双核细胞,叫作肾细胞,能吸取血液中的废物加以分解,把一部分沉淀物贮存在细胞内,把另一部分可溶性物质排出细胞,再通过马氏管的吸收排出体外。

昆虫的蜕皮也具有排泄的作用,因为蜕去的表皮中就含有皮细胞排出的氮素和钙素化合物,以及色素等分解产物,所以也有一定的排泄作用。

第四节　循环系统

▶ 一、循环系统的构造与功能

昆虫是开管式(或开放式)循环的动物,也就是血液一部分在血管里流动,一部分在体腔中循环,浸浴着内部器官。它的循环器官,只是在身体背面下方背血窦内有一条前端开口,后端封闭的背血管。背血管的前段称为大动脉,其前端伸入头部,开口于脑的后方或下方。背血管的后段称为心脏,伸至腹部,由一连串的心室组成,心室又有心门与体腔相通。血液通过心门进入心脏,由于心脏(心脏肌张缩)和背、腹膈有节奏地收缩,使血液向前流动,由大动脉的开口喷出,流到头部及体腔内部。当心室扩张时,血液又从心门流入心室。心门具有心门瓣,当心室收缩时,心门瓣自行关闭,使血液只能向前流动,不可倒流。各心室之间也有防止血液回流的心室瓣,使血液在背血管内可以不断向前流通,从头部喷出,然后由头至尾在体腔内流动,形成血液的循环。

昆虫血液的主要作用是把中肠消化后吸收的营养物质,由血液携带运输给身体各组织,同时把各组织新陈代谢的废物运送到马氏管由后肠排出体外。血液还有运送内分泌的激素和消灭细菌的作用。昆虫的孵化、蜕皮和羽化,也有赖于血压的作用把旧表皮胀破脱出。

由于昆虫的血液中无血红素,所以不能担负携带氧气的任务,昆虫的供氧和排碳作用主要由器官系统进行。昆虫的血液多为绿色、黄色和无色。血液中的血细胞类似高等动物的白细胞。

▶ 二、循环系统与防治

杀虫剂对昆虫的血液循环是有影响的。烟碱能扰乱血液的正常进行,抑制心脏的扩张,最后停止搏动于收缩期。除虫菊素和氰酸气能降低昆虫血液循环的速率,以至停止搏动。有机磷杀虫剂具有抑制神经系统胆碱酯酶的作用,但在低浓度下,能加速心搏的速率和幅度;在较高的浓度下,则抑制心脏搏动,并停止于收缩期,使昆虫致死。

第五节　呼吸系统

▶ 一、呼吸系统的构造与功能

昆虫呼吸系统的主要器官是气管及其在体壁上的开口机构——气门。

　　昆虫呼吸作用的特点是气体交换(吸收氧气,排出二氧化碳)直接通过气管系统进行。这是昆虫长期适应剧烈运动(如飞行等)的结果,也是与开管式循环系统相适应的一种高效率的呼吸方式。

　　气管系统是由气管、支气管及微气管等组成,在飞行昆虫中还有气囊。气管由粗到细,一再分支。从气门进入体内的一段粗短气管称为气门气管,它的端部分成三支:一支伸向血腔背面,称为背气管;一支伸向中央内脏,称为内脏气管;一支伸向腹面,称为腹气管。连接各气门气管、背气管、内脏气管及腹气管的称为纵气管,纵贯于体躯前后,分别称为背纵干、内脏纵干、腹纵干和侧纵干。微气管是气管系统的末端最小分支,直接分布于各组织间或细胞间或细胞内,把氧气直接送到身体各部分。

　　气门具有开闭机构,可以调节呼吸频率,并阻止外来物的侵入。昆虫的呼吸主要靠气体的扩散作用(昆虫气管内和体外氧与二氧化碳的分压不同而进行的气体交换)和体壁有节奏地张缩而引起的通风作用。一般体躯较小或行动缓慢的昆虫,单靠气体的扩散作用已足够满足呼吸的需要。但行动活泼和飞行的种类,由于较高水平的新陈代谢需要大量能量供应,除去气体扩散作用以外,还要求有通风作用来保证氧的迅速供应,并尽快地排除体内产生的二氧化碳。在体躯较大的昆虫中,气体扩散作用是按照浓度梯度或气流压力梯度进行的。压力梯度可由腹部的伸缩运动、气管的弹性部分以及气门开闭结构的控制作用而造成。对行动活泼的昆虫来说,体重必须小于 100 mg,才能依靠扩散作用进行换气,来满足代谢活动的需要,否则必须伴以气管的通风作用。为了进行有效的通风作用,昆虫的气管系统具有两种适应结构,即:气管本身具有伸缩性,收缩时气管容积可减少 30％;气管的气囊可被血压或体躯弯曲等压缩,表现风箱作用。当体躯收缩时,气管也随之缩短而血压则升高,气囊被压缩或压扁,其中的气流即被压出气门;体躯伸展时,气囊因本身的弹性而扩大并充满气体。这样的通风结果,使得气囊和气管中经常充满新鲜空气,但支气管和微气管中的空气,仍赖扩散作用进入组织中去。

▶ 二、呼吸系统与防治

　　既然昆虫的呼吸是吸入氧气,排出二氧化碳,那么当空气中有毒气时,毒气也就随着空气进入虫体,使其中毒而死,这就是使用熏蒸杀虫剂的基本原理。毒气进入虫体与气孔开闭情况关系密切,在一定温度范围内,温度愈高,昆虫愈活动,呼吸愈增强,气门开放也愈大,施用熏蒸杀虫剂效果就好,这也就是在温度高时熏蒸害虫效果好的主要原因。此外,在空气中二氧化碳增多的情况下,也会迫使昆虫呼吸加强,引起气门开放。因此,在气温低时,使用熏蒸剂防治害虫,除了提高仓内温度外,还可采用输送二氧化碳的办法,刺激害虫呼吸,促使气门开放,达到熏杀的目的。

　　昆虫的气门一般都是疏水性的,水湿不会侵入气门,但油类却极易进入。油乳剂的作用,除能直接穿透体壁外,大量是由气门进入虫体的。因此,油乳剂是杀虫剂较好而广泛应用的剂型。

　　此外,有些黏着展布剂,如肥皂水、面糊水等,可以机械地把气门堵塞,使昆虫窒息死亡。

第六节　神经系统

一、神经系统的构造与功能

昆虫通过神经系统一方面与周围环境取得联系,并对外界刺激做出迅速的反应;一方面由神经分泌细胞与体内分泌系统取得联系,协调和支配各器官的生理代谢活动。这就是神经系统的二类重要功能,它们之间是相互联系和相互制约的。

昆虫神经系统包括有中枢神经系统、交感神经系统和周缘神经系统三类。

中枢神经系统由脑、咽喉下神经节及纵贯腹血窦的腹神经索组成。脑是昆虫全身最重要的神经联系中心,由它统一控制和协调体内外的一切刺激和反应。咽喉下神经节是口器活动的神经中心,并对胸部神经节有刺激作用,还是神经活动的重要抑制中心。腹神经索包括胸、腹部的一连串的成对神经节及连接前后神经节的成对神经索,一般每一体节有一对神经节(有合并现象),控制所在体节的活动。如胸部神经节控制足、翅等的运动,主要为昆虫运动的神经中心;腹部神经节则是控制所在节的呼吸运动和局部活动的中心。

交感神经系统亦称内脏神经系统,包括位于前肠背面的一些小型神经节及其神经纤维、腹神经索之间的中神经及其分支,以及最后一个腹神经节(又属于中枢神经系统)。上述的小型神经节是消化道的前、中肠及背血管的活动神经中心,并与内分泌系统活动有关。中神经普遍存在于幼虫体内,其他虫期常见不到,它所在的神经节是幼虫各体节气门的控制中心。最后一个腹神经节至少由三对神经节合并而成,它是控制后肠、生殖器官及交尾器、尾须等活动的神经中心,也是与胸部神经节联系的重要中心。

周缘神经系统包括由脑和各神经节发出的所有感觉神经纤维和运动神经纤维及其顶端分支,以及由它们联系的感觉器和反应器。它们分布于体壁下或其他内部器官的表面,形成一个复杂的传网络。它将外界刺激传入中枢神经系统,并将中枢神经系统的"命令"传达到有关器官,以对环境刺激产生相应的反应。它没有自己的"神经中心",实际上是与中枢神经系统和交感神经系统相连的一个组成部分。

昆虫的神经系统由许多神经细胞及其伸出的分支组成。神经细胞及其分支称为神经元,一个神经元包括一个神经细胞和由此所伸出的神经纤维。由神经细胞分出的主支称为轴状突,只有一根,由轴状突分出的副支称为侧支,呈树枝状;从神经细胞本身生出的树枝状神经纤维称为树状突,多根。不论轴状突的侧支的末端还是树状突的末端,都称为端丛。两个端丛之间称突触,形成突触的两个端丛并未真正的接触,即突触间还有一定间隙,传导冲动主要靠物理传导和化学传导。神经元按其功能可分为感觉神经元、运动神经元和联络神经元,它们可以传导外部的刺激和内部反应的冲动作用。神经节是神经细胞和神经纤维的集合体,即由神经元组成,神经纤维在内,神经细胞在外,排列规律,其外由一层神经衣包被。

二、神经系统与传导

神经系统是具有兴奋和传导性的组织,它能接受外界刺激而迅速发生兴奋冲动。为了说明神经的传导情况,需介绍以下神经的反射作用和反射弧。昆虫对于感觉神经末梢所受的刺激传导中枢神经,再由中枢神经所引起的反应动作叫作反射作用。所经过的路线是:感受器的感觉神经元接受刺激而发生兴奋并将兴奋传导到中枢神经,中枢斟酌情况发出反应;联络神经元将中枢发出的反应传导给运动神经元;运动神经元将此传导给反应器,反应器产生有效的反应。这样一个过程,在生理学上称为反射弧。上述反射弧是最简单的,实际上反射作用是异常复杂的。昆虫神经传导的理化过程十分复杂,有物理传导及化学传导之说。

物理传导说认为,冲动的传导是神经上出现电位差所形成的。当感受器接受外界刺激时,感觉神经元发生兴奋表现电位上升,出现明显的电位差,即向其他部位传导电子。这种因刺激兴奋而形成的电位差,称为动作电位。动作电位一经发生,立即传播出去,引起神经各部发生动作电位,所以神经的动作电位是物理传导的具体表现。

化学传导说则认为神经冲动的传播是由乙酰胆碱的产生而形成的,即感觉神经元接受刺激以后,端丛产生乙酰胆碱,靠它才能把冲动传到另一神经元的端丛,完成神经的传导作用。冲动传过后,乙酰胆碱被吸附在神经末梢表面的乙酰胆碱酯酶很快水解为胆碱和乙酰,使神经恢复了常态。

由此可见,乙酰胆碱的产生,配合乙酰胆碱酯酶的分解作用,对于昆虫的生命活动是极为重要的,如果二者配合作用失调,便影响昆虫的生命活动。

三、神经系统与防治

关于神经系统的研究,使我们较深刻地理解昆虫的习性、行为及生命活动,对于防治害虫具有重要指导意义。目前使用的许多杀虫剂的杀虫机理,都是从神经系统方面考虑的,属于神经性毒剂。如有机磷杀虫剂的杀虫机理,就是破坏乙酰胆碱酯酶的分解作用,使昆虫受刺激后,在神经末梢处产生的乙酰胆碱不得分解,使神经传导一直处于过度兴奋和紊乱状态,破坏了正常的生理活动,以至麻痹衰竭失去知觉而死;也有的药剂作用机理为阻止乙酰胆碱的产生,使害虫瘫痪而亡或药剂破坏神经元结构,等等。此外,昆虫的视觉、听觉、味觉、嗅觉、触觉以及各种趋性、习性、生理活动等,都受神经系统的控制,其过程都是很复杂的,可以用于害虫的防治。

第七节　生殖系统

昆虫的生殖系统,担负着繁衍后代,延续种族的任务。它与上述介绍的个体生命器官有所不同:当昆虫个体生命器官受到抑制或破坏时,个体便会死亡;而当个体生殖器官受到抑制或破坏时,虫体不会死亡,只是不能产生后代。这在害虫防治上具有实践意义。

昆虫雄性生殖器官包括睾丸、输精管、贮精囊、射精管及雄性附腺等。睾丸一对,分别位于消化道的背侧面,它是产生精子的器官。

昆虫雌性生殖器官包括卵巢、输卵管、交尾囊、受精囊以及雌性附腺等。卵巢一对,位于消化道的背侧面。每一卵巢由许多卵巢管组成,其数目在各类昆虫中变化很大。如有些蚜虫的性蚜每侧只一根;而白蚁蚁后的每侧可达 2 400 根以上;一般的为 4~8 根。卵巢是卵细胞形成的地方。昆虫产卵量与卵巢管的多少有直接关系。

两性生殖的昆虫,通过雌雄交尾(或称交配),精子与卵细胞相结合的过程称为受精。受精卵再通过雌虫的产卵器产出。

害虫不育防治法是近年发展起来的防治害虫的新技术,它是利用物理学的或化学的或生物的方法来达到害虫绝育的目的,从而控制害虫自然种群的数量。目前应用的有辐射不育法、化学不育法和遗传不育法。这些方法的共同点是抑制或破坏害虫的生殖系统(主要是对生殖细胞),使害虫不能产生精子或卵,或者产生不正常的精子或卵,或者产生不育的后代或使后代畸形、无生命力或不雌也不雄。

在害虫的预测预报上,经常要解剖观察雌成虫的卵巢发育和抱卵情况,预测其产卵时期和幼虫孵化盛期,以便确定防治的有利时机。如黏虫和斜纹夜蛾等,当诱捕器发现成虫时,可取若干雌蛾解剖腹部,检查其卵巢发育情况。

第八节　分泌系统

昆虫的分泌系统包括内分泌系统和外分泌系统两大类。内分泌系统分泌内激素到体内,经血液循环分布到体内有关部位,用以调节和控制昆虫的生长、发育、变态、滞育、交配、生殖、雌雄异形、个体多态以及一般生理代谢作用。外分泌系统分泌外激素(又叫信息激素)到体外,经空气、水或其他媒介散布到同种其他个体,起着通信联络作用,可以调节、诱发同种个体的特殊行为(如性引诱、群集、追踪等),以及控制同种个体的性发育和性别等。

一、昆虫内分泌系统

它同神经系统一样,也是体内的一个重要调节控制中心,但它的作用迟缓、持久,不像神经系统作用快速、短暂。它受神经系统的控制,并与神经系统结合起来形成统一的"神经—内分泌系统调节控制中心"。

目前发现的内激素有 10 多类,最主要的是:脑激素由昆虫脑的特殊神经分泌细胞产生;保幼激素由咽侧体产生;蜕皮激素由前胸腺或脂肪体等产生。它们相互作用,控制昆虫的形态、生长、发育和变态,以及调节一般的生理代谢作用。脑激素主要激发前胸腺等分泌蜕皮激素和激发咽侧体分泌保幼激素。保幼激素主要功能是抑制"成虫器官芽"的生长和分化,使虫体保持幼期(幼虫或若虫)的形态和结构。蜕皮激素主要功能是激发蜕皮过程并促进代谢活动。在幼虫生长时期,当蜕皮激素与保幼激素同时分泌共同作用下,发生幼虫的生长蜕皮;当保幼激素含量下降到适度,而蜕皮激素正常分泌下,发生幼虫变蛹的变态蜕皮;当保幼激素完全消失,在蜕皮激素单独作用下,发生蛹变成虫或若虫变成虫的变态蜕皮。

▶ 二、昆虫外分泌系统

　　主要由特化的皮细胞腺分泌,在不同昆虫中其所在的部位不同。目前发现的外激素有几类,主要一类为性外激素,又称为性信息素,由性引诱腺(又称为香腺,一般香腺在腹部末端,也有的在胸部、腹部或足、翅上)分泌于体外,引诱异性个体前来交尾。现在发现能分泌性外激素的昆虫超过了 300 种,经鉴定搞清化学结构的约 40 种,人工可以合成的约 20 种。分泌性外激素的都是进行两性生殖的昆虫,一般为刚羽化未交尾产卵的成虫。目前性外激素及其人工合成类似物(称为性诱剂)已作为商品出售,在害虫防治和测报上得到应用。另一类是示踪外激素亦称标记外激素,如家白蚁的工蚁的腹腺,能分泌这种激素。在它觅到食源的路上,隔一定距离排出,其他工蚁就能沿着这条嗅迹找到所探索的食源。这种激素与云芝等真菌感染而腐烂的木屑中提取物相类似,已用于白蚁的防治。此外,蜜蜂工蜂用上颚腺分泌示踪激素,按一定距离滴于蜂巢与蜜源植物之间的叶上或小枝上,其他工蜂也能随迹找到食源。再有一类警戒外激素,亦称报警激素。蚂蚁受到外敌侵害,即散出这种激素,其他蚂蚁闻到这种激素,就前来参加战斗。蚜虫受到天敌攻击时,腹管排出报警激素,其他蚜虫闻到这种激素就逃避或跌落逃生。还有群集外激素,亦能使昆虫之间随时保持联系。如蜜蜂在分工时或工蜂与蜂后失去联系时,蜂后上颚腺即分泌这种激素,其他工蜂闻到这种激素便飞集到蜂后的周围。小蠹虫、谷斑皮蠹等,也能分泌这类激素,招引其共同类群在一处。

第三章　昆虫的生物学特性

◆ 学习目标
1. 了解昆虫的主要生殖方式、发育阶段、变态特点。
2. 掌握昆虫世代、生活年史及主要习性在预测预报和防治上的应用。
3. 理解各虫期的生命活动特点、昆虫的休眠和滞育及其在实践上的意义。

前面介绍了昆虫外部形态及内部器官方面的一些基本知识。从中我们可以了解到,昆虫在形态结构上千姿百态,而在生理功能上又是奇特完善,这是昆虫长期适应生活环境的结果。那么,昆虫在一定的生活环境中又是怎样发生发展的呢?它具有哪些生物学特性呢?

本章将讨论昆虫的生命特性,即包括昆虫的繁殖、发育、变态、习性以及从卵开始到成虫告终的世代和生活年史等方面的内容,也就是说讨论昆虫的个体发育特性。对于害虫我们可以找出它们生命活动中的薄弱环节予以控制;对于益虫则可以找出人工保护、繁殖和利用的途径。

第一节　昆虫的繁殖

昆虫种类多,数量大,这与它的繁殖特点是分不开的。主要表现在繁殖方式的多样化,繁殖力强、生活史短和所需的营养少。

昆虫的繁殖方式大致有以下几个类型。

一、两性生殖

昆虫绝大多数是雌雄异体,通过两性交配后,精子与卵子结合,由雌性将受精卵产出体外,才能发育成新的个体。这种生殖方式称两性卵生生殖或简称为两性生殖,这是昆虫繁殖后代最普遍的方式。

二、孤雌生殖

有些种类的昆虫,卵不经过受精就能发育成新的个体,这种生殖方式称为孤雌生殖或单性生殖。孤雌生殖对于昆虫的广泛分布有着重要的作用,因为即使只有一个雌虫被偶然带到新的地方(如人的传带、风吹等),如果环境条件适宜,就可能在这个地区繁殖起来。还有一些昆虫是两性生殖和孤雌生殖交替进行的，被称为世代交替。如许多蚜虫，从春季到秋季，连续 10 多代都是孤雌生殖，一般不产生雄蚜，只是当冬季来临前才产生雄蚜，雌雄交配，产下受精卵越冬。还有的昆虫，可以同时进行两性生殖和孤雌生殖，即在正常进行两性生殖的昆虫中，偶尔也出现未受精卵发育成新的个体的现象。如蜜蜂，雌雄交尾后，产下的卵并非都受精，即不是所有的卵都能获得精子而受精。凡受精卵皆发育为雌蜂（蜂后和工蜂），未受精卵孵化出的皆为雄蜂。

▶ 三、卵胎生和幼体生殖

昆虫是卵生动物，但有些种类的卵是在母体内发育成幼虫后才产出，即卵在母体内成熟后，并不排出体外，而是停留在母体内进行胚胎发育，直到孵化后，直接产下幼虫，称为卵胎生（区别于高等动物的胎生，因为胎生是母体供给胎儿营养，而卵胎生只是卵在母体内孵化）。例如蚜虫在进行孤雌生殖的同时又进行卵胎生，所以被称为孤雌胎生生殖。卵胎生能对卵起保护作用。

另外，有少数昆虫，母体尚未达到成虫阶段还处于幼虫时期，就进行生殖，称为幼体生殖。凡进行幼体生殖的，产下的都不是卵，而是幼虫，故幼体生殖可以看成是卵胎生的一种方式。如一些瘿蚊进行幼体生殖。

▶ 四、多胚生殖

昆虫的多胚生殖是由一个卵发育成两个到几百个甚至上千个个体的生殖方式。这种生殖方式是一些内寄生蜂类所具有的。多胚生殖是对活体寄生的一种适应，可以利用少量的生活物质和较短的时间繁殖较多的后代个体。

第二节　昆虫的变态和发育

▶ 一、昆虫的变态

昆虫从卵中孵化后，在生长发育过程中要经过一系列外部形态和内部器官的变化，才能转变为成虫，这种现象称为变态。

由于昆虫在长期演化过程中，随着成虫期和幼虫期的分化，以及幼虫期对生活环境的特殊适应，因而有不同的变态类型。最常见的类型有：

1. 不完全变态

具有三个虫态，即卵、幼虫、成虫，无蛹期（图 3-1）。其中有一类幼虫与成虫的生活环境一致，它们在外形上很相似，仅个体大小、翅及生殖器官的发育程度不同而已，因此又称此类为不全变态，也称为渐变态，如图 3-1，其幼虫称为若虫。属于这类的主要有直翅目（如蝗虫）、半翅目（如盲蝽）、同翅目（如蚜虫）等昆虫。另一类幼虫与成虫生活环境不一致，外形上亦有很大区别,此类被称为过变态,其幼虫称为稚虫。如蜻蜓目属于这类昆虫。

此外,缨翅目的蓟马、同翅目的粉虱和雄性介壳虫的变态方式是不完全变态中最高级的类型,它们的幼虫在转变为成虫前有一个不食不动的类似蛹期的时期,真正的幼虫期仅为 2~3 龄。这种变态称之为过渐变态,可能是不完全变态向完全变态演化的过渡类型。

2. 完全变态

具有四个虫态,即卵、幼虫、蛹、成虫,多一个蛹期(图 3-2)。幼虫与成虫在形态上和生活习性上完全不同。属于此类的昆虫占大多数,主要有鞘翅目(如金龟子)、鳞翅目(如蛾、蝶类)、膜翅目(如梨大叶蜂)、双翅目(如蝇、蚊)等昆虫。

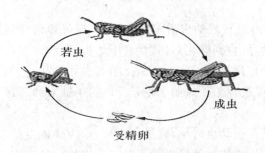

图 3-1　昆虫的不完全变态

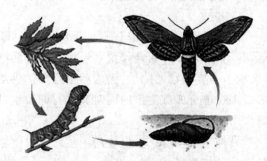

图 3-2　昆虫的完全变态

二、昆虫的个体发育

昆虫的个体发育可以分为两个阶段:第一阶段在卵内进行至孵化为止,称为胚胎发育;第二阶段是从卵孵化后开始到成虫性成熟为止,称为胚后发育。

(一)卵期

卵从母体产下到孵化为止,称为卵期。卵是昆虫胚胎发育的时期,也是个体发育的第一阶段,昆虫的生命活动从卵开始。

1. 卵的结构

昆虫的卵是一个大型细胞,最外面包着一层坚硬的卵壳,表面常有特殊的刻纹;其下为一层薄膜,称卵黄膜,里面包有大量的营养物质——原生质、卵黄和卵核。卵的顶端有 1 至几个小孔,是精子进入卵子的通道,称为卵孔或精孔。

2. 卵的形状及产卵方式

各种昆虫的卵,其形状、大小、颜色各不相同。卵的形状一般为卵圆形、半球形、圆球形、椭圆形、肾脏形、筒形等;最小的卵直径只有 0.02 mm,最长的可达 7 mm。产卵方式和产卵场所也不同,有一粒一粒的散产,有成块产;有的卵块上还盖有毛、鳞片等保护物,或有特殊的卵囊、卵鞘。产卵场所,一般在植物上,但也有的产在植物组织内,或产在地面、土层内、水中及粪便等腐烂物内的。

3. 卵的发育和孵化

胚胎发育完成后,幼虫从卵中破壳而出的过程称为孵化。孵化时幼虫用上颚或特殊的破卵器突破卵壳。一般卵从开始孵化到全部孵化结束,称为孵化期。有些种类的幼虫初孵化后有取食卵壳的习性。卵期长短因昆虫种类、季节及环境不同而异,一般短的只有 1~2 天,长的可达数月之久。

对害虫来说,从卵孵化为幼虫就进入为害期,消灭卵是一项重要的防治措施。

(二)幼虫期

昆虫从卵孵化出来后到出现成虫特征之前(即不全变态类变成虫、全变态类化蛹之前)的整个发育阶段,都可称为幼虫期。无论若虫或幼虫,都是昆虫生长发育的时期,均需要大量取食和惊人的速度增大体积进行生长并脱皮才能转化为成虫或蛹。由于昆虫是外骨骼,其坚硬的体壁,限制了它的生长,所以昆虫生长到一定程度,必须将束缚过紧的旧表皮脱去,重新形成新表皮。昆虫在脱皮前后,不食不动,特别是刚脱皮及新表皮未形成前,抵抗力很差,是利用药剂触杀的较好时机。幼虫每脱一次皮,虫体的重量、长度、宽度、体积都显著增大,在形态上也会发生相应的变化。从卵中孵化出来的幼虫,称第一龄,经过第一次脱皮后的幼虫称第二龄,依此类推。两次脱皮之间的时期称为龄期。

昆虫分不全变态和全变态,不全变态的幼虫叫若虫和稚虫,那么,真正的幼虫常指全变态类发育的幼虫,其幼虫形态大体上可分四类:

1. 原足型

很像一个发育不完全的胚胎,腹部分节或不分节,胸足和其他附肢处有几个突起,口器发育不全,不能独立生活。如寄生蜂的早龄幼虫。

2. 无足型

幼虫完全无足。多生活在食物易得的场所,行动和感觉器退化。根据头的发达程度又可分为有头无足型:头发达,如象甲、蚊子的幼虫;半头无足型:头后半部缩在胸内,如虻的幼虫;无头无足型:头很退化,完全缩入胸内,仅外露口钩,如蝇的幼虫。

3. 寡足型

幼虫只具有 3 对发达的胸足,无腹足。头发达,咀嚼式口器。有的行动敏捷,如步甲、瓢虫、草蛉及金针虫的幼虫;有的行动迟缓,如金龟甲的幼虫蛴螬等。

4. 多足型

幼虫除具有 3 对胸足外,还有腹足。头发达,咀嚼式口器,腹足的数目随种类不同而异。如鳞翅目的蛾蝶类有腹足 2～5 对,腹足端还有趾钩;叶蜂幼虫有 6～8 对腹足,无趾钩。

(三)蛹期

全变态类昆虫的幼虫老熟后,便停止取食,进入隐蔽场所,吐丝做茧或做土室准备化蛹。幼虫在化蛹前呈安静状态,称为前蛹期或预蛹期,以后才蜕皮化蛹,即由幼虫转变为蛹的过程称为化蛹,这个时期称为蛹期。蛹是幼虫过渡到成虫的阶段,表面上不食不动,但内部进行着分解旧器官,组成新器官的剧烈地新陈代谢作用。所以,蛹期是昆虫生命活动中的薄弱环节,易受损害。了解这一生理特性,就可利用这个环节来消灭害虫和保护益虫。如耕翻土地、地面灌深水等都是有效的灭蛹措施。

蛹也有不同的类型,基本上可以分为三类。

(1)离蛹(裸蛹)　触角、足和翅等附肢不紧贴在身体上,与蛹体分离,有的还可以活动,而腹节间也能自由活动。如鞘翅目金龟子的蛹、膜翅目蜂类及脉翅目草蛉的蛹。

(2)被蛹　触角、足和翅等附肢紧紧粘贴在身体上,表面只能隐约见其形态,大多数蛹的腹节不能活动,仅少数可以扭动。如鳞翅目蛾蝶类的蛹。

(3)围蛹 蛹体被最后两龄幼虫蜕的皮所形成的硬壳包住,外观似桶形,里面的蛹实际上就是离蛹。这是双翅目的蝇类、虻类以及一些蚧类、捻翅类的雄虫所特有的。

(四)成虫

1.成虫羽化及补充营养

昆虫由若虫、稚虫或蛹蜕去最后一次皮变为成虫的过程,称为羽化。有些老熟幼虫化蛹于植物茎秆中,往往在化蛹前先留下羽化孔以利于成虫羽化后从此孔飞出;化蛹于土室内的则常常留有羽化道,以利于成虫由此道钻出。成虫主要是交配产卵,繁殖后代,因此,成虫期是昆虫的生殖时期。有些昆虫羽化后,性器官已经成熟,不需取食即可交尾、产卵,这类成虫的口器往往退化,寿命很短,只有几天,甚至几小时,如蜉蝣就是"朝生暮死",这类成虫本身无为害性或为害不大。大多数昆虫羽化为成虫后,性器官并未同时成熟,需要继续取食,进行补充营养,使性器官成熟,才能交配产卵,这种成虫期的营养称为补充营养。由于补充营养的需要,这类昆虫的成虫往往造成为害。有些昆虫性发育必须有一定的补充营养,如蝗虫、椿象等;有一些成虫没有取得补充营养时,也可以交配产卵,但产卵量不高,而取得丰富的补充营养后,就可大大提高繁殖力,如黏虫、地老虎等。

2.产卵前期及产卵期

成虫由羽化到产卵的间隔时期,称为产卵前期,各类昆虫的产卵前期常有一定的天数,但也受环境条件的影响。多数昆虫的产卵前期只有几天或十几天,诱杀成虫应在产卵前期进行,效果比较好。从成虫第一次产卵到产卵终止的时期称为产卵期。产卵期短的有几天,长的可达几个月。

3.性二型及多型现象

一般昆虫的雌、雄个体外形相似,仅外生殖器不同,称为第一性征。有些昆虫雌、雄个体除第一性征外,在形态上还有很大的差异,称第二性征。这种现象称为雌、雄二型或性二型。如介壳虫、枣尺蠖等雄虫有翅,雌虫则无翅;一些蛾类的雌雄触角不同等。此外,有些同种昆虫具有两种以上不同类型的个体,不仅雌雄间有差别,而且同性间也不同,称为多型现象。如蚜虫类,特别是蜜蜂、蚂蚁和白蚁等昆虫多型现象更为突出,了解成虫雌、雄形态上的变化,掌握雌、雄性比数量,在预测预报上很重要。

第三节 昆虫的季节发育

昆虫生活在自然界是具有周期性节律的,即一种昆虫一年中总是在较适宜的温度及食物等外界条件下,才能生长、发育和繁殖;在不具备这些条件的时候如寒冷的冬季,就停止发育,并以一定的虫期度过不利的季节。翌年,当适合其发育的条件出现时,昆虫又开始了这一年的生长、发育和繁殖。这种生活周期的节律性是昆虫在长期的演化过程中,对环境条件和季节变化适应的结果。

▶ 一、昆虫的世代与年生活史

（一）世代

昆虫自卵或幼体产下到成虫性成熟为止的个体发育史,称为一个世代或简称一代。各种昆虫世代的长短和一年内世代数各不相同。有一年一代的,如天幕毛虫等;有一年多代的,如蚜虫等;有数年一代的,如天牛等。昆虫世代的长短和在一年内发生的世代数,受环境条件和种的遗传性影响。有些昆虫的世代多少,受气候(主要是温度)影响,它的分布地区越向南,一年发生的代数越多,如黏虫,在华南一年发生 6～8 代,在华北 3～4 代,到东北北部则发生 1～2 代;有时同种昆虫在同一地区不同年份发生的世代数也可能不同,如东亚飞蝗在江苏、安徽一般一年发生 2 代,而 1953 年因秋后气温高则发生了 3 代;有些昆虫一年内世代的多少完全由遗传特性所决定的,不受外界条件的影响,如天幕毛虫,不论南方、北方都是一年一代的,即使气温再适合也不会发生第二代。

一年数代的昆虫,前后世代间常有首尾重叠的现象,即同一时间内有各世代各虫态,把世代的划分变得很难,这种现象称为世代重叠。也有的昆虫在一年中的若干世代间,存在着生活方式甚至生活习性的明显差异,通常总是两性世代与若干代孤雌生殖世代相交替(如蚜虫),这种现象称为世代交替。

（二）年生活史

一种昆虫由当年的越冬虫态开始活动,到第二年越冬结束为止的一年内的发育史,称为年生活史,简称生活史。昆虫的生活史包括了昆虫一年中各代的发生期、有关习性和越冬虫态、场所等。一年中昆虫代数的计算,一般从卵开始,越冬后出现的虫态称为越冬代,由越冬代成虫产的卵称为第一代卵,由此发育的幼虫等虫态,分别称为第一代幼虫等,由第一代成虫产下的卵则称为第二代卵。其他各代依次类推。昆虫的生活史可用文字记载,也可用图表等形式来表示。各种昆虫由于世代长短不同,各发育阶段的历期也有很大的差异,同时其为害习性、栖息和越冬、越夏场所,也都不一样。因此,它们在一年中所表现的活动规律各不相同。要对害虫进行有效的防治,首先必须弄清楚害虫一年中的发生规律,才能掌握薄弱环节,采取有效措施。

▶ 二、昆虫的休眠与滞育

昆虫或螨类在一年生长发育过程中,常常有一段或长或短的不食不动、停止生长发育的时期,这种现象可以称为停育。根据停育的程度和解除停育所需的环境条件,可分为休眠和滞育两种状态。

（一）休眠

这是昆虫为了安全度过不良环境条件(主要是低温或高温),而处于不食不动、停止生长发育的一种状态。当不良环境一旦解除,昆虫可以立即恢复正常的生长发育。这种现象称为休眠。很多昆虫可以进行休眠。

冬季的低温,使许多昆虫进入一个不食不动的停止生长发育的休眠状态,以安全度过寒冬。这种现象称为越冬。昆虫越冬前往往做好越冬准备,如以幼虫越冬,在冬季到来前就大量取食,积累体内脂肪和糖类,寻找合适的越冬场所,并常以抵抗力较强的虫态越冬,以减少过冬时体内能量的消耗。

夏季的高温也可以引起某些昆虫的休眠,这种现象称为越夏。如有些地下害虫。

(二)滞育

某些昆虫在不良环境条件远未到来之前就进入了停育状态,纵然给予最适宜的环境条件也不能解除,必须经过一定的环境条件(主要是一定时期的低温)的刺激。才能打破停育状态。这种现象称为滞育。引起滞育的环境条件主要是光周期(指一天 24 h 内的光照时数),而不是温度,它反映了种的遗传特性。具有滞育特性的昆虫都有各自的固定滞育虫态,如天幕毛虫以卵滞育。

第四节　昆虫的习性

昆虫的重要行为习性有趋性、食性、群集性、迁飞性以及自卫习性等几个方面。

▶ 一、趋性

趋性是昆虫接受外界环境刺激的一种反应。对于某种外界刺激,昆虫非趋即避。趋向刺激的称为正趋性;避开刺激称为负趋性。按照外界刺激的性质,可将趋性分为许多种。

(一)趋光性

昆虫对于光源的刺激,多数表现为正趋性,即有趋光性,如蛾蝶类等。另有些却表现为背光性,如臭虫、米象、跳蚤等。不论趋光或背光,都是通过昆虫视觉器官(眼)而产生的反应。

很多昆虫,特别是大多数夜出活动的种类,如蛾类、蝼蛄、以及叶蝉、飞虱等都有很强的趋光性。但各种昆虫对光波的长短、强弱反应不同,一般趋向于短光波,这就是利用黑光灯诱集昆虫的根据。

昆虫的趋光性受环境因素的影响很大,如温度、雨量、风力、月光等。当低温或大风、大雨时,往往趋光性减低甚至消失;在月光很亮时,灯光诱集效果就差。

雌雄两性的趋光性往往也不同。有的雌性比雄性强些;有的雄性比雌性强些;还有的如大黑鳃金龟雄虫有趋光性,而雌性无趋光性。因此利用黑光灯诱集昆虫,统计性比,估计诱集效果时应考虑这一情况。

(二)趋化性

昆虫通过嗅觉器官对于化学物质的刺激所产生的反应,称为趋化性。有趋也有避。这对昆虫的寻食、求偶、避敌、找产卵场所等方面表现明显。如菜粉蝶趋向于含有芥籽油的十字花科蔬菜上产卵。利用趋化性在害虫防治上有很大意义。根据害虫对化学物质的正负趋性,而发展了诱集剂和忌避剂。对诱集剂的应用,如利用糖醋毒液或谷子、麦麸作毒饵等诱杀害虫。当今国内外利用性引诱剂来诱杀异性害虫也获得了很大的发展。对忌避剂的应用,如大家熟知的利用樟脑球(萘)来趋除衣鱼、衣蛾等皮毛纺织品的害虫;用避蚊油来趋蚊等。目前忌避剂在农业上的应用还很不够,特别对传毒害虫(如蚜虫、叶蝉、飞虱等)的忌避剂更为重要,这是今后值得研究的课题。

(三)趋温性

因昆虫是变温动物,本身不能保持和调节体温,必须主动趋向于环境中的适宜温度,这就是趋温性的本质所在。如东亚飞蝗蝗蝻每天早晨要晒太阳,当体温升到适宜时才开始跳跃取食等活动。严冬酷暑对某些害虫来说就要寻找适宜场所来越冬、越夏,这是对温度的一种负趋性。

此外,尚有趋湿性(如小地老虎、蝼蛄喜潮湿环境)、趋声性(如雄虫发音引诱雌虫来交配;又如吸血的雌蚊听见雄蚊发出的一种特殊声音就立即逃走)、趋磁性等。

▶ 二、食性

昆虫在生长发育过程中,不断取食。它在长期的演化过程中,形成了各自的特殊取食习性。昆虫食性的分化,对昆虫的进化及种类繁多的密切相关的。

(一)按照昆虫食物性质可将昆虫食性分为以下几类。

1. 植食性

昆虫以活的植物体为食。昆虫中约有48.2%是属于此类,其中很多是农业害虫。

2. 肉食性

昆虫以活的动物体为食。昆虫中约有30.4%是属于此类,其中又可分为:

(1)捕食性　捕捉其他动物为食(约占昆虫种类的28%)。

(2)寄生性　寄生于其他动物体内或体外(约占昆虫种类的2.4%)。

这类昆虫中有不少种类可以利用来消灭害虫,它们是生物防治上的重要益虫。如捕食性的瓢虫、草蛉;寄生性的赤眼蜂、金小蜂等。但寄生于益虫或人、畜的则为害虫。如蚊、虱等。

3. 腐食性

昆虫以死亡的动、植物残体、腐败物及动物粪便为食。昆虫中约有17.3%是属于此类。

4. 杂食性

昆虫以动、植物产品为食(如皮毛、标本、食品、粮食、书纸等)。昆虫中约有4.1%是属于此类,如衣鱼、衣蛾及印度古螟等许多仓库害虫。

(二)按照昆虫取食范围的广窄又可分为以下几类。

1. 单食性(或专食性)

只取食一种动植物。如梨实蜂只为害梨;豌豆象只为害豌豆。

2. 寡食性

能取食一科或近缘科的动植物。如菜粉蝶取食十字花科植物;某些瓢虫捕食蚜虫、介壳虫。

3. 多食性

能取食多科动植物。如蝗虫、美国白蛾等,可以取食很多科的植物;草蛉捕食多科害虫;一些卵寄生蜂可寄生许多科害虫的卵。

了解昆虫的习性,能帮助我们区分害虫和益虫。对于害虫,了解其食性的广窄,在防治上可利用农业防治法,如对单食性害虫可用轮作来防治。在引进新的植物种类及品种时,应考虑本地区内多食性或寡食性害虫有无为害的可能,从而采取预防措施。

▶ 三、群集性与迁移性

在昆虫中常常可以见到同种个体的大量群集,按其性质可分为两类。

(一)群集性

1.暂时性群集

这是指一些昆虫的某一虫态或某一段时间群集在一起,以后就散开。因为群集的个体间并无任何联系及相互影响。如很多瓢虫,越冬时聚集在石块缝中、建筑物的隐蔽处或落叶层下,到春天分散活动。

2.永久性群集

有的昆虫个体群集后就不再分离,整个或几乎整个生命期都营群集生活,并常在体型、体色上发生变化。例如蝗虫就属此类。当蝗蝻孵出后,就聚集成群,由小群变大群,个体间紧密地生活在一起,日晒取暖、跳跃、取食、转迁都是群体活动。这是因为个体间互相影响的结果,因为蝗虫粪便中含有一种叫作"蝗呱酚"的聚集外激素,吸引蝗虫群集。

了解昆虫的群集性,一方面为集中防治提供了方便,另一方面对测报工作提出了更高的要求。

(二)迁移性

不少害虫,在成虫羽化到翅变硬的时期,有成群从一个发生地长距离地迁飞到另一个发生地或小范围内扩散的特性。不论暂时性群集还是永久性群集,因虫口数量很大,食料往往不足,因此要转移为害。这是昆虫的一种适应性,有助于种的延续生存。如东亚飞蝗,不仅群集,而且长距离群迁。此外,某些害虫,还可以在小范围内扩散、转移为害。如黏虫幼虫在吃光一块地的植物后,就会向邻近地块成群转移为害。

了解害虫的迁飞特性,查明它们的来龙去脉及扩散、转移的时期,对害虫的测报与防治,具有重大意义,应该注意消灭它们于转移迁飞为害之前。

▶ 四、自卫习性

昆虫在长期适应环境的演化中,获得了多种多样的保护自身免受天敌伤害的自卫习性。

其中假死性是一些昆虫用以逃生的一种习性,特别当虫体体色与环境相似时更易于逃脱被天敌捕食的危险。当虫体受到机械性(如接触)或物理性(如光的闪动)等刺激后,引起足、翅、触角或整个身体的突然收缩,由停留的地方掉下来,状似死亡,过一会再恢复正常,这种现象被称为假死性。不少昆虫如苹毛金龟子等都有假死性。我们可以利用假死性来捕杀害虫,如摇树振落金龟子等甲虫以捕杀它们,并集中杀死它们。

第四章　昆虫的分类

◆ 学习目标
　　1.了解昆虫分类的意义、依据及分类单元。
　　2.掌握主要害虫类群的识别。

　　我们对于形形色色的昆虫,要进行科学的区分,就是根据昆虫的特征、特性以及生理、生态等的特殊性,通过分析、比较、归纳、综合的基本方法,把种类繁多的昆虫来分门别类,使它们尽可能反映出历史的演化过程,即由低级到高级、由简单带复杂、由亲缘到远缘的关系。这种对昆虫的分门别类就叫作昆虫的分类,研究昆虫分类的科学就叫作昆虫分类学。

　　认识一种昆虫,是研究和改造它的起点。如果连研究的对象都不认识,那么改造(控制或利用)又从何谈起呢? 而昆虫的分类就是帮助我们认识昆虫的最基本的途径。

第一节　昆虫分类的阶元

　　昆虫的分类同其他生物的分类一样,整个生物的分类阶元是:界、门、纲、目、科、属、种七个基本阶元。前面已经提到昆虫的分类地位是:
　　界　动物界
　　门　节肢动物门
　　纲　昆虫纲
　　昆虫纲以下的分类阶元是目、科、属、种四个基本阶元。在纲、目、科、属、种之间以及种下还可以设立其他阶元。如亚纲、亚目、亚科、亚属及亚种;也有在目、科之上设立总目、总科;也可以在亚纲与目之间或在亚目与总科之间设立部等阶元。
　　以东亚飞蝗为例说明它的分类地位:
　　纲　昆虫纲
　　　亚纲　有翅亚纲
　　　部　外翅部
　　　　总目　直翅总目
　　　　目　直翅目
　　　　　亚目　蝗亚目
　　　　　总科　蝗总科
　　　　　科　蝗科

　　　　　亚科　飞蝗亚科

　　　　　　属　飞蝗属

　　　　　　　种　飞蝗

　　　　　　亚种　东亚飞蝗

　　昆虫每个种都有一个科学的名称,称为学名。昆虫种的学名在国际上有统一的规定,这就是双名法,即规定种的学名由属名和种名共同组成,第一个词为属名,第二个词为种名,最后附上定名人。属名和定名人的第一个字母必须大写,种名全部小写,有时在种名后面还有一个名,这是亚种名,也为小写,并且都由拉丁文字来书写。学名中的属名、种名,有的还有亚种名一般用斜体字书写,定名人的姓用正体字书写,以示区别。生物的这一双命名法,是由林奈Linnaeus(1758)创造的。

　　学名举例：　　菜粉蝶　　*Pieris*　　*rapae*　　Linnaeus
　　　　　　　　　　　　　属名　　　种名　　　定名人

　　　　　　东亚飞蝗　*Locusta*　*migratoria*　*manilensis*　Meyen
　　　　　　　　　　　　属名　　　种名　　　　亚种名　　　定名人

第二节　昆虫分类系统

　　昆虫纲的分类系统很多,对分多少个目和各目的排列顺序等全世界无一致的意见。最早林奈将昆虫分为6个目,现代一般将昆虫分为28～33目,马尔蒂诺夫将昆虫分了40目。纲下亚纲等大类群的设立意见也不一致。

　　在介绍有关目的特征时,特推荐中国农业大学杨集昆教授(我国著名的昆虫分类学家,对我国昆虫分类事业有出色的贡献,被誉为"认虫的活字典")创作的昆虫分目科普诗,以帮助掌握该目的主要特征特性。与园艺植物关系密切的主要有直翅目、半翅目、同翅目、缨翅目、脉翅目、鞘翅目、鳞翅目、双翅目、膜翅目等。

▶ 一、直翅目

　　本目全世界记载约有2万种,我国记载约有500种。其中包括很多重要害虫,如东亚飞蝗、华北蝼蛄、大蟋蟀等。

　　(一)本目主要特点

　　体中型至大型,触角丝状,少数剑状,后足为跳跃足或前足为开掘足;咀嚼式口器;前翅革质,后翅膜质,少数翅一对或无翅;雌虫腹末多有明显的产卵器(蝼蛄例外);雄虫多能用后足摩擦前翅或前翅相互摩擦发音;多有听器(腹听器或足听器);渐变态,若虫与成虫相似;一般为植食性,多为害虫。

　　(二)本目重要科特征

　　1.蝼蛄科

　　触角短;前足粗壮,开掘式,胫节宽,有4个大齿,跗节基部有两个大齿,适于挖掘土壤和切断植物根部,后足腿节不甚发达,不能跳跃;发音器不发达;后翅长,伸出腹末如尾状;产卵器不露出体外;听器在前足胫节上,状如沟缝。

为植食性地下害虫,不仅咬食种子、嫩茎、树苗,而且在土中挖掘隧道时,使植物掉根死亡,造成缺苗断垄。我国北方以华北蝼蛄为主,南方以东方蝼蛄为主。

2.蝗科

触角短,不长过身体,一般为丝状,少数种类为剑状或锤状;跗节均为 3 节,第一跗节腹面有 3 个垫;有两对发达的翅,少数为短翅型或无翅;雄虫能以后足腿节刮擦前翅而发音;听器在腹部第一节两侧;产卵器短,呈凿状。

植食性重要的害虫有:

飞蝗,能够发生成灾的主要是东亚飞蝗;此外,还有分布于局部地区的亚洲飞蝗和西藏飞蝗。

土蝗,各地种类不同。如中华负蝗、中华蚱蜢等。

稻蝗,各地普遍发生,为害水稻。

3.螽斯科

产卵器短而阔,刀状;跗节 4 节;一般植食性,少数肉食性。如中华露螽,取食瓜、豆等作物;有的可以产卵于植物组织之间,如为害桑树及柑橘的枝条。

4.蟋蟀科

体粗壮;产卵器细长,剑状;跗节 3 节;听器在前足胫节上,雄虫能昼夜发出鸣声。如北方主要是各种油葫芦、棺头蟋;华南主要是大蟋蟀。它们可以为害各种植物幼苗,或取食根、叶、种子等,是常见的苗圃害虫。

二、半翅目

本目全世界已记载的约有 3 万种,我国记载约有 1 200 种,它是外翅部中第二大目。过去称椿象,现简称蝽。其中包括有许多重要害虫,如为害果树的梨网蝽、茶翅蝽等。本目中有些为益虫,如猎蝽、姬猎蝽、花蝽等,它们可以捕食蚜、蚧、叶蝉、蓟马、螨类等害虫害螨。

(一)本目主要特点

刺吸式口器;具分节的喙,喙从头端部伸出;前翅为"半翅",栖息时平覆背上;前胸很大,中胸小盾片发达(一般呈倒三角形);腹面中后足间多有臭腺开口;陆生或水生;植食性或捕食性;渐变态。

(二)本目重要科特征

1.猎蝽科

喙 3 节,基部弯曲,不紧贴于头下;前翅膜区基部有二翅室;全为肉食性昆虫。如黄足猎蝽、黑红猎蝽等。

2.盲蝽科

小型种类。触角 4 节,无单眼;前翅膜区有两个翅室。多数植食性,如绿盲蝽、苜蓿盲蝽等为害植物;少数肉食性,如食蚜黑盲蝽捕食蚜虫、黑肩绿盲蝽则为稻飞虱重要天敌。

3.姬猎蝽科

体较小。喙长,4 节;触角 4 节(少数 5 节);前胸背板狭长,前面有横沟;前翅膜片上有 4

条纵脉形成 2～3 个长形闭室,并由它们分出一些短的分支;捕食性益虫。如华姬猎蝽。

4.花蝽科

体小或微小。触角 4 节;前翅膜片上有不甚明显的纵脉 1～3 条。常见的种类如小花蝽捕食蚜虫、蚧类、蓟马、叶螨及鳞翅目害虫的卵。

5.缘蝽科

体一般较狭,两侧略平行。触角 4 节;前翅膜片有多数分叉的纵脉,从一条基横脉上生出;全为植食性。如为害草坪的亚姬缘蝽、为害竹类的竹缘蝽及为害瓜类和果树的常见种类。

6.蝽科

体小到大型。触角 5 节;前翅膜片上有多条纵脉,多从一基横脉上生出;中胸小盾片大。如斑须蝽为害烟草,梨椿象为害梨树,菜蝽为害十字花科蔬菜等。

三、同翅目

本目全世界已记载的约有 32 000 种,我国记载约有 700 种,它是外翅部中第一大目。其中包括有许多重要害虫,如蚜虫、蚧类、叶蝉类、飞虱类等。它们除直接吸食为害外,不少种类还能传播植物病害。如灰飞虱能传播小麦丛矮病,可以造成严重减产。

(一)本目主要特点

刺吸式口器,具分节的喙,但喙出自前足基节之间(与半翅目不同);前翅质地相同(全为膜质或全为革质),栖息时呈屋脊状覆在背上,也有无翅或一对翅的;多为陆生;植食性;多为渐变态。

(二)本目重要科特征

1.蝉科

体大型。单眼 3 个;前翅膜质,脉纹粗;成虫刺吸汁液并以产卵刺伤寄主,对树木枝条为害甚重,易使枝条枯死;若虫钻入土中吸食根部汁液。若虫脱下的皮入药,称为"蝉蜕"。常见的种类有蚱蝉、黄蟪蛄等。

2.叶蝉科

体小型,具有跳跃能力。前翅革质;后足发达,胫节下方有两列刺。常见有大青叶蝉、小绿叶蝉为害果树、蔬菜和林木等。

3.飞虱科

体小型,能跳跃。翅透明,不少种类有长翅型和短翅型两类个体。后足胫节末端有扁平的距。如灰飞虱、褐飞虱等为害植物。

4.木虱科

外形似小蝉,善跳。若虫体扁,有侧伸大型翅芽,常分泌蜡丝覆盖虫体。多数加害木本植物,如梨木虱、槐木虱及梧桐木虱等。

5.粉虱科

体小型,活泼。触角 7 节;前翅通常两条脉纹,体翅均被蜡粉。为害蔬菜、花卉的温室白粉虱和橘刺粉虱等。

6.蚜总科

体小型,触角通常 3～6 节,其上有许多感觉孔;跗节 2 节,有翅蚜前翅大,后翅小;腹部第六节上有 1 对圆柱状突起,称腹管,腹末 1 个突起称尾片;有无翅的和有翅的,即多型现象;有世代交替现象和转主现象。如桃蚜、锈线菊蚜等。

7. 蚧总科

统称介壳虫。体形变化大,雌雄异形。雌虫圆形或椭圆形,有发达的口器,喙管虽短,但颚丝很长,能使虫体固定着一处从远距离取食;无翅;触角、眼和足因不用而常消失;体有的柔软,外被蜡质的粉末,有的坚硬被蜡块,或有特殊的蚧壳保护。雄虫出现时期很短(有的种类未发现雄虫),不易看到,只有 1 对薄的前翅,具有 1 条两分叉的脉纹。发育过程雌性不经过蛹期,雄性经过蛹期。

▶ 四、缨翅目

本目全世界已记载的约有 3 000 种,我国已发现 100 多种。其中包括有许多害虫,如为害果树、蔬菜等作物的桔蓟马、烟蓟马、温室蓟马、葱蓟马等。少数种类捕食蚜、螨等害虫害螨,如六点蓟马、纹蓟马等,为益虫类。

(一)本目主要特点

翅极狭长,翅缘密生长毛(缨翅),脉很少或无,也有无翅或一对翅的;足跗节末端有一能伸缩的泡;口器刺吸式,但不对称(右上颚口针退化);多为植食性,少为捕食性;过渐变态(幼虫与成虫外形相似,生活环境也一致;但幼虫转变为成虫前,有一个不食不动的类似蛹的虫态;其幼虫仍称为若虫)。许多种类喜活动于花丛中;有些种类除直接吸食为害外,还可以传播植物病害,或使植物形成虫瘿。

(二)本目重要科特征

1. 纹蓟马科

触角 9 节;前翅较宽,有横脉;产卵器端部向上弯曲。如纹蓟马,多在豆科植物上捕食蚜虫、其他蓟马等。

2. 蓟马科

触角 6~8 节;前翅狭而尖;产卵器端部向下弯曲。如棉蓟马、温室蓟马、花蓟马及烟草蓟马等。

▶ 五、鞘翅目

本目全世界已记载的有 27 万种以上,我国已记载的有 7 000 种,它是昆虫纲中,也是整个生物中最大的一目。其中包括有许多重要害虫,如蝼蛄类、金针虫类(均属重要地下害虫);天牛类、吉丁类(均属蛀干类害虫);叶甲类、象甲类(均属食叶性害虫)以及许多重要的仓库害虫等。此外,还包括有许多益虫,如捕食性瓢虫类、步行虫类及虎甲类等。

(一)本目主要特点

前翅为鞘翅,静止时覆在背上盖住中后胸及大部分甚至全部腹部;也有无翅或短翅型的;口器咀嚼式;触角多为 11 节,形态不一;跗节 5 节;多为陆生,也有水生;食性各异,植食性包括很多害虫,捕食性多为益虫,还有不少为腐食性;全变态,少数为复变态(幼虫各龄间,在形态和习性上又有进一步的分化现象)。

(二)本目亚目区分与重要科特征

1.肉食亚目

第一腹节腹板被后足基节窝所分割;前胸背板与侧板之间有明显的分界;触角多为线状;足跗节通常5节。

(1)虎甲科 体小至中型,多绒毛,有鲜艳的色斑和金属光泽;头大,宽于前胸;翅发达,飞翔迅速;幼虫第五腹节背面有一对到逆的钩刺;成、幼虫捕食性。如多型虎甲、中华虎甲等。

(2)步甲科 体小至大型,色一般幽暗,黑色、黑褐或古铜色,具金属光泽;头比前胸狭;足细长,适于步行;后翅通常退化,不能飞翔;幼虫第九腹节背面有一对尾突;成幼虫以昆虫、蚯蚓、蜗牛为食。常见的如中华广肩步甲、黄缘步甲等。

2.多食亚目

第一腹节腹板不被后足基节窝所分割;前胸背板与侧板之间无明显的分界;触角和跗节有种种变化。

(1)叩头甲科 体狭长,略扁,中等大小,末端尖削;头紧嵌在前胸上;触角锯齿状;前胸背板后侧角突出成锐刺,前胸腹板中间有一尖锐的刺,嵌在中胸腹板的凹陷内;前胸上下能活动,似叩头;成虫仰卧时,依靠前胸的弹动而跃起;各足跗节均5节。幼虫称"金针虫",细长,圆柱形,略扁,黄色或黄褐色,皮肤光滑坚韧,头和末节特别坚硬;有3对胸足;大多生活在土壤中,取食植物的根、块茎和播下的种子。如细胸叩头虫、沟叩头虫等。

(2)吉丁甲科 体小至中型,成虫近似叩头甲,但体色较艳,有金属光泽;触角锯状;前胸不能上下活动(即不能叩头);前胸背板后缘两侧无齿突;幼虫近似天牛幼虫,乳白色,无足,头小;前胸大而扁平。如苹果小吉丁虫等。

(3)金龟甲科 体小至大型,较粗壮;触角鳃片状,通常10节;前足胫节端部宽扁具齿,适于开掘;幼虫体柔软多皱,向腹部弯曲呈"C"形,称蛴螬;成虫取食植物叶、花、果;幼虫土栖,为害植物根、茎。如白星花潜、铜绿丽金龟等。

(4)瓢虫科 体中等大小,卵圆形,背面隆起;鞘翅上有红、黄、黑等斑纹;触角球杆状;跗节似3节(即隐4节)。幼虫有3对胸足;很活泼;体上常有枝刺、毛疣或有蜡质丝状分泌物。有两个重要亚科:

①瓢虫亚科 成虫背面多无毛,有光泽;触角着生于两复眼之前;幼虫身上的毛多而柔软;成幼虫肉食性,是植物害虫的重要天敌。如七星瓢虫、异色瓢虫等。

②食植瓢虫亚科 成虫背面有毛,少光泽;触角着生于两复眼之间;幼虫身上的刺突坚硬;成幼虫植食性,是为害植物的害虫。如马铃薯瓢虫。

(5)天牛科 体长形,略扁;触角特别长;复眼肾脏形,围在触角的基部;足跗节为隐5节(即似4节);幼虫体较长,圆柱形,扁,前胸背板大而扁平;胸足退化,留有痕迹;幼虫多钻蛀树木的根、茎并深入到木质部,作不规则的隧道,有孔通向外面,排出粪粒。如葡萄虎天牛、桃红颈天牛等。

(6)叶甲科 体小至大型,卵圆形或长形,多有美丽的金属光泽,故有"金花虫"之称;复眼圆形;触角线状;跗节隐5节;有些种类后足发达善跳;幼虫体形多样;成幼虫均为植食性,多取食叶片,也有一些蛀茎或根部。如黄条跳甲、菜蓝跳甲等。

(7)豆象科 体小,卵圆形,坚硬,被鳞片;触角锯齿状、梳状或棒状;复眼大;跗节隐5节;

老熟幼虫白色或黄色,柔软肥胖,向腹部稍弯曲;足退化,呈疣状突起。如豌豆象、绿豆象等。

(8)象甲科　体小至大型,粗糙,色暗(少数鲜艳),有金属光泽;头部向前延伸呈象鼻状;口器很小,着生于头端部;触角膝状,端部膨大。幼虫体柔软,肥而弯曲,头部发达,无足;成幼虫均为害植物。如梨象甲等。

◢ 六、脉翅目

本目全世界已记载的有 5 000 种,我国已知有 200 余种。本目几乎都是益虫,成虫和幼虫几乎都是捕食性,以蚜、蚧、螨、木虱、飞虱、叶蝉以及蚁类、鳞翅类的卵及幼虫等为食;少数水生或寄生。其中最常见的种类是草蛉,其次为褐蛉等。我国常见草蛉有大草蛉、丽草蛉、叶色草蛉、普通草蛉等十多种,有些已经应用在生物防治上。

(一)本目主要特点

翅二对,膜质而近似,脉序如网,各脉到翅缘多分为小叉,少数翅脉简单但体翅覆盖白粉;头下口式;咀嚼式口器;触角细长,线状或念珠状,少数为棒状;足跗节 5 节,爪 2 个;卵多有长柄;全变态。

(二)本目重要科特征

草蛉科

成虫中等大小,体细长,柔弱,草绿色、黄白色、灰白色;复眼有金属光泽;触角长,线状;翅多无色透明,少数有褐斑;卵有长柄;幼虫纺锤形;蛹包在白色圆形的茧中;成虫有趋光性。喜捕食蚜虫,故有"蚜狮"之称。如中华草蛉、丽草蛉和大草蛉。

◢ 七、鳞翅目

本目全世界已记载的约有 14 万种,我国记载约有 7 000 种,它是昆虫纲中第二大目。其中包括有许多重要害虫,如桃小食心虫、苹果小卷叶蛾、棉铃虫、菜粉蝶、小菜蛾以及许多鳞翅目仓虫,如印度谷螟等。此外,著名的家蚕、柞蚕也属于本目昆虫。

(一)本目主要特点

虹吸式口器;体和翅密被鳞片和毛;翅两对,膜质,各有一个封闭的中室,翅上被有鳞毛,组成特殊的斑纹,在分类上常用到;少数无翅或短翅型;跗节 5 节;无尾须;全变态。幼虫多足型,除三对胸足外,一般在第 3～6 及第 10 腹节各有腹足一对,但有减少及特化情况,腹足端部有趾钩;幼虫体上条纹在分类上很重要;蛹为被蛹。

成虫一般取食花蜜、水等物,无害(除少数外,如吸果夜蛾类为害近成熟的果实)。幼虫绝大多数陆生,植食性,为害各种植物;少数水生。

(二)本目亚目区分与重要科特征

1. 轭翅亚目

包括低等蛾类。触角不呈棒状;上颚发达;前后翅连接为翅轭式;前后翅的脉序相似。

蝙蝠蛾科　体小到大型,粗壮多毛;口器退化,喙短;触角短,丝状,雄虫呈梳状;幼虫体粗壮,有皱纹和毛疣,腹足 5 对,趾钩全环式。生活在树木茎干中或植物根间。常见种类如蝙蝠蛾,中药中的冬虫夏草就是真菌虫草菌寄生于虫草蝙蝠蛾等幼虫体上生成的。

2.缰翅亚目

包括大多数夜间活动的蛾类。触角呈线状、栉状或羽状,极少呈棒状;上颚不发达;前后翅连接翅缰式;前后翅脉序不同。

(1)麦蛾科　体型小,颜色暗淡;触角第一节上有刺毛排列呈梳状;下唇须向上弯曲伸过头顶,末节尖细;前翅狭长,端部尖,后翅外缘凹入或倾斜,顶角突出,后缘有长毛;幼虫圆柱形,白色或红色,趾钩环式或二横带式双序。主要害虫有麦蛾、棉红铃虫、马铃薯块茎蛾和甘薯麦蛾等。

(2)卷蛾科　体小到中型,多为褐色或棕色;前翅多数呈长四边形,少数呈狭长形,静止时保持屋脊状,似钟罩;幼虫圆柱形,体色变化大,前胸气门前的骨片上有3根毛,肛门上方多有臀栉。有卷叶、缀叶、蛀果或蛀食种子的习性,多为果树害虫,如棉褐带卷蛾、大豆食心虫等。

(3)螟蛾科　体小到中型,柔弱,腹部末端尖削;鳞片细密紧贴,体显得比较光滑;下唇须长,伸出头的前方;翅三角形,后翅臀区发达,臀脉3条;幼虫体细长,光滑,毛稀少,趾钩2序,很少3序或单序,排成缺环式,只少数排成全环,前胸气门前毛2根。幼虫喜欢隐蔽,食性基本分为卷叶作苞、钻蛀茎秆、蛀食果实种子、取食贮藏物,夜盗性的。如梨大食心虫、玉米螟等。

(4)尺蛾科　体小到大型,细长;翅薄而宽大,外缘有的凸凹不齐,后翅第一条脉纹的基部分叉,臀脉只一条;有的雌虫无翅或翅退化;幼虫只有腹足2对,着生于第六和第十节上,行动时身体一曲一伸,"尺蠖"的名称即由此而来。如为害林木的大造桥虫等。

(5)夜蛾科　鳞翅目中最大的科。体中到大型,色多深暗,体粗壮,毛蓬松;前翅三角形,密被鳞片,形成色斑,后翅较前翅阔;触角丝状、栉状或羽状;幼虫体粗壮,光滑少毛,体色较深,腹足通常5对,少数3对或4对,趾钩中列式单序,前胸气门前毛片上有2根毛。植食性,白天卷曲潜伏土中,夜间出来活动,故有"地老虎""夜盗虫"之称,如大、小、黄地老虎;少数在植物表面活动取食,或钻蛀茎秆或果实,如棉铃虫等。

(6)毒蛾科　体中型,粗壮,鳞毛蓬松;体色多为白、黄、褐等色;触角多为栉状或羽状;休息时多毛的前足常伸向前方;多种种类雌虫腹末有毛丛;幼虫体被长短不一的鲜艳簇毛,毛有毒;腹部第六、七节背面中央各具一翻缩腺,趾钩单序中列式。多为害林木,如舞毒蛾等。

(7)舟蛾科　又名天社蛾。中至大型,体灰褐或浅黄色;触角丝状或锯齿状;幼虫大多颜色鲜艳,腹足4对,臀足退化或特化成枝状,休息时一般只靠腹足固着,头、尾翘起,其状如舟,故有"舟形虫"之称,如舟形毛虫。

(8)灯蛾科　体中型,粗壮且较鲜艳;腹部多为黄或红色,常有黑点;翅多为白、黄或灰色,翅面常有条纹或斑点;触角羽状或丝状;幼虫体上有突起,上生浓密的毛丛,毛长短较一致;背面无分泌腺。如黄腹灯蛾、红腹灯蛾为害林木,美国白蛾为国内外重要检疫害虫。

(9)天蛾科　体大型,粗壮,纺锤形,末端尖削;触角中部加粗,末端弯曲呈钩状;前翅大而狭,顶端尖而外缘倾斜,后翅较小;幼虫粗大,胴部每节分为6～8个小节;第八腹节有一尾状突起叫尾角。如葡萄天蛾等。

(10)蚕蛾科　体中型,粗壮;触角羽状;翅宽阔;幼虫有尾角,身体每节最多分为2～3小节。如家蚕,是有名的产丝益虫。

(11)天蚕蛾科　体型特别大,色多绚丽;翅上一般有透明的斑,某些种类后翅有长的尾角;幼虫粗壮,体多枝刺,趾钩中列式,二序。如樗蚕。

3.锤角亚目

包括蝶类，白天活动。触角端部膨大呈棒状；休息时翅直立背上。

(1)凤蝶科　体中或大型，颜色显著，多为黄色或黑色，有红、绿蓝色等色斑；呈三角形，后翅外缘呈波状，有尾状突起；幼虫身体多数光滑，前胸背中央有"臭角"，遇惊时翻出体外，呈"丫"状；趾钩中带式，2序或3序。如黄凤蝶。

(2)粉蝶科　体中型，白色或黄色，有黑色或红色斑点；前翅三角形，后翅卵圆形；幼虫圆柱形，细长，表面有许多小突起，绿色或黄色，有的有纵线，头大，胴部每节分为4～6个小节，趾钩同凤蝶。如菜粉蝶。

(3)蛱蝶科　体中或大型，有各种鲜艳的色斑、闪光，显得格外美丽；前足很退化，常缩起不起作用；触角的端部特别膨大；幼虫头部常有突起，胴部常有成对的棘刺；腹足趾钩中列式，3序，很少2序。如大红蛱蝶、小红蛱蝶。

(4)眼蝶科　体小或中型，颜色多不鲜艳，翅上常有大小的眼状斑纹；前足退化；幼虫体呈纺锤形，前胸和末端消瘦而中部肥大，头比前胸大，分为2瓣或有2个角状突起，胴部各节再分小节，趾钩中列式，单序、2序或双序。如稻眼蝶。

八、双翅目

本目全世界已记载的约有85 000种，我国记载有1 700多种，它是昆虫纲中第四大目。其中包括有许多重要卫生害虫和农业害虫，如蚊类、蝇类、牛虻等。此外还包括有食蚜蝇、寄生蝇类等益虫。

(一)本目主要特点

前翅一对，后翅特化为平衡棒，少数无翅；口器刺吸式或舐吸式；足跗节5节；蝇类触角具芒状，虻类触角具端刺或末端分亚节，蚊类触角多为线状(8节以上)；无尾须；全变态或复变态。幼虫无足型，蝇类为无头型，虻类为半头型，蚊类为显头型。蛹为离蛹或围蛹。

(二)本目亚目区分与重要科特征

1.长角亚目

触角长，一般长于头胸部，8～18节，有的多达40节；幼虫全头型；蛹为被蛹，少数离蛹。包括蚊、蠓、蚋。

(1)摇蚊科　体小或微型，柔弱；触角细长，14节，多毛，基部膨大，雄性的羽状；后胸有纵沟；足细长，前足特别长，休息时举起。多生活在水中。如稻摇蚊、萍摇蚊。

(2)瘿蚊科　体瘦弱；足细长；触角长，10～36节，念珠状，上生长毛；复眼发达，或左右愈合成一个；前翅阔，只有3～5条脉纹，横脉很少，基部只有一个闭室；幼虫纺锤形，或后端较钝，头很退化；中胸腹板上通常有剑骨片，是弹跳器官。如麦红吸浆虫。

2.短角亚目

触角短，比头胸部短，一般3节，第三节有分节遗迹或具端刺；幼虫半头型；蛹为被蛹。虻类。

盗虻科　有叫食虫虻科。体细长，多刺毛；头顶凹陷而复眼突出。成幼虫均捕食性，吸食其汁液。如中华盗虻。

3.芒角亚目

触角 3 节,第三节上有一根刚毛状的刺毛,称触角芒;幼虫无头型;围蛹。蝇类。

(1)无缝组:无额囊缝 食蚜蝇科:体小至大型,外形像蜂,具蓝、绿等金属光泽和各种彩色斑纹;头大,与胸部约等宽;复眼大,雄的合眼式;前翅有与外缘平行的横脉,使径脉和中脉的缘室成闭室;常在花香植物上飞舞,取食花蜜;幼虫长而略扁,皮肤粗糙,体侧有短的突起。多为捕食性,大量捕食蚜虫、介壳虫、粉虱、鳞翅目小幼虫等。如大灰食蚜蝇等。

(2)有缝组:有额囊缝

①无瓣类 前翅无腋瓣;中胸盾沟无或不完整。

a.潜蝇科 体小型,黑色或黄色;翅前缘脉只有一个折断处,中脉间有 2 闭室,后方有一个小臀室;幼虫潜伏叶内取食。如豌豆潜叶蝇等。

b.秆蝇科 体微小或小型,多数绿色或黄色;翅前缘脉只有一个断裂处,中脉间只有一个翅室,无臀室;幼虫钻蛀草本植物茎秆。如麦秆蝇等。

c.水蝇科 体小型,色暗;翅前缘脉有 2 个折断处;多数水生。如稻水蝇等。

②有瓣类 有腋瓣;中胸盾沟明显而完整。

a.种蝇科 亦称花蝇科。体小至中型,细长多毛,黑色、灰色或黄色;翅脉全是直的;大多数腐食性,少数加害植物。如根蛆类。

b.寄蝇科 体中等大小,粗壮,黑色或褐色;翅中脉第一分支向前弯曲,也很像常见的家蝇;幼虫寄生性,多寄生鳞翅目幼虫和蛹或其他昆虫体上。

九、膜翅目

本目全世界已记载的约有 12 万种,我国记载约有 1 500 种,它是仅次于鞘翅目、鳞翅目而居第三位的大目。其中除少数为植食性害虫(如叶蜂类、树蜂类等)外,大多数为肉食性益虫(如寄生蜂类、捕食性蜂类及蚁类等);此外,著名的蜜蜂类就属于本目昆虫。

(一)本目主要特点

翅二对,膜质,前翅一般较后翅大,后翅前缘具一排小翅钩列;咀嚼式或嚼吸式口器;腹部第一节多向前并入后胸(称为并胸腹节),且常与第二腹节间形成细腰;雌虫一般有锯状或针状产卵器;触角多为膝状;足跗节 5 节;无尾须;全变态或复变态。幼虫一类为无足型,一类为多足型(叶蜂类:除 3 对胸足外,还具 6～8 对腹足,着生于腹部第 2～8 节上,但无趾钩)。蛹为离蛹,一般有茧。

本目几乎全部陆生。主要为益虫类,除大多数分为天敌昆虫外(寄生蜂类、捕食性蜂类与蚁类),尚有蜜蜂等资源昆虫及授粉昆虫。本目一些种类营群居性或"社会性"生活(蜜蜂和蚁)。

(二)本目亚目区分与重要科特征

1.广腰亚目

胸腹部广接,不收缩成腰状;产卵器锯状或管状;植食性。

(1)叶蜂科 体粗壮;前胸背板后缘深凹入;前足胫节有两端距;产卵器锯状;幼虫腹足 6～8 对,位于腹部第 2～8 节和第 10 节上,无趾钩;食叶。如梨大叶蜂等。

(2)茎蜂科　体细长;前胸背板后缘平直;前足胫节只有一个端距;产卵器短,能收缩;幼虫无足,腹末有尾状突起;蛀食植物茎秆。如梨茎蜂等。

2.细腰亚目

胸腹部连接处收缩呈细腰状;腹部最后一节腹板纵裂,产卵器着生处离腹末有一段距离。多为寄生性蜂类。

(1)姬蜂科　体小至大型;触角线状;卵多产于鳞翅目幼虫体内。如各种姬蜂。

(2)茧蜂科　体小或微小型;触角线状;幼虫在寄主体内、体外或寄主附近结黄色或白色小茧化蛹,故称"茧蜂"。如蚜茧蜂。

(3)小蜂科　体小或极微小型;触角多呈膝状;后足腿节膨大,胫节有 2 端距;寄生于鳞翅目、鞘翅目等幼虫和蛹中。如广大腿小蜂。

(4)金小蜂科　体小型,多为金绿色、金蓝色或金黄色,有金属光泽;后足腿节不膨大,胫节只有一个端距;寄生于鳞翅目、双翅目昆虫。如黑青小蜂。

(5)纹翅小蜂科　亦称赤眼蜂科。体微小型,黑色到浅褐色;触角膝状;前翅宽,翅面微毛排成纵的行列,后翅狭,刀状;寄生于各种昆虫卵内。如各种赤眼蜂。

3.针尾亚目

胸腹部连接处收缩呈细腰状;腹部最后一节腹板不纵裂,产卵器特化成螯刺。

(1)蚁科　是熟知的蚂蚁。体小到中型,呈黑、褐、黄、红等色;多态性,群栖;有些种类肉食性,捕食小虫。如红树蚁防柑橘害虫。红蚂蚁能取食 60 种以上害虫。

(2)胡蜂科　体中到大型,黄或红色;翅狭长,休息时能纵折;成虫捕食性,也能加害苹果、葡萄等果实,取食汁液。如普通长腿胡蜂。

(3)蜜蜂科　体生密毛,毛多分枝;头胸一样宽,后足为携粉足,成为采集与携带花粉的器官。如中国蜜蜂、意大利蜜蜂。

附:蜱螨目

与植物有关的害虫或益虫属于昆虫纲,但也有一部分属于蛛形纲蜱螨目。

(一)蜱螨目特征

蜱螨类与昆虫的主要区别在于:体不分头、胸、腹三段;无翅;无复眼,或只有 1~2 对单眼;有足 4 对(少数有足 2 对或 3 对);变态经过卵—幼螨—若螨—成螨。与蛛形纲其他动物的区别在于:体躯通常不分节,腹部宽阔地与头胸相连接。

(二)形态特征

体通常为圆形或卵圆形,一般由四个体段构成:颚体段、前肢体段、后肢体段、末体段。颚体段即头部,生有口器,口器由 1 对螯肢和 1 对足须组成。口器分为刺吸式或咀嚼式两类。刺吸式口器的螯肢端部特化为针状,称口针,基部愈合成片状,称颚刺器,头部背面向前延伸形成口上板,与口下板愈合成一个管子,包围口针。咀嚼式的螯肢端节连接在基节的侧面,可以活动,整个螯肢呈钳状,可以咀嚼食物。前肢体段着生前面两对足,后肢体段着生后面两对足,合称肢体段。足由 6 节组成:基节、转节、腿节、膝节、胫节、跗节。末体段即腹部,肛门和生殖孔一般开口于末体段腹面。

(三)生物学特性

多两性卵生。发育阶段雌雄有别。雌性经过卵、幼螨、第一若螨、第二若螨到成螨;雄性则无第二若螨期。有些种类进行孤雌生殖。繁殖迅速,一年最少2～3代,最多20～30代。

(四)主要科的特征

1. 叶螨类

体长约1 mm以下,梨形,后端较尖。前面略呈肩状,口器刺吸式。植食性,通常生活在植物叶片上,刺吸汁液,有的能吐丝结网。如为害果树的山楂叶螨,为害茄子的茶黄螨等。

2. 瘿螨科

体极微小,长约0.1 mm,蠕虫形,狭长。足2对,前肢体段背板大,呈盾状,后肢体段和末体段延长,分为很多环纹。为害果树和农作物的叶片或果实,刺激受害部变色或变形或形成虫瘿。如为害葡萄的葡萄瘿螨等。

3. 粉螨科

体白色或灰白色。口器咀嚼式,前体段与后体段之间有一缢缝。足的基节与身体腹面愈合为5节。为仓库中最常见的一类害虫。如粉螨、卡氏长螨等。

4. 植绥螨科

体小,椭圆形,白色或淡黄色。足须跗节上有2叉的特殊刚毛,雌虫螯肢为简单的剪刀状,雄虫的螯肢的活动趾上有一导精管;背板完整,着生刚毛20对或20对以下。捕食性。如智利小植绥螨、纽氏钝绥螨,在果园试用防治叶螨。

第五章　昆虫与环境的相互关系

◆ 学习目标
　　1.了解昆虫生态学、种群、生物群落、生态系、农田生态系的概念。
　　2.理解昆虫生态因子及人类农业生产活动对昆虫消长的影响。

　　我们要认识昆虫,不仅要从本身的特征特性去了解它,还必须从它与周围环境的相互关系中去研究它、了解它。

　　害虫能否大量发生和严重为害,除了受害虫本身的内部因素(如种群基数、繁殖能力、为害特性等)所决定外,害虫与环境的关系,即环境条件是否有利于害虫,也是害虫能否大量发生和猖獗为害的外界因素。

　　前面各章我们讨论了昆虫本身的形态特征、内部解剖及生理和生物学特性,本章将讨论昆虫与环境的相互关系,也就是讨论昆虫对环境条件的要求,以及它在环境条件的综合作用下的兴衰规律。我们掌握了这些规律,对于害虫,就有可能主动地改造环境,使之不利于害虫而有利于农业生产,并为综合防治害虫提供科学根据;对于益虫,就能主动保护环境,并创造更有利的环境条件以促使益虫的大发展。

第一节　环境分析

　　昆虫与环境的关系,总的表现在物质和能量的交换上:昆虫从环境中吸收营养、水分和氧气等构成自身,同时把获得的能量用于生命活动中,并将新陈代谢的产物排放到环境里。也就是说,昆虫通过新陈代谢的方式和环境互相联系着,本身也构成环境的一部分。昆虫在长期的历史发展中,通过自然选择的方式,获得了对环境条件的适应性,但这种适应性永远是相对的。环境条件在不断地变化着,可以引起昆虫的大量死亡或者大量发生;同时,昆虫自己的生命活动也在不断地改变着生活的环境。因此,昆虫与环境的关系是辩证对立统一的关系。

　　各种昆虫为了自己的生长发育和繁殖,对于环境条件有它各自的特殊要求,也就是说对环境条件各有自己的标准要求,这在生态学上叫作该种昆虫的生态标准。这是昆虫遗传性的一种表现,是种的保守性的一面。另一方面,昆虫为了适应变化的环境条件以保存和发展自己,因而能忍受一定程度的环境条件的变化,昆虫的这种适应性叫作生态可塑性。这是种的进步性的一面。各种昆虫的适应能力各不相同,适应能力强的种叫作广可塑性种(也叫作广适应性种),适应性弱的种叫作狭可塑性种(也叫作狭适应性种)。很明显,防治广可塑性种的害虫将会更困难些。

　　环境是由各种生态因子组成的,生态因子指环境中影响有机体生命的各种条件。按生态因子的性质,通常将其分为非生物因子(又称为自然因子)与生物因子两大类。非生物因子指各类物理因子或化学因子,如温度、光、湿度、降水(雨、雪、雹、霜、雾、露等)、气流、气压(以上这些因子又统称为气候因子),以及空气(氧气、二氧化碳等)、水分、盐分、各种生物化学因子(以上这些因子属于化学因子)。生物因子中包括食物因子、天敌因子及其他生物因子。从地球的生物圈上看,生物环境主要指三大类,即大气、水域和陆地(尤指土壤)。

　　环境是各种生态因子相互影响综合作用于昆虫的总体。但各种生态因子对于昆虫的作用并不是同等重要的。有些因子是昆虫生活必需的,如食物、水分、氧气、热能等,它们是昆虫的生存条件,缺一就不能生存。有些因子对昆虫有很大影响,但不是生存所必需的,称为作用因子,如天敌和人的活动等(当然人的作用和自然因子不能并列而论,因为人可以能动地改变自然因子)。

　　应该指出,在一定的时间、空间条件下,总会有一些(或一个)因子对昆虫种群数量动态起主导作用。找出这些主导因子,对害虫的测报有重要意义。

　　下面分别介绍气候因子、土壤环境及生物因子。

第二节　气候因子

　　气候因子包括温度、光、湿度、降水、气流、气压等。在自然条件下,这些气候因子是综合作用于昆虫的,但各因子的作用并不相同,其中尤以温度(热)、湿度(水)对昆虫的作用最为突出。昆虫在形态、生理和行为等方面,都反映了对它们的适应性。但这种适应有一定的范围,当变化的气候条件超出了一定范围时,就直接或间接(通过对食物、天敌等的影响)地引起昆虫种群数量的变化。

　　在具体观察和分析气候因子时,要注意大气候(一般气象台观测的气候)、地方气候(一定生态环境的气候)及小气候(一般离地面 1.5～2.0 m 气层内的气候)之别,特别要注意昆虫栖息场所的小气候条件。

▶ 一、温度

　　昆虫是变温动物,它的体温基本上取决于环境温度。因此,环境温度对于昆虫的生长、发育和繁殖有极大的作用;适应的环境温度是昆虫的生存条件。另一方面,环境温度通过影响食物、天敌和其他气候因子等间接作用于昆虫。

(一) 昆虫对温度的反应

1. 温区的划分

　　昆虫的生长发育和繁殖要求一定的温度范围,这个温度范围称为有效温区(或适宜温区),在温带地区一般为 8～40℃。其中有一段温度范围对昆虫的生活力与繁殖力最为有利,称为最适温区,一般为 22～30℃。有效温区的下限,是昆虫开始生长发育的起点,称为发育起点,一般为 8～15℃。在此点以下,有一段低温区使昆虫生长发育停止,昆虫处于低温昏迷状态,这段低温区称为停育低温区,一般为 8～-10℃。再下昆虫因过冷而立即死亡,称为致死低温区,一般-10～-40℃。同样,有效温区的上限,即最高有效温度,称为高温临界,一般为 35～

40℃。其上边也有一段停育高温区,通常 40～45℃,再上为致死高温区,通常 45～60℃。

　　2.昆虫的抗寒性和抗热性

　　它们主要由昆虫的生理状态所决定。一般来讲体内组织中的游离水少,结合水(被细胞原生质的胶体颗粒所吸附的水分子)多,其抗性就高,反之则低。这是因为结合水不易被高温蒸发和被低温冻结。同时,体内积累的脂肪和糖类的含量越高,抗寒性也越强。昆虫在越冬前体内组织发生一系列的变化,减少游离水,增多结合水、脂肪和糖类,以增强抗寒力,安全越冬。如果秋暖骤然降温严寒早临,虫体越冬准备不足就会大量死亡;或者春暖虫体复苏解除越冬状态,骤然春寒,也会造成大量死亡。了解这些情况,对于分析气象资料作害虫测报时很有帮助。一般越冬虫态的抗寒力最强,老熟幼虫次之,正在生长发育的虫态最差。

　　一般昆虫对高温的忍受能力远不及对低温的忍受能力强。这就是利用高温杀虫比利用低温杀虫效果好得多的根据。许多越冬昆虫能忍受冰点以下的温度,甚至体内已结冰仍不死亡,但在高温时,昆虫的细胞原生质很快变性而死亡。

(二)温度对昆虫的影响

　　环境温度对昆虫的生长、发育、繁殖、寿命、活动以及分布等都有很大的影响。在生长发育上,影响昆虫的新陈代谢快慢和发育速度。在有效温度范围内,发育速率(所需天数的倒数)与温度成正比,即温度愈高,发育速率愈快,而发育所需天数就愈少。

　　1.温度对昆虫繁殖力的影响

　　在最适温度范围内,昆虫的性腺成熟随温度升高而加快,产卵前期缩短,产卵量也较大。在低温下成虫多因性腺不能成熟或不能进行性活动等而减低繁殖力。在不适宜的高温下,性腺发育也会受到抑制,生殖力也下降。过高的温度常引起昆虫不育,特别易引起雄性不育。

　　2.温度对昆虫其他方面的影响

　　温度不仅影响昆虫的生长发育和繁殖,也影响昆虫的寿命。一般情况下,昆虫的寿命随温度的升高而缩短,这也是温度影响了昆虫新陈代谢速率的缘故。

　　温度对昆虫的行为活动影响也很大。在适温范围内,昆虫的活动随温度的升高而加强。

▶ 二、湿度和降水

　　降水包括降雨、下雹、降雪及雾、露等。降水影响温湿度,对昆虫有直接和间接两方面的影响。

(一)水对昆虫的意义

　　湿度和降水问题,实质就是水的问题。水是昆虫进行一切生理活动的介质,是昆虫的生存条件,没有水就没有昆虫的生命。这只要看看昆虫身体的含水量就可以知道了。一般虫体的含水量为体重的 46%～92%,有些水生昆虫可高达 99%。不同昆虫的含水量不同,都有自己的适当含水量。不同虫态含水量也不同,一般幼虫含水量都高,越冬幼虫含水量则较低。

　　根据不同昆虫对水分的要求不同,可分为水生昆虫、土栖昆虫和陆生昆虫三大类。

　　昆虫所需的水分主要由食物中获得,有些种类也可以直接饮水,如蜜蜂及一些蛾、蝶类等。水生昆虫可以直接从水中获得水分,一般昆虫失去水分的主要途径是通过呼吸由气门丧失,其次是粪便、体壁的节间膜部分的蒸发。昆虫从环境中吸取水分供身体的正常生理活动,同时通过呼吸、排泄,将多余的水分排出体外,并以此调节体温(特别在高温环境下通过水分的蒸发来降低体温)。因此,昆虫的正常生理活动只能在获水与失水的动态平衡中进行。如果水分失去平衡,则正常的生理机能受阻,严重时发生死亡。

(二)昆虫对湿度的反应

同对温度的反应一样,也有适宜湿度范围和不适宜范围,甚至致死湿度范围,但不像温度那样明显,一般适宜范围也比较大。

(三)湿度对昆虫的影响

也同温度一样,但不及温度那样突出。如湿度对昆虫发育速率有影响,一般来讲,在一定温度条件下,湿度才会影响昆虫的发育速率,一般湿度越高,发育历期越短;湿度对昆虫的成活率和繁殖力也有影响,一般湿度大,产卵量高,卵的成活率与孵化率也高。

综上所述,昆虫的生长发育和繁殖都需要相当高的湿度,干旱对昆虫的生长发育和繁殖不利,特别在高温下,更为不利。但也有相反的情况,有的昆虫要求低湿,这样的害虫干旱年份往往发生重。

(四)降雨对昆虫的影响

可以直接影响昆虫的数量变化,但受降雨时期、次数、雨量而异。降雨还影响空气的湿度和温度等,进而影响昆虫。

暴雨对于弱小的害虫如蚜虫、螨类有机械的冲刷作用。春夏多雨,洼地长期积水,不利于东亚飞蝗卵的存活。

连续降雨会影响寄生性天敌的寄生率,如赤眼蜂、姬蜂等。大雨可迫使远距离迁飞的昆虫(如黏虫)中途降落。降雨会使许多昆虫停止飞行活动,因而会影响灯光诱虫的效果。

总之,降雨对昆虫种群数量动态有很大的影响,在害虫测报中要注意对这一生态因子进行具体分析。

▶ 三、温湿度的综合作用

在自然界中,温度与湿度总是同时存在相互影响并综合作用于昆虫的。

在一定的温湿度范围内,不同温湿度组合可以产生相似的生物效应。在相同温度下,湿度不同时产生的效应不同;反过来也是这样。

为了更好地说明温湿度对昆虫的综合作用,常常采用温湿系数和气候图来表示说明。

(一)温湿系数

即湿度与温度的比值。公式为:温湿系数=平均相对湿度/平均温度

(二)气候图

根据一年或数年中各月的温湿度组合,可以绘制成气候图,用来分析昆虫的地理分布及数量动态。绘制时,纵轴表示每月平均温度、横轴表示每月平均相对湿度或每月总降水量。

也应指出,在用气候图时一样存在着一定的局限性,因只考虑了温湿度两个生态因子。在分析昆虫种群数量动态和分布时,还应结合其他因子来综合考虑。

四、光

光同温湿度一样,也是一个重要的气候因子。光对昆虫的影响基本上有三个方面:光的强度(能量)、光的性质(波长)以及光照周期(简称为光周期,指昼夜长短及其季节性变化)。

(一)光的强度

即光的辐射能量。主要影响昆虫的活动节律及行为习性,这表现在昆虫的日出性与夜出性、趋光性与背光性上。昆虫对光强度的要求也有一定的范围,在该范围内,趋光性随着光强度的增加而加强,低于下限则无趋光性,高于上限趋光性也不再增加。各种昆虫不同,要求的光强度也不同。

(二)光的性质

光是一种电磁波,因为波长不同,显出各种不同的性质。太阳光通过大气层到达地面的波长为 290～2 000 nm,人眼能见的光只限于 390～750 nm。波长不同显出不同的光色,随着波长由 750 nm 逐步缩短为 390 nm 的过程中,可见光色由红、橙、黄、绿、青(蓝绿)、蓝、紫的变化。短于 390 nm 的是紫外光,长于 750 nm 的是红外光,人眼都不能见。

昆虫辨别光波的能力与人不同,能见的光在 250～700 nm 之间,偏于短光波,即昆虫可以见到紫外光(人眼看不到)而见不到红外光,有些红色花能反射紫外光,昆虫对它们也有识别能力,这也是利用黑光灯诱虫效果好的道理。人类可以辨别可见光谱中的 60 种光色,而昆虫中视觉较发达的蜜蜂只能辨别 4 种光色,即紫、绿、黄、红。不同昆虫对光波各有特殊的反应。如蚜虫,对黄色光波有趋光性对银灰色光波有背光性,这就可以利用黄色板来诱蚜,利用银光来驱蚜,而在我国南方柑橘园中有一种吸果危害的嘴壶夜蛾,对黄光有背光性,这就可以利用黄光来驱蛾。许多植食性昆虫对紫、蓝、绿色表现出趋性,如菜粉蝶等。而黏虫雌成虫产卵却喜欢趋向于黄褐色的枯叶(谷子)和枯雄穗(玉米)。由此可见,不同颜色的光波,可成为不同种类的昆虫生命活动的信息。

有些昆虫的不同性别对光波的反应也有差别,如大黑金龟子雄成虫有趋光性,而雌性成虫却无。这一现象在利用灯光诱杀害虫时应该予以注意。

(三)光周期

这是指一天中昼夜的交替现象,一般以 24 h 中日照时数来表示。光周期在不同地理纬度上有不同程度的季节变化(赤道上无变化)。在北半球,"夏至"昼最长夜最短,"冬至"昼最短夜最长,"春分""秋分"昼夜时数相等。这种光周期的季节变化在一定纬度地区是相当稳定的。因此对生活于该纬度地区的生物的影响也是深刻而稳定的,并使生物获得了遗传上的稳定性。昆虫也不例外。

光周期对昆虫的生命活动节律起着重要的信息作用,它是引起昆虫滞育的主导因子。有些昆虫以长日照的出现为信息而进入滞育(夏眠性昆虫,如大地老虎等),称此类为长日照滞育型(或称为短日照发育型,因为此类昆虫为在短日照下不发生滞育)。另一些昆虫以短日照的出现为信息而进入滞育(冬眠性昆虫,如蚜虫等),称此类昆虫为短日照滞育型(或长日照发育型,因为此类昆虫在长日照下不发生滞育)。属于长日照滞育型的昆虫种类很少;属于短日照滞育型的昆虫种类很多,生活于温带及寒温带地区的昆虫大多属于此类;有些种类属于中间型,如桃小食心虫;也有的种类对光照无反应,如秋千毛虫。

昆虫对光周期能起反应的虫态称为感应光照虫态,进行滞育的虫态称为滞育虫态。如菜粉蝶以幼虫为感应光照虫态,以蛹为滞育虫态。

能够引起一种昆虫种群的50%个体进入滞育的光周期,称为临界光周期。

光周期还对昆虫的世代交替起着信息作用。如蚜虫在短光照条件下产生有翅性蚜,出现两性世代;在长日照条件下出现单性世代。

研究昆虫种群在光周期影响下的滞育规律,在昆虫测报上很重要。值得注意的是,除光周期是引起滞育的主导因子外,温湿度及食料等也是引起滞育的重要因子。在研究滞育时应该考虑这些生态因子的综合影响。

五、风

风对昆虫的迁飞、扩散起着重要作用。许多昆虫可以借助风力传播到很远的地方。如蚜虫在风力的帮助下可以迁飞到1 220～1 440 km之外的地方;一些蚊蝇也可以被风带到25～1 680 km以外;甚至一些无翅昆虫可以附在枯叶碎片上被上升气流带到高空再传播到远方。我国东半部地区黏虫成虫的季节性远距离迁飞,都与季风有密切关系。其他迁飞性昆虫如飞蝗类、飞虱类、一些蛾蝶类等,在迁飞中都会受到风力的很大影响。一些幼虫在田间扩散也会受到风力的帮助,如槐尺蛾幼虫吐丝下坠,在风力吹动下可以转移到其他的植株上。

著名生物进化论著达尔文早年在太平洋一些小岛上考察,发现这些岛上的一些昆虫在强大的海风下,形态上发生了变化:翅退化或极发达,这样就避免被风吹到海里。

大风可以使许多飞行的昆虫停止飞行。据测定当风速超过4 m/s时,一般昆虫都停止飞行。搞测报工作的人都会知道,在大风天灯光诱虫的效果不高,风愈大诱虫量就愈少。

风除直接影响昆虫的迁飞、扩散外,还影响环境的湿度及温度,从而间接影响昆虫。

第三节　土壤因子

土壤是昆虫的一种特殊生态环境。一些昆虫终生生活于土壤中,如蝼蛄、土白蚁、蚂蚁、跳虫等;一些昆虫以一个虫态(或几个虫态)生活于土壤中,如蝉若虫、蛴螬、金针虫、地老虎幼虫等;一些昆虫在土壤中越冬越夏。据估计,有95%～98%的昆虫种类与土壤发生或多或少的直接联系。因此土壤对昆虫的影响是很大的。这种影响表现在以下几个方面。

一、土壤温度的影响

土温主要来源于太阳辐射热,其次为土中有机质发酵产生的热,但后者也是受前者影响的。

土温的特点是日变化与年变化不像大气那样大,总的说来比较稳定,尤其土层愈深变化愈小。这就为土栖昆虫提供了一个比较理想的环境,不同种的昆虫可以从不同深度的土层中找到适合的土温。加上土层的保护,所以许多昆虫喜在土壤中越冬(越夏)、产卵或化蛹等。

土栖昆虫的活动也受土壤温度的影响。如蝼蛄、蛴螬、金针虫等地下害虫在冬季严寒和夏季酷热的季节，便潜入深土层越冬或不活动，春、秋温暖季节上升到表土层来取食为害作物等。这种垂直迁移活动不仅在一年中随季节而变化，在一天中也表现出来。如蛴螬在夏季多在夜间及早晨上升表土层为害，日中便下降到稍深的土层中。

▶ 二、土壤湿度的影响

土壤湿度是指土壤中自由水的绝对含水量的重量百分率，它主要来源于大气的降水及人工灌溉。土壤空气中的气态水一般总是处于饱和状态(除表土层外)。由于土壤湿度一般总是很高的，所以也是许多陆生昆虫喜将不活动的虫态如卵(或蛹)产于(或潜入)土中的缘故，因为可以避免大气干燥的不利影响。

土壤湿度影响土栖昆虫的分布，如小地老虎幼虫及细胸金针虫喜在含水量较高的低洼地为害活动，而沟金针虫则喜在较干旱地为害活动。

▶ 三、土壤理化性状的影响

土壤的机械组成(指土粒大小及团粒结构等)可以影响土栖昆虫的分布。如葡萄根瘤蚜只能分布在土壤结构疏松的葡萄园里为害，因为一龄若虫活动蔓延需要有较大的土壤空隙，对于沙质土壤无法活动，特别对于流动性大的沙土无法生活。

土壤的酸碱度也影响一些土栖昆虫的分布。有的喜欢在碱性条件下生存，而有的却喜欢生活于酸性土壤中。

土壤中有机质的含量也会影响一些昆虫的分布与为害。如施有大量未充分腐熟的有机肥地里，易引诱种蝇、金龟子等成虫前来产卵，从而这些地里的种蝇幼虫和蛴螬为害就重。

总之，所有与土壤发生关系的昆虫，对于土壤的温度、含水量、机械组成、酸碱度、有机质含量等都有一定的要求。而人类可以通过耕作制度、栽培条件等的改善来改变土壤状况，从而使土壤有利于作物生长而不利于害虫的生存。

第四节　生物因子

上面讨论了气候及土壤等非生物因子与昆虫的相互关系，下面再讨论生物因子与昆虫的相互关系。生物因子同非生物因子一样，对昆虫的生存与繁殖起着重大的作用。但两者又有所不同：非生物因子对昆虫种群中每一个个体都起相似的作用，而且不管个体数量的多少(此即"与种群密度无关"的生态因子)；但生物因子对每一个个体的作用不尽相同，而且与个体数量有关(此即"与种群密度有关"的生态因子)。例如，在一特定生活环境中，环境温度对其中生活的某一种类昆虫的所有个体都起相似的作用；而捕食该种昆虫的天敌，并不能捕食到所有的个体，被捕食的个体只能是种群中的一部分，当然种群密度高被捕食的个体也就会多些。这是其一。其二，昆虫对非生物因子的反应只能是单方面的，即昆虫可以去适应非生物因子，而非生物因子绝对不可能来适应昆虫。但是，昆虫与生物因子之间却可以互相适应。如昆虫取食某种植物,此植物对昆虫的取食也会产生一定的抗虫性反应。

生物因子包括有食物因子、天敌因子、互利生物、共栖生物等。本节只着重介绍食物因子和天敌因子。

▶ 一、食物因子

昆虫和其他动物一样,不能直接利用无机物来构成自身,必须取食动植物或它们的产物,即利用有机物来构成自身。因此,昆虫离开了这些有机食物就不能生存,即食物也是昆虫的生存条件。

(一)食物对昆虫的影响

由于各种昆虫都有自己的特殊食性,因而取食适宜食物时,生长发育快,死亡率低,繁殖力高。纵然多食性昆虫也如此。例如,东亚飞蝗能取食禾本科、茄科等许多科植物,但以禾本科中一些种类最为适宜。如饲以在自然界中它不喜食的油菜,则蝗蝻的死亡率大为增加,发育期也延长;饲以棉花和豌豆则不能完成发育而死亡。

同种植物的不同发育阶段对昆虫的影响也不同;食物的含水量对昆虫的生长发育和繁殖也有很大影响,特别对于仓库害虫,如麦蛾不能生存在含水量低于9%～10%的粮食内。

了解昆虫对于寄主植物和寄主植物的不同生育期的特殊要求,在生产实践中就可以合理地改变耕作制度和栽培方法,或利用抗虫品种来达到防治害虫的目的。

(二)食物联系与食物链

昆虫通过食料关系(吃和被吃的关系)与其他生物间建立了相对固定的联系,这种联系称为食物联系。由食物联系建立起来的相对固定的各个生物群体,好像一个链条上的各个环节一样,这个现象叫食物链(或叫营养链)。食物链往往由植物或死的有机体开始,而终止于肉食动物。例如,黄瓜被蚜虫为害,而蚜虫又被捕食性瓢虫捕食,瓢虫又被寄生性昆虫寄生,后者又被小鸟取食,小鸟又被大鸟捕食。正如古语所说:"螳螂捕蝉,黄雀在后",形象地说明了这种关系。

食物链往往不是单一的一条直链,而是分支再分支,关系十分复杂,形成一个食物网。

食物链中生物的体积愈大其数量就愈少,其转换和贮存的能量也愈少,这种关系好像一座"金字塔"。

通过食物链形成生物群落,再由群落及其周围环境形成生态系。食物链中任何一个环节的变动(增加或减少),都会影响整个食物链的连锁反应。如人工创造有利于害虫天敌的环境,或引进新的天敌种类,以加强天敌这一环节,往往就能有效地抑制害虫这一环节,并会改变整个食物链的组成及由食物联系而形成的生物群落的结构。这就是我们进行生物防治的理论基础。再如种植作物的抗虫品种,就可以降低害虫的种群数量。通过改变食物链来达到改造农业生态系的目的,这也就是综合防治的依据。

(三)植物的抗虫性

生物之间总是互相适应的:昆虫可以取食植物,植物对昆虫的取食也会产生抗性反应,甚至有的植物还可以"取食"昆虫,或捕杀"昆虫"。以昆虫为食的植物称为食虫植物。它们一般都具有引诱昆虫前来"取食"的颜色、香味和蜜腺(或黏胶腺),并具有敏感的感应器和有效的捕虫器,还有能消化昆虫的特殊酶类。例如猪笼草、茅膏草等。有的植物具有特殊的"捕虫"结构,如蔓摩花的副冠及载粉器可以夹住蝇类的口器和足、翅,使被夹住的蝇类饿死。这类植物为数很少,在生产上尚无利用价值。

植物对昆虫的取食为害所产生的抗性反应,称为植物的抗虫性。根据抗虫性的机制,可以分以下三类:

1. 不选择性

这类植物在形态上(如表皮层厚,或有密而长的毛),或在生化上(不分泌引诱物质或分泌忌避物质),或在物候上(如易受害的生育期与害虫的为害期不相配合)具有特殊性,使昆虫不来产卵或不来取食(或少取食)。

2. 抗生性

这类植物体内含有对昆虫有毒的生化物质(如玉米叶中的"丁布"对玉米螟幼虫有毒),或缺少某种对昆虫必需的营养物质,使昆虫取食后发育不良、寿命缩短、生殖力下降,甚至死亡。另一种情况是植物被取食后很快在伤害处产生组织上或生化上的变化,从而抗拒昆虫继续取食。

3. 耐害性

这类植物被昆虫取食后,有很强的增长和补偿能力,可以弥补受害的损失。如一些谷子品种在受粟灰螟为害后可以增强有效分蘖来弥补损失。

利用植物的抗虫性来防治害虫,在害虫的综合防治上具有重要的实践意义。

▶ 二、天敌因子

在自然界昆虫与其他生物之间存在着多种多样的关系,它们相互联系、相互依存、相互制约。其中有捕食关系、寄生关系、互利关系和共栖关系等。凡能捕食或寄生于昆虫的生物(主要是动物),或使昆虫致病的微生物,都是昆虫的天然敌人,我们统称它们为昆虫的天敌。天敌因子虽然不是昆虫的生存条件,但却是昆虫种群数量增长的重要抑制因素。利用害虫的天敌来防治害虫是一项基本措施,它在综合防治中占有重要地位。

昆虫的天敌很多,有捕食天敌、寄生性天敌和致病性微生物三大类。我们将在生物防治法中具体介绍。

第六章 害虫的调查与预测预报

◆ 学习目标
 1.了解害虫调查的方法。
 2.了解害虫预测预报的方法。

要防治害虫利用益虫,首先需对昆虫的种类、发生情况和为害程度等进行实践调查。通过调查,可以及时、准确地掌握昆虫发生动态,同时还能积累资料,为制订防治规划和长期预测提供依据。也只有通过多方面的实践调查,才能对某些主要害虫做到认识其特点、了解其发生规律或习性,进而运用有效的方法防于未患,治于始发,提高害虫防治和益虫利用的效率。

第一节 · 害虫的调查

在进行害虫调查时,先要明确调查任务、对象和目的要求,做好调查前的准备工作。调查要有实事求是的态度,防止主观片面,做到"一切结论产生于调查情况的末尾,而不是它的先头"。要有认真的态度,用科学的方法进行调查,准确地反映客观实际。

▶ 一、调查内容

1.害虫发生及为害情况调查
主要是了解一个地区一定时间内害虫种类、发生时期、发生数量及为害程度等。对于当地常发性或爆发性的重点害虫,则可详细记载害虫各虫态的始发期、盛发期、末期和数量消长情况,为确定防治对象和防治适期提供依据。
2.害虫、天敌发生规律的调查
如调查某一害虫或天敌的寄主范围、发生世代、主要习性以及在不同农业生态条件下数量变化等,为制订防治措施和保护天敌提供依据。
3.害虫越冬情况调查
调查害虫的越冬场所、越冬基数、越冬虫态等,为制订防治计划和开展害虫长期预报等积累资料。
4.害虫防治效果调查
包括防治前后害虫发生程度的对比调查;防治区与非防治区的对比调查和不同防治措施的对比调查等,为寻找有效的防治措施提供依据。

▶ 二、调查方法

(一)调查的时间和次数

害虫的调查以田间调查为主,根据调查的目的,选择适当的调查时间。对于重点害虫的专题研究和测报等,则应根据需要分期进行,必要时,还应进行定点观察,以便掌握全面的系统资料。

(二)选点抽样

由于人力和时间的限制,不可能对所有田块逐一调查,需要从中抽取样本作为代表,由局部推知全局。取样的好坏,直接关系到调查结果的可靠性,必须注意其代表性,使之正确反映实际情况。

1. 害虫的分布型

每种昆虫或同种昆虫的不同虫态在田间的分布都有一定的形式,称为分布型,分布型是种的生物学特性对环境条件长期适应的结果。研究昆虫种群的分布型有助于制定正确的抽样方案与种群的数量估计。常见的昆虫分布型有随机分布型、核心分布型和嵌纹分布型。一般活动力强的昆虫在田间的分布型往往呈随机分布,如黄条跳甲在白菜地的分布;活动力弱的昆虫或虫态在田间往往呈分布不均匀的多数小集团,形成一个一个的核心,并从核心做放射状蔓延,属于核心分布,很多卵为块产的昆虫,其初孵的幼虫或若虫常聚集在卵块的周围,从而形成核心分布,如甜菜夜蛾初孵幼虫的分布就呈核心分布;有的昆虫在田间呈疏密相间的分布,称嵌纹分布型,如温室白粉虱在温室蔬菜上的分布,一般这一类型的昆虫多从田间杂草中过渡来的或从邻田迁来的。

2. 抽样方式

昆虫在田间的分布型不同,采取的抽样方式不同,果园和菜地昆虫的调查所采用的抽样方式也应有差异。确定抽样方式的原则是要使抽样调查的结果能最大限度地代表总体。在昆虫的田间调查中常用的抽样方式有:

(1)五点式抽样　　适于密植的或成行的植物及随机分布型的昆虫调查,可以面积、长度或植株作为抽样单位。

(2)对角线式抽样　　适于密植的或成行的植物及随机分布型的昆虫。它又可以分为单对角线式和双对角线式两种。

(3)棋盘式抽样　　适于密植的或成行的植物及随机分布型或核心分布型的昆虫。

(4)平行线式抽样　　也称为行式抽样,适于成行的植物及核心分布型的昆虫。

(5)"Z"字形抽样　　适于嵌纹分布型的昆虫。

(三)抽样单位

抽样单位因害虫种类和栽培方式而异。一般常用的单位有:

(1)面积　　适用于调查地下害虫数量或密植植物中的害虫。

(2)长度　　适用于调查条播密植或垄作上的害虫数量和受害程度。

(3)容量和重量　　调查储粮害虫都以容积或重量为抽样单位。

此外,根据某些害虫的不同特点,可采用特殊的器具,如用捕虫网捕扫一定的网数,统计捕得害虫的数量,是以网次为单位的;利用诱蛾器、黑光灯、草把诱虫等得到的虫量是以诱器为单位的。

第二节　害虫预测预报

防治害虫同对敌作战一样,必须掌握敌情,做到心中有数,才能抓住有利时机,做到主动、及时、准确、经济、有效。根据害虫的发生发展规律,田间调查资料,结合当地、当时的植物生长发育情况及气象资料,联系起来加以分析,对害虫未来的发生动态做出判断,并向有关部门和人员提供有关害虫未来发生动态的信息报告,以便做好害虫防治的准备工作和指导工作,这项工作就叫害虫预测预报。

▶ 一、发生期的预测

害虫的发生时期按各虫态可划分为始见期、始盛期、高峰期、盛末期、终见期。预报时着重始盛期(出现 20%)、高峰期(出现 50%)和盛末期(出现 80%)三个时期。在生物防治中始见期也很重要。

预报按时间长短分为短期预报(一般为一至几周)、中期预报(一般为下一代)、长期预报(预报下一年或年初预报全年)。目前以开展短期、中期预报较为普遍。长期预测不可靠时只作展望和估计。

(一)期距预测法

期距一般是指各虫态出现的始盛期、高峰期或盛末期间隔的时间距离。它可以是由一个虫态到下一个虫态,或者是由一个世代到下一个世代的期距。不同地区、季节、世代的期距差别很大,每个地区应以本地区常年的数据为准,其他地区不能随便代用。这需要在当地有代表性的地点或田块进行系统调查,从当地多年的历史资料中总结出来。有了这些期距的经验或历年平均值,就可依此来预测发生期。

1.诱集法

一般用于能够飞翔、迁飞活动范围较大的成虫。利用它们的趋性、潜藏、产卵等习性,进行诱集。如设置诱虫灯、黑光灯、诱集各种蛾类、金龟甲类等;设置杨树枝把诱集棉铃虫成虫,设置谷草把诱集黏虫成虫,设置糖、酒、醋液盆诱集地老虎等成虫,设置黄皿诱测有翅蚜迁飞,利用雌虫的性信息素来诱集雄虫的方法等。每年从开始发生到发生终止,长期设置,逐日记数,同时应注意积累气象资料,以便对照分析。

2.田间调查法

在害虫发生阶段,定期、定田、定点(甚至定株)调查它们的发生数量,统计各虫态的百分比,将逐期统计的百分比顺序排列,便可看出害虫发育进度的变化规律,发生的始、盛、末期和各个期距。

3.人工饲养法

对于一些在田间难以观察的害虫或虫态,可以在调查的基础上结合进行人工饲养观察。饲养时控制的条件应该尽量接近害虫在自然界发育的条件。根据各虫态(及龄期)发育的饲养记录,求出平均发育期。

(二)有效积温预测法

在适宜害虫生长发育的季节里,温度的高低是左右害虫生长发育快慢的主导因素。只要我们了解了一种害虫某一虫态或全世代的发育起点温度和有效积温及当时田间的虫期发育进度,便可根据近期气象预报的平均温度条件,推算这种害虫某一虫态或下一世代的出现期。

(三)物候预测法

物候是指各种生物现象出现的季节规律性,是季节气候(如温度、湿度、光照等)影响的综合表现。各种物候之间的联系是间接的,是通过气候条件起作用的。在这方面,劳动人民有丰富的经验,流传着许多生动而形象化的农谚,其中包括不少与害虫发生期有关的物候。河南对小地老虎的观察有"桃花一片红,发蛾到高峰;榆钱落,幼虫多",对黏虫有"柳絮纷飞蛾大增"等说法。

但是要进行预报,仅仅注意与害虫发生在同一时间的物候是不够的,必须把观察的重点放在发生期以前的物候上。为了积累这方面的资料,测报工作人员应该在观察害虫发育进度的同时经常留意记录各种动植物的物候期(如吐芽、初花、盛花、展叶等),用简明符号标出,经过多年积累,从中找出与害虫发生期的密切联系,可用作预报的物候指标。

二、发生量的预测

害虫的数量变化规律是生态学研究的中心课题。特别是对于暴发性害虫,有的年份它们销声匿迹,甚少为害;有的年份却大肆猖獗,到处成灾。摸清它们发生消长的规律最为重要。

从防治的角度,对待害虫数量的多寡有四种不同的考虑:第一,估计发生数量达不到防治标准,为害损失不超过经济允许水平,就不必进行防治;第二,估计发生数量明显上升,但田间天敌也大量繁殖,足以抑制害虫数量的发展,因此为害损失不至超过经济允许水平,可以不进行防治;第三,估计在天敌、气候等因子的综合影响下,害虫发生数量呈下降趋势,为害损失在经济允许水平以内,也不必进行防治;第四,估计害虫数量大增,超过防治指标,为害损失超过经济允许水平,而田间天敌数量远不能控制害虫数量的发展,那就要迅速组织人力、物力及时加以防治。由此可见,在进行害虫数量预报时不能只看到害虫数量的多寡,还必须充分估计生物群落内自然平衡的作用,合理地治理害虫。

(一)有效基数预测法

这是目前应用比较普遍的一种方法。根据上一代的有效虫口基数、生殖力、存活量来预测下一代的发生量。对一带性害虫或一年中发生 2～4 代的害虫预测效果比较好,特别是在耕作制度、气候、天敌数量比较稳定情况下应用更好。

(二)形态指标预测法

昆虫对外界环境条件的适应也会在其内部和外部形态特征上表现出来。例如,不同的体型、生殖器官、性比变化、脂肪含量等都会影响下一代或下一虫态的数量和繁殖力。可以把蚜虫、飞虱等常见害虫的形态指标作为数量预测指标及迁飞预测指标,推断种群数量动态。例如,蚜虫虫体中当有翅成虫、若蚜占总蚜量的比例在双目解剖镜下观察达 40% 左右时,或肉眼观察达 30% 左右时,该虫将在一周后大量迁飞扩散。

再如飞虱科昆虫有长、短翅型之分。短翅型个体的增多,是飞虱将大发生的征兆。

三、分布蔓延预测

分布蔓延预测的意义有两个方面:

第一,知道了一种害虫各虫期的生存条件后,就可以预测它可能分布到的地区。换句话说,在那些生态因子超出了此种害虫能忍受范围的地区,它不可能(至少未经长期适应之前不可能)分布到这些地区。影响昆虫分布蔓延地区的生态因子中,食料和气象因子常具有决定性的作用。气象因子中又以温度和湿度对害虫分布的影响最为重要。所以利用气候图常是分析害虫分布规律的好方法。

第二,对于有迁飞习性的害虫,在了解它们迁飞规律的基础上,如了解迁飞前虫群的食料状况、虫群密度、虫体内部器官的发育状况、迁飞路线、成虫的活动能力、迁飞趋向地形条件、主要影响迁飞的气象因子等,可以预测它所在一定时期内可能蔓延到的地区。迁飞害虫的预测预报除了常规的本地预测外,还要进行异地预测工作,异地预测需要统一组织,相互协调才能完成。

四、预测预报工作的进展

进行害虫预测预报的基本条件,首先是要具备害虫及其生态环境方面足够的技术资料,这些资料来自多年的观察和研究,只要积累定点、定期系统观察的丰富资料,才能从中找出害虫种群变动的规律。做到这样的工作,特别需要强调的是要有长期坚持和认真细致的工作作风。零散的、断断续续的资料,科学性和应用价值不大。其次要掌握和运用各种数理统计方法,才能对丰富的资料进行科学分析,得出正确的结论。

当前电子计算机技术突飞猛进,遥感遥测已经用于病虫监测,这就为病虫测报工作提供了极大方便。我们应尽快努力,紧跟现代科学技术日新月异的发展,不断提高害虫测报水平,为国家经济建设做出更大贡献。

第七章 害虫防治原理与方法

◆ 学习目标
　　1. 了解害虫防治原理。
　　2. 了解防治害虫的基本方法。

　　前面我们介绍了昆虫的特征、特性、分类以及昆虫与环境的相互关系,这些都是属于认识昆虫的范畴。我们认识昆虫的目的,在于防治害虫,利用益虫,发展生产。下面将讨论害虫的防治原理,其内容包括害虫防治的基本原则与基本方法,以及近年发展起来的新方法、新技术。

第一节　害虫防治原理

◐ 一、害虫防治的基本原则

　　植物在生长发育过程中,以及在农产品的加工、运输和贮藏期间,都会遭受各种害虫为害,造成产量损失,降低产品质量。为了确保高产稳产以及产后安全,必须实施产前、产中和产后的有效防治措施,这是植物保护工作的基本任务之一。

　　防治害虫应该掌握原则,讲究方法,否则防治工作就会陷入盲目被动局面,并带来不良后果。

　　防治害虫的基本原则就是必须遵循植保工作方针,即应该贯彻执行"预防为主,综合防治"的八字方针。这个方针是在 1975 年全国植物保护工作会议上,总结了我国多年来与病虫害做斗争的正反两方面的经验教训后提出的。

◐ 二、预防为主

　　防治害虫如同防治人类疾病一样,也应该做到"预防为主",防患于未然。我们不能等到害虫已经大量发生,严重为害时才开始进行防治,这样不仅会使生产上受到损失,而且还浪费劳力、物力、财力,常常得不偿失。

　　如何才能做到"预防为主"呢? 这就要针对虫害发生的原因,采取相应的措施。

　　(一)虫害发生的原因

　　一种害虫的大量发生与严重为害,必然会有一定的条件与原因,归纳起来主要有如下几条。

1. 有适宜环境条件

环境条件有利于害虫的生长、发育、繁殖和为害。

2. 有大量的害虫来源

害虫的发生基数高。虫源来自两方面,即本地虫源和外地虫源。

3. 有适宜的寄主植物

田间有害虫喜食的作物及其感虫的品种;尤其当作物的感虫生育期与害虫的为害期配合一致,害虫大发生的可能性就更大。

(二)预防虫害的途径

针对虫害发生的原因,可以通过以下几条主要途径来预防害虫的大发生和严重为害。

1. 恶化害虫的环境条件

(1)改善农田生产管理体系　在研究清楚田间生态系统的基础上,建立最优化生产管理体系,其中包括最优化害虫综合防治体系。这是最根本的一条途径。

(2)改变农田生物群落　每种农田都由以作物种群为中心的许多生物种群组成一个特定的生物群落,其中有害虫种群,也有有益生物种群。我们应该通过人为控制,尽可能减少害虫的种类及其种群数量,增加害虫天敌的种类及其种群数量。怎样才可以做到这些呢?前面谈到,在一个特定的生态系中,各种生物都是通过食物链而形成一个相对固定的生物群落。食物链中任何一个环节的变动(增加或减少),必将引起整个群落的连锁反应,也就是说这个生态系统中的各个生物的相互关系将发生改变。我们的目的就在于通过改变食物链中的一些环节,使整个农业生态系统变得有利于农业生产而不利于害虫为害。例如,引进或保护农田害虫天敌这一环节,就可以抑制害虫这一环节。再如,清除杂草,可以减少许多害虫(如小地老虎等)的发生。

2. 控制害虫来源及其种群数量

(1)加强植物检疫　防止外来新害虫(尤其是危险性害虫)的侵入,或防止本地的危害性害虫扩大蔓延为害。

(2)压低虫源基数　对本地越冬虫源可以加强越冬防治来压低其基数,或防治上一代害虫,减轻其下一代的发生量。对于外来虫源,应加强虫源基地上的防治工作,以减少迁出虫量。如防治外地黏虫,可以减少外来黏虫蛾量。

(3)消灭害虫于严重为害之前　对于已经大发生的害虫,在其尚未严重为害前,及时采取有效措施进行防治。

3. 调节作物及其生育期

种植抗病品种或调节作物生育期,从而避开主要害虫的为害期。

▶ 三、综合防治

防治害虫的各种方法,都有自己的长处与短处,因此不能单纯依靠一种方法来解决虫害问题,必须使各种有效的方法互相配合起来,取长补短,才能经济、安全、有效地防治害虫。人们过去曾有过"单打一"而失败的历史教训。1888 年在美国加利福尼亚州利用澳洲瓢虫防治吹绵介壳虫成功以后,许多人产生了"生物防治万能"的思想,以为只要依靠生物防治就可以解决一切虫害问题了。经过几十年的实践,证明生物防治并不是对每一种害虫都有效,不是"万能"的,有它的局限性。到了 20 世纪 40 年代,有机氯杀虫剂问世以后,由于杀虫效能在当时是空前的,许多人又以为依靠这些广谱性杀虫剂就可以彻底消灭一切害虫了。经过 30 余年的广泛应用,化学农药虽然在农业生产上和卫生防疫上起到很大的作用,但并不能解决一切虫害问题;而且长期连续使用化学农药,又产生了一系列更复杂、更严重的问题。于是有人又出现了"农药万恶"的思想。

人们从"生防万能"到"农药万能"再到"农药万恶"的观点中,吸取了教训。通过总结正反两方面的经验教训,终于逐步建立了"综合防治"(也叫作"协调防治"或"综合治理",英文缩写为 IPM)的观点。

(一)什么叫综合防治

综合防治是从农业生产的全局出发,根据病虫与农作物、耕作制度、有益生物和环境等各种因素之间的辩证关系,因地制宜,合理应用必要的防治措施,经济、安全、有效地消灭或控制病虫为害,以达到增产增收的目的。

这里有几个观点需要明确:

1. 全局观点(或整体观点或生态观点)

综合防治是从农业生产的全局出发,也就是从农业生态系的整体观点出发,以预防为主要目标,创造不利于病虫发生而有利于作物及有益生物生长繁殖的环境条件。在设计综合防治方案时,必须考虑到所采取的各种防治措施对整个农业生态系的影响,这不仅要看到当前的实际防治效果,还要看到对今后的影响;不仅要注意收到最大的经济效益,还要注意把不良影响减少到最低限度。因此,不能只从防治对象(病、虫、草、鼠等有害生物)出发,还必须从整个农田环境(作物、有益生物……)以及对人类的安全出发。这就是全局观点、整体观点,也可说是生态系统观点。

2. 综合观点(或辩证观点)

各种防治措施,包括农业的、化学的、生物的、物理的,以及各种新技术新方法,都有各自的特长与局限性。任何一种方法都不是"万能的"。那种"单打一""万能论"的观点,实践证明是要吃苦头的。我们必须建立综合的观点、辩证的观点。但"综合"不等于各种单项措施的大"混合",更不是"瞎凑合";而是有机地结合,辩证的结合,取长补短,相辅相成。

除了综合考虑各种必要的防治措施的协调配合外,对于农田各种有害生物也应综合治理。而且随着生产的发展与生活水平的提高,综合防治的内容与对象也日趋广泛和深入。从产中保产到产前和产后保健,以及从经济效益到生态效益和社会效益、从当前收益到长远利益,这些均需一一加以综合考虑。这就是综合的观点。

3. 经济观点

综合防治效果的好坏,不是看把病虫"一扫光"或"灭种",而是要控制它们的危害,使它们的种群数量低到不足以造成经济上的损失,这才是我们防治的目的。因此,一定要克服盲目防治的倾向,那种"见虫就治",甚至"治虫不见虫""打保险药"都是要不得的。

由于害虫在同一地区不同地块的发生数量也不同,因此不一定每块地都要进行防治,而应视其数量是否已经多到会给作物造成经济上的损失,这就要求提出防治指标来。凡是低于防治指标的数量,就不足以造成损失,可以不防治。对于达到或超过指标的地块,还要掌握防治的有利时机即防治适期,及时进行防治。只有这样,才能做到经济有效。

4. 安全观点(或环境保护观点)

综合防治要求一切防治措施应该保护人、畜、作物、有益生物等的安全,尤其在进行化学防治时,必须根据害虫与作物、天敌及其他环境因子之间的相互关系,科学地选择和使用农药,克服盲目滥用农药的现象。综合防治不仅要求注意当前的安全,还要求考虑到长期的安全问题。也就是说,综合防治应该符合环境保护的原则。

(二)怎样进行综合防治

综合防治的最终目标是要创造出一个良好的农田环境,在农田中病虫草鼠等有害生物被抑制到不会危及作物的产量,而作物和有益生物都能够最好地生长发育和繁殖。因此,不可能一下子就达到目的,必须进行长期的艰苦工作,逐步形成一套因地制宜的综合防治体系。要做到这一点,必须具备一定的条件。这些条件简单概述如下:

1.综合防治的基本条件

(1)摸清"家底" 调查清楚整个农业生态系的基本情况,包括整个群落及其与周围环境的相互关系;对于昆虫种类,应该摸清哪些是害虫,哪些是益虫,以及它们的种群数量;对于害虫还应该摸清哪些是主要种类,哪些是次要种类(尤其要警惕哪些种类具有潜在的危险)。在此基础上就要进一步做到下面两点。

(2)掌握规律 对主要害虫和主要天敌的发生规律进一步调查清楚,以便更好地控制和利用。

(3)加强预报 对主要害虫和它们的主要天敌,进行科学的准确的预测预报,以指导综合防治。

2.综合防治的发展步骤

根据我国目前的经验及防治水平,本着由易到难、由简单到复杂、由个别害虫到多种害虫的发展过程,可以考虑分为以下三个阶段进行:

(1)以个别有害生物为对象 即以一个主要害虫为对象,制定该害虫的综合防治措施。

(2)以作物为对象 以一种作物为对象(或作物的某一生育阶段),制定该作物(或某一生育期)的主要病虫害的综合防治措施。

(3)以农田为对象 以整个地区的农田(包括前后茬、间套作等)为对象,制定这个地区的各种作物的主要病虫草鼠等有害生物的综合防治措施,并将其纳入整个农业生产管理体系中去,进行科学的系统管理。

3.综合防治的研究方法

由于综合防治以生态学为基础,因此,系统分析的方法以及电子计算机技术的应用是综合防治的基本研究方法。今后,综合防治的必由之路,将是走向植保系统工程和数字化管理。

第二节 防治害虫的基本方法

防治害虫的基本方法一般分为六大类,即植物检疫、农业防治法、化学防治法、生物防治法、物理防治法和机械防治法(后两类也可以合并称为物理机械防治法)。

▶ 一、植物检疫

(一)什么叫植物检疫

国家为了防止农作物的危险性病、虫、杂草种子随着种子、苗木、农产品等的调运,从一个地方传播到另一个地方,而用法令规定对某些植物及其产品进行检疫检验,并采取相应的限制和防治措施,这就叫作植物检疫。

植物检疫分为对外植物检疫和对内植物检疫两大方面。

1. 对外植物检疫

防止国外危险性病、虫、杂草种子传入我国,也防止我国危险性病、虫、杂草种子带出国外。各个国家在沿海港口、国际机场以及国际间交通要道等处,设置植物检疫或商品检查站等机构,对出入口岸及过境的农产品等进行检验和处理。这是国际间的植物检疫,亦称国际检疫。

2. 对内植物检疫

为了防止国内原有的或新从国外传入的危险性病、虫、杂草在国内各省、市、区之间由于调运种子、苗木及其他农产品而传播并扩大蔓延,目的是将其封锁于一定范围内,并加以消灭。这是省、市、区的植物检疫,又称国内检疫。由各检疫机构会同邮局、铁路、公路、民航等有关部门,根据各地人民政府公布的对内检疫对象名单和检疫办法进行。

植物检疫的任务是对检疫对象(对外及对内)采取一切措施以防止其扩大蔓延;对从国外传入或从外地传入新区的危险性病、虫、杂草种子采取紧急措施,严格处理,及时彻底肃清;对国内局部地区发生的危险性病、虫、杂草采取封锁疫区,加强防治,逐步压缩发生面积,直到彻底消灭。

(二)植物检疫的重要性

植物检疫在防止农作物危险性病、虫、杂草的蔓延扩大,保障农业生产,提高国际贸易信誉上,都具有重要的意义。一般害虫的分布都有一定的地区性,但也存在着扩大分布的可能性。传播途径主要是随农产品(种子、苗木、栽培材料等)的调运而扩大蔓延。一种害虫传入新地区后,常常由于原产地(或多年发生地)的天敌等抑制因素没有一同传入,因而在新地区的环境条件(气候、食料等)适合时,便会大量发生为害,其危害程度往往比原产地更为严重。

下面看看一些危险性病、虫、杂草扩大蔓延的实例,便可以说明植物检疫的重要性。

例1,葡萄根瘤蚜原产于美国,1858年到1862年间传入欧洲,1860年传入法国。1892年山东省烟台市张裕酿酒公司由法国运入两批葡萄苗木,栽在该公司东、西山葡萄园内,从此葡萄根瘤蚜就在该园为害。此后该园在1915年又从美国芝加哥博览会引入一批葡萄苗,1935年该园首次报道葡萄根瘤蚜为害。1949年后该葡萄园所属单位曾将葡萄枝供给河南、浙江、云南和东北各地,从而扩大蔓延。

例2,苹果绵蚜1787年最先发现于美国,1801年传入欧洲大陆,1860年和1870年先后在苏联和瑞士发现,1872年由美国传入日本。我国大连的苹果绵蚜是1929年由日本传入的,最初发现于大连市沙河口区台山村,以后逐渐向南、北蔓延,扩大到旅顺和金州等地。

例3,棉红铃虫原产于印度,1907年传入埃及,以后传入墨西哥,由墨西哥传入美国,1918年以后随同美国棉花传入我国。现在棉红铃虫已传遍全世界主要棉区(我国只有新疆、青海及甘肃地区尚未发现),成为世界性的害虫,每年给棉花生产造成巨大损失。

此外,我国原来没有蚕豆象、豌豆象,1937年当日本侵略我国时,随同饲养军马的蚕豆、豌豆传入我国;马铃薯块茎蛾原产美国,但世界上为害最早的记载是澳大利亚,我国认为这与在抗日战争期间,美国向我西南地区大量输入马铃薯有关;1962年我国青岛从马里进口的花生仁中发现了皮斑谷蠹。

从上面这些例子可以清楚地看出,危险性病、虫、杂草的扩大蔓延会给农业生产带来很大的损失。因此,防止危险性病、虫、杂草的扩大蔓延,无疑是植物保护工作的首要任务。植物检疫便是完成这一任务的主要手段,它与病、虫、杂草的防治工作同为植物保护的两个不可分割的部分。

(三)确定植物检疫对象的原则

植物检疫对象是根据每个国家或地区为保护本国或本地区农业生产的实际需要和当地农作物病、虫、草害发生的特点而制定的。不同国家或地区所规定的检疫对象是不同的,但确定植物检疫对象的共同原则是一致的。

(1)必须是在经济上造成严重损失而防治又是极为困难的危险性病、虫和杂草。

(2)必须是主要依靠人为因子传播的危险性病、虫及杂草。

(3)必须是国内或地区尚未发生或分布不广的危险性病、虫和杂草。

我国早在 1982 年就颁布实施了《中华人民共和国植物检疫条例》,并于 1992 年进行了修改补充;1991 年 10 月颁布实施了《中华人民共和国动植物检疫法》,为发挥植物检疫在保护农林业生产中的作用奠定了法律基础。同时,为了有效地实施植物检疫,应系统收集和分析检疫情报,掌握国内外检疫对象的分布、为害情况、发生传播规律及与生态环境条件的关系,研究检验、鉴定、消毒处理方法及封锁消灭技术。如一些国家已研究应用 X 光技术、电镜诊断、血清诊断、性诱剂监测等进行检验,应用射线处理、真空熏蒸和微波、高频等新技术灭虫。

二、农业防治法

(一)什么叫农业防治法

根据害虫为害和作物栽培管理之间的相互关系,结合整个农事操作过程中各方面的具体措施,有目的地创造不利于害虫而有利于作物生长发育的农田环境,以达到直接消灭或抑制害虫的目的,这就叫作农业防治法。

(二)怎样进行农业防治

目前已采用的一些农业措施,按照农事操作的过程,可以归纳为如下的几个方面。

1. 改造耕作制度

(1)合理的作物布局 一块农田的作物布局合理,不仅有利于作物增产,也有利于抑制害虫的发生,否则就有利于害虫为害。例如,果园布局不可桃梨混栽或相邻,否则梨小食心虫为害严重,因为这种栽培方式正好为梨小食心虫提供了丰富的食料资源,而有利于其种群增长。

(2)合理的轮作及间作套种 轮作对单食性或寡食性的害虫可起到恶化营养条件的作用。例如,利用禾谷类作物与大豆轮作,可以抑制大豆食心虫的发生,因为该虫不能取食禾谷类作物;有些地区棉、蒜间作可大大减轻棉蚜为害。但轮作或间套种不当就会有利于一些害虫的发生为害。如棉花大豆间作有利于棉红蜘蛛对棉花为害。

2. 整地、施肥的利用

(1)利用耕翻防治害虫 耕翻可以破坏许多土栖害虫适宜的生活环境,将它们翻出地面暴露在不良的气候条件下或天敌的侵袭之下;或将它们深埋在土中不能羽化出土;或直接杀死一部分害虫。而耕翻对作物却是必需的增产措施,可以改进土壤结构,提高土壤肥力,清除农田杂草,创造有利于作物生长发育的环境条件,从而提高作物抗虫的能力。

(2)合理施肥 合理施肥是作物获得高产的有力措施,同时在防治害虫上有多方面的作用。可以改善农作物营养条件,提高抗寒及补偿能力;能加速虫伤的愈合,或改良土壤状况,恶化土壤害虫生活条件,以及直接杀死害虫等。但施肥不当,常造成种蝇、蛴螬、蝼蛄等地下害虫为害加重。因为未腐熟的有机肥(马粪、饼肥、厩肥)可以引诱种蝇、金龟子成虫来产卵,或引诱蝼蛄成虫、若虫前来取食。

3.作物抗虫性的利用

植物抗虫性是植物的某些品种所具有的可以降低害虫最终为害程度的可遗传特性。利用作物抗虫性选育抗虫品种,是综合防治的一项基本措施,它有极大的发展前景。

选育抗虫品种的方法很多,包括选种、杂交、引种、诱发突变、嫁接等。最常用的是品种间杂交,现有的品种很多是用这种方法选育出来的。随着现代技术的发展,目前,国内外都在开展抗虫基因工程的研究。美国、荷兰、澳大利亚及我国等许多科学家通过 DNA 重组技术已成功地将 Bt 毒素蛋白基因、蛋白酶抑制基因等导入了棉花、玉米、水稻、烟草、番茄等多种作物。培育的棉花、烟草等转基因抗虫品种在我国已进入商品化生产,并表现出良好的抗虫效果。

抗虫品种一般可较长期地起抗虫作用,具有专化性较强、对环境安全、应用方便等优点,与害虫综合治理中的其他措施有很强的相融性,并具有很大的潜在经济效益。但是,作物的抗虫性的利用也有一些局限性,如:培育抗虫品种需要较长的时间;害虫生物型的出现将在时间和空间上限制某些品种的应用;互相矛盾的抗虫特性(某些植物的特性对于某些害虫可以起到抗性作用,但却导致对其他害虫的敏感性)有待不断克服和改进。

4.改进播种工作

(1)精选良种、苗木 播种前选种工作不可忽视,应将混有害虫的种子、苗木剔除。品种混杂也不利,因生育期不整齐有利于许多害虫为害。选用品种纯、发芽率高、成熟度一致的优良种子,播出后苗齐,生长健壮,也有利于减轻一些害虫为害。

(2)调节播种期 害虫对寄主的发育阶段具有选择性,适当调节播期可能躲避某些害虫为害。据新疆伊犁地区经验,调节油菜播种期可躲避蓝跳甲为害。油菜为耐寒性作物,3～5℃就开始发芽,而蓝跳甲的活动需在平均温度 11℃以上。因此,早播可躲过蓝跳甲为害的危险期——子叶期。

5.加强田间管理

(1)清洁田园 田中的枯、落叶、落果、残株等,往往潜伏着许多害虫,或者是它们的越冬场所,如梨的落果中常有梨象甲。清除田中这些作物残体,对防虫有利。

(2)除草灭虫 田间田边杂草丛生,有利于许多害虫的发生和为害,因这些杂草是害虫的野生寄主或蜜源植物或越冬场所。除草是防治害虫的一项有效措施。

(3)合理排灌 适时合理灌水,不仅对促进作物生长发育有利,起着间接防治害虫的作用,而且也可直接杀死害虫,如灌水可以杀死棉铃虫蛹等;排水也可以防治害虫,如南方稻区在冬季排干稻田积水,可以大量杀死只能在积水中的稻田越冬的稻根叶甲。

6.改进收获

调节收获期、改进收获方法,对一些害虫的防治具有意义。例如,为害大豆的大豆食心虫和豆荚螟,都以幼虫脱荚入土越冬,如不及时收割大豆或收割后堆放田间,幼虫将大量脱荚入土。因此,在不影响大豆产量和品质的前提下,适当提前几天收获,并随收、随拉、随干燥脱粒,不仅减少田间落粒的损失,也大大减少幼虫入土的数量。

又如,采收的苹果中(尤其是晚熟品种)往往带有大量的桃小食心虫。如果在大量堆放果实的场所,用石磙镇压(或抹水泥)后铺上1～2寸的沙子,待大多数幼虫脱果入沙后,集中处理沙土,以消灭其中的幼虫或蛹。

(三)农业防治法的优缺点

从以上的简单介绍中,我们可以看出从拟定种植计划直到收获的整个过程中,每个生产措施都有可能被用来防治害虫。因此,农业防治法一般不需要额外的劳力,最符合经济的原则。而且它的效果往往是持续的;对人畜是安全的;对环境不会有任何污染。因此,农业防治法最能体现"预防为主,综合防治"的方针。当然,它的防治作用,一般讲比化学防治法要缓慢得多。这样对由外地迁入的暴发性害虫(如黏虫),在无抗性品种时就会显得无能为力。所以,必须与其他防治法配合起来,才能发挥此法的更大作用。

▶ 三、生物防治法

(一)什么叫生物防治法

利用有益生物及其代谢产物防治害虫的方法称为生物防治法。

在自然界中,生物之间是相互依存、相互制约而存在的,主要是通过取食和被取食的关系而连接在一起的,使生物之间保持着一个动态的平衡,这是生物防治的理论依据。早在公元304年,我国广东农民就开始利用一种蚂蚁——黄鲸蚁防治柑橘害虫,并一直沿用至今。1888年澳洲瓢虫被从澳大利亚引进美国并成功的控制了柑橘吹绵蚧的严重为害,是害虫生物防治史上的一个里程碑,揭开了害虫生物防治的新篇章。1919年,Smith正式提出"通过捕食性、寄生性天敌昆虫及病原菌的引入增殖和散放来压制另一种害虫"的传统生物防治概念。目前,生物防治不仅利用传统的有益昆虫、病原微生物和其他有益动物,而且包括辐射不育、人工合成激素及基因工程等新技术、新方法。

(二)害虫生物防治的途径

1. 以虫治虫

就是利用有益的昆虫来防治害虫。由于每种害虫都有许多天敌昆虫,因此我们应该充分利用这些天敌昆虫来防治害虫。要做到这一点,首先各地应该进行天敌昆虫资源调查,摸清当地主要害虫有哪些天敌,哪些天敌资源可以被利用;在此基础上调查主要天敌的发生发展规律,找出可以被利用的途径;进一步人工繁殖和引种驯化释放田间,使有用的天敌能大量繁殖并且具有很强的生活力,以利于控制害虫。

(1)捕食性昆虫的利用　捕食性昆虫一般成虫,幼虫都可以捕食害虫,个体比害虫体大,捕杀起来效果快,害虫立即死亡或麻痹,不再继续为害。捕食性昆虫种类很多,分属于18个目、近200个科内。其中利用价值大的有瓢虫、草蛉、蚂蚁、胡蜂、泥蜂、步行虫、食蚜蝇、食虫虻、猎蝽、姬猎蝽等。尤以瓢虫和草蛉在生产实践中应用广泛。

瓢虫可以捕食蚜虫、介壳虫、螨类以及许多害虫的卵和幼虫。北方农田常见的捕食性瓢虫有:七星瓢虫、龟纹瓢虫、异色瓢虫和二星瓢虫等,以七星瓢虫的利用为广泛。在瓢虫防蚜虫的应用中,持续控蚜期长,效果好的可以不用化学农药来治蚜。

草蛉喜欢捕食蚜类、蚧类、蓟马及一些鳞翅目昆虫的卵,也捕食螨类。这是一类很有利用前途的益虫。常见的有大草蛉、丽草蛉、中华草蛉等。其中一些种类早已被人工繁殖用于防治温室白粉虱等害虫,已取得了较好的效果。

(2)寄生性昆虫的利用　寄生性昆虫的种类也非常多,分属于5个目近90个科内。绝大多数种类为姬蜂、小蜂和寄生蝇类。仅寄生蜂类,有人估计全世界可能有50万种之多。目前生产上应用较多的是寄生蜂类。例如,赤眼蜂防治苹果卷叶蛾、玉米螟、刺蛾等20多种重要农林害虫取得不同程度的成功;利用金小蜂防治棉红铃虫取得成功;利用日光蜂防治苹果绵蚜,等等,都是利用寄生蜂防治害虫有效的例子。

寄生昆虫可以寄生于卵、幼虫、蛹、成虫各种虫态及龄期;有内寄生也有外寄生;有单寄生(一个寄主体内只有一头寄生物)、多寄生(一个寄主体内有同种多头寄生物)、共寄生(一个寄主体内有多种多头天敌寄生物)和重寄生(寄生昆虫本身又被另一种寄生昆虫所寄生),所以寄生现象很复杂。一般地说,寄生昆虫以幼虫在寄主虫体内发育,成虫大多是营自由生活。这样有利于寄生昆虫寻找新寄主,繁殖后代,扩大生存地区。

(3)利用天敌昆虫防治害虫应注意的问题　利用天敌昆虫来控制害虫,是一类很有前途的防治方法,值得提倡。但首先必须注意与其他防治方法的配合,方能发挥更大的作用。其次,在具体利用天敌昆虫时,虽然一方面要进行人工引进或饲养和繁殖;另一方面,更应注意保护自然界中大量的有益昆虫。这可以人为地创造条件,促进天敌昆虫在自然界里大量繁殖;也可以改进农业技术措施以利用天敌昆虫的发生发展;还可以采取人工保护措施,帮助天敌昆虫顺利越冬;更重要的是应该合理施用农药,尽量避免伤害天敌昆虫。

2. 以菌治虫

利用害虫的致病微生物来防治害虫,就是以菌治虫。此外,利用微生物的代谢产物来防治害虫,也属于此范围。

昆虫的致病微生物有细菌、真菌、病毒、立克次体等;此外,线虫与原生动物也可以包括在内。它们当中许多已经在生产上广泛应用。例如,苏云金杆菌、白僵菌等,通过工厂化应用固体或液体培养基发酵大量生产粉剂、液剂、乳剂等剂型,像使用化学农药一样在田间使用,防治害虫。我国已建成日产棉铃虫幼虫5万头,年产3万kg棉铃虫病毒杀虫剂的工厂4座。现在科学家们又成功地将Bt毒素蛋白基因通过基因工程的方法转入到植物中,培育成抗虫品种。病毒类则用寄主害虫活体接种后大量繁殖,再制成一定剂型应用于田间。昆虫病原线虫也能够工厂化批量生产,并在桃小食心虫、木蠹蛾等害虫的防治中取得了很好的效果。

(1)利用细菌治虫　利用害虫的致病细菌来感染害虫,使害虫大量得病死亡,从而达到控制害虫的目的。因细菌病害而死亡的虫体,变软变色,具有恶臭。田间使用细菌制剂时,病死的虫体还可以收集起来,用布包紧放在水中搓揉,洗出的毒液和残体,再用来防治害虫,也很有效。

(2)利用真菌治虫　昆虫因真菌病害而死亡的虫体,往往僵硬而呈白色、绿色、黄色等不同颜色的霉层(真菌的菌丝、孢子梗和孢子),没有臭味。

(3)利用病毒治虫　因病毒病致死的虫体变软,体内组织液化,体壁破裂后流出白色或褐色黏液,无臭味。鳞翅目幼虫死后往往臀足还紧附在枝叶上,躯体下吊,前部膨大,俗称"吊死鬼"。病毒的增殖力很强,致病力也很强,其中一些种类对害虫的专一性也强(一种病毒往往只对一种害虫有效)。因此利用病毒防治害虫,不仅杀虫效率高,而且选择性强,不会伤害有益生物。昆虫病毒在自然条件下,一般能长期存活,反复感染昆虫,故施用一次,可以多年控制害虫危害。利用病毒来防治害虫是很有前途的。目前主要问题是病毒不能离体进行人工培养,只能在寄主上进行活体培养。这就是目前还不能大量推广应用的限制性原因。

(4)利用杀虫素治虫 杀虫素是可以用来杀虫的一类抗菌素,抗菌素是一些微生物产生的代谢产物。如日本从金色链霉菌中获得一种杀螨素,对螨类毒性很强,对一些昆虫如绿豆象毒性也大,但对人畜植物安全无毒。我国第一个杀虫抗菌素杀蚜素于1982年通过鉴定并批量生产。此外对其他杀虫素如井冈霉素等的研究也有一定的成效。

(5)利用线虫、原生动物治虫 国内利用线虫来防治桃小食心虫、棉铃虫等害虫已取得一定的成效;利用微孢子虫(一种原生动物)来防治玉米螟,尤其与苏云金杆菌剂混用,效果较好。

3.以其他有益动物治虫

在自然界除了上述天敌能够抑制害虫外,还有其他动物也能够抑制害虫。像无脊椎动物中的蜘蛛、螨类(节肢动物门蛛形纲),还有寄生性线虫(线形动物门);脊椎动物中的鸟类、鱼类、两栖类(青蛙)、爬行类(壁虎)以及蝙蝠等。这些有益的动物中有不少可以用来防治害虫。

(1)捕食性蜘蛛的利用 蜘蛛在全世界大约有2.2万种,我国估计至少有3 000种。在各种农田中都有大批蜘蛛,不仅种类多,数量也大,繁殖率很高,能捕食许多害虫。它们的特点是:专吃虫子,不为害作物;只捕食活虫,不食死虫;在自然界存活率高,不易死亡;不受黑光灯等的诱杀。因此,蜘蛛是农田作物的天然卫士,是人类治虫的得力助手。一般每亩农田都有上万头甚至十几万头的蜘蛛,因此不需人工饲养繁殖,只需保护利用就可以了。

应该怎样保护利用呢?

首先,应尽量减少农田用药。许多蜘蛛对化学农药十分敏感,特别对广谱性的化学农药如对硫磷、辛硫磷等更为敏感。农田每施药一次,就会杀伤大批蜘蛛。因此,在农田不得不施用农药时,应尽可能施用杀伤蜘蛛小的农药,如敌百虫、杀螟松、叶蝉散及植物性农药等。

其次,在农田管理中注意保护蜘蛛。中耕除草,对蜘蛛生长繁殖有影响;田间灌水,影响更大。根据各地经验,在田间灌水时放一把草,可以搭救落水的蜘蛛。或在中耕、灌水后人工采集蜘蛛囊,囊放入田中,以帮助蜘蛛尽快增加数量。

再次,人工保护蜘蛛越冬。如在冬前放一些土坯之类的东西在田内,为越冬蜘蛛提供合适的越冬场所;或采集越冬卵囊,保存越冬,次年再散放于田间。

(2)捕食性螨类的利用 农田中一些植食性螨类是害螨,如叶螨类。另一些捕食性螨类是益螨,可以捕食叶螨等害虫,生产实践中捕食螨的种类很多,如植绥螨等。合理使用农药是保护捕食螨的主要手段。

(3)益鸟的利用 我国是世界上鸟类最多的国家,有2 100多种。其中半数以上捕食昆虫。有的全部以昆虫为食,有的食物中一半是昆虫。燕子、杜鹃、啄木鸟等就是有名的食虫能手。可以栽植一些适合鸟类做窝的树木,招引益鸟前来定居。此外,还要保护益鸟,禁止捕杀、捉鸟、毁巢等。如有一林场,用啄木鸟防治天牛和吉丁虫,经过三个冬季,天牛由原来的百株树80头幼虫下降到0.8头,其他害虫也被大量消灭,不再造成危害。

有条件的地方,还可以利用养鸭来除虫。鸭既捕食了大量的害虫,又给田间施了粪肥;既增产量,又增加副业收入,一举可以多得。

(4)蛙类的利用 两栖类中的青蛙、蟾蜍(俗称癞蛤蟆)等,绝大部分都是捕食昆虫的。只是个别的种类如金线蛙和虎纹蛙的蝌蚪,除了吃虫外也吃鱼苗。当然青蛙、蟾蜍取食的昆虫也包括一些益虫,但在农田中主要还是害虫,如鳞翅目幼虫、蝗虫、蝼蛄、象甲、金龟子、蚊、蝇、椿象、叶蝉、飞虱、天牛、叩头虫等许多害虫。此外,还捕食蚂蟥、蜗牛等有害动物。因此,蛙类是十分有益的动物,一些地方誉其为"农田卫士"是有道理的。

对蛙类的利用,主要是保护。有些地方进行培育和释放,取得了一定成效。

对蛙类的有害因素,除了蛇类捕食外,主要是人类的捕捉。因此,各地应订出制度,严禁捕杀和出售蛙类。农药对蛙类也有杀伤作用,打药时应注意保护。

(5)鱼类的利用　利用一些小型鱼类可以捕捉蚊类幼虫——孑孓,以控制蚊类的发生。捕食孑孓的鱼很多,据报道有 41 个国家用 216 种鱼来防治 35 种孑孓。四川观察一种圆尾斗鱼成鱼,一昼夜可吃孑孓 57～163 条。

4. 利用昆虫激素防治害虫

昆虫激素的利用有两个方面,一是用来提高益虫的生产(如促进家蚕提高吐丝量),二是用来防治害虫。这里只介绍后者的利用情况。

利用昆虫激素防治害虫是害虫生物防治的一种新途径。自 20 世纪 60 年代以来,不仅可以分离提纯一些昆虫激素,并且可以人工合成一些激素,以及合成一些与激素性质相似的类似物,现在利用这些激素及其类似物来防治害虫,取得了可喜的成绩。因此,有人就把昆虫激素及其类似物称为"第三代农药",即国内外对多种昆虫激素进行了分离、结构测定及人工合成,并对一批重要农林害虫进行了防治试验。目前已开发出多种产品,并进入商业应用。其中研究和利用较多的主要是保幼激素和性外激素。

(1)利用内激素来治虫　昆虫分泌的内激素有十多种,目前用来治虫的主要是保幼激素及其类似物(人工合成剂称为"拟激素剂");其次是蜕皮激素及其类似物。

①保幼激素的应用　保幼激素的活性很高,制成杀虫剂后,很少的量就可达到良好的防治效果。自从 1967 年美国 Roller 正式合成了天蚕蛾的保幼激素后,保幼激素的研究进展很快,现已合成了 5 000 多种保幼激素类似物,均表现良好的试验防效。

利用保幼激素防治害虫,其杀虫作用是多方面的,如可使卵发育受阻、使幼虫残废、使蛹不能羽化、使成虫不育,还可以打破滞育昆虫的滞育。

利用保幼激素防治害虫有许多优点:活性高,用量极低;无残毒,无污染,对人畜植物都很安全;选择性强,针对性高,不影响天敌(特别对寄生蜂、寄生蝇类安全)。目前已经在防治蚊蝇等卫生害虫和仓库害虫方面得到应用。

保幼激素在应用上还存在许多问题,这是它的局限性。首先是它只能在害虫发育的某些敏感阶段才起作用,即只能对正在变态脱皮的虫态或虫龄(此时正在蜕皮激素作用之下)起干扰作用。特别对于为害虫态只是幼虫的害虫,除了末龄老熟幼虫对保幼激素敏感外,其他龄期施用保幼激素不仅不能杀虫,反而会增加龄期,延长幼虫期从而延长为害期。实际上田间害虫发生情况常常是"老少同堂",世代重叠,即各种虫态各种龄期的都有。这样,就大大限制了保幼激素的广泛应用。其次,保幼激素的稳定性太差,在自然界极易被光、水、氧气分解失效,因此必须多次施用才能维持药效,这样就增加了工本。第三,在目前的生产水平下,合成成本很高,大量应用有困难。第四,现在研究已经表明,有的昆虫对保幼激素也能产生抗性。上述这些问题如不解决,实际应用就会受到限制。

②蜕皮激素的应用　蜕皮激素不如保幼激素的杀虫作用多,主要是引起幼虫提前蜕皮而死亡。例如,用 25 μg 的蜕皮激素处理二化螟幼虫(浸泡使之渗透体内),可以使二化螟幼虫提前化蛹,并羽化成不正常的成虫,很快就死亡。此外,也可以使成虫不育,如给家蝇成虫饲喂含有 0.01％～0.1％蜕皮激素的食料,可使 80％的雌蝇不育。

蜕皮激素必须通过昆虫口服才能起作用,不像保幼激素既可通过口服又可通过接触而起作用,这就限制了它的应用。另外,蜕皮激素的合成更难、成本更高。因此,目前尚处于试验阶段。不过,人们发现在许多植物中(已经发现有1 000多种植物),都含有大量的天然蜕皮激素(称为植物蜕皮激素,其成分为β-蜕皮素)。如紫杉中的百日青淄酮,牛膝中的牛膝甾酮等,其活性比昆虫体内的蜕皮激素(α-蜕皮素)高得多。这样就提供了丰富的来源,为今后应用开辟了良好前景。

(2)利用性外激素来治虫　目前应用于防治的只有性外激素,性外激素又称性信息素,人工合成的性外激素通常叫作性引诱剂(简称为性诱剂)。目前性外激素在害虫治理中的应用可分为害虫监测和害虫控制两大类。

①用于害虫的预测预报　害虫预测预报是了解害虫扩散分布、发生趋势和确定防治适期的基础。应用性外激素或性引诱剂可以进行害虫的分布、发生期及发生量的测报。常用的办法是将性外激素及其类似物滴在滤纸上(或棉蕊)上做成诱蕊。但这种蕊容易挥发,有效期很短。另一种做法是用橡皮制品(橡皮塞、自行车上的气门芯等)吸收一定量的性诱剂,制成性诱剂缓释剂,可以保持较长时间。现在生产中用的性诱剂一般都是由研究单位直接将合成物融在橡胶中,商品出售。配合诱芯的是捕虫器,以便捕杀或捕获诱来的异性个体。最简单的捕虫器是一种瓦盆,盆上放诱芯(用棍或细铁丝或铅丝固定),盆中放水,水中加少许洗衣粉即成。也可以用设计更好的捕虫器(如捕虫笼、箱等)。

根据诱捕的虫种、虫量及时期,可以统计分析出某种害虫的分布地区、发生期和发生量。

昆虫性激素化合物具有很强的诱集能力,并且有高度专化性。因此,性外激素提供了一种有效地监测特定害虫出现时间和数量的有效方法。

②用于害虫的防治　常用的方法是直接诱杀。此外,也可以用于干扰交配,从而达到害虫不育的结果。

直接诱杀法,就是把性外激素或性诱剂与粘胶、农药、化学不育剂、灯光、微生物农药等结合起来使用,直接消灭害虫。或者将害虫诱到不适宜生存的场所,使它们自取死亡。例如,将性诱剂加触杀剂一起喷到害虫喜取食的寄主植物上,诱使害虫前来取食而被杀死。在生产实践中,已大量设置性外激素诱捕器来诱杀田间害虫。一般是诱杀大量雄虫,通过降低雌虫交配率来控制害虫。

干扰交配法(又称为迷向法),就是把大量的某种害虫的性诱剂施放于田间,使田间弥漫雌性外激素或性诱剂的气味,于是该种害虫异性个体失去定向寻找配偶的能力。由于不能交配,雌虫不能产卵或产卵不育。

此外,性外激素还可以用在植物检疫上,即利用检疫对象的性外激素,来诱测有无此害虫的存在。

目前生产上具体利用的办法大致有三种:利用人工合成剂;利用活虫的性外激素粗提物;直接利用未交尾的雌活虫。

近几年,我国在利用金纹细蛾性诱剂控制金纹细蛾等害虫的为害上起到了一定的作用。此外我国还有梨小食心虫、桃小食心虫、苹小卷蛾、苹果蠹蛾、白杨透翅蛾、槐小卷蛾、亚洲玉米螟、棉铃虫、小地老虎等30多种性信息素在虫情测报上推广应用,对指导防治发挥了重要作用。

利用性外激素防治和预测害虫,有许多优点:活性高,一般诱杀用量很少;无毒性,对作物、人畜及有益动物无影响;选择性强,针对性高,对天敌无影响;方法简便,易于推广;可以与其他防治方法密切配合,没有矛盾。但也有一定的局限性:首先它只能用于两性生殖的害虫,对于孤雌生殖等害虫无用武之地;其次,目前对很多昆虫的性外激素的化学结构、合成工艺尚不清楚;此外,在害虫虫口密度很高时,但用此法效果不高。只有配合其他方法(如施药)将虫口密度压低以后才好利用此法。

虽然有这些局限性,但今后的发展会是很宽广的。随着生产水平的提高,大批性诱剂的合成与供应将是无疑的。

5. 昆虫不育原理及其应用

利用杂交方法改变害虫遗传的性质等造成害虫不育,大量释放这种不育性个体,使之与野外的自然个体进行交配从而使后代不育,经过累代释放,使害虫种群数量逐渐减少,最后导致种群灭绝。

(三)生物防治法的优缺点

生物防治法具有许多优点。首先,一些天敌能有效地防治害虫,而且一般控制作用比较持久;其次,对人畜安全,不会污染环境;再次,一般讲成本比使用化学农药为低,有些微生物杀虫剂可以土法生产,便于推广;此外,一般情况下害虫对天敌不会产生抗性。生物防治法也存在一定的局限性,即不是一切害虫都可以进行生物防治,它并不万能;引进或释放天敌受环境影响大;人工繁殖技术要求高,还需要一定的设备条件,限制推广应用;天敌本身还会受到另外的天敌(即天敌的天敌)的伤害,从而限制其防治效果;还有,现已发现害虫也可以对寄生性天敌产生抗性(如加拿大观察到一种落叶松叶蜂害虫,它的体内血细胞可以包围寄生蜂的卵,使卵不能孵化,从而变成一种抗寄生性害虫),这就可能影响对寄生性天敌的利用。

然而作为一类防治方法,生物防治是大有可为的,尤其与农业防治、化学防治、物理防治等配合起来,在综合防治中更能发挥作用。

▶ 四、物理机械防治法

物理机械防治法是利用各种物理因子、人工或机械防治害虫的方法。包括捕杀、诱杀、趋性利用、温湿度利用、阻隔分离及激光照射等新技术的应用。这种方法一般简单易行,成本较低,不污染环境,既可用于预防害虫,也能在害虫已经发生时作为应急措施,利于与其他方法协调进行。

(一)物理防治法

利用昆虫对光、温度、射线、高频电、超声波等物理因素的特殊反应,而采取的防治方法,称为物理防治法。

1. 利用光来防治害虫

(1)灯光诱杀　利用害虫的趋光性进行诱杀,如利用一些夜蛾、金龟甲等成虫的趋光性进行黑光灯诱杀,特别是利用高压荧光灯(高压汞灯)诱杀棉铃虫、松毛虫等,在其成虫大发生时降低田间落卵量效果显著。

应该指出,利用灯光诱杀害虫必须大面积进行才能收到良好的防治效果,否则反而会造成局部田块受害加重。这一情况应该予以注意。

(2)阳光诱杀　利用太阳光的曝晒,可以防治多种仓库害虫。例如久存的粮食在日光下曝晒,可使含水量下降,并直接杀死害虫;若趁热入仓,粮堆上面加以覆盖保温,粮温可以上升到 35~45 ℃,使许多储粮害虫(如麦蛾、谷盗、谷蠹等)不能正常生活繁殖。

棉毛衣物经常曝晒可以预防生虫,这是大家熟知的利用日光杀虫的方法。

(3)银光驱蚜　利用蚜虫对银色的负趋性,在田间铺设银灰色塑料薄膜带,驱蚜效果可达 80%左右(也可利用蚜虫、白粉虱等对黄色的趋性,田间设置黄皿或黄板,进行测报和防治)。

2.利用温度来防治害虫

(1)高温灭虫　昆虫不耐高温,一般在 45~50 ℃以上短时间内便会死亡。前面提到日光曝晒杀虫,主要是使温度上升到害虫的致死高温区而引起死亡。夏季太阳直晒可使粮食温度上升到 50 ℃左右,几乎所有的贮藏粮害虫都可被杀死。利用烘干机加温粮食,既降低粮食的含水量,又可以直接杀虫。利用沸水烫种,豌豆为 25 s,蚕豆为 30 s,取出后在冷水中浸数分钟,可杀死里面的全部豆象,并不影响种子发芽。高温还会引起昆虫不育,以亚致死高温来处理昆虫常引起昆虫的高温不育。如斜纹夜蛾在 35 ℃以上的高温中雌蛾不产卵;果蝇在 31 ℃下饲养 10 天以上,雌雄虫都不育。

(2)低温治虫　一般昆虫对低温的忍受能力远比对高温的忍受能力强,因此利用低温防治害虫不及用高温防治的效果高,但在北方仍可利用自然低温杀死贮粮害虫。如在冬季严寒干燥的天气,打开粮仓向阴的窗子,使冷空气进入,仓温降低到 3~10 ℃,对一般贮粮害虫都有杀伤作用。低温也可引起一些昆虫不育,如虱子在 25 ℃以下不产卵;四斑按蚊在 4.4~12.2 ℃也不产卵;一种皮蠹在 -8 ℃时经 30 h 后则不育。

3.利用辐射能等防治害虫

在物理防治法中,还可以利用辐射能、超声波、高频电流等来防治害虫。如对超声波的利用,有人根据雌蚊育卵期间不与雄蚊接触的特性,制造了电子驱蚊器,该器可以发出雄蚊的超声波信号,使雌蚊(叮人吸血)闻之即逃;又如利用辐射能,即各种射线、红外线、激光等生物物理技术灭虫,在低剂量下可以引起昆虫不育,在高剂量下可以直接杀死害虫。

昆虫不育法,就是利用物理的或化学的或生物的方法,来处理大批害虫,使害虫个体失去繁殖后代的能力,但并不影响害虫的活动能力和交配能力;然后将这些不育个体释放到自然界中,与自然种群中的个体交配。由于不育,下代数量将会大大减少。这样连续重复处理,经过一系列世代后,自然种群数量一再减少,最后被控制在极低数量之下,甚至被消灭。这种用不育昆虫来防治害虫的方法,就称为昆虫不育法(或称为昆虫绝育法)。有关的不育技术(国外有人称为“昆虫自毁技术”)目前主要有三方面的方法,即辐射不育法(物理学方法)、化学不育法(化学方法)和遗传不育法(生物学方法)。

辐射不育法首先在美国用于防治家畜重要害虫螺旋蝇获得完全成功。1958 年,美国因此害虫为害家畜每年约损失 1.2 亿美元。20 世纪 50—60 年代,美国应用辐射技术处理螺旋蝇,在佛罗里达、得克萨斯、佐治亚、加利福尼亚等州基本上消灭了螺旋蝇的为害,每年约挽回损失 1 亿美元。在一些岛上还彻底消灭了该害虫的自然种群。

螺旋蝇是一种寄生于家畜皮下的双翅目害虫,这种害虫大约三周繁殖一代。在其蛹期若用 2 500 伦琴的 X-射线或 γ-射线照射一定时间,羽化的雄蝇不育;用 5 000 伦琴的射线照射可使雌蝇不育。释放处理成虫,在自然界中可以与正常成虫进行交配竞争,使产的卵不能孵化或不能产卵。被处理的蛹仍可正常羽化,羽化后成虫也不影响交配能力(雌蝇一生只交配一次)。美国便用 γ-射线处理蝇蛹,待其羽化成熟后用飞机运往该蝇为害地区(佛罗里达、佐治亚和亚拉巴马等州），使整个地区被不育蝇所笼罩。经过长期连续释放，终于将这种害虫在该地区完全消灭。

继辐射能防治螺旋蝇成功之后，又在防治采采蝇、刺舌蝇、实蝇及一些仓虫等上获得不同程度的成功。

近年又发展了化学不育法和遗传不育法。这些方法都取得了一定的成效，都是有前途的新方法。

昆虫不育法是近几十年来才发展起来的一类新技术，历史虽短，但已经取得了不少成就，特别在遗传工程迅速发展的今天，昆虫不育技术将会有很大的发展前途。但这些技术比较复杂，成本过高，有些正处于试验研究阶段。

（二）机械防治法

利用害虫的特殊趋性或习性，采用人工或器具来防治害虫的方法，称为机械防治法。

1. 捕杀法

利用昆虫的栖息场所或特殊习性来捕杀害虫。例如，飞蝗蝗蝻有群聚转移习性，挖掘防虫沟来阻止蝗蝻的跳跃迁移并人工围打捕杀（此法在历史上对防治飞蝗起到一定作用）；4～6龄地老虎幼虫将咬断的幼苗拖回土穴中，人们清早可以根据此现象来扒土捕杀；有的金龟子成虫喜在傍晚上树取食树叶，利用它们的假死性可以振落捕杀；用铁丝钩杀蛀入树干内的天牛幼虫；随犁捡杀蛴螬；拉网捕杀小麦吸浆虫等成虫；摘除虫果；冬季或早春刮树皮消灭一些越冬害虫。

2. 诱杀法

利用害虫的特殊趋性来诱杀害虫。具体有：

（1）食料诱杀法 如蝼蛄嗜食马粪、半熟的谷粒、炒香的饼肥和麦麸，故可以做成马粪毒饵、毒谷、麦麸或饼肥毒饵进行诱杀。小地老虎及黏虫成虫等喜取食花蜜或发酵物，故可以利用糖酒醋液或加以适量的杀虫剂制成的毒液来诱杀（或利用发酵物诱杀）。

（2）潜所诱杀法 有的害虫对越冬场所或栖息地有特殊要求，利用此特性可以诱杀害虫。如梨星毛虫、梨小食心虫、苹果小食心虫等，喜潜藏在粗树皮裂缝中越冬，因此在它们越冬前，树干上束草或包扎麻布片，诱集它们进来越冬并集中消灭；地老虎幼虫喜潜藏在泡桐树叶下，利用此习性在田间放置泡桐树叶可以诱集地老虎幼虫并集中消灭；用谷草把可诱集黏虫产卵；在棉田中插杨树枝把以诱集棉铃虫成虫，并于清晨捕杀。

（3）植物诱杀法 利用有些害虫对植物取食、产卵等趋性，种植适合的植物来诱杀。例如，种植芝麻来诱集地老虎产卵，然后集中消灭初孵幼虫；种植少量玉米于棉田中诱集棉铃虫来产卵，然后集中处理玉米以防治棉铃虫；在茄田附近种少量马铃薯诱集马铃薯瓢虫，然后集中消灭。

3. 隔离法

利用害虫的特殊活动习性，设置障碍物，阻止害虫扩散为害或直接消灭。例如果实套袋法，可以阻止食心虫上果产卵；枣尺蠖、梨尺蠖的雌蛾无翅，靠爬行上树交尾产卵，故可在树干基部周围堆沙或在树干上围一圈塑料薄膜，使雌蛾不能爬上树与雄蛾交尾并产卵；将果树干刷白、涂胶，可以阻止一些果树害虫下树越冬，或上树为害，或阻止产卵；稻谷表面覆盖2 cm厚的沙层，可以阻止米象、拟谷盗、锯胸谷盗等贮粮害虫的侵入为害。

4. 分离法

对贮粮害虫，利用其体躯大小与谷粒不同，或其体重与谷粒不同，或被害谷粒与正常谷粒的比重不同，采用风选、水选或过筛等方法，将害虫与正常谷粒分离开来，然后集中消灭害虫。

这是仓虫防治中常使用的一种方法。

五、化学防治法

化学防治法就是利用化学农药防治农林作物害虫、病菌、线虫、螨类、杂草及其他有害生物的方法。化学农药的范围很广，根据作用对象可分为杀虫剂、杀鼠剂、杀线虫剂、杀菌剂、除草剂以及植物生长调节剂等。在杀虫剂中有专门用于杀螨的一类化学药剂特称杀螨剂。在所有的化学农药中，以杀虫剂的种类最多，用量最大。化学防治法是防治害虫最常用的方法，它在害虫的综合防治中占有相当重要的位置。

(一)农药概述

什么是"农药"？它在植物保护工作中的地位怎样？它有哪些优缺点？我们如何正确使用农药？

凡用于防治农业(包括林牧)病虫害、杂草及有病动物的药剂通称为农用药剂，简称为农药。此外，用于调节植物生长的药剂以及用于环境卫生的药剂，也可以包括在内。

化学防治法又称为药剂防治法，它是植物保护的重要手段之一，在病、虫、草的综合防治中占有极其重要的地位，在保证农业增产上一直起着重要作用。这是因为它作为一类防治法具有很多的特长，概括说来主要有如下几点：

第一，防治的对象广。绝大多数的害虫，很多病害及杂草都可以利用化学农药来防治，而其他防治方法很难达到这样广泛的应用范围。

第二，防治的效果快而高。在一般情况下，化学防治的作用快、效果高(高效，大多数杀虫剂仅用少量药剂就能有效地防治许多重要害虫，表现高效的特点；速效，有些害虫一旦大发生，往往来势很猛，发生量大，使用杀虫剂就可以在短期内消灭之；特效，有些害虫，目前尚无其他办法可以防治，只有化学防治才能有效地控制其为害)，能迅速地控制住病虫害的蔓延为害。特别对于暴发性病虫害(如对暴食性的甜菜夜蛾大发生时，应及时采取化学防治作为应急措施)及繁殖快速的害虫(如蚜、螨、飞虱、叶蝉等)，如果施药正确及时，往往能收到立竿见影的效果。这也是其他防治方法很难达到的。

第三，使用方法简便。施用农药的方法多种多样，可以因不同防治对象采用不同的方法；既可以利用药械来施药，也可以用各种人工土法土械来施药。因此便于推广应用。

第四，受地区性限制小。我国地域辽阔，各地条件各异，其他防治法(如选育抗病虫品种、利用某种天敌等)往往在一地有效而在另一地则不适合。化学防治法在一般情况下，受不同地区的气候条件、耕作制度、作物种类等的影响较小。

第五，化学农药可以工业化生产，源源不断地及时地满足农业发展的需要。1949年前我国农药主要依赖外国进口，不能满足农业的需求。1949年后我国逐步建立起自己的农药工业体系，特别近年来农药生产得到迅速的发展，在支援农业保证增产上发挥了重要的作用。

由于化学防治法具有这些优点，因此有人曾经说过，如果没有化学农药，农业是不可能稳产高产、高产再高产的。但是化学防治并不是"万能"的，它还有局限性和存在的问题，虽然它防治的对象很广，但不是所有的病、虫、草害问题都可以解决，实践证明必须配合其他方法才能达到控制为害的目的。此外，许多农药对人畜有毒害作用，使用不当会使人畜发生中毒事故，这也不符合如今的无公害生产、绿色食品生产及有机食品生产的要求。由于长期使用农药，也相继出现了一些问题,特别是有些问题的严重性已远远超出了"农业"的范畴。

第一,病虫草产生抗药性。据报道,到 80 年代初,世界各地的抗药性害虫已接近 500 种,抗药性病菌超过了 100 种,抗药性杂草今 40 种。由于害虫产生了抗药性,原来防治有效的浓度和用药量不再有效,纵然提高浓度和剂量,增加防治次数,而防治效果仍很低。这样不仅增加了防治成本,还带来了一系列的其他问题。

第二,杀害有益生物,破坏生态平衡。由于长期用药,杀伤了有益的生物,改变了生物群落的结构,破坏了原来农业生态系的自然平衡,使一些原来不重要的病虫害上升为主要病虫害。

第三,引起主要害虫再增猖獗。由于主要害虫产生了抗药性,这些害虫过去一度曾经被控制住而现在又抬头回升了,即害虫的再增猖獗问题,如棉铃虫。

第四,污染环境。由于长期使用一些性质稳定不易分解的农药(666 等),引起对环境(土壤、水域、大气、动植物)的污染,并通过食物链进行生物浓缩作用即富集作用,造成在食品及人体中的残留,威胁着人类的健康。

从上面谈到的化学防治的问题中,我们应该注意防止两种错误观点和倾向。一方面,我们不应该只看到它的优点而产生"农药万能"的思想,更不能认为植保工作就是"打打药";我们还必须看到它的局限性及存在的问题,从而帮助我们建立"预防为主,综合防治"的正确思想。另一方面,我们也不应该只看到它的缺点而产生"农药万恶"的思想,更不要在生产上害怕使用农药;只要我们认真做到安全合理使用农药,那些缺点也是可以避免和减轻的。更重要的是,随着我国农业现代化的发展,我们在吸取国内外的经验和教训的基础上,对工业"三废"及农药的生产、使用应采取有效地预防性措施,农药工业一定能够生产出更多更好的高效、低毒、低残留及无公害的新农药品种,来满足农业生产的各种需要。

(二)农药的类别

农药的种类很多,目前国内生产的品种已达百余种,并且每年都在增加新品种。为了使用上的方便,常根据农药的用途、来源及作用进行分类。如按用途可分为杀虫剂、杀菌剂、杀线虫剂、杀鼠剂、除草剂和植物生长调节剂等。这里详细叙述杀虫剂,和简述除草剂。

1. 杀虫剂(包括杀螨剂)

这是一类用来防治害虫(包括螨类)的药剂。绝大多数杀虫剂只能用来防治害虫,不能用来防治病害。少数杀虫剂如石硫合剂既可以杀虫、杀螨又可以防病。

(1)杀虫剂按来源分类

①植物性杀虫剂　这是一类利用植物为原料来制造的杀虫剂。如除虫菊、鱼藤、烟草及各种植物性土农药。

②微生物杀虫剂　这是一类能使害虫致病的微生物(真菌、细菌、病毒)杀虫剂。如苏云金杆菌制剂、白僵菌制剂等。

③无机杀菌剂　这是一类无机物杀虫剂。如亚砷酸、氟化钠等。

④有机杀虫剂　这是一类有机物杀虫剂,其中又分为:

天然有机杀虫剂　直接由天然有机物或植物油脂来制造的杀虫剂。如煤油乳膏、松脂合剂等。

人工合成有机杀虫剂　通过人工合成方法制造的有机杀虫剂。如敌敌畏等,这类杀虫剂用途广、效果高,这是目前最主要的一类杀虫剂。其中按照化学组成的不同又分为:有机氯杀虫剂、有机磷杀虫剂、有机氮杀虫剂、拟除虫菊酯杀虫剂等。

(2)杀虫剂按作用方式分类

①胃毒剂　药剂通过害虫的口器及消化系统进入虫体,引起害虫中毒死亡,这种作用称为胃毒作用;具有胃毒作用的药剂称为胃毒剂,如敌百虫等。胃毒剂适用于防治咀嚼式口器的害虫,如黏虫、蝗虫等。也适用于防治虹吸式(蛾类、蝶类)及舐吸式(蝇类)口器的害虫。

②触杀剂　药剂通过接触害虫的体壁渗入虫体,使害虫中毒死亡,这种作用称为触杀作用;具有触杀作用的药剂称为触杀剂,如辛硫磷等。杀虫剂中大多数属于此类。触杀剂对于各类口器的害虫都适用;但对于体被蜡质等保护物的害虫(如蚧、粉虱等)效果不佳。

③熏蒸剂　药剂在常温常压下能气化为毒气,或分解生成毒气,并通过害虫的呼吸系统进入虫体,使害虫中毒死亡,这种作用称为熏蒸作用;具有熏蒸作用的药剂称为熏蒸剂,如敌敌畏、磷化铝等。熏蒸剂一般应在密闭条件下使用,如氯化苦防治仓库粮食害虫,磷化铝片剂防治果树蛀干性害虫等。

④内吸杀虫剂　药剂通过植株的叶、茎、根或种子,被吸收进入植物体内,并且能在植物体内输导、存留,或经过植物的代谢作用而产生更毒的代谢物。当害虫刺吸带毒植物的汁液或咬食带毒的组织时,引起害虫中毒死亡,这种作用称为内吸杀虫作用(简称为内吸作用);具有这种作用的药剂称为内吸杀虫剂(简称为内吸剂)。一般情况下,内吸杀虫剂只对刺吸口器的害虫有效。

此外,尚有拒食剂、驱避剂、诱致剂、不育剂及拟激素剂等特异性杀虫剂,这些都是很有发展前途的杀虫剂。

应该指出,对于绝大多数有机合成杀虫剂而言,它们的杀虫作用往往是多方面的。如乐果有很强的内吸作用及触杀作用;敌敌畏既有触杀作用和胃毒作用,还有熏蒸作用。因此有人又将这类具有多方面杀虫作用的药剂称为综合性杀虫剂。

2.除草剂

这是一类用来防治杂草及有害植物的药剂。

(1)除草剂按用途分类

①灭生性除草剂　又称为非选择性除草剂。能毒杀所有植物,主要用于非耕地,如清除道路、场地、油田、森林防火带等处的杂草、灌木等。如五氯酚钠、百草枯等。

②选择性除草剂　只对某些科属的植物有毒杀作用,对其他科属植物无毒或毒性很低。如敌稗只杀死稗草而无害于水稻。

(2)除草剂按作用方式分类

①内吸性除草剂　可被植物的根或叶吸收,并传导到全株,破坏植物的正常生理功能,使植株死亡。如阿特拉津等。

②触杀性除草剂　不能在植物体内传导,只能把接触到药剂的部分组织杀死。因此只能用来防治杂草的地上部分。对一年生杂草有效。如五氯酚钠等。

此外,除草剂还可以按来源分为无机除草剂、有机除草剂、微生物除草剂等。

(三)农药的加工剂型

目前使用的农药大多数是有机合成农药。由工厂生产出来的未经加工的农药叫作原药(固体的叫原粉、液体的叫原油),其中具有杀虫、杀菌或杀草等作用的成分叫做有效成分。原药除少数品种(如液体熏蒸剂等)外,绝大多数不能直接在生产上使用。这是因为每亩地上每次施用的原药数量是很少的,要使少量的原药均匀地分散在大面积上,就必须在原药中兑入分散的物质,如水、粉等;而绝大多数原药又是不溶于水的。此外,施用的农药还应该良好地附着在病虫体上或植物体上,以充分发挥药效。但一般原药不具备这样的性能,所以在原药中还应该加入一些辅助剂。这样就需要将原药进行加工,制成一定的药剂形态,这种药剂形态就叫作剂型,如可湿性粉剂、乳油等。农药的加工对于提高药效,改善药剂性能,以及降低毒性,保障安全等方面都起着重要的作用。一个从工厂出厂的商品农药是一种复杂的混合物(图7-1)。

图 7-1　商品农药的组成

农药常用的剂型如下。

1. 粉剂

它是由原药加填充料,一同经过机械粉碎混合,制成的粉状制剂。粉粒细度要求 95% 通过 200 号筛目;直径在 74 μm 以下。粉剂不易被水所湿润,不能分散和悬浮于水中,因此切勿兑水喷雾。

2. 可湿性粉剂

它是由原药加填充料、悬浮剂或湿润剂,一同经过机械粉碎混合而制成的粉状制剂。粉粒细度要求 99.5% 通过 200 号筛目,直径在 25 μm 左右。可湿性粉剂由于加有湿润剂,粉粒又很细,在水中易被湿润、分散和悬浮,因此一般供喷雾使用。注意不要将可湿性粉剂当作粉剂去喷施,因为它的分散性差、浓度高,易使植物产生药害,而且它的价格也比粉剂贵。

3. 乳油(乳剂)

它是由原药加乳化剂、有机溶剂(或不用溶剂)后互溶制成的透明油状制剂,加水后变成不透明的乳状药水——乳剂。当乳剂被喷雾器喷出时,每个雾点含有若干个小油珠,落在虫体或植物表面上后,待水分蒸发,剩下的油珠随即展开形成一个油膜(比原来油珠直径大 10~15 倍的面积上)发挥作用。

乳油的湿润性、展布性、附着力比可湿性粉剂高,比粉剂更高。

4. 颗粒剂

它是由原药或某种剂型加载体后混合制成的颗粒状制剂。颗粒的大小一般要求在 30~60 号筛目间,直径在 250~600 μm 间。常用的载体有黏土、炉渣、砖渣、细沙、玉米芯、锯末等。土法制造,将粉剂或可湿性粉剂或乳油按一定比例与载体混匀晾干而成。颗粒剂的残效长、使用方便,可以撒于植物心叶内(防治玉米螟等)、播种沟内(防治地下害虫等)、果树树冠下土壤中(防治桃小食心虫等)。

近年国内试验用聚乙烯醇(合成糨糊的原料)作缓释剂,加入颗粒中制成缓释颗粒剂,残效更长,值得推广。

5. 水剂(水溶液剂)

即将水溶性原药直接溶于水中制成水剂。用时加水稀释到所需浓度即可喷施。水剂的成本低。但它的缺点是:不耐贮藏,易于水解失效;湿润性差,附着力弱,残效期也很短。

此外,尚有超低容量制剂、熏蒸剂、烟剂、气雾剂、片剂等农药剂型。

(四)农药的使用方法

利用化学农药防治病虫害、杂草及有害动物,首先应该了解防治对象的发生规律,掌握有利时机进行防治。然后选择适当的药剂和药械,应用正确的方法进行施药。不同的农药剂型有不同的使用方法;各种使用方法又各有自己的特点。

除了考虑防治对象、药剂及方法外,还应考虑施药对有益生物(天敌、蜜蜂等)的影响,对环境的污染,以及与其他防治法的配合等问题。此外,还应该精确计算用药量,严格掌握配药浓度,以及施药过程中的技术要求、掌握用药量等等。只有这样才能达到经济、安全、有效的防治目的。

1.喷粉

利用喷粉机具喷粉,是施用药剂最简单的方法,尤其适用于干旱地区及缺水山区,为了降低保护地内的湿度,也可采取喷粉,另外,飞机喷洒农药防治大面积害虫时,往往也采取喷粉的方法。

影响喷粉防治效果的因素主要有三方面:粉剂的质量(这里主要指理化性状)、喷粉的机具和喷粉的技术,当然还有气候等因素的影响。

关于喷粉的技术,要求必须均匀周到,以使带病虫的植物体表均匀地覆盖一层极薄的药粉。可以用手指按在叶片上来检查,如看到有点药粒粘在手指上即为合适。如看到植物叶面发白,说明药量已过多,这样不仅浪费,还易引起药害。当然喷粉量的多少,应根据不同的防治对象来决定。

露地喷粉,喷粉时间一般以早晚有露水时效果较好,因为药粉可以更好地附着在植物上。喷粉应该在无风、无上升气流时进行。刮大风时应该停止喷粉。喷粉后一天内遇雨,最好再重喷。喷粉人员应该在上风头顺风喷(1～2级风速下可以喷粉),不要逆风喷。

2.喷雾

利用喷雾机具进行喷雾也是常用的施药方法。所用的剂型通常为可湿性粉剂(兑水成为悬浮液)及乳油(兑水成为乳浊液—即乳剂)。此外尚有水剂、水溶剂(兑水均成为水溶液),等等。

影响喷雾防治效果的因素主要有四方面:剂型的质量(主要指湿润展布性能),雾滴的大小,病虫植物体表的结构及喷雾技术。此外尚有气候等的影响。

关于喷雾技术,要求药液雾滴均匀覆盖在带病虫的植物体上。对常规喷雾而言,一般应使叶面充分湿润,但不使药剂从叶上流下为度。也有特殊情况,对于半钻蛀性或卷叶为害的害虫则应喷得湿透效果才大。对于在叶片背面为害的害虫(如蚜、螨等),还应注意叶背喷药。

喷雾一般比喷粉防治效果高,因为药液在植物、虫体上的附着力要强得多,不易被风雨淋失,药效也长些;喷雾不足之处是需要水源。

3.超低容量喷雾

超低容量喷雾是利用特别高效的喷雾机械将极少量的药液雾化成为极细小的雾滴,使之均匀地覆盖在带病虫害的植物体上。

用于超低容量喷雾用的农药剂型,是一类特制油剂,兑水量要比常规喷雾少得多,药液浓度高,喷量小,比大容量喷雾节省用药 20％～30％,而药效不减。

4.拌种

将药粉和药液与种子混合均匀的方法称为拌种法。拌种可以防治地下害虫和由种子传播的病虫害。拌种干拌或拌种器内搅拌，要求混合均匀，以免播后影响发芽；可湿性粉剂及乳油应先按比例配好药液，再边喷边拌，要求均匀，拌后应堆闷半天以上，待种皮干后才可以播种。对于内吸性药剂，至少应堆闷12 h以上，以使种子充分内吸药液，才能达到较好的防治效果；堆闷中应翻倒2～3次，使药液与种子充分混合均匀。拌种用的药量应根据药剂种类、种子种类及防治对象而定。如种子小，用药量应较大；种子大，用药量应较少。一般为种子重量的0.2%～0.5%。

5.浸种及浸苗

把种子、种薯、种苗浸放在一定浓度的药剂中，过一定时间后再取出来，以消灭其中的病虫害，或使 它们吸收一定量的有效药剂在出苗后达到治虫的目的，这种方法就叫作浸种或浸苗法。应根据药剂的特性、种子种类及防治对象来确定所用的药剂、药液浓度及处理时间。

6.毒谷及毒饵

将药剂拌入半熟的小米或炒香的饵料中称为毒谷或毒饵。毒谷和毒饵是用来防治地下害虫及地老虎类害虫，以及害鸟、鼠类的。毒谷、毒饵的饵料可选用麦麸、各类饼肥、米糠等。对于地老虎类可选用鲜草制成鲜草毒饵。具体配法及注意事项在有关害虫防治部分讲授。

7.涂抹

将内吸性乳油配成高浓度的乳剂，或加入矿物油配成高浓度的混合乳油，涂抹在植物茎秆上，使植物内吸这些药剂后达到防虫治病的目的。也可将药剂加固着剂及水制成糊状物，涂在树干上，或将药剂浸在棉花等吸水物上，包在树干上，防治害虫。

此外，还可撒毒土、灌根、泼浇等。

（五）农药的合理和安全使用

农药在应用中怎样才能发挥最大的药效，并尽可能避免或减少它对植物的药害和对人畜及有害生物的毒害呢？

1.合理用药提高药效

为了使农药在防治中充分发挥药效，我们应该了解农药的性能、防治对象及环境条件三方面的作用及其相互关系，在此基础上才能做到合理用药，达到经济、安全、有效的防治目的。现将这三方面的因素分述如下。

（1）药剂　农药的药效与农药的化学结构、加工剂型、施药用量、使用方法及产品质量等有关。各种农药都有一定的有效防治对象，也都有一些不能防治的对象。一般来讲，杀虫剂、杀菌剂和除草剂等是不能互相代替的，只有极个别农药既可以杀菌又可以杀虫。杀虫剂中的胃毒剂对咀嚼式口器害虫有效，对刺吸式口器害虫无效；内吸剂一般只对刺吸式口器害虫有效；触杀剂则对各种口器害虫都有效；熏蒸剂防治仓库及温室害虫有效，在大田使用则效果不佳。因此应针对不同的防治对象，选用对其有效的药剂来进行防治，才能收到良好的防治效果。

（2）防治对象　不同的防治对象对药剂的反应不同，有敏感的种类，也有耐药的种类。此外，了解害虫的生活习性对于提高杀虫剂的药效也很重要。有的害虫在叶背为害（如蚜、螨、蚧和粉虱），有的钻蛀为害（如食心虫、棉铃虫等），有的卷叶为害（如卷叶蛾等），有的夜出为害（黏虫等），有的转移为害（如东亚飞蝗等）。我们应根据害虫的不同习性，抓住其薄弱环节，及时施药，才能获得好的防治效果。

（3）环境条件　环境条件的变化，一方面影响药剂的理化性状，另一方面又影响防治对象的生理活动，从而影响药效。温度对药效影响最大，一般药剂随温度升高，药效增加；也有少数药剂,当温度升高,药效反而降低。温度还影响药剂的挥发和分解,从而影响残效期的长短。此外,在一定温度范围内,温度高时害虫的活动加强,增加了对药剂的接触机会和接受程度,害虫的新陈代谢加强,也增加了药剂对体壁、肠壁的穿透力和对气门的侵入速度。这些对提高药效都有利。当然,温度高时也会增加药剂对作物的药害和对人畜的毒害作用,这也是必须注意的。降雨可以冲刷掉喷布的药剂,特别是大暴雨的冲刷作用更强,会大大降低药效。一般药剂对雨水的抗冲刷力不强,尤其是粉剂及非内吸剂。雨天不宜喷药,如喷后遇雨,天晴时要补喷。湿度影响主要是可以加速某些药剂的水解作用。使药剂失效或产生药害。因此,施用药剂时,在大雾天或露水多时要加小心,如喷施波尔多液应该减少硫酸铜用量或增大石灰用量。风可以加快药剂的挥发或消失,并吹走一部分药剂。使药剂的覆盖不均匀,降低药效,所以大风不宜喷药。光可以加速一些药剂的光解作用,促使这些药剂失效。如辛硫磷对光十分敏感,在自然漫射光下 4 h 就被光解 50% 以上。但辛硫磷喷布施用于果树、蔬菜和茶树等上面,由于残效期很短,加之高效低毒,所以是值得使用的药剂。土壤有机质含量高,一般不利于土壤处理或拌种的药剂发挥药效。像对黏土或腐殖质含量高的黑土进行土壤处理或撒播颗粒剂或拌种时,药量应适当多些。含有机质很少的沙土,虽有利于发挥药效,但又易引起药害。这些现象在施用除草剂时应特别加以注意。

2. 安全用药防止药害

合理用药还必须注意安全问题。农药的安全问题,概括起来主要是对植物的安全(药害问题),对有益微生物的安全和对人、畜的安全(毒性问题)。

(1)农药对植物的药害　合理用药不仅可以防治病、虫、杂草等,还可以促进植物的生长发育并提高产量。一般有机磷、有机氮农药在合理施用下,最终分解物中的磷、氮可以对植物起到施肥作用。另一方面,农药如果使用不当,就会对植物的生长发育产生不利的影响,或者使烟、菜、果、茶等农产品丧失原有的色、香、味,降低品质,甚至不能食用。这些叫作农药对植物的药害。药害可以根据产生的快慢,分为急性药害和慢性药害两种。慢性药害在喷药后并不很快出现药害现象,但植株生长发育已受到抑制,经过比较长的时间才表现出生长缓慢、发育不良(如矮化)、开花结果延迟、落花落果增多、产量低、品质差(风味色泽恶化等)。急性药害在喷药后很快(几小时或几天内)出现药害现象。如叶被“烧焦”或“畸形”、变色,果上出现各种药斑(锈点、褐斑),根发育不良或形成“黑根”“鸡爪根”,种子不能发芽或幼苗畸形,严重的造成落叶、落花、落果等,甚至全株枯死。

(2)农药对有益生物的毒害　田间施用农药,除对病虫害和植物直接有影响外,还对周围的生物群落有影响。其中对有益生物的毒害,也是合理用药必须注意的另一个安全问题。

农药对有益生物的毒害主要有:杀害天敌,施用广谱性杀虫剂后,不仅杀死害虫,也会杀死害虫的天敌,因而引起害虫的再次猖獗;杀伤授粉昆虫,蜜蜂等传粉昆虫对许多植物的授粉和增产起着重要作用,不注意保护这些益虫,就会大量杀死蜜蜂等益虫;杀伤鱼类及有益水生生物,农药施用后可以随水流入湖泊、河川、江海及养殖场,可以引起鱼类、虾类、蟹类、贝类以及有益水生生物(如青蛙、水生藻类蜉蝣生物等)的大量死亡。因此在养鱼场等处及其附近地区施药时应当特别小心。

如何克服呢? 应用选择性强的药剂或相对安全的药剂并改进施药方法,选择合适的浓度及施药时期。如防治刺吸式口器害虫(蚜、螨、蚧、叶蝉、飞虱等)应用内吸剂,改喷雾为涂茎或拌种或播下颗粒剂,对于保护天敌有利;又如在人工释放天敌之前,先施用残效短的药剂以杀死一部分害虫,等药剂毒效消失后再释放天敌。降低施药浓度,也有利于保护天敌。虽然会保留下来一部分害虫,但这部分残留下来的害虫有利于天敌的取食、繁殖,从而也会得到控制。因此总的防治效果并不低,甚至更高。

(3)农药对人、畜的毒性　目前应用的农药中大多数种类对人及哺乳动物有毒。如果使用不当会造成人、畜中毒事故。这是一个更为重要的安全问题。

农药对高等动物的毒性可以分为急性毒性和慢性毒性两类。急性毒性是指一次服用或吸入大量药剂后,很快表现出中毒症状的毒性。如剧毒有机磷药剂的急性中毒症状:开始恶心、头疼,继而出汗、流涎、呕吐、腹泻、瞳孔缩小、呼吸困难,最后昏迷甚至死亡。慢性毒性是指长期经常服用或接触或吸入小剂量药剂后,逐渐表现中毒症状的毒性。慢性中毒症状主要表现为"三致",即致癌性、致畸性与致突变性。

农药的残留、污染,应该怎样克服呢?田间施用农药,只有一小部分作用于害虫和植物体,其余大部分散布于自然界。其中大部分进入土壤,一小部分飘浮于空气中(其中少量的农药蒸汽或吸附于尘埃微粒上的可被上升气流带到高空,并吹到很远的地方)。空气中的农药可由降水(雨、雾、雹、雪)而进入土壤、水域;而土壤中的农药有的可被植物吸收,有的可随雨水冲刷也进入水域。总之,农药在自然界的运转情况是很复杂的。性质不稳定、易于分解的、不会在生物体内积累的农药(如大多数有机磷药剂),对环境的污染程度不大;但性质稳定的、不易分解的、易在生物体内积累的农药(如有机氯杀虫剂),则会分布到环境中,并通过生物的食物链而进行富集(生物浓缩作用),造成对农产品、畜产品、水产品等食物的污染,进而威胁人类的健康。因此这类农药会对环境造成严重的污染。为了防止农药对环境和农畜水产品的污染,常采取下列控制措施。首先禁用或限用剧毒、高残留的农药品种;其次规定农畜水产品中允许残留,允许残留量是根据人体每日最大允许摄入量和各国人民的传统食谱而制定的;再次规定施药的安全间隔期,农药最后一次施药离收获的间隔天数,即安全间隔期。不同农药及不同加工剂型在不同植物上的消失速度不一样,因而安全间隔期也不同。

(六)园艺植物常用杀虫剂简介

农药种类繁多,应尽量选择高效、低毒、低残留、无异味的药剂。以免影响园艺产品的质量并污染环境。

常用杀虫、杀螨剂简介。

(一)有机磷杀虫剂

1. 敌敌畏(dichlorvos)

具有触杀、熏蒸和胃毒作用,残效期1～2天。对人、畜中毒。对鳞翅目、膜翅目、同翅目、双翅目、半翅目等害虫均有良好的防治效果。击倒迅速。常见加工剂型有50%、80%乳油。用50%乳油1 000～1 500倍液或80%乳油2 000～3 000倍液喷雾,可防治花卉上的蚜虫、蛾蝶幼虫、介壳虫若虫及粉虱等。樱花及桃类花木忌用;温室、大棚内可用于熏蒸杀虫,具体用量为0.26～0.30 g/m³。

2. 久效磷(monocrotophos)

具有强内吸、触杀和胃毒作用。对人、畜高毒。对刺吸式口器及咀嚼式口器的害虫均有良好的防治效果。药效迅速,持效期长达10～20天。常见剂型有40%、50%乳油,20%、50%水剂。可用于喷雾、内吸涂环等。

3. 辛硫磷(肟硫磷、倍腈松、phoxim)

具触杀和胃毒作用。对人畜低毒。可用于防治鳞翅目幼虫及蚜、螨、蚧等。常见剂型有3％、5％颗粒剂,25％微胶囊剂,50％、75％乳油。一般使用浓度为50％乳油1 000～1 500倍液喷雾;5％颗粒剂30 kg/hm²防治地下害虫。

4. 氧化乐果(omethoate)

具触杀、内吸和胃毒作用,是一种广谱性杀虫、杀螨剂。主要用于防治刺吸式口器的害虫,如蚜、蚧、螨等,也可防治咀嚼式口器的害虫。该药对人、畜高毒,对蜜蜂也有较高的毒性,使用时应注意。常见剂型有40％乳油,20％粉剂。一般使用浓度为40％乳油稀释1 000～2 000倍液喷雾。也可用于内吸涂环。

5. 乙酰甲胺磷(杀虫灵、高灭磷、杀虫磷、acephate)

具胃毒、触杀和内吸作用。能防治咀嚼式口器、刺吸口器害虫和螨类。它是缓效型杀虫剂,后效作用强。对人、畜低毒。常见剂型有30％、40％、50％乳油,5％粉剂,25％、50％、70％可湿性粉剂。一般使用浓度为30％乳油稀释300～600倍液或40％乳油稀释400～800倍液喷雾。

6. 速扑杀(速蚧克、杀扑磷、methidathion)

具触杀、胃毒及熏蒸作用,并能渗入植物组织内。对人、畜高毒。是一种广谱性杀虫剂,尤其对于介壳虫有特效。常见剂型有40％乳油。一般使用浓度为40％乳油稀释1 000～3 000倍液喷雾,在若蚧期使用效果最好。

7. 乐斯本(毒死蜱、氯吡硫磷、chlorpyrifos)

具触杀、胃毒及熏蒸作用。对人、畜中毒。是一种广谱性杀虫剂。对于鳞翅目幼虫、蚜虫、叶蝉及螨类效果好,也可用于防治地下害虫。常见剂型有40.7％、40％乳油。一般使用浓度为40.7％乳油稀释1 000～2 000倍液喷雾。

8. 爱卡士(喹硫磷、喹噁磷、quinalphos)

具触杀、胃毒和内渗作用。对人、畜中毒。是一种广谱性杀虫剂。对于鳞翅目幼虫、蚜虫、叶蝉、蓟马及螨类效果好。常见剂型有25％乳油、5％颗粒剂。一般使用浓度为25％乳油稀释800～1 200倍液喷雾。

9. 伏杀硫磷(佐罗纳、phosalone)

为触杀性杀虫、杀螨剂,杀虫谱广。对鳞翅目幼虫、蚜虫、叶蝉及螨类效果好。对人、畜中毒。常见剂型有30％乳油、30％可湿性粉剂。一般使用浓度为30％乳油稀释2 000～3 000倍液喷雾。

10. 哒嗪硫磷(哒净松、苯达磷、pyridaphenthion)

具触杀及胃毒作用。为一高效、低毒、低残留、广谱性的杀虫剂。对多种咀嚼式及刺吸式口器有较好的防治效果。常见剂型有20％乳油、2％粉剂。一般使用浓度为20％乳油稀释500～1 000倍液喷雾;2％粉剂喷粉,每公顷用量为45 kg。

11. 甲基异柳磷(isofenphos-methyl)

为土壤杀虫剂,对害虫有较强的触杀及胃毒作用,杀虫谱广。主要用于防治蝼蛄、蛴螬、镏金针虫等地下害虫。只准用于拌种或土壤处理,不可兑水喷雾。对人、畜高毒。常见剂型有20％、40％乳油。一般使用方法为:首先按种子量的千分之一(非纯药)确定40％乳油的用量,然后稀释100倍并进行拌种处理,可防治多种地下害虫;按20％乳油4.5～7.0 L/hm²计,制成毒土 300 kg,均匀进行穴施或条施后覆土,可有效地防治蛴螬。

(二)有机氮杀虫剂

1. 杀虫双

具较强的内吸、触杀及胃毒作用,并有一定的熏蒸作用。对于鳞翅目幼虫、蓟马等效果好。对人、畜中毒。常见剂型有 25% 水剂、3% 颗粒剂、5% 颗粒剂。一般使用浓度为 25% 水剂 3 kg/hm²,兑水 750～900 kg 喷雾。

2. 杀虫环(thiocylam)

具有触杀及胃毒作用,并有一定的内吸、熏蒸作用。对于鳞翅目幼虫、蚜虫。叶蝉、叶螨、蓟马等有效。对人、畜中毒。常见剂型有 50% 可湿性粉剂。一般使用浓度为 50% 可湿性粉剂 0.6～1.2 kg/hm²,兑水 750～1 200 kg 喷雾。

3. 吡虫啉(咪蚜胺、NTN-33893、imidacloprid)

属强内吸杀虫剂。对蚜虫、叶蝉、粉虱、蓟马等效果好;对鳞翅目、鞘翅目、双翅目昆虫也有效。由于其具有优良内吸性,特别适于种子处理和做颗粒。对人、畜低毒。常见剂型有 10%、15% 可湿性粉剂,10% 乳油。防治各类蚜虫,每千克种子用药 1 g(有效成分)处理;叶面喷雾时,10% 可湿性粉剂的用药量为 150 g/hm²;毒土处理,土壤中的浓度为 1.25 mg/kg 时,可长时间防治蚜虫。

4. 蚜威(辟蚜雾、pirimicarb)

具触杀、熏蒸和渗透叶面作用。能防治对有机磷杀虫剂产生抗性的蚜虫。药效迅速,残效期短,对作物安全,对蚜虫天敌毒性低,是综合防治蚜虫较理想的药剂。对人、畜中毒。常见剂型有 50% 可湿性粉剂、10% 烟剂、5% 粒剂。一般使用浓度为 50% 可湿性粉剂,每公顷 150～270 g,兑水 450～900 L 喷雾。

5. 克百威(呋喃丹、虫螨威、卡巴呋喃、carbofuran)

具强内吸、触杀和胃毒作用,是一种广谱性内吸杀虫剂、杀螨剂和杀线虫剂。对人、畜剧毒。能通过根系和种子吸收而杀死刺吸式口器、咀嚼式口器害虫、螨类和线虫。残效期长,在土壤中的半衰期为 30～60 天。我国主要剂型为 3% 颗粒剂。一般使用量为 15～30 kg/hm² 用于土壤处理或根施。但结果树及食用植物应特别注意,严禁兑水喷雾。目前此药已广泛用于盆栽花卉及地栽林木的枝梢害虫。

6. 甲萘威(西维因、胺甲萘、carbaryl)

具触杀、胃毒和微弱内吸作用。对咀嚼式口器及刺吸式口器的害虫均有效,但对蚧、螨类效果差。喷药 2 天后才发挥作用。低温时效果差。残效期一般 4～6 天。对人、畜低毒。常见剂型有 5% 粉剂、25% 和 50% 可湿性粉剂等。一般使用浓度为 50% 可湿性粉剂稀释 750 倍液喷雾。

7. 涕灭威(铁灭克、aldicarb)

具强内吸、触杀和胃毒作用,是一种广谱性内吸杀虫剂、杀螨剂和杀线虫剂。对人、畜剧毒。能通过根系和种子吸收而杀死刺吸式口器、咀嚼式口器害虫、螨类和线虫。速效性好,一般用药后几小时能发挥作用。药效可持续 6～8 周。常见剂型为 15% 颗粒剂,其使用方法为沟施、穴施或追施,严禁兑水喷雾。沟施法的用量为 15% 颗粒剂 15～18 kg/hm²。

8. 灭多威(万灵、methomyl)

具触杀及胃毒作用,具有一定的杀卵效果。适于防治鳞翅目、鞘翅目、同翅目等昆虫。对人、畜高毒。常见剂型有 24％水溶性液剂，40％、90％可溶性粉剂、2％乳油、10％可湿性粉剂。一般用量为 24％的水剂 0.6～0.8 L/hm²，兑水喷雾。

9. 硫双灭多威（拉维因、硫双威 thiodicarb）

具胃毒作用，几乎无触杀作用，无熏蒸及内吸作用。对鳞翅目害虫有特效，也可用于防治鞘翅目、双翅目、膜翅目虫，对蚜虫、叶蝉、蓟马及螨类无效。常见剂型为 75％可湿性粉剂。一般用量为 75％可湿性粉剂 1.50～2.25 kg/hm²，兑水喷雾。

10. 唑蚜威（triaguron）

高效选择性内吸杀虫剂，对多种蚜虫有较好的防治效果，对抗性蚜也有较高的活性。对人、畜中毒。常见剂型有 25％可湿性粉剂、24％、48％乳油。每公顷使用有效成分 30 g 即可。

11. 丙硫克百威（安克力、丙硫威、benfuracarb）

为克百威的低毒化品种，具有触杀、胃毒和内吸作用，持效期长。可防治多种害虫。对人、畜中毒。常见剂型有 3％、5％、10％颗粒剂，20％乳油。每公顷用 5％颗粒剂 12～18 kg 或 1％乳油 6～9 kg 做土壤处理，即可防治蚜虫及多种地下害虫。

12. 丁硫克百威（好年冬、丁硫威、carbosulfan）

为克百威的低毒化衍生物。具有触杀、胃毒及内吸作用。杀虫谱广，也能杀螨。对人、畜中毒。常见剂型有 5％颗粒剂，15％乳油。每公顷用 5％颗粒剂 15～60 kg 做土壤处理，即可防治多种地下害虫及叶面害虫。

（三）拟除虫菊酯类杀虫剂

1. 灭扫利（甲氰菊酯、fenpropathrin）

具触杀、胃毒及一定的忌避作用。对人、畜中毒。可用于防治鳞翅目、鞘翅目、同翅目、双翅目、半翅目等害虫及多种害螨。常见剂型为 20％乳油。一般使用浓度为 20％乳油稀释 2 000～3 000 倍液喷雾。

2. 天王星（虫螨灵、联苯菊酯、bifenthrin）

具触杀、胃毒作用。对人、畜中毒。可用于防治鳞翅目幼虫、蚜虫、叶蝉、粉虱、潜叶蛾、叶螨等。常见剂型有 2.5％、10％乳油。一般使用浓度为 10％乳油稀释 3 000～5 000 倍液喷雾。

3. 氯菊酯（二氯苯醚菊酯、除虫精、permethrin）

具有触杀作用，兼有胃毒和杀卵作用，但无内吸性。杀虫谱广，对害虫击倒快，残效长，杀虫毒力比一般有机磷高约 10 倍。可防治 130 多种害虫，对鳞翅目幼虫有特效。对人、畜低毒。常见剂型为 10％乳油，一般使用浓度为 1 000～2 000 倍液喷雾。该药为负温度系数的药剂，即低温时效果好。

4. 氰戊菊酯（中西杀灭菊酯、速灭杀丁、fenvalerate）

具强触杀作用，有一定的胃毒和拒食作用。效果迅速。击倒力强。对人、畜中毒。对鱼、蜜蜂高毒，可用于防治鳞翅目、半翅目、双翅目的幼虫。常见剂型为 20％乳油，每公顷用 300～600 mL 兑水喷雾。

5. 顺式氰戊菊酯（来福灵、esfenvalerate）

具强触杀作用，有一定的胃毒和拒食作用。效果迅速，击倒力强。对人、畜中毒。对鱼、蜜蜂高毒。可用于防治鳞翅目、半翅目、双翅目的幼虫。常见剂型为 5％乳油。一般使用浓度为 5％乳油稀释 2 000～5 000 倍液喷雾。

6. 氯氰菊酯(安绿宝、灭百可、兴棉宝、赛波凯、cypermethrin)

具触杀、胃毒和一定的杀卵作用。该药对鳞翅目幼虫、同翅目和半翅目昆虫效果好。对人、畜中毒。常见剂型为10％乳油。一般使用浓度为10％乳油稀释2 000～5 000倍液喷雾。

7. 顺式氯氰菊酯(高效安绿宝、高效灭百可、alphacypermethrin)

具触杀、胃毒和一定的杀卵作用。该药对鳞翅目幼虫、同翅目及半翅目昆虫效果好。对人、畜中毒。常见剂型有10％、5％乳油,5％可湿性粉剂。一般使用浓度为10％乳油稀释2 000～5 000倍液喷雾。

8. 溴氰菊酯(敌杀死、凯素灵、凯安保、deltamethrin)

具强触杀作用,兼具胃毒和一定的杀卵作用。该药对植物吸附性好,耐雨水冲刷,残效期长达7～21天,对鳞翅目幼虫和同翅目害虫有特效。对人、畜中毒。常见加工剂型有2.5％乳油,25％可湿性粉剂。一般使用浓度为2.5％乳油稀释4 000～6 000倍液喷雾。

9. 三氟氯氰菊酯(功夫、功夫菊酯、cyhalothrin)

具强触杀作用,并具胃毒和驱避作用。速效,杀虫谱广。对鳞翅目、半翅目、鞘翅目、膜翅目虫均有良好的防治效果。对人、畜中毒。常见剂型有2.5％乳油。一般使用浓度为2.5％乳油稀释3 000～5 000倍液喷雾。

10. 氟氯氰菊酯(百树菊酯、百树得、cyfluthrin)

具触杀及胃毒作用,杀虫谱广,作用迅速,药效显著。对多种鳞翅目幼虫、蚜虫、叶蝉等有良好的防效。对人、畜低毒。常见剂型有5.7％乳油。一般使用浓度为57％乳油稀释2 000～5 000倍液喷雾。

11. 贝塔氟氯氰菊酯(保得、beta-cyfluthrin)

具触杀及胃毒作用,稍有渗透性而无内吸作用。杀虫谱广,防效大约是氟氯氰菊酯的两倍,其他作用与氟氯氰菊酯相同。常见剂型有2.5％乳油。一般使用浓度为2.5％乳油稀释2 000～5 000倍液喷雾。

12. 氟氰戊菊酯(氟氰菊酯、保好鸿、flucythrinate)

具触杀及胃毒作用。杀虫谱广,作用迅速。可防治鳞翅目、同翅目、鞘翅目、双翅目等多种害虫。对人、畜中毒。常见剂型有30％乳油。一般使用浓度为30％乳油稀释5 000～8 000倍液喷雾。

13. 四溴菊酯(tralomethrin)

具触杀及胃毒作用,杀虫谱广。可防治鳞翅目、同翅目、鞘翅目、直翅目种害虫。对人、畜中毒。常见剂型有3.6％、10.8％乳油。一般使用浓度为3.6％乳油稀释800～1 000倍液喷雾。

14. 醚菊酯(多来宝、MTI-500、ethofenprox)

具触杀及胃毒作用。杀虫谱广,作用迅速,持效期长。对鳞翅目、同翅目上、鞘翅目上、直翅目、半翅目等翅目等多种害虫有高效。对人、畜低毒。常见剂型有10％、20％、30％乳油,10％、20％、30％可湿性粉剂。一般使用量为10％乳油,每公顷600～1 300 g兑水喷雾。

15. 氟胺氰菊酯(马扑立克、tau-fluvalinate)

具触杀及胃毒作用。为谱广杀虫、杀螨剂。可防治蚜虫、叶蝉、温室白粉虱、蓟马及鳞翅目害虫、叶螨等。对人、畜中毒。常见剂型有24％乳油,10％、20％、30％可湿性粉剂。一般使用浓度为24％乳油稀释1 000～2 000倍液喷雾。

(四)混合杀虫剂

1. 辛敌乳油(phoxim、trichlorfon)

由25%辛硫磷和25%敌百虫混配而成。具触杀及胃毒作用,可防治蚜虫及鳞翅目害虫。对人、畜低毒。常见剂型有为50%乳油。一般使用浓度为50%乳油稀释1 000~2 000倍液喷雾。

2. 多灭灵(metharmidophos、trichlorphon)

由20%甲胺磷和30%敌百虫混配而成。具触杀、胃毒及内吸作用。可防治蚜虫、叶螨及鳞翅目害虫,对人、畜高毒。常见剂型为50%乳油。一般使用浓度为50%乳油稀释1 000~2 000倍液喷雾。

3. 高效磷(马甲乳油、methamidophos、malathion)

由10%甲胺磷和30%马拉硫磷混配而成,具触杀、胃毒及一定的内吸作用,可防治蚜虫、叶螨及鳞翅目害虫,对人、畜高毒。常见剂型有为40%乳油,一般使用浓度为40%乳油稀释1 500~2 000倍液喷雾。

4. 灭杀毙(增效氰剂、fenvalerate、malathion)

由6%甲氰戊菊酯和15%马拉硫磷混配而成。以触杀、胃毒作用为主,兼有拒食、杀卵及杀蛹作用。可防治蚜虫、叶螨及鳞翅目害虫。对人、畜中毒。常见剂型为21%乳油。一般使用浓度21%乳油稀释1 500~2 000倍液喷雾。

5. 速杀灵(菊乐合剂、fenvalerate、dimethqate)

由氰戊菊酯和乐果1:2混配而成。具触杀、胃毒及一定的内吸、杀卵作用。可防治蚜虫、叶螨及鳞翅目害虫。对人、畜中毒。常见剂型有为30%乳油,一般使用浓度为30%乳油稀释1 500~2 000倍液喷雾。

6. 桃小灵(fenvalerate、malathion)

由氰戊菊酯和马拉硫磷混配而成。具触杀及胃毒作用,兼有拒食、杀卵及杀蛹作用。可防治蚜虫、叶螨及鳞翅目害虫。对人、畜中毒。常见剂型有为30%乳油。一般使用浓度为30%乳油稀释2 000~2 500倍液喷雾。

7. 氰久(丰收菊酯、fenvalerate、monocrotophos)

由3.3%氰戊菊酯和16.7%久效磷混配而成。具触杀、胃毒及内吸作用。可防治蚜虫、叶螨及鳞翅目害虫。对人、畜高毒。常见剂型有为20%可湿性粉剂。一般使用浓度为20%可湿性粉剂稀释1 000~1 500倍液喷雾。

8. 菊脒乳油(fenvalerate、chlordimeform)

由10%氰戊菊酯和10%杀虫脒混配而成。具触杀和胃毒作用,可防治蚜虫、叶螨及鳞翅目害虫。对人、畜中毒。常见剂型有为20%乳油。每公顷需20%乳油150~600 mL兑水喷雾。

9. 增效机油乳剂(敌蚜螨)

由机油和溴氰菊与而成,具强烈的触杀作用。为一广谱性的杀虫、杀螨剂。可防治蚜虫、叶螨、介壳虫以及鳞翅目幼虫等,对人、畜低毒。常见剂型有为85%乳油。每公顷需85%乳油1 500~2 500 mL兑水喷雾;将其稀释100~300倍液喷雾,可有效地防治褐软蚧等介壳,但须注意药害。

10. 虫螨净(dimethoate、chlordimeform)

由 20％乐果和 20％杀虫脒混配而成。具触杀和胃毒及内吸作用。可防治蚜虫、叶螨及鳞翅目害虫。对人、畜高毒。常见剂型有为 40％乳油。每公顷需 40％乳油 600～1 000 mL 兑水喷雾。

(五)生物源杀虫剂

1. 阿维菌素(灭虫灵、7051 杀虫素、爱福丁、abamectin)

是新型抗生素类杀虫、杀螨剂。具触杀和胃毒作用。对于鳞翅目、鞘翅目、同翅目。斑潜蝇及螨类有高效。对人、畜高毒。常见剂型有 1.0％、0.6％、1.8％乳油。一般使用浓度为 1.8％ 乳油稀释 1 000～3 000 倍液喷雾。

2. 苏云金杆菌[Bacius thuringiensis(Bt)]

该药剂是一种细菌性杀虫剂,杀虫的有效成分是细菌及其产生的毒素。原药为黄褐色固体,属低毒杀虫剂,为好气性蜡状芽孢杆菌群,在芽孢囊内产生晶体,有 12 个血清型,17 个变种。它可用于防治直翅目、鞘翅目、双翅目、膜翅目,特别是鳞翅目的多种害虫。常见剂型有可湿性粉剂(100 亿活芽/g),Bt 乳剂(100 亿活孢子/mL)可用于喷雾、喷粉、灌心等,也可用于飞机防治。如用 100 亿孢子/g 的菌粉兑水稀释 2 000 倍液喷雾,可防治多种鳞翅目幼虫。30℃以上施药效果最好。苏云金杆菌可与敌百虫、菊酯类等农药混合使用,速度快。但不能与杀菌剂混用。

3. 白僵菌(beauveria)

该药剂是一种真菌性杀虫剂,不污染环境,害虫不易产生抗性。可用于防治鳞翅目、同翅目、膜翅目、直翅目等害虫。对人、畜及环境安全,对蚕感染力很强。其常见的剂型为粉剂(每 1 g 菌粉含有孢子 50 亿～70 亿个)。一般使用浓度为:菌粉稀释 50～60 倍液喷雾。常见剂型有 1.0％、0.6％、1.8％乳油。

4. 核型多角体病毒(nuclear polyhedrosis viruses)

该药剂是一种病毒杀虫剂,具有胃毒作用。对人、畜、鸟、益虫、鱼及环境安全,对植物安全,害虫不易产生抗性,不耐高湿,易被紫外线照射失活,作用较慢。适于防治鳞翅目害虫。其常见的剂型为粉剂、可湿性粉剂。一般使用方法为每公顷用 3×10^{11}～45×10^{11} 个核型多角体病毒兑水喷雾。

5. 茴蒿素

该药为一种植物性杀虫剂。主要成分为山道年及百部碱。主要杀虫作用为胃毒。可用于防治鳞翅目幼虫。对人、畜低毒。其常见的剂型为 0.65％水剂。一般使用浓度为 0.65％水剂稀释 400～500 倍液喷雾。

6. 印楝素(azadirachtin)

该药为一种植物性杀虫剂。具有拒食、忌避、毒杀及影响昆虫生长发育等多种作用,并具有良好的内吸传导性。能防治鳞翅目、同翅目、鞘翅目等多种害虫。对人、畜、鸟类及天敌安全。生产上常用 0.1％～1％印楝素种核乙醇提取液喷雾。

(六)熏蒸杀虫剂

1. 磷化铝(磷毒、aluminum phosphide)

多为片剂,每片约 3 g。磷化铝以分解产生的毒气杀灭害虫,对各虫态都有效。对人、畜剧毒。可用于密闭熏蒸防治种实害虫、蛀干害虫等。防治效果与密闭好坏、温度及时间长短有关。山东兖州市用磷化铝堵孔防治光肩星天牛,每孔用量 1/8～1/4 片,效果达 90% 以上。熏蒸时用量一般一般为 12～15 片/m³。

2. 溴甲烷(甲基溴、methyl bromide)

该药杀虫谱广,对害虫各虫期都有强烈毒杀作用,并能杀螨。可用于温室苗木熏蒸及帐幕内枝干害虫、种实害虫熏蒸等。如温室内苗木熏蒸防治蚧类、蚜虫、红蜘蛛、潜叶蛾及钻蛀性害虫。对哺乳动物高毒(表 7-1)。

表 7-1 溴甲烷熏蒸苗木害虫

气温/℃	用药量/(g/m³)	熏蒸时间/h
4～10	50	2～3
11～15	42	2～3
16～20	35	2～3
21～25	28	2
26～30	24	2
>31	16	2

最近几年,山东的菜农、花农普遍采用从以色列进口的听装溴甲烷(熏蒸时用尖利物将其扎破即可)进行土壤熏蒸处理,按每 1 m² 用药 50 g 计,一听 681 g 装的溴甲烷可消毒土壤 13 m²。消毒时一定要在密闭的小拱棚内进行。熏蒸 2～3 天后,揭天薄膜通风 14 天以上。该法不仅可以杀死各种病虫,而且对于地下害虫杂草种子也十分有效。

(七)特异性杀虫剂

1. 灭幼脲(灭幼脲三号、苏脲一号、pH6038、chlorbenzuron)

该品为广谱特异性杀虫剂,属几丁质合成抑制剂。具胃毒和触杀作用。迟效,一般药后 3～4 天药效明显。对人、畜低毒,对天敌安全,对鳞翅目幼虫有良好的防治效果。常见剂型有 25%、50% 胶悬剂。一般使用浓度为 50% 胶悬剂加水稀释 1 000～2 500 倍液,每公顷施药量 120～150 g 有效成分。在幼虫 3 龄前用药效果最好,持效期 15～20 天。

2. 定虫隆(抑太保、chlorfluazuron)

酰基脲类特异性低毒杀虫剂。主要为胃毒作用,兼有触杀作用,属几丁质合成抑制剂。杀虫速度慢,一般在施药后 5～7 天才显高效。对人、畜低毒。可用于防治鳞翅目、直翅目、鞘翅目、膜翅目、双翅目等害虫,但对叶蝉、蚜虫、飞虱等无效。常见剂型有 5% 乳油。一般使用浓度为 5% 乳油稀释 1 000～2 000 倍液喷雾。

3. 氟苯脲(伏虫脲、农梦特、teflubenzuron)

属几丁质合成抑制剂。对鳞翅目害虫毒性强,表现在卵的孵化、幼虫蜕皮、成虫的羽化受阴而发挥杀虫效果,特别是幼龄时效果好。对蚜虫、叶蝉等刺吸口器害虫无效。对人、畜低毒。常见剂型有 5% 乳油。一般使用浓度为 5% 乳油稀释 1 000～2 000 倍液喷雾。

4. 扑虱灵(优乐得、噻嗪酮、buprofezin)

为一触杀性杀虫剂,无内吸作用,对于粉虱、叶蝉及介壳虫类防治效果好。对人、畜低毒。常见剂型为 25% 可湿性粉剂。一般使用浓度为 25% 可湿性粉剂稀释 1 500～2 000 倍液喷雾。

5. 抑食肼

对害虫作用迅速,具有胃毒作用。叶面喷雾和其他使用方法均可降低幼虫、成虫的取食能力,并能抑制产卵。适于防治鳞翅目及部分同翅目、双翅目害虫。常见剂型有 5% 乳油。一般使用浓度为 5% 乳油稀释 1 000 倍液喷雾。

6. 杀铃脲(杀虫隆、triflumuron)

具有触杀及胃毒作用。适于防治鳞翅目。鞘翅目和双翅目害虫。对人、畜低毒。常见剂型为 25% 可湿性粉剂。一般使用浓度为 25% 可湿性粉剂稀释 2 000~4 000 倍液喷雾。

(八)杀螨剂

1. 浏阳霉素(polynactin)

为抗生素类杀螨剂。对多种叶螨有良好的触杀作用,对螨卵也有一定的抑制作用。对人、畜低毒,对植物及多种天敌昆虫安全。常见的剂型为触杀和胃毒作用。对于鳞翅目、鞘翅目、同翅目、斑潜蝇及螨类有高效。对人、畜剧毒。常见剂型为 10% 乳油。一般使用浓度为 10% 乳油稀释 1 000~2 000 倍液喷雾。

2. 尼索朗(噻螨酮、hexythiazox)

具强杀卵、幼螨、若螨作用。药效迟缓,一般施药后 7 天才显高效。残效达 50 天左右。属低毒杀螨剂。常见剂型有 5% 乳油、5% 可湿性粉剂。一般使用浓度为 5% 乳油稀释 1 500~2 000 倍液,叶均 2~3 头螨时喷药。

3. 扫螨净(牵牛星、哒螨酮、pyridaben)

具触杀和胃毒作用,可杀螨各个发育阶段,残效长达 30 天以上。对人、畜中毒。常见剂型有 20% 可湿性粉剂、15% 乳油。20% 可湿性粉剂稀释 2 000~4 000 倍喷雾,在害螨大发生时(6—7 月)喷洒。除杀螨外,对飞虱、叶蝉、蚜虫、蓟马等害虫防效甚好。但该药也杀伤天敌,1 年最好只用 1 次。

4. 三唑锡(三唑环锡、倍乐霸、azocyclotin)

为一触杀作用强的杀螨剂。可杀灭若螨、成螨及夏卵,对冬卵无效。对人、畜中毒。常见剂型有 25% 可湿性粉剂。25% 可湿性粉剂稀释 1 000~2 000 倍液喷雾。

5. 溴螨酯(螨代治、bromopropylate)

具有较强的触杀作用,无内吸作用,对成、若螨和卵均有一定的杀伤作用。杀螨谱广,持效期长,对天敌安全。对人、畜低毒。常见剂型为 50% 乳油。稀释 1 000~2 000 倍液喷雾。

6. 双甲脒(螨克、amitraz)

具有触杀、拒食及忌避作用,也有一定的胃毒、熏蒸和内吸作用。对叶螨科各个发育阶段的虫态都有效,对越冬卵效果较差。对人、畜中毒,对鸟类、天敌安全。常见剂型为 20% 乳油。一般使用浓度为 20% 乳油,稀释 1 000~2 000 倍液喷雾。

7. 克螨特(丙炔螨特、propargite)

具有触杀、胃毒作用,无内吸作用。对成螨、若螨有效,杀卵效果差。对人、畜低毒,对鱼类高毒。常见剂型为 73% 乳油。一般使用浓度为 73% 乳油,稀释 2 000~3 000 倍液喷雾。

8. 苯丁锡(托尔克、克螨锡、fenbutatim oxide)

以触杀作用为主。对成螨、若螨杀伤力强,对卵几乎无效。对天敌影响小。对人、畜低毒。该药为感温型杀螨剂,22℃ 以下时活性降低,15℃ 以下时药效差,因而冬季勿用。常见剂型有 25%、50% 可湿性粉剂,25% 悬浮剂。一般使用浓度为 50% 可湿性粉剂稀释 1 500~2 000 倍液喷雾。

9.唑螨酯(霸螨灵、杀螨王、fenpyroximate)

以触杀作用为主,杀螨谱广,并兼有杀虫治病作用。除对螨类有效外,对蚜虫、鳞翅目害虫以及白粉病、霜霉病等也有良好的防效。对人、畜中毒。常见剂型为5%悬浮剂。一般使用浓度为5%悬浮剂稀释1 500～3 000倍液喷雾。

10.四螨嗪(阿波罗、clofentezine)

具有触杀作用。对螨卵活性强,对若螨也有一定的活性,对成螨效果差,有较长的持效期。对鸟类、鱼类、天敌昆虫安全。对人、畜低毒。常见剂型有10%、20%可湿性粉剂,25%、50%、20%悬浮剂。一般使用浓度为20%悬浮剂稀释2 000～25 000倍液喷雾,10%可湿性粉剂稀释1 000～1 500倍液喷雾。

第八章　果树害虫

◆ 学习目标

掌握主要果树虫害的防治方法。

第一节　食心虫类

一、桃小食心虫

桃小食心虫又名桃蛀实蛾、桃小实蛾、桃蛀虫、苹果食心虫等,简称为桃小,俗名"猴头果""豆沙馅"等。学名 *Carposina niponensis Walsingham*,属鳞翅目,蛀果蛾科。

(一)为害情况

桃小在辽宁各地都有发生,是苹果、梨和山楂的重要害虫之一。此外,还可以为害枣、花红、海棠、槟子、桃、李、杏、酸枣等。据 1978 年不完全调查,辽南各县苹果果实被害率常为 4%～8.5%;在防治较差的果园中,苹果,梨的虫果率高达 50%以上,而山楂的虫果率高达 60%以上。因此,有效地防治桃小为害,是保证苹果、梨和山楂丰产的重要措施之一。

为害苹果时,初孵幼虫多从果实的胴部和顶部蛀入,蛀果时不取食果皮。经过 2～3 天入孔流出透明的水珠状果胶滴,俗称"淌眼泪"。不久果胶滴干涸,在蛀入孔处留下一小片白色粉状物。随着果食的生长蛀入孔愈合成为一针尖大小的小黑点,周围凹陷。幼虫蛀果后不久,若被药剂杀死,则蛀入孔愈合成为稍凹陷的小绿点,俗称"青丁"。幼虫蛀入果内纵横串食,被害果变畸形,表面凹凸不平,俗称为"猴头果"。近成熟果被害,果形不变或稍变,但果内虫道充满红褐色虫粪,俗称"豆沙馅"。幼虫老熟后,在果面咬一直径 2～3 mm 的圆形脱果孔脱出,孔口外常堆积新鲜虫粪。梨果被害的症状与苹果相似,早期果或小型果(如八里香)被害均表现不正常的黄色,俗称为"黄病"。山楂果实被害时,幼虫多从肩部蛀入,蛀入孔亦流出果胶滴,干后呈粉状,蛀入孔周围变成褐色;被害果着色早,但着色不均匀,果内充满虫粪,种子多被咬坏。

(二)形态特征

(1)成虫　体长 5～8 mm,翅展 12～18 mm,为淡灰褐色小蛾,雌蛾较大。雌蛾触角丝状,雄蛾栉齿状。下唇须 3 节,雌蛾下唇须长而直,稍向下方倾斜,雄蛾短而上翘。前翅灰白色至淡灰褐色,近前缘中部有一近三角形蓝黑色大斑。后翅灰色。

（2）卵　椭圆形,竖立于果实表面,长 0.4～0.41 mm,宽 0.31～0.36 mm,顶端环生 2～3圈"丫"形外长物,卵壳表面有突起网状纹。初产时呈橙色,以后变成橙红色或鲜红色,近孵化时呈暗红色。

（3）幼虫　幼龄幼虫体呈白色至淡黄白色。老熟幼虫体长 13～16 mm,全体非骨化部分呈桃红色。头部前胸盾、胸足和臀板均呈黄褐色。毛片褐色,故胴部似有小黑点。前胸气门最大。腹部第 8 节的气门靠近背线。无臀栉。

（4）蛹　体长 6.5～8.6 mm,全体呈淡黄白色至黄褐色。

（5）茧　有两种。越冬茧(冬茧、圆茧)扁圆形,长 4.5～6.2 mm,宽 3.2～5.2 mm,由越冬幼虫在土中吐丝缀合土粒做成,质地紧密。蛹化茧(夏茧、长茧)纺锤形,一端有羽化孔,长7.8～9.9 mm,宽 3.2～5.2 mm,由幼虫在地面吐丝缀合土粒做成,质地疏松,幼虫在其中化蛹。

（三）生活习性

在辽宁苹果产区,桃小一年发生 1～2 代。桃小以老熟幼虫做冬茧在土中越冬。冬茧在苹果园中的分布位置因地形、土壤、果园耕作制度和管理情况的不同而异。在平地果园中,如果树盘土层较厚,土壤松软,无杂草,冬茧主要集中在树冠下距树干 1 m 范围内为最多。在山地、坡地果园中,由于地形复杂,冬茧分布比较分散,特别是树冠下土层较薄,沙石较多,土壤板结,杂草多,冬茧在树冠外围数量则比较多。冬茧在土中的垂直分布,在不同的土质条件下大致相同,一般绝大多数都在土深 13 cm 以上的地方,以 5 cm 以上为最多,约占总茧数的 85%。但是将冬茧埋到 0.5 m 深的土中,仍会有少量越冬幼虫可以出土。此外,凡是堆放过果实的地方,如临时堆果场、选果包装场、果品收购站、果酒厂和果窖等处土中,都可能有较多数量的冬茧。翌年在条件适宜时,越冬幼虫咬破冬茧爬到地面,寻找隐蔽的地方,如靠近树干的石块和土块下,裸露在地面的老根旁边,杂草根际及其他地被物下,作夏茧化蛹。

越冬幼虫的出土时期,因地区、年份和寄生的不同而异。在辽南、辽西苹果产区,越冬幼虫一般在 5 月中旬开始出土,7 月中、下旬基本结束。连续出土期在 5 月下旬至 6 月上旬,出土盛期在 6 月中、下旬(此时幼虫累积出土率约占总茧数的 80%)。桃小越冬幼虫出土时期前后连续长达 2 个月左右,这必然使以后世代和虫期发生不整齐,给防治带来困难。

越冬幼虫出土始期与土壤温湿度有密切关系。当旬平均气温达到 16.9℃,土温达到19.7℃时,越冬幼虫开始出土,如果有适宜的雨水,即可连续出土。当土壤含水量在 10% 以上时,越冬幼虫可以顺利出土;当土温高于 25℃,土壤含水量低于 5% 时,出土就会受到抑制;当土壤含水量低于 3% 时,几乎全部不能出土,即使有个别出土的,一般也不能做夏茧化蛹。而长期干旱,则会使越冬幼虫大量死亡。一次,越冬幼虫能否连续大量出土,主要决定于 5、6月间降雨情况。在此期间,如果雨水较多且较早,越冬幼虫出土盛期就会提前,每当降雨当天或次日,幼虫出土数量明显增多。反之,长期缺雨干旱,幼虫出土盛期将推迟。

越冬幼虫从出土作茧到羽化为成虫,最短需 14 天,最长 19 天,平均为 18 天。了解桃小冬茧的分布地点和范围,掌握越冬幼虫的出土时期及其在地面停留的时间,对地面施药防治出土越冬幼虫和蛹有重要意义。

越冬代成虫发生在 6 月上旬至 8 月中旬,盛期在 6 月下旬至 7 月中旬。成虫昼伏夜出,有一定趋光性,有 60 W 灯光,在半夜 0～2 点诱蛾最多。雌雄能产生性激素可诱来雄蛾。每头雌蛾产卵 13～110 粒,平均为 44.3 粒。卵主要产在果实上,极少数产在果台、叶片、芽或小枝上。在果实上的卵,有 90%～97% 产在多绒毛的萼洼处,2%～10% 产在梗洼,0.3%～1% 产在胴部或果梗上，一个果上的卵数不定，多者可达 30 多粒。卵的自然孵化率很高，一般为 85%～99%，先产下的卵孵化率高，后产下的卵孵化率逐渐降低。越冬代成虫产卵对苹果品种有选择性。在金冠品种上产卵最多，红玉、元帅和赤阳等中熟品种上也较多，但在国光、白龙等晚熟品种上很少产卵或不产卵。因此，树上喷药防治第 1 代卵和初孵幼虫时，应以金冠、元帅等品种为佳，对国光等可酌情不进行喷药。

成虫的繁殖力、卵的孵化率与温湿度有密切关系。温度在 21～27℃ 间，相对湿度在 75% 以上，对成虫的繁殖和卵的孵化都较有利；温度高于 30℃ 相对湿度在 75% 以下，对成虫繁殖不利；温度高于 33℃ 或低于 20℃，相对湿度低于 50%，成虫不能产卵，同时卵的孵化率也很低。因此，早春温暖多雨，夏季气温正常而潮湿的年份，桃小就可能发生较重。反之，早春低温干燥，夏季炎热缺雨的年份，桃小发生就可能较轻。长期下雨或有暴风雨，会影响成虫的活动和产卵。

第 1 代卵的发生期与越冬代成虫发生期大致相同，在 6 月上旬至 8 月中旬，盛期常在 6 月下旬至 7 月上旬。卵期 7 天。初孵化幼虫先在果面爬行数十分钟到数小时，选择适宜部位咬果皮（但不吞果皮），然后蛀入果中。幼虫共 5 龄，第 1 代幼虫的脱果期自 7 月中旬至 9 月上旬，盛期在 7 月下旬至 8 月上旬。第 1 代幼虫脱果落地后，其中早脱果的幼虫，寻找适宜的场所，在地面做夏茧化蛹，羽化为成虫，继续发生第 2 代。从幼虫落地到羽化为成虫平均需 12 天。其中晚脱果的幼虫，多潜入土中在 7 月 25 日以前脱果的，几乎都不滞育，继续发生第 2 代。8 月中旬脱果的，约有 50% 幼虫滞育。8 月下旬脱果的，几乎全都滞育。

光照周期的季节性变化是导致幼虫滞育的主要因素。幼虫蛀果后的前 10 天，对光照变化最敏感。在此期间，幼虫每天接受光照 14 小时 50 分钟以上，脱果后基本不发生滞育；若每天光照 14 小时 13 分钟，脱果幼虫完全滞育；处于全日照或全日无光条件下，基本也是完全滞育。在 25℃ 恒温条件下，导致幼虫 50% 个体产生滞育的临界光照周期约为 14 小时 20 分钟。滞育幼虫在 5～10℃ 低温条件下，经过 60 天，有 45%～60% 个体可以解除滞育。了解桃小幼虫滞育的原因，可推测桃小在某地发生的世代数和第 2 代的发生数量，对防治桃小有一定意义。

第 1 代成虫出现在 7 月下旬至 9 月中旬，盛期在 8 月中、下旬。每头雌蛾产卵 10～227 粒，平均为 60 粒。卵期 7 天。第 1 代成虫产卵对苹果品种也有一定选择性。在金冠、红玉、元帅等中熟品种上产卵少，而在国光、白龙等晚熟品种上产卵多。因此，树上喷药防治第 2 代卵和初孵化幼虫时，对国光、白龙等晚熟品种应进行重点防治。

第 2 代卵发生期与第 1 代成虫发生期大致相同，盛期在 8 月中旬至 9 月上旬。根据上述可以看到，在田间桃小的地 1、2 代卵首尾相接，从 6 月中旬至 9 月中旬连续发生，长达 90 多天。

第 2 代成虫在果内发育历期为 14～35 天。平均为 22.8 天。这代幼虫的脱果期在 8 月下旬至 10 月，盛期在 9 月中、下旬。因此，中熟品种如金冠、红玉、元帅等在采收时，果内不仅带有幼虫，有的果面还有虫卵；晚熟品种如国光、印度等在采收时，果内也会有少量幼虫。这些带虫果实，在冷库贮藏其间，果内部分 3～5 龄幼虫可以脱。其中 5 龄幼虫经越冬后，在条件适宜时仍能化蛹、羽化为成虫；4 龄幼虫死亡一半；3 龄幼虫全死。留在果内的幼虫，都不能成活。果实带虫常成为桃小远距离传播的途径。

在辽西梨产区，桃小一年基本发生 1 代。最早在 6 月上旬即有极少数越冬幼虫出土，但主要出土期在 7 月上旬至 8 月下旬，盛期在 7 月下旬至 8 月初。越冬幼虫从出土做夏茧到羽化为成虫的历期为 9～13 天，一般为 10 天。成虫发生在 7 月中旬至 9 月上旬，盛期在 7 月底至 8

月中旬。成虫产卵主要在 8 月前半月,到 8 月后半月由于气温下降,成虫产卵明显减少。卵主要产在果实萼洼里,有时也产在果面粗糙处,如梨象甲成虫为害的斑痕、雹伤等。卵期 7~8 天。在田间梨果上于 7 月上旬即可见到卵,由于果实小,石细胞紧密,初孵幼虫难以蛀入。一般在 8 月上旬开始见到幼虫蛀果,8 月中、下旬为蛀果盛期。幼虫在果内为害 20~25 天,于 8 月下旬开始脱果,9 月中、下旬为脱果盛期。梨采收时,有些品种果内仍有部分幼虫尚未脱出,这部分带虫果实常被带到堆果场或果窖中。

在辽南山楂产区,桃小一年发生 1 代。6 月上旬至 8 月中旬,越冬幼虫出土。7 月中旬至 8 月上旬为出土盛期。从幼虫出土做夏茧到羽化为成虫需 12~17 天。成虫发生期在 6 月下旬至 9 月上旬。盛期在 7 月下旬至 8 月上旬。产卵盛期在 8 月上、中旬。卵期 7~10 天。幼虫在果内为害约 45 天。幼虫脱果期在 9 月中旬至 10 月下旬,盛期在 10 月。因此,山楂果实采收时,仍有大量幼虫没有脱果。

桃小幼虫有两种寄生蜂,即桃小甲腹茧蜂和中国齿腿姬蜂。前者田间寄生率常为 25%,最高可达 50%,是桃小主要天敌。此蜂把卵产在桃小的卵中,以幼虫寄生在桃小幼虫体内,当桃小越冬幼虫出土做夏茧后被食尽,被寄生的幼虫所做的夏茧很小,长仅 6 mm,与正常夏茧极易区分。此外,蚂蚁常常吃掉冬茧内的幼虫。

(四)虫情预测

1. 桃小发生趋势预测

根据去年桃小虫果率和苹果产量,结合当年农业气象条件预测其发生趋势。如果去年果实产量较高,虫率也较高。当年 5 月下旬至 6 月雨水较多,地面 5 cm 以下土壤含水量达 10% 左右,越冬幼虫可顺利出土,预计当年桃小发生量要大,应切实做好防治准备工作。如果去年果实产量低,虫果率仅 1% 左右,而当年 5—6 月又遇到干旱,地面 5 cm 以下土壤含水量低于 5%,预计桃小的发生量要小。

桃小虫果率调查,可在果实近成熟前进行。对主栽品种,选定受害轻、重程度不同的果园 3~5 片,在每片果园中,按 5 点取样法,每点调查 3~5 株树,每株随机检查各部位果实 50~100 个,统计虫果数和好果数。另外,也可在果实采收后调查,在选果前每园随机检查 5 大筐苹果,有果实 1 000~2 000 个,统计方法如上。

2. 地面防治适期预测

(1)田间调查越冬幼虫出土法 选择去年桃小发生严重的果园,固定调查 10 株,将树盘内的石块、杂草等清除干净,整平地面,然后在每株树盘内摆几堆瓦片或砖块,诱集出土的越冬幼虫潜入做夏茧。初期每 2~3 天检查一次,当越冬幼虫出土后每天定时调查一次,记载每天出土的幼虫数。

(2)埋冬茧法 秋季搜集桃小虫果堆于室外沙土上,任老熟幼虫脱果入土做冬茧。次年埋茧前,筛出冬茧,淘汰空茧、硬茧和小茧等。取冬茧 500~1 000 个,分四层埋入树冠下的土中,距地面 13 cm 深处埋入 7%,10 cm 为 11%,6 cm 为 22%,3 cm 为 60%。越冬幼虫出土之前,在埋茧处罩上预测笼。每天定时检查 1 次出土幼虫的数量,将出土幼虫移入另一饲育笼中,任其做夏茧,观察记载成虫羽化的数量。

一般在越冬幼虫连续出土后第 10~20 天时出土的始盛期,进行第 1 次地面施药。以后按药剂残效期的长短,进行再次施药。

(3)性诱剂法 选择去年桃小发生严重的果园,面积约 20 亩,最好主栽品种,按五点式选取中部 5 株树,株距 30～50 m,在每株树外围距地面高 1.5 m,各悬挂一个性诱剂诱捕器。诱捕器可用口径 16 cm 的碗(或罐头瓶)。用铁丝穿一诱芯(含性诱剂 0.5 mg),横置碗上中央部位,碗内放 0.1％洗衣粉水溶液,诱芯距水面 1 cm。从 5 月底至 9 月中旬每天上午检查诱蛾数量,记入下表中,并随即将成虫捞出处死。要注意经常加水,保持器内水位,雨后倒出多余的水,并加少许洗衣粉。要及时倒掉脏水,诱芯每代更换一个。

一般当诱捕器在田间诱到第一头雄成虫时,即可作为地面施药的适宜时期。因为当诱到第一头雄成虫时,大致正值越冬幼虫的出土始盛期。从诱到第一头成虫到田间始见卵之间,存在一定时间距离,故对使用残效期长短不同的药剂都是适宜的。但使用残效期较短的辛硫磷,使用不宜过早,以越接近连续出蛾期使用,防治效果会越好。

(4)树上防治时期预测　在悬挂诱捕器果园中,当诱到第一头成虫时,随即在挂诱捕器树的邻近处,选定金冠苹果树 5～10 株作定树定果调查。每株树按照不同方位,用布条或塑料条标记固定若干枝条。将调查果疏成单果或双果,每株调查 50～100 个果,总共调查 500～1 000 个果。每 3 天用手持扩大镜检查果实萼洼的着卵数,进行记载。另外也可在田间进行随机调查,即在一般防治园中,每百株果树随机选择 5～10 株。每株按上梢、内膛、外围和下垂四个部位枝上调查 50～100 个果,共调查 500～1 000 个果。

当诱捕器诱到第一头成虫时,即应发出警报。当诱蛾头数连日增加,同时田间第二次调查卵量继续上升,卵果率达到 0.3％～0.5％时,即应进行第一次树上喷药。当成虫数量连续激增,大量产卵,同时个别果"淌眼泪"时,应进行突击防治(1～2 天内打完药)。然后根据第一次药剂防治效果和药后成虫数量消长情况,确定是否喷第二次药。

如果头车虫果率较低(1％左右),而当年 0.5％卵果率出现的时期又迟于历年第一代卵发生盛期,可考虑不进行树上喷药,采用在第一代幼虫脱果前,进行彻底摘除虫果的防治措施。

(五)防治方法

生产实践证明,防治桃小应采用地面防治与树上防治相结合,化学防治与人工防治相结合,园内防治与园外防治相结合,苹果防治与其他果树防治相结合的综合性措施。

1.地面药剂防治

消灭出土越冬幼虫和蛹,可选用 25％辛硫磷微胶囊剂或 25％对硫磷微胶囊剂,每次用药剂 0.5 kg/亩,每隔 15 天左右施一次,酌情连施 2～3 次,防治效果良好。施用方法为药剂:水:细土＝1:5:300 制成药土,均匀撒施在树盘下地面上,然后轻耙。也可用 50％辛硫磷乳油,每次用药剂 0.5 kg/亩,加水稀释为 300 倍液(或制成药土),均匀喷施在地面上。

50％地亚农乳油,每次用药量 0.5 kg/亩,配成药土或稀释成为 450 倍液,均匀施于地面上,连施 2～3 次,防治效果优于辛硫磷。或用 3％地亚农颗粒剂,每次用药量 6.5 kg/亩,连施 3 次,防治效果亦良好。

2％杀螟硫磷粉剂,每次用药量 0.25～0.5 kg/株,每隔 15 天施依次,连施 2～3 次,防治效果较好。

第一次地面施药的适宜时期,一般应在越冬幼虫出土的始盛期,以后根据药剂残效期的长短,隔 10～15 天再次施药。施药范围:平地果园一般比树盘范围稍大一些;山地果园应根据当地具体情况,施药范围要更大一些。施药前应清除树盘内杂草、石块等,并整平地面;山地果园还应清除梯田边缘的小树,用胶泥堵塞梯田壁的缝裂等。另外,在梨产区和山楂产区,桃小幼虫脱果期比较集中,因此,在幼虫脱果期也可进行地面药剂防治。

据锦西县果树管理总站实验,在梨园防治桃小,地面施药 2 次,要比树上喷药 3 次,防治效果为好,并且经济。

2.树上药剂防治

消灭虫卵和初孵幼虫,可选用下列药剂,20％灭扫利乳油 1 500～2 000 倍液,50％对硫磷乳油 1 000 倍液,对卵和初孵幼虫有强烈触杀作用,渗透性强,可杀死蛀果 2～3 天内的小幼虫,但残效期仅 1～3 天。或用 25％对硫磷胶囊剂 500～1 000 倍液亦可。

50％杀螟硫磷乳油 1 000 倍液,防治效果与对硫磷相似。但对高粱、玉米有药害,使用时要注意。另外,40％三唑磷乳油 1 000 倍液,50％辛硫磷乳油 1 000 倍液,25％水杨硫磷乳油 1 000 倍液等也均有良好防治效果。

近年证明,20％杀灭菊酯乳油 2 000 倍液、10％二氯苯醚菊酯乳油 2 000 倍液,可触杀初孵幼虫,兼有一定杀卵作用。

树上喷药防治桃小,对每代卵和初孵幼虫,根据虫情可喷药 1～2 次。防治第一代时,应以金冠、元帅等中熟品种为主要对象;国光等中晚熟品种上着卵很少,根据虫情可不进行喷药。防治第二代时,应以国光、白龙等晚熟品种为主要对象。喷药适期应在田间卵果率达到 0.3％～0.5％。

3.果园外的防治和对其他果树的防治

凡是堆放果实的地方,如临时堆果场、选果包装场、果品收购站、果酒厂和果窖等处,都有可能遗留大量的越冬幼虫。对这些场地,应先用石碾镇压,再铺上 1～2 寸厚的沙子,使脱果幼虫潜沙做冬茧,以便集中消灭。

桃小除了为害苹果、梨、山楂等果树外还能为害其他多种果树,为全面消灭桃小,必要时对其他果树也要进行防治。

4.人工防治

可采用筛、摘、捉等措施。筛:在越冬幼虫出土前,将树干周围 1 m 以内深 13 cm 以上的土壤,用直径 2.5 mm 筛孔的筛子筛除土中的冬茧。同时要刮除紧贴树干基部的冬茧。早熟品种的树不筛。筛冬茧在山地果园不易实行。摘:在第一代幼虫脱果前,分几次及时摘掉虫果。捉:在幼虫出土和脱果前,清除树盘的杂草及其他地被物,整平地面,堆放石块诱集出土幼虫,然后随时捕捉幼虫。

◗ 二、梨大食心虫

梨大食心虫又名梨云翅斑螟,梨斑螟蛾等,简称梨大,俗名吊死鬼、黑钻眼等。学名 *Myelois pirivorella* Matsumura,属鳞翅目,螟蛾科。

(一)为害情况

各地均有发生,为害严重,是梨树重要害虫之一。主要为害梨,有时也为害桃和苹果。在梨树品种间,鸭梨、秋白梨、花盖梨受害严重。

越冬幼虫多为害花芽,先吐丝将芽鳞缠缀,使鳞片不易脱落,然后从芽基蛀入直达髓部,芽多直立变黑枯死,蛀孔外有细小虫粪,由丝缀连成团。

另外,梨食芽蛾幼虫也为害梨树花芽,其为害状与梨大相似。

开花期越冬幼虫从花丛、叶丛基部蛀入,使花丛、叶丛凋萎枯死。当梨果长到指头大时,越冬幼虫又转蛀幼果,蛀孔很大,蛀孔周围堆积大量黄褐色虫粪。以后被害果皱缩,变黑,干枯早落。幼虫化蛹前,将果柄基部用丝缠在枝上,被害果变黑枯死,悬挂枝上,至冬不落。

(二)形态特征

(1)成虫　体长10～15 mm,翅展20～27 mm,全体暗灰褐色。前翅暗灰褐色,具紫色光泽。距前翅基部2/5和4/5处,各有一条灰白色波纹横纹,横纹两侧镶有黑色的宽边,两横纹间,中室上方有一黑褐色肾状纹。后翅灰褐色。

(2)卵　椭圆形、稍扁平,长约1 mm,红色。

(3)幼虫　越冬幼虫体长约3 mm,胴部紫褐色。老熟幼虫体长17～20 mm,粗壮。头部、前胸盾、臀板及胴部第12节背面斑纹均为黑色,而胴部其他部位的背面为暗绿色,最后1对气门大。

(4)蛹　体长约13 mm,黄褐色至黑褐色。腹部末端有6根弯曲的钩刺,排成一横列。

(三)生活习性

一年发生1～2代。以小幼虫在花芽内作灰白色小茧越冬,越冬幼虫在翌年4月中旬,当日平均气温达到6℃时开始"拱盖"出蛰,日平均气温达到7～9.5℃时大量出蛰。从物候期来看,当鸭梨、秋白梨花芽抽芽,鳞片间露出1～2道1 mm宽的绿白色裂缝时为出蛰始期,花芽开放期为出蛰盛期,花序分离时为出蛰终止期。越冬幼虫出蛰后,立即转害其他花芽,称为转芽期。一般转芽期为5～14天,并且有60%以上的个体在前6天即转芽为害。转芽期的长短与气温有关。如果早春气温回升较快,气温较高,转芽历期缩短,仅5天左右;反之,早春气温回升慢,气温偏低则转芽历期可达12天以上,由于梨大越冬幼虫出蛰——转芽期相当集中,尤其在转芽初期最为集中,故药剂防治的关键时期应在转芽初期。每头越冬幼虫可连续为害梨芽1～3个。在5月中旬至6月中旬,当梨果长到指头大,越冬幼虫又转害梨果,此称为转果期。转果期长达17～37天,每头幼虫可连续为害幼果2～4个。越冬幼虫为害20余天,即在最后被害的果实内化蛹,化蛹前老熟幼虫吐丝将果梗缠在枝上,再将蛀果孔封闭成为一半圆形的羽化道,然后在该果内化蛹。当幼果皱缩开始变黑时,幼虫多已化蛹;当整个果变黑干枯时,多羽化飞出。越冬代幼虫,多在6月上旬化蛹,蛹期8～15天。越冬代成冲发生在6月中旬至7月下旬,盛期在7月上、中旬。成虫对黑光灯有趋性。雌蛾产生的性激素,可诱来大量雄蛾。每头雌蛾产卵64粒,最多213粒。产卵在果实萼洼内和短枝、果台、芽腋及叶片上。每2～3个梨芽,到7月下旬在芽内作小茧越冬,这部分梨大一年只发生1代。

其中一年发生2代的,第1代幼虫,有的直接为害果实,有的先为害芽,以后为害果实。幼虫老熟后在果内化蛹。由此看出,越冬代幼虫害果期与第1代幼虫害果期首尾相接,即从5月中旬延续到7月中旬,长达70多天。第1代成虫在7月中旬至8月下旬发生。第2代幼虫为害1～2个梨芽,即在芽内作小茧越冬。

梨大有多种天敌,主要有黄眶离缘姬蜂、梨大食心虫聚瘤姬蜂、梨大食心虫长尾瘤姬蜂、西马拉亚聚瘤姬蜂、瘤姬蜂、离缝姬蜂、黄足绒茧蜂、卷叶蛾赛寄蝇等。

(四)虫情预测

1.越冬幼虫密度调查

早春越冬幼虫出蛰前,每园按不同品种用对角线取样法选取5点,每点1～2株,共调查5～10株,每株按不同方位随机调查100～200个花芽,记载健芽数、被害芽数和有虫芽数,求出有虫芽率。

当梨树在大年果多的情况下,花芽有虫芽率在5%以上时,可认为是大发生年,应加强药剂防治。当梨树在小年果少的情况下,有虫芽率在1%以下,可认为是小发生年,不用药剂防治,但应进行人工防治。有虫芽率3%以上,可认为是中发生年,应进行药剂防治。

2.越冬幼虫转芽期调查

自4月上旬至4月下旬,在去年梨大发生较多的地块,选择调查树3～5株,按不同地势、品种,采用固定或随即取芽调查法,每两天调查一次,每次检查30～100个虫芽,记载越冬幼虫转出数量,发现转芽后应每天定时检查一次。另外,越冬幼虫转芽与梨树物候期有相关性,应注意鸭梨花芽是否抽节或鳞片间露出1～2道白绿色裂缝。当越冬幼虫转芽率达到5%以上,同时气温明显回升时,应立即进行药剂防治。

(五)防治方法

1.人工防治

(1)结合冬剪,剪除虫芽。

(2)在梨树开花末期,随时掰下虫芽和萎凋的花丛、叶丛,捏死幼虫,连做几次,可减轻幼虫为害幼芽和幼果。

(3)在5月中旬以后,可接连2～3次摘除虫果。

2.药剂防治

50%杀螟硫磷乳油800～1 000倍液,20%灭扫利乳油1 500～2 000倍,出蛰就打,盛期结束,淋洗式喷雾。

三、梨小食心虫

梨小食心虫又名东北蛀果蛾,东方蛀果蛾,梨小蛀果蛾,梨实卷叶蛾,桃梢姬卷叶蛾等,简称梨小,俗名黑膏药,直眼虫,水眼,黑折梢等,学名 *Grapholitha molesta* Busck,属鳞翅目,小卷叶蛾科。

(一)为害情况

各地均有发生,为梨区重要害虫之一,一般在桃树与梨树混栽的果园中为害严重。梨小主要为害梨和桃,还为害苹果、沙果、海棠、山楂、李、杏、樱桃、枣等,幼虫多从梨果两端或两果相接处蛀入。受害早的梨果,蛀孔变青绿色,稍凹陷,受害晚的则无此现象,孔外有虫粪,几天后蛀入孔周围腐烂,变成褐色或黑色。幼虫蛀入后,直达果心,蛀食种子,但不纵横串食。虫道内有丝线,脱果孔粗大,孔口有虫粪和丝网,脱果孔更易腐烂。有的幼虫只在果皮下蛀食果肉,虫疤呈黑色,表面有1～2个排粪孔。幼虫可为害桃梢和果实。在桃树新梢上,小幼虫多从新梢顶端2～3叶片的叶柄基部蛀入,不久蛀孔流出树胶,并有粒状虫粪。幼虫向下食入髓部,不久被害新梢先端一叶下垂,继而数叶下垂,最后新梢萎蔫变黑枯死。

(二)形态特征

(1)成虫　体长5～7 mm,翅展9～15 mm,全体灰褐色,无光泽,前翅灰褐色,无紫色光泽,前缘有10组白色短斜纹,中室外方有1个明显的小白点。两前翅合拢时,两翅外缘所成之角多为钝角。

(2)卵　长 0.1～0.15 mm,扁圆形,中央隆起,周缘扁平,淡黄白色,半透明。

(3)幼虫　老熟幼虫体长 10～13 mm,全体淡红色或粉红色。头部、前胸盾、臀板和胸足均黄褐色,毛片黄白色,不明显。前胸气门前毛片具 3 毛,臀栉暗红色,4～7 齿。

(4)蛹　体长 6～7 mm,纺锤形,黄褐色。茧长约 10 mm,白色,丝质,扁平长椭圆形。

(三)生活习性

一年发生 2～4 代。以老熟幼虫结茧在梨树和桃树老翘皮下或树干的根颈、剪锯口、吊树干、草绳及坝墙、石块下、堆果场、包装点、包装器材等处越冬。在辽南越冬幼虫自然死亡率为 26%～67%。

在梨树与桃树混植园,梨小各代成虫发生时期为:越冬代在 4 月下旬至 6 月下旬,盛期在 5 月下旬;第 1 代在 6 月中旬至 8 月上旬;第 2 代在 7 月中旬至 8 月下旬;第 3 代在 8 月中旬至 9 月下旬。根据上述发生时期看出,梨小各代发生很不整齐,世代明显重叠。各虫态发育历期:成虫寿命为 5 天,卵期 4～7 天,幼虫期 22～26 天,蛹期 10～15 天,前蛹期 3～4 天。

越冬代成虫主要产卵在桃树上,即第 1 代幼虫在 6 月主要为害桃树的新梢和果实,一生中可为害桃梢 2～3 个及桃果 1 个。第 1 代成虫继续产卵在桃树上,也可以产卵在梨树上,即第 2 代幼虫继续为害桃梢和桃果,有的也为害梨果。第 2 代成虫主要产卵在梨树上,即第 3 代幼虫主要为害梨果。总之,梨小在全年中均可为害桃梢或果实,以 5—7 月为害严重,以后为害桃和梨果,在 7 月中旬至 9 月主要为害梨果。一般在 7 月中旬鸭梨开始受害,8 月上旬秋白梨开始受害,8 月中旬以后,秋子梨开始受害,而此时鸭梨、秋白梨已严重受害。一般在 8 月 18 日至 9 月 1 日脱果的第 3 代幼虫,约有 80% 的个体可以继续发生第 4 代,但往往不能在当年完成发育,在 9 月 2 日以后脱果的,基本都滞育越冬。梨小幼虫在适宜温度范围内,在每日光照 14 h 以上的条件下,几乎均不滞育,当每日光照在 11～13 h 条件下,有 90% 以上的个体进入滞育。

在辽西单独梨园中,梨小一年发生 2～3 代,以 3 代为主。各代幼虫为害盛期:第 1 代在 6 月下旬至 7 月上旬,第 2 代在 7 月中旬至 8 月上旬,第 3 代在 8 月中、下旬至 9 月上旬。第 1 代幼虫主要蛀害梨芽、新梢、嫩叶、叶柄和被梨大、梨象甲为害的幼果。第 2、3 代幼虫主要蛀害梨果。8 月中旬以后为害最烈。

成虫对黑光灯有一定的趋性,对糖醋液有较强的趋性。雌蛾可产生性激素。每头雌蛾产卵 50～100 粒。

在梨树品种间,以味甜、皮薄、肉细的鸭梨,秋白梨等受害重;而品质粗、石细胞多的品种受害轻。中国梨品种受害较重,西洋梨受害较轻。

梨小有多种天敌,常见的有:食心虫纵条小茧蜂、梨小食心虫白茧蜂、食心虫扁股小蜂、黑青金小蜂、黄眶离缘姬蜂、纯唇姬蜂、黑胸茧蜂、松毛虫赤眼蜂、卷叶蛾赛寄蝇等。

(四)虫情预测

选择历年梨小为害严重的梨园和桃园作为调查地点。自 4 月中旬前后,在田间设置糖醋液罐(红糖 0.25 kg,米醋 0.5 kg,水 5 kg)或梨小性诱剂诱捕器若干个,诱集成虫,记载成虫数量。应用期距法推测各代成虫产卵盛期和卵孵化盛期,以指导适期喷药,必要时可结合田间查卵法,当卵果率达到 0.5%～1% 时,再根据梨树品种间蛀果期的不同,调节树上喷药时期。

(五)防治方法

(1)建立新果园时,尽可能避免梨树与桃、李等混栽。在已经混栽的果园中,对梨小主要寄主植物,应同时注意防治。

(2)消灭越冬幼虫

①果树发芽前,刮除老翘皮,然后集中处理。

②越冬幼虫脱果前,在主枝、主干上捆绑草束或破麻袋片等,诱集越冬幼虫。

(3)在5—6月间连续剪除有虫桃梢,并及早摘除虫果和捡净落果。

(4)诱集成虫 用果醋、梨膏液(梨膏1份、米醋1份、水20份)放置罐中,挂在田间,可诱集越冬代和第1代成虫。大面积挂罐,防治效果好。

(5)生物防治 释放松毛虫赤眼蜂,可以有效地防治第1、2代卵。在卵发生初期开始放蜂,每5天放1次,共放5次,每亩每次放蜂量2.5万头左右,防治效果较好。但大面积使用,尚需进一步试验。

(6)药剂防治 常用的药剂有50%对硫磷乳油1 000倍液;50%甲基对硫磷乳油1 000倍液;50%杀螟硫磷乳油1 000倍液;20%杀灭菊酯乳油2 000～3 000倍液等,均有良好防治效果。

第二节 卷叶及潜叶类

▶ 一、苹果小卷叶蛾

苹果小卷叶蛾又名小黄卷叶蛾,东北苹果小卷叶虫、远东苹果小卷叶蛾、茶卷叶蛾、棉褐带卷叶蛾等,俗名卷叶虫、舔皮虫。学名 *Adoxophyes orana* Fischer Von Roslerstamm. 属鳞翅目,卷叶蛾科。

(一)为害情况

各地均有发生,为害严重。寄生植物有梨、苹果、海棠、山楂、桃、李、杏、樱桃、石榴等多种果树。

在苹果品种间,以金冠等受害较重,国光等受害较轻。早春越冬幼虫为害嫩芽,将嫩芽食成残缺不全,流出大量胶滴,重者嫩芽枯死,影响抽梢开花。吐蕾时,幼虫不但咬食花蕾,并吐丝缠绕花蕾,使花蕾不能开放,影响坐果。小幼虫将嫩叶边缘卷曲,在其内舔食叶肉,以后吐丝缀合嫩叶,啃食叶肉,并多次转移为害新梢,妨碍新梢生长。大幼虫常将2～3张叶片平贴,将叶片食成孔洞或缺刻,或将叶片平贴果实上,或在"嘟噜果"之间啃食果皮,一般将果实啃成许多不规则的紫红色小坑洼或针孔状伤口,伤口常形成木栓化的小虫疤。

(二)形态特征

(1)成虫 体长5～8 mm,翅展13～23 mm,个体间体色变化较大,有浓有淡,一般以黄褐色为多。前翅略呈长方形,静止时覆盖在体躯背面,呈钟罩状。雄蛾前翅有前缘褶。前翅呈黄褐色至棕褐色,斑纹褐色至暗褐色。基斑由前缘褶的1/2处伸展到后缘的1/3处,中带由前缘的 1/2 处斜到后缘的 2/3 处,并在中部加宽分叉伸向臀角呈"h"形,端纹扩大后缘并延伸到臀角呈三角形,后翅淡灰褐色。

(2)卵　扁平椭圆形,长径 0.7 mm,短径 0.6 mm,淡黄色,半透明,近孵化时,出现黑褐色小点。卵块多由数十粒排列成鱼鳞状,表面有胶质物覆盖。

(3)幼虫　老熟幼虫体长 13～18 mm,小幼虫胴部黄绿色,长大后呈翠绿色。头部黄绿色,前胸盾、胸足黄色或淡黄褐色。头部较小,略呈三角形,头壳两侧单眼区上方各有 1 黑色斑点。臀接 6～8 齿,白色。

(4)蛹　体长 7～10 mm,黄褐色。第 2～7 腹节背面有两列刺突,后面一列小而密,尾端有 8 根钩状刺毛。

(三)生活习性

一年发生 3 代。主要以 2 龄幼虫潜藏在树皮裂缝,老翘皮下,剪锯口周围的死皮中,梨潜皮蛾幼虫为害的爆皮下和枯叶与枝条贴合处等部位做长形白色薄茧越冬。越冬幼虫在树体上各部位的数量因树龄不同而异。在结果大树上,以主枝、主干下部的树皮裂痕、翘皮下越冬幼虫为多。在小树上主要在中上部的剪锯口和枯叶贴枝条处居多。越冬幼虫在翌年春季国光花芽开绽期至观蕾期开始出蛰,出蛰盛期在国光开花前至开花终期。此时出蛰数量为总虫数的70%～80%。出蛰终止期在国光落花后 25 天左右。在辽南苹果产区,各代成虫发生期,越冬代自 5 月上旬至 8 月下旬,盛期在 6 月上、中旬;第一代自 7 月上旬至 8 月上旬,盛期周期 7 月中上旬;第二代自 8 月上旬至 9 学下旬,盛期在 9 月上中旬各代卵期:第一代平均为 10.2 天,第二代平均为 6.7 天,第三代平均为 6.8 天。卵的孵化率相当高,一般可达 73%～97%。幼虫期平均为 18.7～26 天。蛹期为 6～9 天。每头雌蛾产卵 1～3 块,即产卵 50～180 粒,平均为 109 粒。卵块多产在叶片背面,少量产在果面上。成虫对糖醋、果醋趋性较强。雌蛾能产生性激素,为顺-9-十四烯醇-1-醋酸酯与顺-11-十四烯醇-1-醋酸酯的混合物。成虫对黑光灯有较强趋性。初孵幼虫多潜藏在卵块附近叶背的丝网下,或前代幼虫的卷叶内,稍大后则分散各自卷叶为害。幼虫活泼,行动迅速,受惊动可倒退翻滚,并引丝下垂逃逸。幼虫有转迁为害习性,当食料不足时,常转迁到另一新梢上继续为害。因此,在新老熟幼虫在卷叶或缀叶间化蛹。羽化时蛹壳先一半抽到卷叶或缀叶外。

苹果小卷叶蛾成虫的产卵和卵的孵化,到要求较高温度。如果相对湿度低于 50%,成虫产卵受到抑制,并且卵的孵化率也明显降低。因此,在多雨高温年份,苹果小卷叶蛾发生为害常较重。

苹果卷叶蛾类有多种天敌,主要有松毛虫赤眼蜂、卷叶蛾肿腿蜂、广大腿小蜂、卷叶蛾聚瘤姬蜂、舞毒蛾黑瘤姬蜂、卷叶蛾瘤姬蜂、顶梢卷叶蛾壕姬蜂、卷叶蛾姬小蜂、卷叶蛾赛寄蝇、白僵菌等。在农药使用较少的果园中,这些寄生性天敌对苹果卷叶蛾类有较好的抑制作用。此外,虎斑食虫虻、白头食小虫虻和狼蛛、蟹蛛等,可以捕食卷叶蛾类的幼虫和蛹。

(四)虫情预报

1.越冬幼虫基数调查

在越冬幼虫出蛰前,选择果园主栽品种在果树各数株,调查剪锯口、枝权处、树皮裂缝和翘皮等部位,记载越冬幼虫的数量。一般大树平均每株有越冬幼虫 50 头以上,即应加强防治。

2.越冬幼虫出蛰时期预测

选择去年卷叶蛾发生较多的果园,固定 3～5 株树,一般自 4 月上旬至 8 月上旬,每隔 2～

3天调查一次。同时在果园内随机取样进行调查,每次调查虫茧数不少于100个,记载虫茧数和空茧数,统计越冬幼虫出蛰百分率。

当越冬幼虫已经活动,但尚未出蛰时,是利用敌敌畏"封闭"防治的关键时期。当越冬幼虫累计出蛰率达50%以上时,是药剂防治的一个关键时期。

3. 越冬代成虫发生盛期预测

采用苹果小卷叶蛾性诱剂诱捕器或糖醋液罐,自5月中、下旬挂在去年发生害虫较多的果园中,每两天调查一次,记载越冬代成虫采集数量。在越冬代成虫发生数量达到高峰时,是释放松毛虫刺眼蜂防治虫卵的适宜时期。当第一代卵孵化达盛期时,是喷药防治第一代初孵幼虫的适宜时期。

(五)防治方法

1. 农业措施

冬、春刮除老皮、翘皮及梨潜皮蛾幼虫为害的爆皮,消灭部分越冬幼虫。春季结合疏花疏果,摘除虫苞。

2. 涂杀幼虫

果树萌芽初期,幼虫已经活动但尚未出蛰时用50%敌敌畏200倍液涂抹剪锯口等幼虫越冬部位,可杀死大部分幼虫。

3. 树冠适期喷药

主要在6月中、下旬至7月上旬,这时正当苹果小卷叶蛾第一代卵、幼虫发生期,这个时期是全年喷药防治重点时期。药剂对卵和刚孵化的幼虫杀伤力大,消灭幼虫在为害果实之前。常用的药剂有90%敌百虫1 000～2 000倍液;50%杀螟松乳油1 000～1 500倍液;50%对硫磷乳油1 000～2 000倍液;50%甲基对硫磷乳油1 000～2 000倍液;50%马拉松乳油500倍液;75%辛硫磷乳油2 000倍液;50%敌敌畏乳油1 000～1 500倍液;2.5%溴氰菊酯乳剂5 000倍液。

注意敌百虫、敌敌畏在展叶后、生理落果以前喷用,会引起落果、落叶,尤其祝光、红玉、元帅、伏花皮等品种最敏感,应避免在6月中旬以前使用。

越冬幼虫出蛰盛期及9、10月末代小幼虫转移越冬期,也可喷药防治,可根据具体情况来决定。一般最好不喷药,以其他防治措施取代。

4. 诱杀成虫

在各代成虫发生期,利用黑光灯、糖醋液、性诱剂,挂在果园内诱杀成虫。

5. 生物防治

(1)释放赤眼蜂 各代卷叶虫卵发生期,根据性外激素诱蛾情况,在诱蛾高峰后第三、四天开始释放松毛虫赤眼蜂,在果园中隔行或隔株放蜂。每代间隔3～5天,放蜂时,将当天或次日要出蜂的卵卡,根据树冠大小,把不同大小的卵卡别在树冠内膛叶片上,可出蜂1 000～2 000头。天气阴雨时应增加放蜂次数和放蜂量。平均每亩每次放蜂约3万头,总放蜂量约12万头。

(2)喷布病原微生物 用苏云金杆菌、杀螟杆菌、白僵菌等微生物农药防治幼虫。

(3)利用病毒防治幼虫 国内武汉大学等单位研究,苹小卷叶蛾颗粒体病毒(APGV)主要感染苹小卷叶蛾幼虫,在卵孵化期和2～3龄期每亩喷2.44～4.44 g APGV或病尸体,可达到80%～93%的防治效果。

(4)雄蛾辐射不育　荷兰用^{60}Co γ 射线 250Gy 照射卷叶蛾雄蛾,破坏其生殖系统,将处理雄蛾释放到田间,与自然界雄蛾竞争,以降低交配率,连续释放 4～5 代,可使小卷叶蛾数量显著降低。此法只有在较大范围内同时进行,才能收到明显效果。

二、金纹细蛾

金纹细蛾又名苹果金纹细蛾、苹果细蛾,学名 *Lithocolletis ringoniella* Matsumura,属鳞翅目,细蛾科。

(一)为害情况

主要为害苹果,其次为害梨、李、海棠、桃、樱桃等。幼虫从叶片背面蛀入,潜食叶肉,残留下表皮,外观呈黄豆粒大小的虫斑。由于幼虫在内壁吐丝,使下表皮收缩,透视可看到内部的黑色小粒状虫粪及小幼虫,从叶片正面看,则呈黄绿色网眼状虫疤。近年来此虫在辽宁省为害有加重趋势,严重时每片叶有虫斑 10 多个,造成早期落叶。

(二)形态特征

(1)成虫　体长 2～3 mm,翅展 6～8.5 mm,体金棕色,前翅狭长,从基部至中部有 3 条银白色纵带。前翅端部前缘有 3 个银白色爪状纹,后缘有 1 个三角形白色斑纹,臀角处有长条形白斑 1 个,与前源第 2 个爪状纹相对。后翅狭长,灰褐色,缘毛甚长。

(2)卵　扁平椭圆形,长径 0.3～0.36 mm,乳白色,半透明,有光泽。

(3)幼虫　1 龄幼虫体扁平,头三角形,胸足退化,腹足呈一毛片,体乳白色,半透明。老龄幼虫体长 4～6 mm,体细长,扁纺锤形,黄白色,头尾两端多呈白色,头扁平,胸足及尾足发达,腹足 3 对。

(4)蛹　长椭圆形,长 3～4 mm,初黄褐色,后为黑褐色。头顶三角形,向前方弯曲,头部两侧有一对角状突起。

(三)生活习性

一年发生 5 代,以蛹在受害落叶中越冬。各代成虫发生期:越冬代在 4 月中旬前后;第 1 代在 6 月上旬;第 2 代在 7 月中旬;第 3 代在 8 月中旬;第 4 代在 9 月中旬。由于发生世代多,后期时代重叠。雌蛾产卵 45～50 粒,多散产于嫩叶背面绒毛下。成虫对波尔多液有一定忌避性。越冬代成虫多产卵在发芽早的树种或品种上,其中以海棠、沙果及祝光等着卵较多,其次为红元帅、金冠、白龙等,小国光几乎无卵。但第 2 代以后各代成虫产卵,在不同品种上无差异。卵期 7～13 天。幼虫 5 龄,历期 12～22 天。非越冬代的蛹期为 6～10 天。金纹细蛾有多种天敌,其中以金纹细蛾跳小蜂为最重要,秋季寄生率可达 50% 以上。

(四)防治方法

(1)越冬代成虫羽化前,彻底清扫落叶,消灭越冬蛹。

(2)药剂防治　50% 杀螟硫磷乳油 1 000 倍液;50% 对硫磷乳油 1 500 倍液;80% 敌敌畏乳油 1 000 倍液;25% 水杨硫磷乳油 1 000 倍液等,对成虫、卵、初孵幼虫及刚蛀叶幼虫多有良好防治效果。在前两种药剂中加入少许柴油防治效果更好。20% 灭扫利乳油 2 000 倍液对成虫防治效果良好。金纹细蛾的越冬代成虫和第 1 代成虫发生期多比较集中。因此,在这两代成虫盛发期到初孵幼虫蛀入叶片,尚未出现网眼状虫斑时,喷布有机磷杀虫剂,对成虫、卵、初孵幼虫及刚蛀入叶片的小幼虫都有良好的防治效果。

▶ 三、桃潜叶蛾

属鳞翅目,潜叶蛾科。又名桃线潜蛾,简称桃潜蛾。

(一)发生情况

主要为害桃、杏、李、樱桃、山楂、苹果和梨等。被害植物叶片上形成较细的弯曲虫道。

(二)形态特征

银白色细小型蛾,前翅狭长,近端部有1椭圆形黄褐色斑,翅端尖细,有3条黄白色斜纹及黑色斑纹。后翅尖细,灰褐色。前、后翅均有灰色长缘毛。幼虫体长约6 mm,淡绿色,胸足黑褐色,腹足极小。

(三)生活习性

每年约7代,以蛹在被害叶上的茧内越冬。桃展叶后羽化,卵散产于叶表皮内,幼虫潜食为害成弯曲隧道,粪便排在其中,被害叶内常有数头幼虫为害,致使叶片枯黄而脱落。幼虫老熟后钻出,多在叶背吐丝搭架结茧,在茧内化蛹,5月出现第一代成虫,以后大约每月发生1代,秋后以末代蛹越冬。

(四)防治方法

(1)秋末、冬季彻底清除落叶和杂草,集中烧毁,消灭越冬蛹。

(2)各代成虫盛发期喷洒50%甲胺磷乳油,后50%敌敌畏乳油1 000倍液。

第三节　叶螨类

▶ 一、山楂红蜘蛛

山楂红蜘蛛又名山楂叶螨、山楂红叶螨、樱桃红蜘蛛等。学名 *Tetranychus viennensis* Zacher,属蛛形纲,蜱螨目,叶螨科。

(一)为害情况

近年来已成为苹果的重要害虫,以丘陵山地果园受害严重。寄主有苹果、梨、桃、樱桃、杏、李、山楂、梅、榛子、核桃等,其中以苹果、梨、桃受害最重。山楂红蜘蛛在早春为害芽、花蕾,以后为害叶片,常以小群体在叶片背面主脉两侧吐丝结网,多在网下栖息、产卵和为害。受害叶片常从叶背近叶柄的主脉两侧出现黄白色至灰白色小斑点,继而叶片变成苍灰色,严重时则出现大型枯斑,叶片迅速枯焦并早期脱落。梨叶受害变黄,李叶变形。

(二)形态特征

(1)成螨　雌性成螨体长0.54 mm,体宽0.28～0.32 mm。体椭圆形,尾端钝圆,前半体背面隆起,后半体背面有纤细横纹。背毛细长,长短均一,白色,共26根,排成6横行,腹毛32根。足4对,黄白色。雌性成螨分为夏型和冬型。夏型雌性成螨体较大,初红色,取食后呈暗红色、紫红色或红褐色，体躯背面两侧各有一黑色不整形斑块。冬型雌性成螨体较小，呈鲜红色或朱红色，有光泽，体背两侧无黑色斑块。雄性成螨体长 0.43 mm，宽 0.2 mm，初呈黄绿色，取食后变为绿色，老熟时为橙黄色，体背两侧有黑色斑块。体呈菱形，自第 3 对足后收缩，尾端较尖。

（2）卵　　圆球形，很小，橙红色（前期产的），橙黄色至黄白色（后期产的）。近孵化时，卵上出现两个小红点。

（3）螨　　体圆形，乳白色，足 3 对。取食后呈卵圆形，淡绿色，体背面两侧出现绿色斑块。

（4）若螨　　前期若螨卵圆形，足 4 对，背毛开始出现，淡橙黄色至淡翠绿色，体两侧有明显的黑绿色斑纹，开始吐丝。后期若螨体形与成螨相似，可辨别雌雄，翠绿色。

（三）生活习性

一年发生 3～6 代，多为 5～6 代。以受精的冬型雌性成螨在果树的主干、主枝和侧枝的翘皮、树皮裂缝、枝杈处和树干基部及其周围尺内、深 1 寸以上的土缝中越冬。在发生严重的果园中，落叶下、杂草根际及果实的萼洼、梗洼等处也有越冬雌性成螨隐藏。雄性成螨在越冬前死亡。翌春越冬雌性成螨出蛰上树进行为害。其出蛰上树时期的早晚和延续时间的长短与当年春季气温有密切关系。一般当连续日平均气温达到 10℃ 以上时，越冬雌性成螨开始出蛰。从苹果物候期来看，出蛰始期在国光品种花芽萌动期（4 月上旬）；出蛰盛期在国光展叶期至花序分离期（4 月下旬至 5 月上旬）；出蛰末期在国光落花期（5 月中、下旬）。整个出蛰期 40～50 天。凡果园（或果树）位于背风、向阳、高燥地方的，出蛰常较早，反之较晚。在同一棵树上，一般在树干基部及其周围土中的最先出蛰，在主干、主枝和侧枝的背阴面翘皮、枝杈处的出蛰较晚。冬型雌性成螨出蛰上树后，先潜伏在芽周鳞片上，当芽刚一开绽，立即爬到芽的绿顶上为害，继而为害花丛和叶丛。冬型雌性成螨取食 1 周后，当日平均气温达 16℃ 以上，开始产下第 1 代卵。因此，在冬型雌性成螨绝大多数出蛰上树，尚未严重为害，基本有产下第 1 代卵时，即苹果开花前至初花期是当年药剂防治的一个关键时期。这次喷药俗称为"花前药"。第 1 代卵发生相当整齐（盛期在苹果盛花期前后），第 1 代幼螨和若螨发生也较为整齐。因此，在第 1 代幼螨、若螨发生盛期，第 1 代夏型雌性成螨基本没有出现时，即国光落花后 7～10 天其间（5 月下旬至 6 月上旬），是药剂防治的又一个关键时期，这次喷药俗称为"花后药"。以后各代重叠发生，各虫态同时存在。随着气温升高，发育速度加快，到 7—8 月山楂红蜘蛛的发生数量可达全年最高峰，如果防治不及时，常会造成严重为害。因此，在夏季大发生前，必须选用有效药剂将害螨数量压缩到最低点，这是全年药剂防治的最关键时期，故俗称为："关键药"。冬型雌性成螨的出现时期与果树受害程度有关。在受害严重的果园里，冬型雌性成螨在 7—8 月出现；在受害较轻果园里，则多在 9—10 月出现，甚至到初冬时，仍能看到部分雌性成螨在树上活动。因此，在冬型雌性成螨潜伏前，也是药剂防治的一个关键时期，俗称为"秋防药"。这次药对于减少害螨当年越冬数量和次年早春发生数量均有重要作用。

山楂红蜘蛛除进行两性生殖外，还可进行孤雌生殖。其受精卵孵化为雌性螨，非受精卵孵化为雄性螨。当田间害螨密度大时，雌性成螨数量多于雄性成螨，雌性成螨占总螨数的 60%～85%。山楂红蜘蛛的卵期在春季平均为 11 天，夏季平均为 4～5 天。幼螨期 1～2 天，静止期 0.5～1 天。前期若螨和后期若螨各为 1～3 天，静止期 0.5～1 天。完成 1 代的历期与温度有关。当日平均气温在 16～25.3℃ 时，完成 1 代需 23.3 天；24～29.5℃ 需 10.4 天；而在恒温 27℃ 时，只需 6.8 天。一般在平均气温为 18℃ 左右的 5 月，每月只能完成 1 代；在平均气温为

24～26℃的 7 月,每月可繁殖 2～3 代。雌性成螨日产卵量 1～9 粒,平均 3.8 粒。产卵量与成螨寿命长短有关。各代雌性成螨以越冬代和春、秋发生的寿命最长,平均达 24 天,故产卵量也高。越冬代成螨产卵量平均为 74 粒。夏季成螨寿命短,故一生累积产卵量也少,平均仅 30 粒。山楂红蜘蛛近距离传播主要依靠吐丝拉网,随风扩散。而远距离传播主要随苗木运输和人为活动。

近年来山楂红蜘蛛(包括苹果红蜘蛛)的猖獗发生是多种因子综合作用的结果。红蜘蛛类除具有世代发生多,繁殖力强,发育速度快等生物学特性外,影响红蜘蛛类种群数量消长的主要因子还有:

1.气候因子

红蜘蛛类的发育适温为 24～30℃,在此温度范围内,其发育速度随温度升高而加快。湿度的影响并不很显著,但较干旱(相对湿度 40%～70%)的条件也有利于红蜘蛛类的繁殖。短期的和风细雨对红蜘蛛类种群数量没有显著作用,但长期阴雨高湿则不利于发育。暴风雨会迅速降低种群数量。春季常干旱,有利于红蜘蛛类的繁殖。如果春季不能有效地控制其发生数量,夏季(特别是 7 月)又遇到高温、干燥的天气,红蜘蛛数量常会急剧增加,造成猖獗为害。反之,春季有雨,不干旱,夏季气温不太高,雨水较多,相对湿度在 80%以上,红蜘蛛类的发生数量就会受到一定程度的抑制。

2.天敌因子

红蜘蛛类天敌的种类很多,在不常喷药的果园里,天敌十分活跃,在后期常能有力的控制为害。在北方果区的捕食性天敌主要有:深点食螨瓢虫(*Stethorus punctillum*)、异色瓢虫(*Leis axyridis*)、中华草蛉(*Chrysopa sinica*)、小黑花蝽(*Orius minutus*)、六点蓟马(*Scolothrips sexmaculatus*)、隐翅甲(*Oligota oviformi*)、普通畸螯螨(*Typhlodromus vulgaris*)、东方钝缓螨(*Amblyseius orientalis*)、中华植缓螨(*Phytoseius chinensis*)、毛瘤长须螨(*Agistemus exsertus*)、苹果寻螨(*Zetzellia mali*)等。

3.农药因子

长期连续使用单一广谱性杀螨(虫)剂,不仅杀伤大量天敌,而且还会使害螨产生抗药性。20 世纪 50 年代为防治果树食心虫类,连续使用滴滴涕和六六六,杀伤大量天敌,导致红蜘蛛数量有规律的增长。以后改用内吸磷、对硫磷等有机磷杀螨(虫)剂,进一步杀伤天敌,并使害螨产生了抗药性。60 年代发现,山楂红蜘蛛在辽宁省对内吸磷的抗药性增长 39 倍,河南省增长 64 倍,河北省增长 80 倍。调查证明,果园连续应用只吸磷、对硫磷 10 次以上,山楂红蜘蛛抗药性增长 1～4 倍;连用 20 次以上的,抗药性增长 10 倍以上;连用 40 次以上的,抗药性增长 60 倍左右;连用 50 次以上的,抗药性增长 80 倍左右。同时发现,抗药性红蜘蛛对乐果、三硫磷、敌敌畏、磷胺等有机磷制剂有交互抗性。另外,三氯杀螨砜只使用了几年,防治效果即明显下降。此外,任意提高施药浓度,增加喷药次数等,也能促进抗性种群的扩大。到 70 年代,红蜘蛛类已猖獗成灾,成为果树重要的害螨。由此看出,科学用药虽然是防治苹果红蜘蛛类的重要方法,但是还必须采用其他防治措施,进行综合性防治,才能获得良好防治的效果。

(四)螨情预测

1.开花前冬型雌性成螨出蛰期预测

按五点式取样法选定调查树 5 株,当冬型雌性成螨开始出蛰上芽时,每 3 天调查一次,每株在树冠内膛和主枝中段各随机观察 10 个生长芽,5 株共调查 100 个生长芽,统计芽上的螨数,记入表 8-1 中。

表 8-1　山楂红蜘蛛冬型雌性成螨出蛰期调查表

单位_____　　　　　　　年度_____

调查日期	调查树号	内膛生长芽螨数/(头/芽)										主枝中段生长芽螨数/(头/芽)									
		1	2	3	4	5	6	7	8	9	10	1	2	3	4	5	6	7	8	9	10
	1																				
	2																				
	3																				
	4																				
	5																				
总计																					

　　在山楂红蜘蛛冬型雌性成螨越冬密度大的果园,于苹果开花前必须进行药剂防治。花前药剂防治适期,应在冬型雌性成螨大多数已离开越冬场所,第 1 代卵尚产下时进行。即在冬型雌性成螨出蛰的数量逐日增多,同时气温也逐日上升的情况下,当出蛰数量突然减少时,可视为出蛰达到高峰期。

　　2.开花后田间发生量调查

　　按五点式取样法选定 5 株树。苹果从开花期至越冬雌性成螨产生期间,每周调查一次。每株在树冠内膛和主枝中段各选 10 个叶丛枝,再从叶丛枝中选取近中部的一张叶片,5 株共调查 100 张叶片,统计各叶上的卵和活动螨的数量。7 月后随红蜘蛛向外转移为害,取样也相应地外移到树冠外围和主枝中段,各选 10 个叶丛枝的近中部的一张叶片,统计各叶上的卵和活动螨的数量,记入表 8-2 中。

表 8-2　山楂红蜘蛛田间发生量调查表

单位_____　　　　　　　年度_____

调查日期	调查树号	内膛生长芽螨数/(头/芽)										主枝中段生长芽螨数/(头/芽)										内膛叶丛枝叶片										主枝叶丛枝叶片									
		1	2	3	4	5	6	7	8	9	10	1	2	3	4	5	6	7	8	9	10	1	2	3	4	5	6	7	8	9	10	1	2	3	4	5	6	7	8	9	10
	1																																								
	2																																								
	3																																								
	4																																								
	5																																								
总计																																									

3.天敌田间发生量调查

小型天敌如六点蓟马、小黑花蝽、隐翅甲、食螨瓢虫、粉蛉、捕食螨等,可结合红蜘蛛田间发生量调查同时地,统计百叶上天敌的种类和数量。大型天敌如异色瓢虫、草蛉等可用目测法,按一定的时间单位如用 1～2 min 环绕树冠走一周,目力视野所及的天敌数量,记入表 8-3 中。

从落花到 7 月中旬,当山楂(苹果)红蜘蛛的活动螨发生量各平均达到 4 头/叶时,或 7 月两种红蜘蛛的活动螨发生量各平均达到 7～8 头/叶,天气炎热干旱,天敌数量又少时,应立即开展药剂防治。但在苹果生长前基本没有喷施广谱性杀虫剂的果园,进入 6 月以后,天敌数量迅速增加,如果天敌数量与害螨之比达到 1:50 时,红蜘蛛的发展可能受到控制而不致造成为害,这样可考虑不进行药剂防治。

表 8-3 山楂红蜘蛛类天敌田间发生量调查表

单位＿＿＿＿＿＿＿＿＿＿＿＿＿＿＿＿＿＿＿＿　　　　年度＿＿＿＿＿＿＿＿＿＿＿＿＿＿

调查日期	调查树号	小型天敌数量/头						大型天敌数量/头			
		六点蓟马	小黑花蝽	深点食螨瓢虫	隐翅甲	捕食螨	百叶小型天敌数量	异色瓢虫	中华草蛉	大草蛉	每株大型天敌数量
	1										
	2										
	3										
	4										
	5										
合计											

(五)防治方法

防治山楂红蜘蛛应从果园生态系统做全面考虑,认真贯彻执行"预防为主,综合防治"的植保工作方针。做好果树花前、花后关键时期的防治,严格控制猖獗期的为害;特别要注意合理使用农药,保护和利用天敌。

1.果树休眠期防治

结合果园各项农事操作,消灭越冬红蜘蛛。如结合刮病,刮除老翘皮下的越冬雌性成螨;挖除距树干 30 cm 左右(1 尺)以内的表土,消灭土中越冬成螨;或用新土埋压树干周围地下的红蜘蛛,防止其出土上树;清扫果园等。

2.果树花前、花后防治

对山楂红蜘蛛在国光花序分离期至初花期(花前),国光落花后 7～10 天,是药剂防治的两个关键时期。这两个时期,红蜘蛛发生整齐,树叶较小,便于喷药。早期防治好,以后防治就主动。因此,"花前"喷药应力求细致周到,必要时"花后"再补打一次。在山楂红蜘蛛发生为主的果园,可喷布0.5°Be(花前)和0.3°Be(花后)石硫合剂各1~2次。为增加展着性能,石硫合剂中可混加"六五〇一"展着剂2 000倍液,或1%~2%生石灰。

3.果树生长期防治

6月下旬至7月,甚至到8月,是红蜘蛛类发生最多的时期,稍不注意即可造成猖獗为害。因此,在红蜘蛛大发生前,应尽力压低害螨密度。另外,在山楂红蜘蛛产冬卵前,也是药剂防治的关键时期。在这两个时期可选用下列药剂:

0.02~0.08°Be石硫合剂,对山楂红蜘蛛活动螨防治效果良好,基本可以达到药干螨死。但石硫合剂无杀卵作用,因此在卵和静止期螨数量较大时,应与杀卵剂混合使用,或在第1次喷布6~7天后,再喷1次,方能获得良好效果。在7—8月间喷布低浓度石硫合剂3~4天后,即可喷布波尔多液,而在喷布波尔多液6~8天后,才可喷石硫合剂。

40%水胺硫磷乳油2 000倍液,残效期20多天。40%三唑磷乳油1 000倍液,兼杀活动螨和夏卵,残效期20~30天。20%三氯杀螨醇乳油500~1 000倍液,对害螨各态均有良好效果,喷后31天田间害螨减退率为87%~99%,速效,不易使害螨产生抗性。20%三氯杀螨醇乳油、20%三氯杀螨砜可湿性粉剂与洗衣粉按1:1:1混合,稀释1 000倍液,防治效果优于单用的。20%三氯杀螨醇乳油1 000倍液与柴油1 500~1 800倍液混合使用,防治效果良好,使用时先将柴油与三氯杀螨醇乳油充分混合,然后加水稀释。20%三氯杀螨醇乳油与20%三氯杀螨砜可湿性粉剂混合稀释为800~1 000倍液,再与0.02~0.05°Be石硫合剂混合,防治效果好,残效期长,并使害螨不易产生抗药性。但应该指出,凡是用过三氯杀螨醇或类似药剂的地区,害螨均易产生抗性,应交替用药。

近年国内试验证明,下列药剂对害螨也有良好防治效果,残效期均在20天以上。20%双甲脒乳油(阿米特拉兹)800~1 000倍液,基本不杀伤天敌,但对捕食螨毒力强,可与杀灭菊酯混用。50%溴螨酯乳油1 000倍液,对食螨瓢虫、捕食螨毒力较强。25%三苯锡可湿性粉剂1 000倍液,基本不伤害天敌。25%除螨酯(酚螨酯)乳油1 000~2 000倍液,防治效果与三氯杀螨醇相同。73%克螨特乳油2 000~4 000倍液,对山楂红蜘蛛若螨、成螨有特效,兼杀卵,可与杀灭菊酯混用。

利用药剂防治红蜘蛛类,首先要尽可能使用选择性杀螨剂,并且要注意使用方法,如分区轮流喷药,重点挑治等,以利于保护天敌。其次,要尽可能交替使用或混合使用不同类型的药剂,不随意提高用药浓度或增加喷药次数,以推迟害螨产生抗药性。最后要加强预测,掌握螨情,及时打药。

二、二斑叶螨

(一)为害情况

二斑叶螨是世界性重要害螨。该螨分布范围广,寄主种类多,现已知寄主达150多种。在国外,它不仅为害棉花、蔬菜等作物,还为害多种树木、花卉和杂草,也是苹果、梨、桃等落叶果树的主要害螨之一。已知国内北京郊区、河北昌黎、甘肃兰州和天水、河南三门峡、山东龙口等地局部苹果园为害严重。二斑叶螨主要在寄主叶片的背面取食和繁殖。苹果、梨、桃等果树叶片受害,初期叶片沿叶脉附近出现许多细小失绿斑点,随着害螨数量增加,为害加重,叶背面逐渐变为暗褐色,叶面失绿,呈现苍白色并变硬脆。被害严重时造成大量落叶。

(二)形态特征

(1)成螨　雌成螨呈椭圆形,长 0.5～0.6 mm,宽 0.3～0.4 mm。体色灰绿、黄绿或深绿色。体背两侧各有褐斑 1 个。越冬滞育型雌成螨,体色变为橙黄色,褐斑消失,宽 0.2～0.25 mm。灰绿色或黄绿色,活动较敏捷。

(2)卵　圆球形,有光泽,直径约 0.1 mm。初产时无色透明,后变为淡黄,随胚胎发育颜色渐加深,临孵化前出现 2 个红色眼点。

(3)幼螨　半球形,淡黄或黄绿色,足 3 对。

(4)若螨　分为前期若螨和后期若螨 2 个虫期。体椭圆形,黄绿色或深绿色,足 4 对。

若螨期和成螨期开始前,均经过一个静止期,螨体固定在植物或丝网上,不食不动,准备蜕皮。

(三)生活习性

南方年生 20 代以上。北方 12～15 代。北方以雌成螨在土缝、枯枝落叶下,或旋花、夏枯草等宿根性杂草的根际以及树皮缝等处吐丝结网潜伏越冬。2 月平均气温达 5～6℃时,越冬雌螨开始活动,3 月均温达 6～7℃时开始产卵繁殖。卵期 10 余天。成虫开始产卵至第 1 代幼虫孵化盛期需 20～30 天。以后世代重叠。随气温升高繁殖加快,在 23℃时完成 1 代 13 天;26℃ 8～9 天;30℃以上 6～7 天。越冬雌螨出蛰后多集中在早春寄主(主要宿根性杂草)上为害繁殖,待果树林木发芽,农作物出苗后便转移为害。6 月中旬至 7 月中旬为猖獗为害期。进入雨季虫口密度迅速下降,为害基本结束,如后期仍干旱可再度猖獗为害,至 9 月气温下降陆续向杂草上转移,10 月陆续越冬。每雌螨可产卵 50～110 粒。喜群集叶背主脉附近并吐丝结网于网下为害,大发生或食料不足时常千余头群集叶端成一团。有吐丝下垂借风力扩散传播的习性。高温、低湿适于发生。后期大发生时,表现为内膛受害较重,由里向外发展。叶片向正面鼓起,背面吐丝结网,卵螨密度很大,同时杂草、野菜及间作物也大量发生。由于其持续为害时间长,越冬晚,区别于其他害螨,故进入 8、9、10 月时,仍有可能造成严重为害,严重时大量吐丝结网,群集在一块可达数万头,呈米黄色,厚厚堆集在一起,可随风及农事操作扩散。

(四)防治方法

(1)搞好越冬清园工作。将果园内外杂草及地面覆草全部清理干净深埋,减少越冬来源。

(2)春季在重刮翘皮的基础上,结合喷 5°Be 石硫合剂。休眠期杀成、幼螨和卵最有效,对抑制生长期为害甚为有利。用药时,注意地面杂草、野菜等无疏漏。

(3)生长季防治:由于生长季前期(5 月底前),二斑叶螨多隐藏于树冠内膛及骨干枝基部叶根茎周围根蘖苗、叶片背面等,及时发现,尽早防治,控制密度增长。

20%三唑锡胶悬剂 1200～1 500 倍加展着剂 1 500 倍为首选农药,能快速致死,喷药后 2 h 致死率可达 97%以上,残效期长,能有效控制密度回升,特别是在高温期尤显其效,一般一年用 2～3 次即可,但使用时应与波尔多液间隔半月上;15%哒螨灵 1 500～2 000 倍加展着剂 1 500 倍液,能速效致死,抑制密度回升,效果仅次于 20%三唑锡。

第四节 蚜虫类

一、绣线菊蚜

绣线菊以前被误称为苹果黄蚜（*Aphis pomi*），又名苹果蚜、苹叶蚜等，俗名腻虫、蜜虫。学名 *Aphis citricola* vander Goot，属同翅目，蚜虫科。

(一)为害情况

各地均有发生，近年来有加重为害趋势。主要为害苹果、梨、海棠、沙果、山楂、桃、李、杏、樱桃、山荆子等，还为害绣线菊、麻叶绣球、榆叶梅等。其中以苹果、梨、山楂受害严重。以成虫和若虫群集为害果树新梢、嫩芽和嫩叶。受害叶片向叶背面横卷，如拳头状。严重时，嫩叶背面布满蚜虫，叶片皱缩不平，变成红色，影响光合作用，甚至使叶片早落，新梢生长受阻。

(二)形态特征

(1)成虫　无翅胎生雌蚜体长 1.7 mm，体宽 0.94 mm，卵形，头部淡黑色复眼、腹管、尾声片黑色，足和触角淡黄色与灰黑色相间，腹部黄色至黄绿色。触角比体短。腹管圆筒形，具瓦纹。尾片长圆锥形，有长毛 9～13 根。有翅胎生雌蚜体长 1.7 mm，体宽 0.75 mm，体长卵形。头部、胸部黑色。腹部黄色，两侧有黑色斑纹。触角、腹管、尾片黑色，触角第 3 节有圆形次生感觉圈 5～10 个，排成一行，第 4 节有 0～4 个。翅两对，其他特征与无翅型相似。

(2)卵　椭圆形，两端微尖，长 0.57 mm，宽 0.28 mm，初生时淡黄色，后变为青色，最后变成漆黑色。

(3)若虫　体长约 1 mm，体鲜黄色，触角、复眼、腹管及足均为色。腹部较肥大，腹管很短，有翅蚜胸部具翅芽一对。

(三)生活习性

一年发生 10 多代。以卵主要在小枝条的芽侧和越冬，极少数在大枝条和树干裂缝中越冬。越冬卵在春季 4 月下旬苹果萌芽期开始孵化，5 月上旬孵化结束，若虫蜕皮 4 次，约经 10 天(1 龄若虫期为 5 天，2～4 龄若虫各为 2 天)发育成为干母。干母经 1 天即可胎生若虫(干雌)，干母寿命 20 天左右，繁殖期 10 多天，一生可胎生若虫 40～50 头。5 月下旬出现有翅蚜，开始飞迁为害。8—9 月间，蚜虫数量减少。10 月开始产生有翅膀的性蚜，有性蚜的若虫期为 16～36 天，寿命也较长，雌蚜为 40 多天，雄蚜为 30 多天。每头雌蚜产卵 1～6 粒。

冬季较温暖，早春气温回升较早，多雨，苹果叶面蒸发量大，梢枝生长旺盛，细胞渗透压低等，均有利于绣线菊蚜的发生。

苹果蚜虫类(包括其他果树蚜虫)天敌有多种，常见的有瓢虫类、如七星瓢虫(*Coccinella septempunctata*)、异色瓢虫、龟纹瓢虫(*Propylaea japonica*)等；草蛉类，如大草蛉(*Chrysopa septemtunctata*)、丽草蛉(*Chr. Formosa*)等；蚜蝇类，如黑带食蚜蝇(*Epistrophe balteafa*)、六斑食蚜蝇(*Metasyrphe corollae*)等捕食蟥类，如小黑花蟥、欧花蟥(*Anthocori nemorum*)等；寄生蜂类，如苹果黄蚜茧蜂(*Lysiphlebus fabarum*)、麦芽茧蜂(*Ephedrus plagiator*)、梨蚜茧

蜂(*Aphidius avenae*)、苹果绵蚜日光蜂(*Aphelinus mali*)、苹果瘤蚜小蜂(*Aphelinus* sp.)等；菌类，如弗雷生虫霉菌(*Entomophthora freesnii*)、串珠镰孢菌(*Fusariummoniliforme*)等。

(四)防治方法

1.药剂防治

(1)涂茎和包扎　5月上、中旬蚜虫发生初期，对10年生以下的小树，可用40%乐果乳油、40%氧乐果乳油、50%内吸磷乳油等稀释成为2～10倍液，涂于主干上部或主枝基部，一般涂成6 cm宽的药环。3～5天后发生药效。如果蚜虫增殖快，发生期延长，可在第1次涂药后10天，再涂茎1次。但切忌用原液涂茎，以免发生药害。如果树皮粗糙或树龄较大，可用包扎法，先用挠子将上述部位刮去粗皮，露出绿皮，刮口大小因树年龄而异，一般以宽3 cm(1寸)多，长6 cm(2寸)多为宜，用吸水纸(或脱脂棉)吸取上述药液，放置刮口上，外用塑料薄膜包扎即可。但蚜虫消灭后，应及时将包扎物取下，否则易生药害。药剂涂茎和包扎法，适用于高山区和缺水地区，可以节省水，残效期较长，还能较好地保护天敌。

(2)树上喷雾　早春苹果发芽前，喷布5%柴油乳剂，可以消灭越冬卵。在果树生长其间，蚜虫发生初期，可喷布下列药剂：40%乐果乳油1 000～1 500倍液；50%甲基对硫磷乳油800～1 000倍液；50%甲基内吸磷乳油1 000倍液；50%马拉硫磷乳油800～1 000倍液；50%杀螟硫磷乳油1 000倍液；40%乙酰甲胺磷乳油1 000倍液；50%倍硫磷乳油1 000倍液；50%辛硫磷乳油1 000倍液；50%久效磷乳油2 000～3 000倍液；50%磷胺乳油1 000～1 500倍液；25%水杨硫磷乳油1 000～2 000倍液等。

(3)挂袋熏蒸　50%异丙磷乳油500 g与细沙100 kg混合制成毒沙。500 g毒沙装一布袋中，每株树上挂2个毒沙袋。残效期约15天，防治效果良好。

2.保护和利用天敌

有条件地区可人工饲养并释放草蛉和瓢虫。

▶ 二、桃蚜

桃蚜又名烟蚜、菜蚜、桃赤蚜等，俗名腻虫、蜜虫等。学名 *Myzus persicae* (Sulzer)，属同翅目，蚜科。

(一)为害情况

各地均有发生，有时为害严重。寄主植物有350多种，辽宁省有170多种。第一寄主只有桃树；第二寄主有李、杏、樱桃、梨、苹果、烟草、甜菜、大豆、芝麻、白菜、萝卜、辣椒、茄子、番茄、土豆、菠菜、人参、三七、大黄、龙葵、荠菜等。成虫、若虫群集桃、李、杏等叶片背面为害，叶片向背面横卷或不规则卷缩，重者叶片变黄红色脱落。桃蚜是传播多种病毒的媒介。

(二)形态特征

(1)无翅胎生雌蚜　体长2.2 mm，宽0.94 mm，卵圆形。体色变化较大，一般为黄绿色、枯黄色或赤褐黄色，背中线和侧带翠绿色。触角比体短。腹管原筒形向端部渐细，色淡、基部黑色。尾片圆锥形，有曲毛6或7根。

(2)有翅胎生雌蚜　体长2.2 mm，宽0.94 mm，头胸黑色，腹部淡绿色或红褐色，有翅。触角黑色，第三节有圆形次生感觉圈9～11个，在外缘排成一行。腹管黑色。

(3)卵　长1.2 mm,长椭圆形,初为绿色,后变黑色。

(4)若虫　与无翅蚜相似,体小。

(三)生活习性

一年发生20～30代,以卵在桃树的腋芽、芽鳞缝、小枝杈及其皱皮等处越冬,也能以成虫、若虫在越冬菠菜和窖藏大白菜上以及温室中越冬。春季当山桃、杏树花芽萌动时越冬卵开始孵化,花蕾待放时为孵化盛期,花朵开放为孵化终止期。干母、干雌及有翅蚜在桃树上为害(约发生3代)。

6月桃树上的蚜虫逐渐减少,一部分飞迁到烟草上为害(发生4～5代)。10月中旬以后产生性母,飞回桃树上胎生雌蚜和雄蚜,交尾后雌蚜产卵。

桃蚜的发生与气候、天敌有关。平均气温连续2天在30℃以上,或连续5天在29℃以上或6℃以下,田间桃蚜数量会迅速下降。相对湿度连续5天在80%以上或40%以下,桃蚜数量也要下降。因此,春秋两季气候温暖,比较干旱,食物丰富,天敌数量少,桃蚜发生较重。

(四)防治方法

(1)在桃树发芽后至开花前(越冬卵大部分已孵化)、花后蚜虫飞迁扩散大量繁殖前及晚秋返回桃树蚜时,可各喷1次药。常用药剂有:40%乐果乳油1 000倍液;50%马拉硫磷乳剂1 000倍液;50%辛硫磷乳油2 000倍;70%灭蚜松可湿性粉剂1 000～1 500倍液;50%甲胺磷乳油2 000倍液;40%乙酰甲胺磷乳油2 000倍液;50%倍硫磷乳油1 000倍液;50%内吸磷乳油1 500倍液;80%敌敌畏乳油1 000倍液等,都有良好的防治效果。对有抗药性的桃蚜可用40%乐果乳油2 000倍液混加50%西维因可湿性粉剂300倍液。为加强药剂的展着性,各药液中可加入0.1%～0.2%中性皂或0.5皮胶。还应注意乐果对桃树某些品种、杏树以及高粱某些品种有药害。因此,对杏树不宜使用,对桃树在使用前,应先做药害试验,确定能否使用和使用浓度。

(2)桃蚜天敌种类很多,控制作用相当强。调查证明在连续多年喷布有机磷药剂的桃园每年从桃树发芽到5月上旬连续喷药3次,5月上旬调查,桃蚜被害梢为45%,平均百梢有蚜虫2 500万头,百梢天敌仅0.2头;而在不喷药的桃园中,5月上旬害梢率仅为13%,百梢蚜虫数量很少,百梢天敌为9.2头,比喷药园的天敌数量高出46倍,足见天敌防蚜虫效果显著。

(3)桃园内及其附近,不宜种烟草、白菜等。

第五节　毛虫类及其他果树害虫

▶ 一、天幕毛虫

天幕毛虫又名黄褐天幕毛虫、天幕枯叶蛾、带枯叶蛾、梅毛虫等,俗名顶针虫、春黏虫等。学名 *Malacosoma neustria testacyea* Motshulsky,属鳞翅目,枯叶蛾科。

(一)为害情况

各地均有发生,为害严重。主要为害苹果、梨、海棠、山楂、杏、李、桃、樱桃、沙果、梅、槟子、枇杷、山荆子、核桃等果树,还有杨、柳、榆、栎等多种林木。幼虫在春季为害嫩芽和叶片,小幼虫在枝条和分杈处吐丝,结网张幕,并群集丝幕上,幼虫近老熟时则分散为害。在大发生年,短期内可将大片果树叶片吃光。

(二)形态特征

(1)成虫 雌蛾体长 13～24 mm,翅展 29～53 mm。体色变化较大,一般呈黄褐色、粉褐色或红褐色。前翅中央有一深褐色上宽下窄的宽横带,横带两侧镶有米黄色细纹。后翅褐色。雄蛾体长 10～17 mm,翅展 24～35 mm。体色多呈黄褐色或黄白色。前翅中央有两条暗褐色近平行的横肉纹,两横肉纹之间色淡。

(2)卵 圆筒形,深灰色,高 1.3 mm,直径 0.8 mm。100～400 粒围绕小枝条上密集成一卵块,状似"顶针"。

(3)幼虫 老龄幼虫体长 5～60 mm。头灰蓝色,两侧各有一大型黑色圆斑。前胸背板中央有 1 对黑色纵纹。胴部颜色鲜艳,背线白色;亚背线橙黄色;气门上线宽,灰蓝色,其间杂有黑色斑纹;气门线黄色;气门下线蓝灰色;腹面灰白色。腹部各节背面中央各有 1 对黑色毛瘤,以腹部第 8 节背面中央的 1 对蓝黑色毛瘤最明显。

(4)蛹 体长 13～25 mm,椭圆形,黄褐色,表面有金黄色或淡褐色细毛。茧黄白色,丝质梭形,双层。茧外常附有黄色粉状物。

(三)生活习性

一年发生 1 代,以完成胚胎发育的小幼虫在卵壳内越冬。翌年早春在梨芽开绽时(4 月中旬),小幼虫出蛰,群集在卵块附近的小枝上,取食嫩叶。不久迁移到小枝分杈处,吐丝结网,形成丝幕,群集其中。当丝幕附近的叶片被食光,并随着幼虫的长大,逐渐向下迁移到较粗的枝条上,再次在枝杈处吐丝结成网幕,如此数次。幼虫蜕皮 4 次(雄性)或 5 次(雌性),历期 40～49 天。老熟幼虫在两叶间、叶片背面、果树周围杂草丛中或附近房屋墙壁等处结茧化蛹(5 月中、下旬)。蛹期 10～15 天。成虫在 6 月上、中旬大量出现,每头雌蛾产卵 1～2 块。成虫有趋光性。

苹果毛虫类天敌种类很多,如天幕毛虫天敌有数十种。秋千毛虫天敌有 200 多种。有些天敌对毛虫的抑制作用相当强,应注意保护和利用。苹果毛虫类常见的天敌有:舞毒蛾黑瘤姬蜂、喜马拉雅瘤姬蜂(*Gregopimpla himalayensis*)、金毛虫绒茧蜂(*Apanteles femoratus*)、枯叶蛾绒茧蜂(*Ap. lipanidis*)、松毛虫赤眼蜂、天幕毛虫抱寄蝇(*Baumhaueriagoniaris*)、毒蛾蜉寄蝇(*Phorocera agilis*)、毛虫追寄蝇(*Exorista amoena*)、臭广肩步甲(*Calosoma sycophanta*)、天幕毛虫核型多角体病毒、舞毒蛾核型多角体病毒和质型多角体病毒、金毛虫核型多角体病毒,以及山雀、杜鹃、灰喜鹊、黄鹂等。

(四)防治方法

1. 结合冬春果园农事操作,消灭越冬毛虫

(1)结合冬春修剪和刮病,彻底刮除越冬的虫卵(天幕毛虫、秋千毛虫、巢蛾等)、虫巢(山楂粉蝶)、护囊(蛾类)、翘皮下或贴于树干上的小幼虫(金毛虫、星毛虫、枯叶蛾类)。

(2)结合早春清扫果园、翻地、刨树盘、除草等,消灭树下土中或杂草中的越冬蛹(舟形毛虫、黑星麦蛾、尺蛾类、夜蛾类、天蛾类等)。

(3)结合修补梯田,消灭越冬虫卵(秋千毛虫)。

(4)结合树干基部压土,消灭土里越冬小幼虫(星毛虫)。

2.人工捕杀

在小幼虫群集尚未分散时,设专人巡回检查,及时剪除虫巢、丝幕、网幕等有虫叶片和枝条,连做数次,防治效果良好。

3.保护和利用天敌

(1)保护天敌昆虫　收集的虫卵、蛹茧分别放入天敌保护器中。

①卵寄生蜂保护器　用口径约 16 cm 的器皿做保护器,其中放少量的干草或枝叶,再放入害虫卵块,上盖瓦片,防止雨水漏进,然后将顺皿放到一较大的有水的水盆内,孵化的小幼虫爬出器皿落水淹死,而寄生蜂羽化后,可从瓦片两端飞出。或在虫卵孵化后,集中消灭小幼虫,然后再将卵放回田间。

②蛹寄生天敌保护笼　可选择孔径适当的金属或尼龙纱(孔径大于天敌小于害虫成虫)的饲育笼做保护笼,放入害虫蛹茧,上盖塑料布,悬挂于田间。羽化的害虫成虫留在笼中,而天敌成虫可通过纱眼飞出。

(2)利用昆虫病毒　收集田间(或培养)的患病毒病死亡的虫体,磨研粉碎加水稀释,喷布于果树上,可使毛虫患病死亡,防治效果良好。

(3)保护益鸟　果林区严禁狩猎鸟类。

4.药剂防治

在毛虫为害初期可喷布 50％辛硫磷乳油 1 000～2 000 倍液;50％敌敌畏乳油 1 000～1 500 倍液;50％对硫磷乳油 1 000～2 000 倍液;50％杀螟硫磷乳油 1 000 倍液;90％敌百虫 1 000 倍液;50％马拉硫磷乳油 1 000 倍液;50％磷胺乳油 2 000 倍液;25％亚胺硫磷乳油 400 倍液;95％巴丹 2 000～3 000 倍液;杀螟杆菌(含细菌 100 亿个/g)500～1 000 倍液混加 0.1％洗衣粉等,防治效果均良好。

二、美国白蛾

属鳞翅目,灯蛾科。又名秋幕毛虫。此虫系世界性重要检疫害虫。

(一)发生情况

在 1979 年首次于辽宁发现黑头型幼虫(分黑、红头型),此虫食性极广,为害 300 多种植物,应特别注意从其他林木等寄主转移为害果树。

(二)形态特征

白色中型蛾。雄蛾触角双栉齿状,黑褐色,前翅散生黑色或杂有浅褐色斑点;雌蛾触角栉齿状,褐色,前翅粉白色,后翅常为白色或近外缘处具小黑点。幼虫头部黑色,胴部黄绿至灰黑色,背面有 1 条灰褐至灰黑色横纵带、背线、气门上线、气门下线淡黄色,背毛瘤、前胸背板、臀板、足均为黑色。

(三)生活习性

辽宁丹东地区每年发生 2 代,以茧蛹在树皮下、枯枝落叶及表土内越冬。越冬代成虫于 5 月中旬至 6 月间出现,第一代幼虫于 5 月下旬至 7 月间发生,第一代成虫出现在 7 月下旬至 8 月中旬,第二代成虫发生在 8—10 月间。前 4 龄幼虫营网巢群集生活,5 龄后分散为害,幼虫共 7 龄，一生可食叶 10～15 片，耐饥力强，可达 5～15 天。成虫可借风力传播，幼虫、蛹可随苗木、果品、林木及包装器材等，通过远距离运输而扩散蔓延。

（四）防治方法

（1）加强对内、外植物检疫工作，疫区应及时防治。

（2）结合早春清扫果园、翻地、除草、刮皮等，消灭越冬茧蛹。

（3）及时采收卵块、剪除或烧毁虫巢网幕。

（4）幼虫发生期喷洒 50％灭幼脲胶悬剂 1 500 倍，在幼虫 3 龄前用药效果最好，持效期 15～20 天；此外，50％辛硫磷乳油或 50％杀螟松乳油或 80％敌敌畏乳油 1 000～1 500 倍液，或 2.5％溴氰菊酯 3 000 倍液。

（5）保护和利用天敌。

三、葡萄虎蛾

葡萄虎蛾又名葡萄修虎蛾、葡萄虎夜蛾、葡萄虎斑夜蛾、色虎蛾等，俗名葡萄黏虫、葡萄狗子。学名 *Seudyra subflava* Moore，属鳞翅目，虎蛾科。

（一）为害情况

各地均有发生，有时为害较重。幼虫主要食害叶片，严重时也能咬断幼穗的小穗轴和果梗。

（二）形态特征

（1）成虫　体长 18～20 cm，翅展 44～49 cm。头部、胸部紫棕色，腹部和足黄色。前翅黄灰色，密布紫棕色细点，后缘区和端区大部紫棕色。外线、内线均为双线、灰黄色，两线间有肾状和环状纹，均为棕色，边缘灰黄色端线为一列黑点，亚端线灰白色锯齿形。后翅杏黄色，端区有一紫棕色宽带，近臀角有一褐黄色斑，中部（中室）有一暗灰色宽带。

（2）幼虫　老熟幼虫体长 32～42 mm。头部橘黄色，有黑色斑点。胸部黄色，背面带绿色，背线淡黄色，前胸盾和臀板橙黄色，后者表面有一褐色横带。各体节有不规则的黑褐色斑。毛突淡褐色，体毛黄褐色。体躯前端较细，后端较粗，第 8 腹节隆起。

（3）蛹　长 16～20 mm，暗红褐色。

（三）生活习性

一年发生 2 代，以蛹在葡萄架附近的土中结茧越冬。越冬代成虫在 5 月下旬开始出现，6 月中、下旬为盛期，第 1 代成虫在 7 月下旬出现，8 月上、中旬为盛期。第 1 代幼虫在 6—7 月为害。第 2 代幼虫在 8—9 月为害。成虫产卵在叶片上，卵散生。幼虫静伏时头尾抬起，受惊动摇摆头部，并吐出黄绿色黏液。

（四）防治方法

（1）早春结合整地，挖除越冬蛹。

（2）幼虫发生量少时，结合整枝打杈进行人工捕捉。发生量多时，可喷布 80％敌敌畏乳油 1 000 倍液；90％敌百虫 800 倍液等。

四、葡萄天蛾

葡萄天蛾又名葡萄车天蛾、葡萄轮纹天蛾等，俗名豆虫。学名（*Ampelphaga rubiginosa* Bremer et Grey），属鳞翅目，天蛾科。

（一）为害情况

各地均有发生。幼虫将叶片食成缺刻和孔洞，稍大则将叶片吃光，残留部分粗脉及叶柄。

（二）形态特征

（1）成虫　体长 45 mm 左右，翅展 85～100 mm。体肥大呈纺锤形，体翅茶褐色，触角短，栉翅状。前翅顶角较突出，各横线均暗茶褐色，中线较宽，内线次之，外线较细、波纹状，前缘近顶角有一暗色三角形斑，此斑下端接亚外线。后翅周缘棕褐色，中央大部分为黑色，中部和外部各有一条茶褐色横线。

（2）卵　高 1.2～1.4 mm，宽 1.3～1.5 mm。长圆形，绿色，近孵化时变为褐绿色。

（3）幼虫　老熟幼虫体长约 80 mm，黄绿色，有黄色小颗粒。头部有两对平行的黄白色纵线。前胸背线两侧有黄色纵纹。中胸、后胸及腹部各节背面有 4～7 个小节。腹部背线绿色，较细，亚背线白色。腹部背线两侧有呈"八"字形的黄色纹，亚背纹至气门线间自第 1～8 腹节各有一淡黄色斜纹。尾角淡绿色，头三角形，尾角细长。

（4）蛹　长 55～57 mm，棕色至暗棕色。

（三）生活习性

一年发生 1 代，以蛹在粗茧内于表土层下越冬。成虫在 6—8 月间为害。成虫产卵 400～500 粒，多散产在叶背、叶柄和嫩叶上。幼虫期 40～50 天。

（四）防治方法

（1）人工捕捉幼虫。

（2）当幼虫发生量多时，喷布 90％敌百虫 800 倍液或 80％敌敌畏乳油 1 000 倍液。将感染病毒病的死虫取回，制成 20％倍液喷雾，防治效果亦很好。

五、苹毛丽金龟

苹毛丽金龟又名苹毛金龟子、长毛金龟子等。俗名金翅郎、铜壳郎、吃花金壳郎等。学名（*Proagapertha lucidula* Faldermann），属鞘翅目，金龟甲科。

（一）为害情况

各地均有发生。成虫取食多种果树和林木的花芽、花蕾、花朵、嫩叶和未成熟的果实。主要为害花，严重时能迅速将成片果树的花吃光，山地果园和孤立果园受害常较重。

（二）形态特征

成虫体长 8～12 mm，宽 5～6.5 mm。全体除小盾片和鞘翅光滑无毛外，余皆密被黄白色绒毛。头部、前胸背板、小盾片褐绿色，带紫色闪光。触角 9 节，鳃叶状。鞘翅棕黄色，有绿色光泽，两翅合并成长椭圆形，第 1～5 节两侧缘生有黄白色斑点状毛丛，腹部末端露出鞘翅外。

（三）生活习性

一年发生1代，以成虫在土中越冬。成虫在4月上、中旬开始出土。当地温达到12℃，平均气温10℃以上时，雨后常有大量成虫出现。成虫取食花朵，常随寄主植物开花迟早而转移。在果林混植区，成虫依次为害旱柳、小叶杨、梨、榆树，5月上、中旬为害苹果。在单纯果树区，先为害桃，然后为害梨和苹果。因此，在单纯果树区，当此种发生密度大时，可造成毁灭性的危害。成虫有假死性，在气温低时表现明显。5月成虫产卵在表土中，卵期为17～35天。幼虫共3龄，历期55～69天。8月间在深土中化蛹。蛹期16～19天。9月上旬左右化为成虫，即在蛹室中越冬。

苹毛丽金龟成虫有许多天敌，鸟类中有红尾伯劳、黑枕黄鹂、灰山椒鸟、三倒眉等，昆虫中有朝鲜小庭虎甲、深山虎甲、条翅拟地甲等。

（四）防治方法

（1）在成虫发生期，清晨或傍晚振落捕杀成虫。同时对果园周围的杨、柳、榆等树木也应进行防治。

（2）果树开花前两天，喷布50%敌敌畏乳油1 000倍液；50%对硫磷乳油2 000倍液；50%马拉硫磷乳油1 000～2 000倍液；50%辛硫磷乳油1 000～2 000倍液；50%速灭威可湿粉剂500倍液等，防治效果良好。

（3）注意保护和利用天敌。

▶ 六、梨象甲

梨象甲又名朝鲜梨象甲、梨实象甲、梨象虫等。俗名梨狗子、钉虫、梨猴、梨虎等。学名（*Rhynchites foveripennis* Fr.）属于鞘翅目，象甲科。

（一）为害情况

各地均有发生。在管理粗放的梨园中为害严重。在梨树品种间，以香水梨受害严重，其次为鸭梨、秋白梨等。成虫取食嫩芽，啃食果皮、果肉，造成果面粗糙"麻脸梨"。成虫产卵前，先把果柄基部咬伤，再在果面咬一小孔，产卵其中，然后用粪便封闭产卵孔，外观为一小黑点。幼虫在幼果内蛀食果肉和种子，不久虫果脱落。

（二）形态特征

（1）成虫　体长12～14 mm，全体暗紫铜色，有金属光泽。头管较长，雄虫头管向下弯曲，触角着生在头管端约1/3处；雌虫头管较直，触角着生在头管中部。头管背面密生较明显的刻点，并在复眼之后密布细小的横皱，腹面尤为明显。触角11节，端部3节较宽扁。前胸略呈球形，密布刻点较粗大，纵行排列成9行。

（2）卵　椭圆形，长径约12 mm，体肥短，略向腹面弯曲，体表多皱纹，乳白色。头小，缩入前胸内，头和咀嚼式口器黄褐色，体表被短毛。

（三）生活习性

梨象甲1～2年发生1代。以成虫或幼虫在树冠下深约6 cm的土层中的蛹室内越冬；第二年春季成虫出土后幼虫在土中继续为害。越冬成虫在梨树开花期开始出土，梨果拇指大时为出土时期。越冬成虫在梨树开花期开始出土,梨树拇指大时为出土盛期。越冬成虫与降雨有关,在出土期间。每当遇到透雨可促使其大量集中出土,如遇干旱,则出土明显延迟。一般年份从4月下旬均有出土的越冬成虫,而5月下旬至6月中旬为盛期。成虫出土后先在地面或短枝条上静伏,然后危害嫩芽、新梢和花朵。待坐果后则为害幼果。成虫主要在白天活动,以气温较高、晴朗无风天气或中午前后最为活跃。晚间和清晨停栖在树冠叶虫内。成虫有假死习性,早晚气温低时,受惊扰即假死落地,当中午气温较高时,虽遇惊扰而假死下落,但多余半空中即飞去。出土成虫需取食1～2周后开始交尾产卵,产卵时先把果柄基部咬伤,然后转到果实上咬一小孔,产1～2粒卵于小孔内,再以分泌的黏液封口,产卵处呈黑褐色斑点,一般每果产卵1～2粒。6月中下旬至7月上中旬为产卵盛期,此期落果较为严重。成虫寿命很长,产卵期达2个月左右,每天可产卵1～6粒,每雌虫一生可产卵20～150粒,一般为70～80粒。发生期很不整齐,常在果实成熟阶段,尚可见到个别成虫。卵期6～8天,幼虫在果内继续为害。被害果由于被成虫咬伤果柄极易脱落。被害果可在产卵后4～20天脱落,一入土,在土层内作土室化蛹。幼虫入土从7月上旬开始,至8月中下旬全部结束。其中一部分幼虫经30余天化蛹,蛹期33～62天,羽化为成虫后即在土室内越冬;另一部分幼虫当年不化蛹而直接越冬。梨的品种之间受害程度不同,香水梨受害重,鸭梨、白梨次之,花盖梨和安梨受害极轻。

(四)防治方法

(1)根据测报观察,在发生严重的梨园,于越冬成虫出土始期,即大量出土之前,尤其在降雨过后,于树冠下喷施50％辛硫磷乳油300～400倍液,每亩用原药0.5～0.75 kg;或用4％敌马粉剂或2％杀螟松粉剂,每株结果树下用粉剂为0.25～0.5 kg。虫情较重者,于喷施后15天再进行1次。

(2)树上喷药可用50％敌敌畏乳油1 000～2 000倍液,60％敌马合剂1 500倍液,或90％晶体敌百虫800～1 000倍液,隔10～15天再喷一次。

(3)利用成虫假死习性,于清晨震树,下铺以布单或塑料薄膜,捕杀被震落下的成虫。此法应着重在成虫交尾、产卵之前或下雨后成虫出土比较集中时进行。

(4)6月中旬成虫产卵之后,及时拣拾落果,每5天1次,消灭果内的幼虫。

▶ 七、梨木虱

梨木虱又名梨叶木虱、梨大木虱等,俗名梨虱子。学名(*Psylla pyrisugar Forste*),属同翅目木虱科。

(一)为害情况

各地均有发生。成虫、若虫在春季多集中于新梢、叶柄,夏秋季多在叶背刺吸汁液。受害叶片的叶脉扭曲,叶面皱缩成团,产生褐色枯斑,重者变黑脱落。若虫分泌大量蜜汁黏液,常将两叶粘在一起,易引致煤烟病。

(二)形态特征

成虫体长4～5 mm,分为冬型和夏型。冬型成虫黑褐色,夏型成虫黄绿色至淡黄色。复眼红色,触角端半部黑色,中胸背板上有6条红黄色(夏型)的纵纹,前翅透明(冬型)或略黄(夏型)。初卵若虫体扁圆形,淡黄色,3龄以后,翅芽明显增大,背面土褐色带绿色或黄绿色,腹末有白色长棉毛及多根长短相同的刺毛。

(三)生活习性

每年最少发生3代,以受精的冬型雌成虫主要在树干的树皮裂缝内,少数在杂草、落叶和土缝中越冬。

越冬雌成虫在3月底梨树花芽萌动前(旬平均气温－5℃)开始活动。4月中旬鸭梨花芽膨大露白(旬平均气温3℃)时,出蛰并开始产卵。5月中旬就可以见到第1代成虫,7月下旬至8月上旬若虫发生数量最多,是为害严重时期。10月出现冬型雌成虫。11月开始越冬。越冬雌成虫平均产卵290粒卵期13～20天。

在梨树品种间,蜜梨、鸭梨、慈梨等受害重;红宵梨次之,谢花甜、京白梨等轻。梨木虱在干旱季节发生较重,多雨季节发生轻。天敌种类很多,如瓢虫类、草蛉类、捕食螨和蓟马类、长吻蟖、寄生蜂类等,其中寄生蜂寄生率高。

(四)防治方法

(1)早春刮除老翘皮,清除残枝、落叶及杂草,以消灭越冬成虫。

(2)在越冬成虫出蛰盛期及产卵盛期各喷布1次50%对硫磷乳油3 000倍液;50%马拉硫磷乳油1 000倍液;50%久效磷乳油2 000～3 000倍液,防治效果良好。

▶ 八、朝鲜球坚蚧

朝鲜球坚蚧属同翅目,蚧科。

(一)为害情况

国内东北、华北、山东、江苏、浙江、陕西、四川、云南等地有分布。主要为害桃、李、杏、梅、樱桃,也能为害苹果和梨。

为害状识别:成虫、若虫固着在枝干上吸食汁液。被害枝条上常出现雌虫介壳累累,造成树势衰弱。

(二)形态特征

(1)雌成虫　介壳半球形,直径3～4 mm,红褐色至黑褐色,表面有两列粗大的凹点。

(2)雄成虫　体长约1.5 mm,有发达的足及一对前翅,翅脉简单呈半透明,腹末有一对长约1毫米的白色蜡质长毛。

(3)卵　椭圆形,粉红色,附着一层白色蜡粉。

(三)生活习性

一年发生1代,以2龄若虫固着在枝条上越冬,3月上中旬开始群居为害。4月底至5月上旬雄成虫羽化。交尾后雌成虫体迅速膨大、硬化,5月上旬产卵于母体下面,平均每雌产卵1 000粒左右。5月下旬为若虫孵化盛期,若虫分散在小枝条、叶片及果实上为害。主要天敌有黑缘红瓢虫。

(四)防治方法

(1)早春果树发芽前,喷5°Be石硫合剂或5%柴油乳剂,要求喷布均匀周到。

(2)5月中下旬若虫孵化期喷50%马拉硫磷乳剂800～1 000倍液,或40%氧化乐果1 000

倍液,或80％敌敌畏1 500～2 000倍液,或50％久效磷乳剂3 000倍液,或0.2～0.3°Be石硫合剂。

九、大青叶蝉

大青叶蝉又名青叶跳蝉、大绿浮尘子等。学名(*Tettigella viridis* Linnaeus.)属同翅目,叶蝉科。

(一)为害情况

各地均有发生。寄主植物有39科166属,其中果树类有苹果、海棠、李、梨、桃、核桃、杏、樱桃、山楂、葡萄、枣等;林木类有柳、杨、榆等;农作物有麦类、高粱、玉米、豆类等;蔬菜有白菜、萝卜等。主要为害果树的苗木和定植后的幼树,成虫用产卵器将枝干表皮割成月牙状伤口,然后在伤口内产一排卵,7～8粒。因此使枝干出现大量伤口,重者苗木、幼树失水枯死。

(二)形态特征

(1)成虫 体长7～10 mm。头橙黄色,两单眼间有2个5边形或多边形小黑斑。前胸前缘黄绿色,余皆为深绿色。前翅绿色,微带黄色,末端灰白色半透明。后翅烟青色。腹部背面烟黑色,腹部两侧和腹面,以及足均为橙黄色。

(2)卵 长1.6 mm,宽0.4 mm,长卵圆形,中间微弯曲,黄白色。

(3)若虫 初孵若虫呈灰白色,微带黄绿色,头大腹小。3龄后变黄绿色,具翅芽,胸腹背面有4道褐色纵纹。

(三)生活习性

一年发生3代,以卵在果树幼苗、幼树干皮层内越冬。春夏季成虫、若虫在杂草、蔬菜、农作物上为害。10月中下旬飞到果树幼苗和幼树上产卵越冬。成虫、若虫趋光性较强,常斜行或横行,善飞跃。若虫5龄,历期22～27天。每头雌虫产卵30～70粒。卵期9～15天,越冬卵5个月以上。

(四)防治方法

(1)清除果园苗圃附近的杂草。对果园内种植的蔬菜要加强防治。

(2)在成虫产卵前,幼树枝干涂刷白涂剂,对阻止成虫产卵有一定作用,或用纸筒套茎干上阻隔产卵。

(3)成虫产卵期,喷布50％对硫磷乳油2 000倍液或其他药剂。

第九章　蔬菜害虫

◆ 学习目标

　　掌握主要蔬菜虫害的防治方法。

第一节　地下害虫

▶ 一、蝼蛄

　　蝼蛄俗名拉拉蛄、地拉蛄，各地普遍发生，为害严重。

（一）为害情况

　　成虫、若虫在土中咬食播下的种子、幼芽，或将幼苗咬断致死。受害的根部呈乱麻状。由于蝼蛄活动，将表土层窜成许多隧道，使苗土分离，失水干枯而死，造成缺苗断垄。在保护地内，由于温度高，蝼蛄活动早，加之幼苗集中，往往受害更重。

（二）形态特征

　　菜田常见蝼蛄有两种：*Gryllotalpa africana* Palisot de Beauvois，称非洲蝼蛄；*Gryllotalpa unispina* Saussure，称华北蝼蛄，均属于直翅目害虫。非洲蝼蛄成虫体长 30～35 mm，灰褐色，全身密布细毛。触角丝状。前胸背板卵圆形，中间有一明显暗红色心脏形凹陷斑。前翅鳞片状，灰褐色，仅达腹部 1/2。腹末具一对尾须。前足为开掘足，体长 36～55 mm，黄褐色，前胸背板心形凹陷不明显，后足胫节背面内侧仅有刺 1 根或消失。

（三）生活习性

　　非洲蝼蛄在北方两年完成 1 代，南方一年 1 代。以成虫或若虫在冻土层以下和地下水以上土中越冬。5 月上旬至 6 月中旬是蝼蛄为害盛期。春季由于棚室土温较高，土壤疏松，有机质多，利于蝼蛄活动，为害早而重。华北蝼蛄约三年 1 代。卵期 22 天，若虫期约 2 年，成虫期近 1 年。亦以成虫和若虫在土中越冬。两种蝼蛄均昼伏夜出，晚 9～11 时为活动取食高峰，棚室灌水后活动更甚。具趋光性和喜湿性。对香甜物质和炒香的豆饼、麦麸及马粪等有机质具强烈趋性。非洲蝼蛄多发生在低洼潮湿地区；华北蝼蛄多发生在轻盐碱地湿地区。其卵也喜产于此地区。非洲蝼蛄产卵期约 2 个月，眉头雌虫产卵 60～100 粒，华北蝼蛄可产卵 288～368 粒。

（四）防治方法

（1）一定要施用充分腐熟的有机肥，尤其是马粪肥更要注意，否则能招引大量蝼蛄进入棚室内，为害幼苗。

（2）有条件的地方可采用灯光诱杀。尤其对非洲蝼蛄效果更好。

（3）毒谷、毒饵诱杀，将 15 kg 的豆饼、棉籽饼麦麸、玉米碎炒香或将 15 kg 谷子、秕谷子煮至半熟，稍晾干，在用 50％对硫磷乳油或 25％对硫磷微胶囊剂，或 40％甲基异柳磷乳油或 25％甲基异柳磷微胶囊剂等任一种药剂 0.5，加水 0.5 kg，与炒香的饵料或煮至半熟的谷子混拌均匀，做成毒饵或毒谷，每亩用量 2～3 kg。还可用 40％乐果乳油或 90％晶体敌百虫 0.5 kg，加水 5 kg 拌 50 kg 炒香的饵料，每亩用 1.5～2.5 kg，毒饵可直接均匀施入土表，或随播种、定植时施于播种沟或植穴内，然后播种或定植。在已发生蝼蛄为害时，可施于隧道内或隧道口附近。

（4）毒粪诱杀，用 4％敌马粉剂与新鲜马粪按 1∶5 拌成毒粪。每亩用毒粪 5 kg，撒施于蝼蛄隧道外，或挖坑放入毒粪，上覆土。

二、蛴螬

蛴螬是金龟甲科幼虫的统称，俗称白土蚕、蛭虫、大脑袋虫等。可为害多种作物和蔬菜，各地普遍发生。

（一）为害情况

蛴螬能直接咬断蔬菜幼苗的根、茎，致使全株枯死，造成缺苗断垄；或啃食块根、块茎，使植株生长衰弱影响蔬菜的产量和质量。

（二）形态特征

菜田蛴螬种类有几种，最主要的是 *Holotrichia diomphalia* Bates.，称东北大黑鳃金龟，属鞘翅目害虫。东北大黑鳃金龟老熟幼虫体长 35～45 mm，身体多褶皱，静止时弯成"C"形，臀节粗大。头部黄褐色。胸腹部乳白色。头部前顶刚毛每侧各有 3 根，排成纵列。肛门孔成三射裂缝状，肛腹片后部复毛区散生钩状刚毛，无刺毛列。成虫体长 16～22 mm，体黑色或黑褐色，小盾片近半圆形。鞘翅长椭圆形有光泽，每侧各有 4 条明显的纵肋。前足胫节外侧具 3 个齿，内侧有一距。

（三）生活习性

各地多为两年 1 代，以幼虫和成虫在土中越冬。5—7 月成虫大量出现，6 月中下旬为产卵盛期，7 月中旬是孵化盛期。10 月中下旬幼虫开始下迁，一般在 55～145 cm 深土层中越冬。越冬幼虫第二年 5 月上中旬，上升到表土层为害幼苗的根、茎等底下部分。为害盛期在 5 月下旬至 6 月上旬。7 月中旬至 9 月中旬老熟幼虫在地下土室化蛹，蛹期 20 天左右，8 月下旬至 9 月初羽化高峰。成虫当年不出土，在土室内越冬，翌年 4 月下旬开始出土活动。成虫白天隐藏在土中，夜间出来活动，以晚 8—9 时为取食、交配活动盛期。成虫有假死性和趋光性，并对未腐熟的厩肥有强烈趋性。成熟雌虫每头可产卵 100 粒左右。幼虫在土中的垂直活动，与土壤温湿度关系密切。当 10 cm 土温达 5℃时开始上升至表土层，13～18℃时活动最盛，23℃以上则往深土中移动。土壤湿润则活动性强。

(四)防治方法

(1)深秋适时翻耕土地,可将部分幼虫及成虫翻到地表,使其被冻死、风干、或被天敌捕食、机械杀伤等。

(2)施用充分腐熟的有机肥,避免将害虫的卵带入田中,可促进菜苗健壮生长,增强耐害力。同时蛴螬喜食腐熟的有机肥,可减轻对蔬菜的为害。

(3)施用有机肥前,应筛出其中的蛴螬。发现菜苗被害可挖出根际附近蛴螬。

(4)为防治蛴螬为害,可在播种或菜苗移栽前撒施毒土。毒土配制,常用药剂有 50% 辛硫磷乳油,25% 辛硫磷微胶囊剂,或 50% 对硫磷乳油,或 40% 甲基异硫磷乳油,每亩用药均为 0.1~0.15 kg,兑水 1.5 kg,拌土 15 kg。

(5)田间发生蛴螬为害时,可用 50% 辛硫磷乳油 2 000~3 000 倍液,或 50% 对硫磷乳油 2 000~3 000 倍液,或 90% 晶体敌百虫 800 倍液,或 40% 甲基异硫磷乳油 2 000~3 000 倍液灌根。

三、地老虎

地老虎又称切根虫、截虫。各地均有发生,为害多种蔬菜。

(一)为害情况

幼虫咬断蔬菜幼苗近地面的茎部,使整株枯死,造成缺苗断垄,严重的甚至毁种。

(二)形态特征

害虫 *Aqrotis ypsilon* Rottemberg,称小地老虎,属鳞翅目害虫。成虫体长 16~23 mm,暗褐。前翅由内横线、外横线将全翅分为三段,具有显著的肾状斑、环状纹、剑状纹,肾状斑外有 1 个尖端向外的楔形黑斑,亚缘线内侧有 2 个尖端向内的楔形黑斑。幼虫黑褐色,老熟幼虫体长 37~47 mm,体表粗糙,密布大小不等的颗粒。腹背各节有 4 个毛片,前两个比后两个小。腹部末节的臀板黄褐色,有对称的 2 条深褐色纵带。

(三)生活习性

辽宁省一年发生 2~3 代,越往南代数越逐渐增多。淮河以北地区,不能越冬。据推测,春季虫源是迁飞而来。长江流域以老熟幼虫、蛹及成虫越冬。华南则全年繁殖为害。辽宁省主要为害世代是第 1 代和第 3 代。第 1 代为害盛期在 5 月下旬至 6 月上旬,第 3 代在 8 月下旬。成虫对黑光灯和糖酒醋混合液有强烈趋性。成虫昼伏夜出,产卵以 19—20 时最盛。卵多产在灰菜、刺儿菜、小旋花等杂草幼苗叶背和嫩茎上,也可产在番茄、辣椒等叶片上。每雌虫可产卵 800~1 000 粒。幼虫 6 龄,1~3 龄幼虫常将地面上叶片咬成孔洞或缺刻,4 龄后幼虫常在夜晚将幼苗的根茎处咬断。3 龄后幼虫有自残性,老熟幼虫有假死性,受惊缩成环形。老熟幼虫潜入地下 3 cm 处化蛹。

(四)防治方法

(1)早春铲除田间、地头、路边、渠旁的杂草,并集中处理,可消灭产于杂草的卵和在杂草上取食的初孵化幼虫。

(2)成虫盛期,可利用黑光灯,糖酒醋混合液诱杀成虫。

（3）当发现地老虎为害菜苗根茎部，田间出现断苗时，可在清晨拨开断苗的表土，捕捉幼虫。

（4）在幼虫1～2龄时，抓紧时间进行药剂防治，可喷布20％杀灭菊酯乳油2 500～3 000倍液，或20％菊马乳油3 000倍液，或50％辛硫乳油1 000倍液。也可喷洒2.5％敌百虫粉；或撒施毒土，方法见蝼蛄防治。

（5）幼虫为害菜株地表的根茎时，可用毒饵诱杀，方法见蝼蛄防治，也可用菜叶或鲜草毒饵诱杀。用菜叶或灰菜、刺儿菜、苦荬菜、小旋花等杂草切成1.5 cm长左右，同90％晶体敌百虫0.5 kg，加水2.5～5 kg，拌菜叶或鲜草50 kg，制成毒饵，于傍晚撒施，每亩使用15～20 kg。

第二节　刺吸类害虫

▶ 一、温室白粉虱

温室白粉虱俗称小白蛾子，近年在一些地区保护地蔬菜上严重发生，并迅速扩散蔓延。白粉虱是保护地瓜类、茄果豆类等蔬菜的重要害虫。此外，对花卉为害也很严重。

（一）为害情况

以成虫及若虫群集在叶背面吸收汁液，造成叶片褪色、变黄、萎蔫，严重时植株枯死。在为害的同时还可分泌大量蜜露，污染叶片和果实，发生煤污病，影响植株的光合作用和呼吸作用。

（二）形态特征

害虫 *Trialeurodes vaporariorum*（Westwood）。称温室白粉虱，属同翅目害虫。成虫体长1 mm左右，身体淡黄色，翅覆盖白色蜡粉，似为小白蛾子。若虫扁椭圆形，淡黄色或淡绿色，2龄以后足消失固定在叶背面不动。体表有长短不齐的蜡丝。若虫共3龄。4龄若虫不再取食，固定在叶背面称伪蛹。伪蛹椭圆形，扁平，中央略隆起，淡黄绿色，体背有11对蜡丝。

（三）生活习性

在北方温室条件下一年可发生10余代，冬季在室外不能越冬。可以各种虫态在温室蔬菜上越冬或继续繁殖为害。第二年春天随着菜苗移栽或成虫迁飞，不断扩散蔓延，成为保护地和露地重要虫源。7—8月造成严重为害，10月以后随气温下降，虫量减少，并又迁移至保护地内越冬。

成虫不善飞，趋黄性强，其次趋绿，而对白色有忌避性。一般群集于叶背面取食、产卵。成虫还有趋嫩性，随着植株生长，不断向嫩叶迁移，而卵、若虫、伪蛹在原叶片上。因此，各虫态在植株上分布有一定规律。一般上部叶片成虫和新产的卵较多，中部叶片快孵化的卵和小若虫较多，下部叶片老若虫和伪蛹较多。成虫、若虫均分泌蜜露。成虫发育最适温度为25～30℃，温度高至40.5℃时，成虫活动力显著下降。若虫抗寒力较弱。

（四）防治方法

（1）把好育苗关，培育无虫苗十分重要。为此，育苗前彻底清除残虫、杂草、残株落叶，或用药剂熏杀苗房残虫。

（2）在苗房通风口处增设尼龙纱网，防止外来虫源飞入。

（3）发生后，及时打下枝杈、叶片并处理，可减少虫量。

（4）发生重的温室、大棚，提前种一茬白粉虱不喜食的蒜苗、蒜黄及十字花科蔬菜等。并应避免与黄瓜、番茄、豆类等混栽。

（5）发生盛期，可在温室、大棚设置涂粘油的黄色板，诱杀成虫。

（6）在发生严重的温室、大棚内，释放丽蚜小蜂或草蛉，可控制虫害。

（7）药剂防治可用25％扑虱灵可湿性粉剂1 000倍液，或2.5％天王星乳油3 000倍液，或2.5％功夫乳油3 000倍液，或20％灭扫利乳油2 000倍液喷雾。密闭条件下，也可用敌敌畏乳油熏蒸，每亩用0.4～0.6 kg。也可用沈阳农业大学研制的烟剂4号，每亩400 g熏烟。

二、瓜蚜

瓜蚜即棉蚜，俗称蜜虫、油虫、腻虫，主要为害黄瓜、西葫芦等蔬菜，是保护地黄瓜为害最严重的害虫，也是棉花的主要害虫。

（一）为害情况

以成蚜、若蚜群聚在叶片背面、嫩梢、嫩茎上吸食汁液。瓜苗嫩叶及生长点受害后，叶片卷缩成团，生长点停滞，严重者全株萎蔫、枯死。老叶受害后，提前枯落造成减产。瓜蚜还能分泌蜜露落在叶面上，影响植株的光合作用和呼吸作用。

（二）形态特征

害虫 *Aphis gossypii* Glover，称瓜蚜，属同翅目害虫。无翅胎生雌蚜体长1.5～1.9 mm，体黄绿色、深绿等色，体表被有霉状薄蜡粉。复眼红色。触角长度约为体长一半。第3节无感觉孔。腹管黑色，较短，呈圆筒状，上有瓦砌纹。尾片黑色，两侧各有3根刚毛。有翅胎生雌蚜体长1.2～1.9 mm，体黄色、淡绿色或深绿色。前胸背板及胸部黑色。腹部背面两侧各有黑斑3～4对，有时有间断的黑色横带2～3条。触角比身体短，第3节上有感觉孔5～8个。翅无色透明，翅痣灰黄色，前翅中脉3支。腹管、尾片同无翅胎生雌蚜。

（三）生活习性

瓜蚜在北方一年发生10余代，南方20～30代。在我国中北部地区以卵在花椒、木灌、石榴、鼠李枝条或夏枯草基部越冬。如果生长条件适合，周年均可发生。在北方冬季还可在温室的瓜类上繁殖为害。春天当气温达6℃以上时，越冬卵开始孵化，一般在越冬寄主上繁殖2～3代后，于5月初迁至露地瓜类为害，直到秋末产生有翅蚜再迁回保护地或越冬寄主上，产卵雌雄蚜，经交配后再以受精卵越冬。瓜蚜繁殖力较强，繁殖速度快，每雌蚜一生可产仔60～70头，夏季4～5天即可繁殖1代。一般16～22℃是繁殖最适温度，温度过高或过低均不利于繁殖。瓜蚜的天敌较多，如瓢虫、草蛉、蚜茧蜂等，应多加以保护利用。有翅蚜对黄色有趋性，银灰色对其有忌避作用。

（四）防治方法

（1）保护地内铺银灰色反光幕避蚜。

（2）蚜虫发生后及时药剂防治，药剂可选用20％氰戊菊酯乳油3 000倍液，或20％灭扫利乳油2 000倍液，或2.5％功夫乳油4 000倍液，或2.5％天王星乳油3 000倍液，或10％氯氰菊酯乳油 2 000～3 000 倍液,或 21% 灭杀毙乳油 6 000 倍液,或 40% 乐果乳油加醋和水,按 1:1:(1 500～2 000)液喷雾。也可用沈阳农业大学研制的烟剂 4 号,每亩 400 g 熏烟。

三、茶黄螨

茶黄螨又称茶嫩叶螨、茶半跗线螨。主要为害茄果类、瓜类、豆类等蔬菜,其中以茄子、辣椒受害最重。近年来,北京郊区普遍发生。辽宁南部、西部也有为害。

(一)为害情况

成螨、幼螨均可为害。一般集中在幼嫩部位吸食汁液,受害叶片变灰褐和黄褐色,并出现油渍状,叶缘向下卷曲。嫩茎、嫩枝受害后变褐色,扭曲,严重时顶部干枯。茄子受害后,引起果皮龟裂,果肉种子裸露。辣椒受害后,植株矮小丛生,落花、落果,形成秃尖,如同辣椒病毒病病状。

(二)形态特征

害虫 *Polyphazotarsonemus latus*(Banks),又称侧多食跗线螨,属蛛形纲真螨目跗线螨科类害虫。雌成螨体长 0.2 mm,体椭圆形宽阔,腹末端平截,体淡黄色半透明。体躯分节不明显,足较短,第 4 对纤细,其跗节末端有端毛和亚端毛。雄成螨体略小于雌成螨,体近六角形,其末端为圆锥形。体淡黄色,半透明。足长且较粗壮,第 3 和第 4 对足基节相接,第 4 对足的胫节和跗节合成胫跗节,其上有 1 个爪,如同鸡爪状,足的末端为一瘤状。幼螨体椭圆形,淡绿色,具 3 对足。若螨长椭圆形,是一个静止的生长发育阶段,被幼螨的表皮包围。

(三)生活习性

茶黄螨 1 年发生多代。在南方以成螨在土缝、蔬菜及杂草根际越冬。在北方主要在温室蔬菜上越冬。冬暖地区和北方温室内可周年繁殖为害,无越冬现象。越冬代成虫于翌年 5 月开始活动,6 月下旬至 9 月中旬是发生盛期,10 月以后随着温度下降虫量逐渐减少。以两性生殖为主,也有孤雌生殖,但孤雌生殖的卵孵化率很低。雌虫产卵于叶背面或幼果凹陷处,散产,一般 2～3 天卵即可孵化。幼螨期 2～3 天,若螨期 2～3 天。

成螨活跃,尤其雄螨活动力强。雄螨能准确辨别雌性若螨,常聚集在雌若螨旁边,并可携带雌性若螨向植株上部幼嫩部分迁移取食。茶黄螨除靠本身爬行扩散外,还可借风作远距离传播。此外,菜苗、人畜均可携带传播。

茶黄螨喜温暖潮湿条件,生长繁殖最适宜温度为 18～25℃,相对湿度为 80%～90%,高温对其繁殖不利。成螨若遇高温寿命缩短,繁殖力降低,有的甚至失去正常生殖能力。已知畸螯螨是茶黄螨的捕食性天敌。

(四)防治方法

(1)培育和栽植无虫苗。

(2)清洁田园,及时铲除田间、地头杂草,清除田间残株落叶。尤其温室、大棚更应保持环境卫生,减少其虫源。

(3)发生后及时用药剂防治,可喷布 73% 克螨特乳油 2 000 倍液,或 5% 尼索朗乳油 2 000倍液,或 20% 灭扫利乳油 3 000 倍液,或 20% 双甲脒乳油 1 000 倍液,或 35% 杀螨特乳油 1 000倍液,或 25% 扑虱灵可湿性粉剂 2 000 倍液。

四、红蜘蛛

红蜘蛛又称棉叶螨,为害多种蔬菜,以茄果类、豆类受害严重。在保护地蔬菜上发生为害日趋加重。

(一)为害情况

以成螨和若螨群栖在叶片背面吸食汁液,尤以叶片中脉两侧虫量较集中,当虫量大时可分布全叶。受害叶片初期叶正面出现白色小斑点,逐渐全叶褪绿成黄白色,严重时叶变锈褐色,整片叶枯焦脱落,以至全株枯死。果实受害后,果皮粗糙呈灰白色。

(二)形态特征

害虫 *Teranychus cinnabarinus* (Boisduval)称朱砂叶螨,属蛛形纲害虫。雌成螨梨形,体长约 0.5 mm,锈红色或红褐色,体背两侧各有 1 块长形黑斑,有的斑分两块。螯肢有心形的口针鞘和口针。须肢胫节爪强大。眼 2 对,位在前足背面。背毛 12 对,呈刚毛状,无臀毛。腹毛 16 对。肛门前方有生殖瓣和生殖孔。生殖孔周围有放射状的生殖皱襞。气门沟呈膝状弯曲。雄成螨体长 0.3 mm,腹部末端略尖。背毛 13 对。幼螨只有 3 对足。幼螨脱皮后为若螨,具 4 对足。

(三)生活习性

一年发生 10~20 代,其发生代数由北向南逐渐增加。在辽宁发生 10 余代。以雌成螨在枯枝落下、杂草丛中及土缝里越冬。翌年春越冬成螨开始活动,并产卵于杂草或其他作物上。在保护地内发生的更早,至 5—6 月间前迁至菜田,初期点片发生,逐渐扩散到全田。晚秋随温度下降便迁到越冬寄主上越冬。朱砂叶螨可孤雌生殖和两性生殖,但孤雌生殖的后代全部为雄螨。羽化后的成螨即可交配。雌雄螨有多次交配的习性。一般交配后第二天雌虫即可产卵。卵孵化后称幼螨,雌性幼螨经两次蜕皮变成 2、3 龄若螨,分别称前期若螨和后期若螨,均为 4 对足。雄性幼螨只蜕一次皮,仅有前期若螨。幼螨和前期若螨不活泼,后期若螨活泼贪食,并有向上爬习性。朱砂叶螨一般从下部叶片开始发生,逐渐向上蔓延,当繁殖量大时常在植株顶尖群集用丝结团,滚落地面并向四处扩散。

朱砂叶螨发生最适温度为 29~31℃,相对湿度在 35%~55%。若温度超过 30℃而相对湿度在 70% 以上时,对其发生不利。植株营养对其发育有影响,叶片含氮量高时虫量大为害严重。天敌有小花蝽、草蛉、小黑瓢虫、黑襟瓢虫等。

(四)防治方法

(1)及时清除保护地内及周边杂草、枯枝老叶,减少其虫源。

(2)避免过于干旱,适时适量灌水。

(3)氮、磷、钾肥配合使用。避免偏施氮肥,增施磷肥。

(4)在点片发生时即应用药剂防治,可喷布 73% 克螨特乳油 2 500 倍液,或 5% 尼索郎乳油 3 000 倍液,或 50% 溴螨酯乳油 1 000 倍液,或 40% 菊马乳油 2 000~3 000 倍液,或 40% 菊杀乳油 2 000~3 000 倍液,或 40% 乐果乳油加 80% 敌敌畏乳油(1:1)1 000~1 500 倍液。

第三节　钻蛀类害虫

▶ 一、棉铃虫

棉铃虫俗称番茄蛀虫,食性很杂,可为害多种作物和蔬菜。各地均有发生,蔬菜以番茄受害严重。

(一)为害情况

以幼虫蛀食番茄植物的花蕾、花、果、嫩叶、芽及嫩梢,偶尔蛀茎。蕾受害后,苞叶张开、变黄,2～3 天后即脱落。幼果受害常被食空,或引起腐烂而落地。成果受害常蛀入果内食害果肉,同时排出许多虫粪在果内,引起腐烂,失去食用价值。

(二)形态特征

害虫 *Heliothis aarmigera* (Hubner)称棉铃虫,属鳞翅目害虫。成虫体长 15～17 mm,翅展 27～28 mm。体色变化较大,一般雌虫灰黑色,雄虫灰绿色。前翅正面肾状纹、环纹及各横线不大清晰,中横线斜伸,末端达环状纹正下方。外横线斜向伸达肾状纹正下方。后翅近外缘有黑褐色宽带,后翅翅脉褐色。老熟幼虫体长 30～42 mm,体色有淡绿色、绿色、黄褐色、黑紫色等各种颜色。头部黄褐色。背线、亚背线和气门上线呈深色纵线。前胸气门多白色,围气门片黑色,气门前两侧毛连线与气门下端相切或相交。体表不光滑,有小刺。小刺长而尖且底座较大。

(三)生活习性

一年发生 2～6 代,由北向南逐渐增加。在南方以蛹越冬。在北方一年发生 3 代。此虫不抗寒,露地尚未查到越冬虫源,仅在保护地内外找到部分越冬蛹,估计此虫也为迁飞性害虫。在北方 4 月下旬至 5 月上旬有少量越冬代成虫,6 月中旬为一代成虫盛发期,7 月为 2 代幼虫危害盛期,8 月为 3 代幼虫为害盛期。

成虫夜间活动,取食花蜜、交尾、产卵。大部分卵散产于番茄植株的顶尖、嫩梢、嫩叶、花萼、茎基部,每个雌虫产卵 100～200 粒。成虫对黑光灯和半干枯杨树叶有趋性。初孵化幼虫啃食嫩叶、花蕾,3 龄后蛀果为害,并能转果为害。早期幼虫喜食青果,老熟幼虫喜食成熟果。1 头幼虫一生可为害 3～5 个果,最多达 8 个果。棉铃虫喜温暖潮湿条件,幼虫发育以 25～28℃,相对湿度 75%～90%时最适宜。成虫发生期,若虫间蜜源植物丰富,充分补充营养,则产卵量大,为害严重。

(四)防治方法

(1)棉铃虫卵多产于番茄顶尖,可结合整枝打杈,摘除虫卵并及时摘除虫果,压低虫口。

(2)生物防治,可在卵高峰期后 3～4 天及 6～8 天,连续两次喷布 Bt 乳剂,或 HD-1,或棉铃虫核多角体病毒,使大量幼虫得病而死。

(3)在卵孵化盛期和 2 龄以前抓紧时机进行药剂防治。药剂可选用 21％灭杀毙乳油 6 000 倍液,或 2.5％功夫乳油 5 000 倍,或 2.5％天王星乳油 3 000 倍液,或 10％菊马乳油 1 500 倍液,或 2.5％溴氰酯乳油 2 500 倍液。

二、烟草夜蛾

烟草夜蛾又叫烟青虫,为害青椒、番茄、南瓜等蔬菜,各地保护地蔬菜均有发生。此虫也是烟草的重要害虫。

(一)为害情况

以幼虫为害,青椒受害严重。一般幼龄幼虫在青椒植株上部食害幼嫩茎、叶、芽、顶梢;稍大后则开始蛀食花蕾、花;3 龄以后可蛀入果内啃食果肉,果实被害造成腐烂,严重地影响产量和品质。

(二)形态特征

害虫 *Heliothis assulta* (Guenee),称烟草夜蛾,属鳞翅目害虫。成虫体长约 15 mm,翅展 25～33 mm,体淡黄褐色。前翅肾状纹、环状纹及各横线清晰。外横线向斜后方延伸,但斜度不大,未达到肾状纹正下方;中横线斜伸,但未达到环状纹正下方。后翅黄褐色,翅外缘黑色,在黑色内方有 1 条明显的细黑线。幼虫老熟时体长约 40 mm,体色多变,有淡绿色、绿色、黄褐色、黑紫色等。前胸气门前两侧毛连线在气门下方。体表不光滑,有小刺。小刺圆锥状,短而钝。

(三)生活习性

在北方一年发生 2 代,以蛹在土中越冬。第一代幼虫盛发期为 6 月下旬至 7 月上旬;第二代幼虫盛发期为 8 月中旬至 9 月。以 8—9 月青椒受害最重。成虫白天隐蔽,夜晚活动。有趋光性,但趋光性不强。对香甜物质和半干杨树枝叶有趋性。成虫交配、产卵在夜间进行,前期卵多产在青椒植株上部叶片的叶脉附近,一般正反面均有;后期多产卵于萼片和果实上。也可于番茄果上产卵,但存活的幼虫极少,卵散产,偶有 2～4 粒在一起的。幼虫夜间取食为害。初孵幼虫先啃食卵壳,然后取食嫩叶、嫩梢。3 龄以后全身蛀入果实内部啃食胎盘和籽粒。幼虫有转果为害习性,每头幼虫可转 3～5 个果实。老熟幼虫有假死性,受惊动后可蜷缩坠地。幼虫共 6 龄,11～25 天,幼虫老熟后入土化蛹。烟青虫发育程度和食物因子有密切关系。一般食烟草全长势好,现蕾早的田块落卵量高;早熟品种落卵少,幼虫蛀果率也低。

(四)防治方法

(1)秋季耕翻土地,可杀死一部分越冬虫源。

(2)生物防治,在卵发生期,有条件的地区释放赤眼蜂;或用杀螟杆菌、青虫菌、Bt 乳剂等生物农药 800～1 000 倍液喷雾,防治幼虫。

(3)抓住幼虫 2 龄以前及时进行药剂防治,药剂可选用 2.5％天王星乳油 3 000 倍液,或 2.5％功夫乳油 5 000 倍液,或 2.5％溴氰菊酯乳油 2 500～3 000 倍液,或 20％速灭杀丁乳油 2 500 倍液,或 10％菊马乳油 1 500 倍液。

第四节 潜蝇类害虫

一、美洲斑潜蝇

(一)为害情况

美洲斑潜蝇是一种多食性害虫,寄主广泛,其中芹菜作物受害较重。美洲斑潜蝇生长发育适宜温度为 20～30℃,温度低于 13℃或高于 35℃时其生长发育受到抑制。正常情况下,美洲斑潜蝇一年可完成 15～20 代,或进入冬季日光温室,年世代可达 20 代以上。其成虫、幼虫均可为害,雌成虫飞翔过程中将植株叶片刺伤,取食并产卵,叶片上面布满约 0.5 mm 的半透明的斑点,成虫产卵有选择高处的习性,以新生叶为多;幼虫潜入叶片和叶柄为害,产生不规则蛇形白色虫道,幼虫排泄的黑色虫粪交替地排在虫道两侧,虫道的长度和宽度随幼虫生长而增大,终端明显变宽。美洲斑潜蝇具有个体小、繁殖能力强,食量大等特点,偌大一片瓜叶,可在一周左右时间里被吃尽叶肉,仅留上下表皮,致使叶片叶绿素被破坏,影响光合作用,受害重的叶片干枯脱落。美洲斑潜蝇抗药性发展迅速,对目前市售的多种农药,如有机磷类、有机氮类、菊酯类均有极强抗性,一旦爆发,为害严重。因此必须引起重视,加强防治。

(二)防治方法

(1)强化检疫监管,控制传播蔓延严格检疫,防止该虫扩大蔓延 北运菜发现有斑潜蝇幼虫、卵或蛹时,要禁止北运。各地要指派专家重点调查和普查,严禁从疫区引进蔬菜和花卉。

(2)农业防治 将斑潜蝇喜食的瓜类、豆灯和其不为害的蔬菜进行轮作,或与苦瓜、芫荽等有异味的蔬菜间作;适当稀植增加田间通透性;及时清洁田间,把被斑潜蝇为害的作物残体集中深埋、沤肥或烧毁。种植前深翻土壤使掉在土壤表层的卵粒不能羽化。

(3)物理防治 在成虫始盛期至盛末期,用黄板或灭蝇纸诱杀成虫,每亩设 15 个诱杀点,每个点放一张灭蝇纸。

(4)生物防治 保护和利用斑潜蝇寄生蜂,如姬小蜂、分盾细蜂、潜蝇茧蜂等对斑潜蝇寄生率较高,不施药时,寄生率可达 60%;施用昆虫生长调节剂 5%抑太保 2 000 倍液或 5%卡死克乳油 2 000 倍液,对潜蝇科成虫具有不孕作用,用药后成虫产的卵孵化率低,孵化的幼虫死亡。防治时间掌握在成虫羽化高峰的 8～12 h,效果更好;此外,植物性杀虫剂绿浪 2 号、1%苦参素、苦瓜籽浸泡液、烟碱水等对美洲斑潜蝇的防效也较高。

(5)药剂防治 在受害作用叶片有幼虫 5 头时,掌握在幼虫 2 龄前喷洒巴丹原粉 1 500～2 000 倍液,或 1.8%爱福丁乳油 3 000～4 000 倍,或 48%毒死蜱乳油 800～1 000 倍液,或 5%蝇蛆净粉剂 2 000 倍液,7～10 天喷 1 次,连喷 2～3 次。

二、豌豆潜叶蝇

豌豆潜叶蝇俗名叶蛆。主要为害豌豆、荷兰豆、十字花科蔬菜等。各地均有发生,并有加重趋势。

（一）为害情况

幼虫在叶内潜食叶肉，留下白色表皮，形成弯曲不规则的潜道。严重时潜道通连，叶肉大部分被破坏，以至叶片枯白早落。

（二）形态特征

害虫 *Phytomyza horticola* Goureau 称豌豆潜叶蝇，属双翅目害虫。成虫是一种很小的蝇类。雌蝇体长 2.3～2.7 mm，雄蝇 1.8～2.1 mm。全体铅灰色，有许多刚毛。头部黄色，复眼红褐色。腹部腹面两侧和各节后缘暗黄色。足灰黑色，腿节与胫节连接处黄色。翅半透明，有彩色反光。卵长椭圆形，淡灰白色，表面有皱纹。幼虫蛆形，老熟幼虫体长 2.9～3.4 mm。初孵化幼虫乳白色，或变黄白色或鲜黄色。蛹椭圆形，初鲜黄色后变黄褐色或黑褐色。

（三）生活习性

各地一年发生代数不一，北方地区一年 4～5 代，以蛹在被害枯叶上越冬。3 月末 4 月初出现成虫。4 月中旬为成虫盛期。成虫有趋光性，活泼好动，喜欢在油菜、紫云英的花上吃花蜜。卵多产在比较嫩的叶片背面组织内，在荷兰豆的一片小叶或托叶上，通常产卵 1～2 粒，多的有 10 多粒。每头雌虫产卵 45～98 粒。第 1 代发育历期一般需 30 天，第 2 代发育历期约 15 天。成虫发生的适宜温度为 16～18℃，幼虫 20℃左右。温度过高，对其生长发育不利。超过 35℃，不能生存。

（四）防治方法

(1)收获后，彻底清理豆秧残株，妥善处理。清除田间、地头杂草。

(2)利用成虫飞翔在寄主植物丛中取食的习性，于越冬蛹羽化成虫盛期，在田间点喷诱杀剂，诱杀成虫，减少产卵及孵化幼虫的为害。可用 3％糖液加少量敌百虫作诱杀剂。每 5 平方米面积内点喷 10～20 株，每隔 3～5 天喷一次，连喷几次。

(3)成虫盛期后 2～3 天及时喷药防治，药剂可选用 40％乐果乳油 1 500 倍液，或 10％二氯苯醚 50％马拉硫磷乳油 1 000 倍液，或 90％晶体敌百虫 1 000 倍液，或 50％辛硫磷乳油 1 500 倍液，或 21％灭杀毙乳油 8 000 倍液，或 2.5％溴氰菊酯乳油 3 000 倍液，或 20％氰戊菊酯乳油 3 000 倍液，或 40％菊杀菊酯乳油 2 000～3 000 倍液，或 10％菊马乳油 1 500 倍液，或 25％喹硫磷乳油 1 000 倍液。

第五节 其他蔬菜害虫

一、菜粉蝶

菜粉蝶又称菜白蝶，幼虫叫菜青虫，是全国各地普遍发生，为害严重的害虫。主要为害十字花科蔬菜。

（一）为害情况

幼虫为害叶片。幼龄幼虫只啃食叶片一面表皮及叶肉，残留另一面表皮，呈透明斑状，俗称"天窗"。3龄以后可将叶片吃成空洞和缺刻。如果虫量多为害严重时,可将叶片吃光仅留叶脉和叶柄。此外,幼虫排在菜叶上的虫粪能污染叶片及菜心。幼虫造成的伤口还易诱发软腐病。

(二)形态特征

害虫 *Pieris tapae* (Linnaeus),称菜粉蝶,属鳞翅目害虫。成虫为白色蝴蝶,体长约15～20 mm,翅展45～55 mm,体黑色,翅白色。雌蝶前翅顶角有灰黑色大三角形斑,前缘和翅基部黑灰色,翅中外方有两个黑色圆斑,后翅基部黑灰色,近前缘也有一个黑斑,翅展时与前翅2个黑斑排成纵列。幼虫老熟时体长约30 mm,全身青绿色,密布黑色小毛瘤和绒毛,背线淡黄色,沿气门线一纵列断续黄点,形成一条短线。每个体节又有几条小皱纹。

(三)生活习性

菜粉蝶发生代数由北向南逐渐增加。在北方一年发生4～5代,冬季以蛹越冬。越冬场所多在菜园附近背风向阳的篱笆上、墙壁里、屋檐下、土缝内、树皮里以及田间枯枝落叶、杂草间。第二年5月中上旬出现越冬代成虫,而在保护地内3月下旬即可见成虫雌雄虫交配后产卵于菜叶背面,卵期4～5天。初孵化幼虫先啃卵壳,然后食害叶肉。幼虫共5龄,11～12天,蛹历期约10天,成虫寿命2～5周,由于越冬成虫出现参差不齐,造成世代重叠,各个时期均可见幼虫的为害。成虫白天活动,尤以晴天中午最活跃。成虫对芥子油有趋性,而芥子油为十字花科蔬菜所特有,因此,卵多产在这类蔬菜上。卵散产,每头雌虫一生产卵100余粒。幼龄幼虫可吐丝下坠。老龄幼虫受惊动后有蜷缩身体坠地习性。一般幼虫行动迟缓,老熟时爬至隐蔽处化蛹。

菜粉蝶发育最适温度20～25℃,相对湿度76%。若温度高于30℃,相对湿度低于68%时死亡率较高;若温度低于16℃,发育也受抑制。此虫天敌较多,其中寄生在卵内的有广赤眼蜂;寄生在幼虫体内的有黄绒茧蜂、普通却寄蝇、线虫、颗粒体病毒等;寄生在蛹内的有广大腿小蜂,凤蝶金小蜂等。自然界中若天敌数量大,可以抑制菜粉蝶的发生。

(四)防治方法

(1)及时清除田间枯枝落叶,消灭一部分幼虫和蛹。

(2)生物防治,可用青虫菌、杀螟杆菌、Bt乳剂,一般800～1 000倍液喷雾。

(3)发生量较大时及时施药防治,可喷布90%晶体敌百虫800倍液,或2.5%溴氰菊酯乳油2 000～3 000倍液,或20%氰戊菊酯乳油3 000倍液,或2.5%氟氯氰菊酯乳油2 000～3 000倍液,或25%菊乐乳油3 000倍液,或40%菊马乳油2 500～3 000倍,或50%辛硫磷乳油1 000倍液。

二、黄曲条跳甲

黄曲条跳甲俗称黄条跳蚤、地蹦子,主要为害十字花科蔬菜,也能为害茄果类、瓜类、豆类等蔬菜,是苗期重要害虫。

(一)为害情况

成虫、幼虫均可为害。成虫啃食子叶、幼叶,造成孔洞,严重时整个叶面布满小孔,叶片枯萎。幼虫蛀食幼根表皮,形成褐色条斑,也可咬断须根,使整苗株枯死。此外,根部造成的伤口易被病菌感染发生软腐病。

(二)形态特征

害虫 *Phyllotreta vittata* (Fabr.) 称黄曲跳甲,属鞘翅目害虫。成虫体长约 2 mm,长椭圆形,黑色有光泽。前胸背板及鞘翅上有许多刻点,排成纵列。鞘翅中央或黄色曲条纹,两端大,中央狭,且外侧向内凹陷,呈"弓"字形。后足腿节膨大,善跳。幼虫老熟时体长约 4 mm,长形、头部淡褐色,身体白色,体具细毛及不显著的肉瘤。

(三)生活习性

在北方一年发生 4～5 代,在南方发生 7～8 代。以成虫在枯枝落叶、田间杂草、土缝里、石块下,树皮下越冬。第 2 年气温在 10℃以上时开始取食为害,保护地内 3 月即可见为害,4 月下旬至 5 月发生严重。成虫活泼、善跳,受惊动后立即逃逸。喜光,中午前后活动最盛,阴雨天或早晚躲于株间或土块下。有趋光性,对黑光灯敏感。成虫耐饥饿性差,若 3 天不取食即可饿死。在有水条件下可活 6～7 天。此虫较耐寒,在-10℃时经 5 天仅死亡 20%～30%。成虫寿命长达 1 年之久,产卵期可延 1～1.5 个月,因此各虫期、各世代不整齐,世代重叠严重。幼虫共 3 龄,历期 11～16 天,老熟时即在土中做土室化蛹。发育适温为 24～28℃,低于 15℃或高于 32℃,食量减少。每头雌虫产卵 100 余粒,卵产于土中,土壤潮湿有利于卵的孵化。幼虫孵化后很快爬至根部为害。

(四)防治方法

(1)清除田边、地头杂草,减少虫量。

(2)播种前深耕晒土,造成不利于幼虫的生活环境并消灭蛹。

(3)适时用药剂防治,防治成虫可喷布 90% 晶体敌百虫 1 000 倍液,或 50% 辛硫磷乳油 1 000 倍液,或 2.5% 溴氰菊酯乳油 3 000 倍液,或 80% 敌敌畏乳油 1 500 倍液。也可用上述药剂拌细沙土,撒于苗间地面上。防治时为防止成虫逃至邻田,最好从田块四周围向中心进行防治。防治幼虫,可用上述药剂灌根。

三、韭菜迟眼蕈蚊

韭菜迟眼蕈蚊俗称韭蛆,是韭菜根部重要害虫。北方各地均有发生,为害日趋加重。

(一)为害情况

以幼虫群集在韭菜地下的鳞茎和柔嫩的茎部为害,造成鳞茎腐烂,韭叶枯黄,严重时整墩韭菜枯死。

(二)形态特征

害虫 *Bradysia odoriphaga* Yang et Zhang,称迟眼蕈蚊,属双翅目害虫。成虫为小型蚊子,体长 2～5.5 mm,黑褐色。触角丝状 16 节。前翅前缘及亚前缘脉较粗,足细长褐色。腹部细长 8～9 节。雄蚊腹部末端具有 1 对铗状抱握器。幼虫体细长,6～7 mm,头黑色有光泽,体白色,无足。

(三)生活习性

在北方一年发生 3～4 代,以幼虫在韭菜根周围或鳞茎内越冬,但在加温温室内无越冬现象,可终年繁殖后陆续化蛹。一般在土里化蛹,也有少数个体在韭菜鳞茎内化蛹。越冬代成虫于4月初至5月初出现。成虫喜阴湿环境,多在弱光下活动,一般9—11时较活跃,也是交配盛期。下午4时至晚间栖息于韭田土缝中,不活动。成虫善飞,扩散距离可达100 m。成虫可多次交配,交配后1~2天即可产卵,卵产于韭菜周围的土下,卵成堆,每雌产卵100~300粒。幼虫孵化后便分散,为害叶鞘、幼茎及芽,然后蛀入根部。幼虫孵化时需一定湿度,3~4 cm土层水量15%~20%时最适宜。湿度过大或干燥对其孵化不利。成虫对未腐熟的粪肥有趋性。

(四)防治方法

(1)施用粪肥充分腐熟。

(2)冬灌或春灌,可使大量幼虫致死,减少其为害。

(3)成虫盛发期适时施药防治,可喷布10%菊马乳油3 000倍液,或2.5%溴氰菊酯乳油3 000倍液,或50%辛硫磷乳油1 000倍液。幼虫盛发期,可用上述农药相同浓度药液灌根。

四、旋花天蛾

旋花天蛾也称甘薯天蛾,主要为害雍菜、甘薯等旋花科作物,各地均有发生,一旦发生往往造成很大损失。

(一)为害情况

幼虫从叶缘吃食叶片,咬成缺刻,或将全叶吃光,只留叶柄。被害处附近散落粗大的虫粪。严重发生时,往往能吃光全田叶片,造成绝产。

(二)形态特征

害虫 *Herse convolvuli* Linne. 称旋花天蛾,属鳞翅目害虫。成虫体长470~500 mm。灰褐色。触角端部有弯勾。前翅有黑色锯齿状细横线组成的云状纹,翅尖有1曲折斜走黑纹。后翅有4条黑色横带。腹背有灰褐色纵纹,两侧有红、白、黑色相间的横纹。卵球形,淡黄绿色。幼虫老熟时体长50~70 mm,体色变化较大,主要为淡绿色或黄褐色。蛹长约56 mm,红褐色,口器像鼻状。

(三)生活习性

在山东省一年发生2代,四川省发生3~4代,以蛹在土中越冬。成虫白天伏在屋檐或墙壁上,或为害作物的田间内,或草堆里,黄昏夜晚活动,交尾产卵。卵多产在叶片背面,也有的产在植株根、茎部和靠近地面的叶柄上。成虫喜糖蜜,有趋光性,飞翔力很强。卵期5~7天。幼虫孵化后先将卵壳吃掉,随即取食叶片。幼龄和低龄幼虫食小,5龄幼虫食量占整个食量95%左右,并活动力强。幼虫共5龄,老熟后潜入根部附近4~5 cm深的土中化蛹。湿度较低,温度较高,有利于发生和为害。夏季正常高温对其生长发育无不良影响,如持续高温,可加速各虫态的发育,使时代数增加,加重为害程度。

(四)防治方法

(1)冬春翻耕土地,破坏越冬环境出事促使越冬蛹死亡,减少第1代虫源。

(2)利用成虫吸食花蜜的习性,在成虫盛发期用糖浆毒饵诱杀,大量发生时,可结合田间作业人工捕杀幼虫。

（3）药剂防治，可选用50％马拉硫磷乳油1 000倍液，或50％杀螟松乳油1 000倍液，或90％晶体敌百虫1 000～2 000倍液，或50％辛硫磷乳油1 000倍液，或80％敌敌畏乳油1 000～1 500倍液。

五、蜗牛

蜗牛又称蜒蛐螺、水牛，主要为害油菜、花椰菜等十字花科蔬菜，对保护地菜苗为害较大。

（一）为害情况

以成贝、幼贝取食。初孵化幼贝仅食害叶肉和一层表皮，留下另外一面表皮。稍大后可将叶片吃成空洞或缺刻，严重时将苗咬断造成缺苗。

（二）形态特征

害虫蜗牛有多种，主要是 *Bradybaena ravida*（Benson），称灰巴蜗牛，属软体动物。成贝头上具有2对触角，眼位于触角顶端。体外具一贝壳，壳表面黄褐色或琥珀色，并具有细微而稠密的生长线和螺纹。壳的质地坚硬，呈圆球形，壳高19 mm，宽21 mm，有5.5～6层螺层，顶部儿螺层增长缓慢，但壳顶较尖；体螺层增长较快，膨大。壳口呈椭圆形，口缘完整，略外折、锋利。脐孔缝状。幼贝个体小，形态与成贝相似。卵圆球形，直径约2 mm，乳白色有光泽，逐渐变成淡黄色，近孵化时变为土黄色。

（三）生活习性

灰巴蜗牛一年繁殖1～2代，以成贝和幼贝越冬。每成贝能产卵100～200粒，卵多产于潮湿疏松土里或落叶下，以4—5月或9月产卵量较大。蜗牛喜潮湿，如遇雨天则可昼夜活动、为害；干旱时则白天潜伏，夜间活动、为害。蜗牛行动迟缓，借足部肌肉伸缩而爬行，并分泌黏液。黏液遇空气变干燥发出亮光，因此蜗牛爬过的地方留下黏液的痕迹。遇干旱或不良条件时常隐蔽起来，分泌黏液形成蜡状膜将孔口封住，暂时不吃不动，度过干旱或不良条件后恢复活动。若土壤干旱可使卵不孵化。若卵被翻到地面，接触空气易爆裂。蜗牛天敌较多，有步行虫、沼蝇、蜥蜴、蛙类及微生物等。田间天敌的多少，可影响蜗牛数量的增减。

（四）防治方法

（1）提倡高畦覆地膜栽培。

（2）清洁田园，铲除杂草，及时中耕，破坏蜗牛栖息和产卵场所。

（3）秋季耕翻土壤，可使一部分卵暴露于土表面被晒爆裂，也可使一部分成贝、幼贝被冻死或被天敌吃掉，减少其越冬基数。

（4）用树叶、杂草、菜叶等做诱集堆，天亮前集中捕捉。

（5）药剂防治，可用8％灭蜗灵颗粒剂或10％多聚乙醛颗粒剂每亩2 kg撒施。清晨当蜗牛潜入土时，可用8％灭蜗灵800～1 000倍液，或硫酸铜800～1 000倍液，或氨水70～100倍液，或100倍食盐水喷洒防治。

六、野蛞蝓

野蛞蝓又称鼻涕虫、无壳蜒蛐螺，在保护地内为害番茄、茄子、甘蓝等多种蔬菜。

（一）为害情况

取食蔬菜叶片,将叶吃成缺刻、孔洞,严重时仅剩叶脉。尤以幼苗、嫩叶受害最烈。

（二）形态特征

害虫 *Agriolimax agrestis*（Linnaeus）,称野蛞蝓,属软体动物。成体长梭形,体长 20～25 mm,爬行时伸长达 30～60 mm,体宽 4～6 mm,身体柔软而无外壳,体略灰色、灰红色或黄白色。触角 2 对,位于头的最前端,暗黑色。下边 1 对短小,仅 1 mm,称前触角,有感觉作用;上边 1 对,约 4 mm,称后触角。眼在后触角的顶端,黑色。口位于头的前方,口腔内有 1 角质的齿舌。体背前端具外套膜,膜为体长的 1/3,边缘卷起,内有一退化的贝壳,称盾板。外套膜起保护作用。在外套膜后右侧有呼吸孔,尾脊钝,在触角后方的约 2 mm 处为生殖孔。此虫可分泌无色黏液。卵椭圆形,韧而富有弹性,淡黄白色,透明,可见其内卵核。近孵化时变淡褐色。初孵幼体长 2～2.5 mm,体为淡褐色,体形态同成体。

（三）生活习性

野蛞蝓完成一代需要 250 天左右,以成虫和幼体在作物根部湿土下越冬。3—4 月越冬成体、幼体在保护地内危害蔬菜,5—7 月即在田间大量活动,并产卵。卵产在 3～4 cm 土中,卵期 16～17 天。从卵孵化至成体性成熟约 55 天。成体产卵期长达 160 多天。

野蛞蝓畏光怕热,在强光照射下 2～3 h 即可晒死。因此日出后均隐蔽起来。而夜间出来活动,危害右面或嫩叶,一般沿着茎秆爬到植株上取食叶片。据观察此成虫多在晚 6—11 时活动,而过午夜后外出量逐渐减少,直到清晨 6 时前后陆续潜入土中或隐蔽物内。野蛞蝓耐饥饿力很强,在食物缺乏或不良条件下,可不吃不动多日。野蛞蝓喜阴暗潮湿场所,一般阴雨后或地面灌水后,或夜晚有露水时活动最烈,对蔬菜为害也重。土壤含水量在 20％～30％时,对其取食、活动、生长发育有利。若温度在 25℃ 以上,土壤含水量在 10％ 以下时,生长发育受抑制。若含水量超过 40％,也会造成大量死亡。

（四）防治方法

同蜗牛。

▶ 七、卷球鼠妇

卷球鼠妇也称西瓜虫、球虫,可为害黄瓜、番茄、油菜等多种蔬菜和花卉。国内以沿海地区发生较重,在保护地内对蔬菜幼苗为害日趋严重。

（一）为害情况

成体、幼体均能取食叶片。受害叶片形成孔洞、缺刻,严重时食光叶肉仅留叶脉,也可啃食接近地面黄瓜、番茄等果实。

（二）形态特征

害虫 *Armadillidium vulgare*（Latreille）,属甲壳纲动物。成体灰褐色或灰蓝色。除头部外,身体共分 14 节,其中胸节 7 节,占身体的绝大部分,每节有 1 对胸肢（足）;腹节 7 节,甚小。第 1 胸节与头愈合,称头胸部。头部着生 2 对触角内侧,一般肉眼看不见;第 2 对触角称大触角 7 节、口器在头的下方,褐色,端部黑色。复眼位于头两侧,椭圆形,含多个小眼。雌体长 9～

12 mm,灰褐色,体背有凹凸不平刻纹,背甲(类似昆虫背板)较坚硬,边缘色浅,呈淡黄白色。胸部腹面有抱卵囊。雄体长 14～15 mm,灰蓝色,背甲花纹与雌体相同。幼体初孵时体长 1.5～1.8 mm。乳白色略带淡黄色,随着虫体长大体色加深,最后呈灰褐色或灰蓝色,形态同成体。

(三)生活习性

卷球鼠妇在大连 2 年完成 1 代,以成虫或幼虫在土中越冬。在温室内多在北墙基部土下越冬,翌年 1 月下旬至 2 月上旬即有少数个体开始活动,至 3 月中旬大量出现,此时温室内正值菜苗发育阶段,大量成体、幼体爬至菜苗上取食叶片,4—5 月是为害盛期。6 月下旬至 7 月上旬,虫量大减,大部分个体入土准备越冬。卷球鼠妇营两性生殖,4 月中下旬是雌雄交配盛期,雌体于 4 月下旬开始产卵,卵直接产于抱卵囊内,囊壁半透明,可见其内卵。每雌产卵20～68 粒。经 10～15 天卵开始孵化,5 月中旬为孵化盛期,末期延至 5 月底,孵化出的幼体便不断地从母体内释放出来,一般 2～3 天可释放完。此虫还有不规则蜕皮现象。卷球鼠妇白天隐蔽,夜间活动。怕光,正在取食的虫体遇光立即爬至叶背面。一般白天多栖息在土块下、石缝里或其他隐蔽处。成体、幼体爬行很快,但假死习性很强,受触动后身体立即蜷缩,头尾几乎相接呈球形。此虫喜高温、高湿条件。

(四)防治方法

(1)在越冬虫出蛰期,用废菜叶、碎薯屑等诱杀,结合捕捉。

(2)发生期药剂防治,多用 2.5％溴氰菊酯乳油或 20％速灭杀丁乳油配成药土撒施。药土配制方法:取药剂 50 mL,用 0.5 kg 水稀释后喷洒于 20 kg 干细土上,翻混均匀后即成。因白天卷球鼠妇大部分在温室北墙附近和排水沟两侧的土缝内栖息,故可首先进行这些地方的局部重点防治。此虫白天喜隐蔽,如果防治后其上盖上稻草、草帘等遮盖物,防效更好。也可喷布 20％杀灭菊酯乳油 4 000 倍液,或撒施 5％西维因粉剂,每亩 2～4 kg。

下篇 园艺植物病理部分

绪　　论

▶ 一、园艺植物病害的特点

根据国外专家的统计,全世界由于病虫草害造成的蔬菜产量损失为 27.7%,其中病害为 10.1%,虫害为 8.7%,草害为 8.9%。另外,马铃薯的总产量损失是 32.3%,病害为 21.8%, 虫害为 6.5%,草害为 4.0%;果树的产量损失为 28.0%,其中病害为 16.4%,虫害为 5.8%,草害为 5.8%。而据农业部全国农业技术推广中心统计,我国农作物每年因病虫草鼠的危害,水果、蔬菜的产量损失也都在 25% 以上。

历史上由于病害大发生、控制不及时,曾经造成巨大的灾难。例如,1845 年爱尔兰马铃薯晚疫病大流行,造成几十万人死亡,100 余万人无家可归。19 世纪 70—80 年代,葡萄霜霉病在欧洲大发生,导致重大经济损失。

目前,由于设施农业的发展,园艺植物病害的发生发展规律又有了新的变化,一些原来的次要病害成为主要病害,如设施园艺植物的灰霉病,被称为"徘徊于保护地的幽灵",广泛发生于黄瓜、西葫芦、番茄、辣椒、茄子、菜豆、芹菜、菠菜、葱等蔬菜上及葡萄、草莓、桃等果树上,已成为园艺植物的重要病害;另外,一些新病害不断出现,如甜瓜泡泡病,目前认为是生长期低温造成的;原来的重要病害为害更加严重,如瓜类的枯萎病,由于保护地连作情况十分普遍,常导致毁灭性的损失。

▶ 二、园艺植物病害防治的重要性

与人类一样,植物在生长发育过程中也会遇到各种病害。这不仅降低了园艺植物的产量和品质,还会影响国际贸易和出口创汇;有时由于病害防治方法不当,还会引起植物药害、人畜中毒和环境污染。因此,必须重视植物病害的防治方法。

由于园艺植物种类繁多,生物学特性千差万别,耕作栽培技术要求也各有不同,病害的发生规律有时难以把握,治理难度也相应增大。

园艺作物大多需要精耕细作,人与植物的接触机会增加,病害传播的可能性增大;生产者应具备一定的植物病理学知识,以避免无意当中人为传播病害。近年来园艺植物设施栽培面积不断扩大,大幅度增加了经济效益,但同时也为各种病原物的越冬和繁殖提供了良好的寄主和越冬环境,加大了园艺植物病害防治的难度。另外,由于社会的发展、人类健康和环保意识的不断增强,对果蔬类鲜食产品的质量要求也越来越高,如何较好地控制病害的发生,又能满足人们对绿色食品的需求并在生产上与国际接轨,是植物病理工作者的责任,也是我们学习植物病理学的目的。

▶ 三、园艺植物病害防治的性质和任务

园艺植物病害防治是以园艺植物为保护对象,在研究病原—寄主—环境相互关系的基础上,阐明园艺植物病害的发生发展规律,并设计出科学合理、经济有效的防治技术措施,为园艺植物生产提供了保障。

▶ 四、园艺植物病害防治与其他相关学科的关系

植物病害的发生和发展,与致病的病原、植物本身的生理状况及周围环境条件都有着密切的关系,这种关系体现在与植物病理学有密切联系的其他学科上,如植物学、植物免疫学、植物病理生理学、真菌学、细菌学、病毒学、线虫学、植物生物化学、田间试验和生物统计分析、植物化学保护及土壤学、栽培学、气象学等多个学科,必须掌握多学科的知识和技能才能在病害防治上不断创新和有所突破,在分析具体病害时也必须运用各个相关学科,才能从较为复杂的外部现象中得出正确的结论。

第十章 植物病害

◆ 学习目标

1.了解植物病害的基本概念。

2.掌握常见植物病害病症、病状。

第一节 植物病害的定义

植物病害的定义(plant disease)经历了多次修改。最初的定义都比较具体,但缺乏概括性。如"植物在生长发育过程中要有适宜的环境条件,如果由于不良的环境条件所影响,或者遭受寄生物的侵染,使植物的正常生长和发育受到干扰和破坏,从生理机能到组织结构上发生一系列的变化,以至在外部形态上发生反常的表现,这就是病害。"有些则更为具体,如"植物在生活的过程中,由于遭受其他生物的侵染或不利的非生物因素的影响,使它的生长和发育受到显著的阻碍,导致产量降低、品质变劣、甚至死亡的现象,称为植物病害。"以上定义指出植物病害的原因(病因),即病原生物或不良环境条件;植物病害的病理程序(病程),即正常的生理功能受到严重影响;指出植物病害的结果,即外观上表现出异常或产生经济损失。病害定义所包括的三个部分,基本上获得植病工作者的公认。但它们明显的缺陷是将病因限制在病原生物和不良环境条件,而由植物自身遗传因素造成的病害则被排除在外。

1992年,俞大绂在总结植物病害定义的基础上,将定义修改为:植物病害是指植物的正常生理机制受到干扰所造成的后果(俞大绂1992,植物病理学大百科全书)。该定义既包括了病因、病程和病害结果,又避免了定义太具体、概括性不够的缺陷。

对植物病害的理解曾经存在两种不同的观点,即生物学和经济学的观点。经济学的观点认为,植物是否生病要看其经济价值是否损失,茭白由于感染黑粉菌而茎部膨大才成为人们餐桌上的佳肴;避光生长的豆芽菜和蒜苗也因为组织幼嫩提高了经济价值而不属于病害。生物学的观点则认为,植物是否生病应从植物本身去考虑,其正常的生理机能是否受到干扰而形成了异常后果。至于病害是否需要防治则应从经济学的角度来考虑。

第二节　植物病害发生原因分析

▶ 一、植物病原

引起植物生病的原因称为病原。它是病害发生过程中起直接作用的主导因素。

能够引起植物病害的病原种类很多,依据性质不同可以分为两大类。即生物因素和非生物因素。由生物因素导致的病害称为侵(传)染性病害,非生物因素导致的病害称为非侵(传)染性病害,又称生理病害。

▶ 二、生物性病原

生物性病原被称为病原生物或病原物。植物病原物大多具有寄生性。因此病原物也被称为寄生物,它们所依附的植物被称为寄主植物,简称寄主。病原物主要有真菌(fungi)、细菌(bacteria)和植原体(phyto plasma)、病毒(virus)和类病毒(viroid)、线虫(nematode)、寄生性植物(parasitic plant)。它们大都个体微小,形态特征各异。

▶ 三、非生物性病原

非生物性病原指引起植物病害的各种不良环境条件,包括各种物理因素与化学因素。如温度、湿度、光照的变化、营养不均衡(大量和微量元素)、空气污染、化学毒害等。

各种园艺植物都有其适合的生长发育环境条件,如果超过其适应的范围,植物就会生病。如过高和过低的温度、光照过强或过弱、水分过多或过少、营养物质的不均衡、土壤通气不良、空气中存在有害物质等都会影响植物的正常生长发育,使植物表现出病态。

近年发展起来的设施园艺具有经济效益高和精耕细作程度高的特点,各种不良的物理和化学因素导致非侵染性病害有日益严重的趋向。

▶ 四、病害三角

非侵染性病害是由不良环境条件引起的,有病原和寄主两个条件存在病害即可发生。但侵染性病害的发生仅有病原物和寄主两个因素同时存在,植物也并不一定会发生病害,病害的发生还需要另一个重要因素即环境条件。病害的发生需要病原、寄主和环境条件的协同作用。环境条件可以影响病原物,促进或抑制其生长发育,同时也或可以影响寄主,增强或降低其抗病能力。只有环境条件有利于病原物而不利于寄主时,病害才能发生和发展,反之,若环境条件有先于寄主而不利于病原物时,病害就可能不发生或发展受到抑制。所以,植物病害是病原、寄主植物和特定的环境条件三者配合之下发生的,三者相互依存,缺一不可。这三者之间的关系称为"病害三角"或"病害三要素"。

虽然非侵染性病害与侵染性病害的病原各不相同,但这两类病害之间存在着非常密切的关系,常常相互影响。

非传染性病害会降低寄主植物的抗病性,从而诱发侵染性病害的发生和加重为害程度。植物受冻后,病原菌能从冻伤处侵入引起软腐病、菌核病。反过来,侵染性病害发生后,有时也会引发非侵染性病害,很多真菌性的叶斑病引起植株落叶,暴露的果实易发生日灼病。

第三节　植物病害分类

植物病害的分类有多种方法,常见的分类方法有以下几种。

一、按照病原类别划分

植物病害可分为侵染性病害和非侵染性病害两大类。侵染性病害又根据病原物的类别细分为真菌病害、细菌病害、病毒病害、线虫病害和寄生性植物病害等。真菌病害又可再进一步细分为霜霉病、疫病、白粉病、菌核病、锈病、炭疽病等。这种分类方法便于掌握同一类病害的症状特点、发病规律和防治方法。

二、按照寄主作物类别划分

植物病害可以分为大田作物病害、果树病害、蔬菜病害、花卉病害以及林木病害等。蔬菜病害又可细分为葫芦科蔬菜病害、茄科蔬菜病害、十字花科蔬菜病害、豆科蔬菜病害等。这种分类方法便于统筹制订某种植物多种病害的综合防治计划。

三、按照病害传播方式划分

植物病害可分为气传病害、土传病害、水传病害、虫传病害、种苗传播病害等。优点是可以依据传播方式考虑防治措施。

四、按照发病器官类别划分

植物病害可以划分为叶部病害、果实病害、根部病害等。同类病害的防治方法有很大的相似性。

另外,还可以按照植物的生育期、病害的传播流行速度和病害的重要性等进行划分的。如苗期病害、主要病害、次要病害等。

第四节 植物病害的症状

症状是植物生病后的不正常表现;植物本身的不正常表现称为病状,病原物在发病部位的特征性表现称为病症(征)。通常病害都有病状和病症,但也有例外。非侵染性病害不是由病原物引发的,因而没有病症。侵染性病害中也只有真菌、细菌、寄生性植物有病症,病毒、类病毒、植原体、线虫所致的病害无病症。也有些真菌病害没有明显的病状。在识别病害时应注意。

无论是非侵染性病害还是侵染性病害,都是由生理病变开始,随后发展到组织病变和形态病变。因此,症状是植物内部一系列复杂病理变化在植物外部的表现。各种植物病害的症状都有一定的特征和稳定性,对于植物的常见病和多发病,可以依据症状进行诊断。

▶ 一、病状

植物病害的病状主要分为变色、坏死、腐烂、萎蔫、畸形五大类型。

1. 变色(discolor)

变色是指植物的局部或全株失去正常的颜色。变色是由于色素比例失调造成的,其细胞并没有死亡。变色以叶片变色最为多见。主要表现有:①花叶(mosaic),它是形状不规则的深浅绿色相间而形成不规则的杂色,各种颜色轮廓清晰。斑驳(mottle)与花叶的不同是它的轮廓不清晰。②褪绿(chlorosis)是叶片均匀地变为浅绿色,黄化(yellowing)、红化、紫化是叶片均匀地变为黄色、红色和紫色。③明脉(vein clearing)是叶脉变为半透明状。

2. 坏死(necrosis)

指植物细胞和组织的死亡。多为局部小面积发生这类病状。

坏死在叶片上常表现为各种病斑和叶枯。病斑的形状、大小和颜色因病害种类不同而差别较大,轮廓多比较清晰。病斑的形状多样,有圆形、多角形、条形、梭形、不规则形,色泽以褐色居多,但也有灰色、黑色、白色的。有的病斑周围还有变色环,称为晕圈。病斑的坏死组织有时脱落形成穿孔(holospot),有些病斑上有轮纹,称轮斑或环斑(ring spot)。环斑多为同心圆组成。叶枯(leaf blight)是指叶片上较大面积的枯死,枯死的轮廓有的不很明显。叶尖和叶缘枯死称作叶烧(leaf firing)或枯焦。疮痂(scab)可以发生在叶片、果实和枝条上,病部较浅、面积小且多不扩散,表面粗糙,有时木栓化而稍有突起。

幼苗茎基部组织的坏死,称猝倒(damping off 幼苗倒伏)和立枯(seedling blight 幼苗不倒伏)。木本植物的枝干上还有溃疡(canker),主要是木质部死坏,病部湿润稍有凹陷。

3. 腐烂(rot)

指植物大块组织的分解和破坏,是由于病原物产生的水解酶分解、破坏植物组织造成的。

植物幼嫩多汁的根、茎、花和果实上容易发生腐烂。腐烂可以分干腐(dry rot)、湿腐(wet rot)和软腐(soft rot)。如果组织崩溃时伴随汁液流出便形成湿腐,腐烂组织崩溃过程中的水分迅速丧失或组织坚硬则形成干腐。软腐则是中胶层受到破坏而后细胞离析、消解形成的。根据腐烂的部位不同又有根腐、茎基腐、果腐、花腐等名称。流胶(gummosis)多在木本植物上发生,是细胞和组织分解的产物从受害部位流出形成。

4. 萎蔫(wilt)

指植物的整株或局部因脱水而枝叶下垂的现象。主要由于植物维管束受到毒害或破坏,水分吸收和运输困难造成的。

病原物侵染引起的萎蔫一般不能恢复。萎蔫有局部性的和全株性的,后者更为常见。植株失水迅速仍能保持绿色的称青枯,不能保持绿色的称枯萎和黄萎。

5. 畸形(malformation)

植物受害部位的细胞生长发生促进性或抑制性的病变,使被害植物全株或局部形态异常。

畸形常见的有矮化(stunt)为全株生长成比例地受到抑制;矮缩(dwarf)主要是节间缩短造成植株矮小。丛枝(witche's broom)是枝条不正常地增多呈簇状。叶面高低不平的为皱缩(crinkle)。叶片沿主脉上卷可下卷的称卷叶(leaf roll),卷向与主脉大致垂直的称缩叶(leaf curl)。叶片叶肉发育不良或完全不发育称蕨叶和线叶。

瘤肿(tumor)也较为常见,可发生在植物的根、茎、叶上,如细菌侵染引起的根癌、冠瘿、线虫侵染形成的根结等。畸形多由病毒、类病毒、植原体等病原物侵染引发的。

二、病症

植物病害的病症可分为五大类,为真菌和细菌形成的特征物。

1. 霉状物

霉状物是真菌的菌丝、孢子梗和孢子在植物表面构成的特征,其着生部位、颜色、质地、疏密变化较大。

可分为霜霉、绵霉、灰霉、青霉、黑霉等。霜霉多生于叶背,由气孔伸出的较为密集的白色至紫灰色霉状物。如葡萄霜霉病、黄瓜霜霉病等。绵霉是病部产生的大量的白色、疏松、棉絮状霉状物。如茄绵疫病、瓜果腐烂病等。灰霉、青霉、黑霉等霉状物最大的差别是颜色的不同。如苹果贮藏期青霉病、番茄灰霉病、豇豆煤霉病等。

2. 粉状物

根据粉状物的颜色不同可分为锈粉、白粉、黑粉和白锈。锈粉也称锈状物,颜色有黄色、褐色和棕色,在表皮下形成,后表皮破裂后散出。具有此类病症的病害统称锈病,如豆科植物锈病、葱锈病等;白粉是叶片正面表生的大量白色粉末状物;后期变为淡褐色,与黄色、黑色小点混生。统称白粉病,如瓜类白粉病、草莓白粉病、葡萄白粉病等;黑粉是病部菌瘿内产生的大量黑色粉末状物。统称黑粉病,如洋葱黑粉病;白锈是在叶背表皮下形成的白色瓷片状物,表皮破裂后散出白色粉状物。统称白锈病,如白菜白锈病、油菜白锈病等。

3. 颗粒状物

颗粒状物是在病部产生的形状、大小、色泽和排列方式各不相同的小颗粒状物。一种为针尖大小的小黑点。是真菌的子囊壳、分生孢子器、分生孢子盘等形成的特征,如苹果树腐烂病、茄子褐纹病、各种植物炭疽病等。另一种称为菌核,是真菌菌丝体形成的一种特殊结构,菜籽形或不规则形,大小差别很大,多褐色。如芹菜菌核病、豆科植物菌核病等。

　　4.伞状物和线状物

　　伞状物是真菌形成的较大型的子实体,蘑菇状,颜色有多种变化。如各种蔬菜菌核病的子囊盘、多种果树的木腐病的子实体等。线状物是真菌菌丝体的形成较细的索状结构,白色或紫褐色,如苹果的白纹羽病、甘薯紫纹羽病等。

　　5.脓状物

　　脓状物是细菌性病害在病部溢出的脓状黏液,气候干燥时形成菌痂或菌胶粒。如黄瓜细菌性角斑病。

◆ 三、植物病害症状的变化及在病害诊断中的应用

　　植物病害的症状是病害种类识别、诊断的重要依据。但植物病害症状会随环境条件、寄主种类的不同而变化,在病害诊断时必须了解这些变化才能及时、准确地做出判断。这种变化主要表现在异病同症、同病异症、症状潜隐等几个方面。

　　1.异病同症

　　如桃细菌性穿孔病、褐斑穿孔病及霉斑穿孔病,在叶片上都表现穿孔症状;又如黄瓜霜霉病和细菌性角斑病初期在叶片上都表现为水浸状斑,而后叶面出现多角形褪色黄斑;但病原物种类分别为细菌和真菌,防治方法有所不同。

　　2.同病异症

　　植物病害症状会因发病的寄主种类、部位、生育期和环境条件有所改变。如苹果褐斑病在苹果不同品种的叶片上可产生同心轮纹型、针芒型和混合型 3 种不同的症状,是由同一病原引起的;西葫芦花叶病在叶片上表现花叶,在果实上则表现畸形;白菜的软腐病在空气湿度较大时,呈现软腐,但在较干燥的条件下,叶片则表现为薄纸状。

　　3.症状潜隐

　　有些病原物在其寄主植物上表现为潜伏侵染。虽然此时病原物在植物体内还在繁殖和蔓延,但是外面不表现明显的症状,待环境条件适宜时才显症。如苹果腐烂病,病菌是在夏季是侵入树干皮层的,但此时正是果树的生长旺季,所以不表现症状,次年春季,果树萌芽之前,才是症状表现的高峰期。有些病毒病的症状会因高温而消失。

　　病害症状本身也并非一成不变,某种植物在一定条件下发生某种病害,并在某段时间表现出特定的症状,称典型症状。如斑点、腐烂、萎蔫或癌肿等。但病害的症状实际上可分为初期症状、典型症状和末期症状,如霜霉病发病初期表现为叶背的水浸状病斑,典型症状是叶正面出现多角形黄色斑块,背面出现霜霉。又如白粉病在发病初期表现为叶面的白色粉状物,之后颜色逐渐加深,最后出现黑色小粒点。很多病害在空气潮湿时形成大量霉状物,但在空气干燥时可能不产生肉眼可见的病症。

　　在病害的实际诊断时会发现有两种以上的病害同时在一株植物上发生的情况,有时两种病害互相促进症状加剧,出现协生现象。如根结线虫病发生后,其口针在植物根部穿刺造成的伤口,会引起其他病原真菌或细菌的二次侵染,使病害的症状加剧;在田间进行症状观察时,应注意到症状的这种复杂性。

第十一章　园艺植物病害的病原

◆ 学习目标

理解病原生物的主要类群。

引起园艺植物病害的病原物主要包括病原真菌、原核生物、病毒、线虫及寄生性植物等。

第一节　植物病原真菌

真菌(fungus)是菌物界真菌门生物的统称,是一类营养体通常为丝状分枝的菌丝体,具有细胞壁和真正的细胞核,以吸收为营养方式,通过产生孢子进行繁殖的微生物。真菌种类多,分布广,可以存在于水和陆地上。真菌大部分是腐生的,少数可以寄生在植物、人类和动物上引起病害。由真菌所致的病害称真菌病害。在园艺植物病害中,有 80% 以上的病害是由真菌引起的。如园艺植物的黄瓜霜霉病、辣椒疫病、番茄灰霉病、西瓜枯萎病、苹果腐烂病、梨黑星病等都是生产上危害严重的病害,有时甚至造成毁灭性的损失。

◉ 一、真菌的一般性状

真菌的发育过程,可分为营养阶段和繁殖阶段,营养阶段称营养体,是真菌生长和营养积累时期;繁殖阶段称繁殖体,是真菌产生各种类型孢子进行繁殖的时期。大多数真菌的营养体和繁殖体形态差别明显。

1. 真菌的营养体

大多数真菌的营养体是可分枝的丝状体,单根丝状体称为菌丝,多根菌丝交织集合成团称为菌丝体。菌丝通常呈圆管状,直径一般为 $5 \sim 10~\mu m$,无色或有色。细胞壁主要成分为纤维素或几丁质,细胞内除细胞核外,还有内质网、核糖体、线粒体、类脂体和液泡等。高等真菌的菌丝有隔膜,将菌丝分隔成多个细胞,称为有隔菌丝;低等真菌的菌丝一般无隔膜,通常认为是一个多核的大细胞,称为无隔菌丝。菌丝一般由孢子萌发产生的芽管生长而成,从顶部生长和延伸。菌丝每一部分都潜存着生长的能力,每一断裂的小段菌丝在适宜的条件下均可继续生长。少数真菌的营养体不是丝状体,而是一团多核、无细胞壁且形状可变的原生质团,如黏菌;或具细胞壁、卵圆形的单细胞,如酵母菌。

菌丝体是真菌获得养分的结构,寄生真菌以菌丝侵入寄主的细胞间或细胞内吸收营养物质。当菌丝体与寄主细胞壁或原生质接触后,营养物质和水分通过渗透作用和离子交换作用进入菌丝体内。生长在细胞间的真菌,特别是专性寄生菌,还可在菌丝体上形成特殊机构——吸器(haustorium),伸入寄主细胞内吸收养分和水分。吸器的形状多样,因真菌的种类不同而异,有掌状、丝状或分枝状、指状、小球状等。有些真菌还有假根,其形态状如高等植物的根,但结构简单与菌丝对生,可从基物中吸收营养。

真菌的菌丝体一般是分散的,但有时可以密集形成菌组织。菌组织有两种:一种是菌丝体组成比较疏松的疏丝组织(prosenchyma);另一种是菌丝体组成比较紧密的拟薄壁组织(pseudoprosenchyma)。有些真菌的菌组织还可以形成菌核(sclerotium)、子座(stroma)和菌索(rhizomorph)等变态类型。菌核是由菌丝紧密交织而成的较坚硬的休眠体,内层是疏丝组织,外层是拟薄壁组织。菌核的形状和大小差异较大,通常似菜籽状、鼠粪或不规则状。大的如拳头,小的需在显微镜下才能观察到。颜色初期常为白色或浅色,成熟后褐色或黑色,特别是表层细胞壁厚、颜色深,所以菌核多较坚硬。菌核的功能主要是抵抗不良环境,当条件适宜时,菌核能萌发产生新的菌丝体或在上面形成产孢机构。子座也是由两种菌组织形成的,或菌组织和寄主组织结合而成,垫状。子座的主要功能是形成产孢机构,也有度过不良环境的作用。菌索是由菌丝体平行交织构成的绳索状结构,外形与植物的根相似,所以也称根状菌索。菌索的粗细不一,长短不同,有的可长达几十厘米。菌索可抵抗不良环境,也有助于菌体在基质上蔓延和侵入。

2.真菌的繁殖体

真菌经过营养生长阶段后,即进入繁殖阶段,形成各种繁殖体即子实体(fruiting body)。大多数真菌只以一部分营养体分化为繁殖体,其余营养体仍然进行营养生长,少数低等真菌则以整个营养体转变为繁殖体。真菌的繁殖方式分为无性和有性两种,无性繁殖产生无性孢子,有性生殖产生有性孢子。孢子的功能相当于高等植物的种子。

(1)无性生殖及无性孢子的类型 无性繁殖是指真菌不经过性细胞或性器官的结合,直接从营养体上产生孢子的繁殖方式。所产生的孢子称为无性孢子。无性孢子在一个生长季中,环境适宜的条件下可以重复产生多次,是病害迅速蔓延扩散的重要孢子类型。但其抗逆性差,环境不适宜很快失去生活力。

①游动孢子(zoospore) 产生于游动孢子囊(zoosporangium)中的内生孢子。游动孢子囊由菌丝或孢囊梗顶端膨大而成,球形、卵形或不规则形。游动孢子肾形、梨形无细胞壁,具1~2根鞭毛,可在水中游动。

②孢囊孢子(sporangiospore) 产生于孢子囊(sporangium)中的内生孢子。孢子囊由孢囊梗的顶端膨大而成。孢囊孢子球形,有细胞壁,无鞭毛,释放后可随风飞散。

③分生孢子(conidium) 产生于由菌丝分化而形成的呈枝状的分生孢子梗(conidiophore)上,成熟后从孢子梗上脱落。分生孢子的种类很多,它们的形状、大小、色泽、形成和着生的方式都有很大的差异。不同真菌的分生孢子梗或散生或丛生,也有些真菌的分生孢子梗着生在特定形状的结构中。如近球形、具孔口的分生孢子器(pycnidium)和杯状或盘状的分生孢子盘(acervulus)。

④厚垣孢子(chlamydospore) 真菌菌丝的某些细胞膨大变圆、原生质浓缩、细胞壁加厚而形成的。与其他无性孢子不同,它可以抵抗不良环境,条件适宜时萌发形成菌丝。

(2)有性生殖及有性孢子的类型 有性生殖指真菌通过性细胞或性器官的结合而产生孢子的繁殖方式。有性生殖产生的孢子称为有性孢子。真菌的性细胞,称为配子(gamete),性器官称为配子囊(gametangium)。真菌有性生殖的过程可分为质配(plasmogamy)、核配(kary-ogamy)和减数分裂(meiosis)三个阶段。真菌的有性孢子多数一个生长季产生一次,且多在寄主生长后期,它有较强的生活力和对不良环境的忍耐力,常是越冬的孢子类型和次年病害的侵染来源。

①休眠孢子囊(resting sporangium) 通常由两个游动配子配合形成,壁厚,如鞭毛菌亚门根肿菌和壶菌的有性孢子。休眠孢子囊萌发时通常仅释放出一个游动孢子,因此休眠孢子囊也称为休眠孢子(resting spore)。

②卵孢子(oospore) 由两个异型配子囊——雄器(antheridium)和藏卵器(oogonium)结合形成的,厚壁。如鞭毛菌亚门卵菌的有性孢子。

③接合孢子(zygospore) 由两个同型配子囊融合成厚壁、色深的休眠孢子。如接合菌亚门真菌的有性孢子。

④子囊孢子(ascospore) 通常由两个异型配子囊——雄器和产囊体相结合,其内形成子囊(ascus)。子囊是无色透明、棒状或卵圆形的囊状结构。每个子囊中一般形成 8 个子囊孢子,子囊孢子形态差异很大。子囊通常产生在有包被的子囊果内。子囊果一般有 4 种类型:球状无孔口的闭囊壳(cleiothecium);瓶状或球状、有真正壳壁和固定孔口的子囊壳(perithecium);由子座溶解而成、无真正壳壁和固定孔口的子囊腔(locule)和盘状或杯状的子囊盘(apothecium)。如子囊菌亚门真菌的有性孢子。

⑤担孢子(basidiospore) 通常直接由性别不同的菌丝结合成双核菌丝后,双核菌丝顶端细胞膨大成棒状的担子(basidium),或双核菌丝细胞壁加厚形成冬孢子(teliospore)。在担子上产生 4 个外生担孢子。如担子菌亚门真菌的有性孢子。

二、真菌的生活史

真菌从一种孢子萌发开始,经过一定的营养生长和繁殖生长,最后又产生同一种孢子的过程,称为真菌生活史(life cycle)。真菌的典型生活史包括无性和有性两个阶段。真菌的菌丝体在适宜条件下生长一定时间后,进行无性繁殖产生无性孢子,无性孢子萌发形成新的菌丝体。菌丝体在植物生长后期或病菌侵染的后期进入有性阶段,产生有性孢子,有性孢子萌发产生芽管进而发育成为菌丝体,回到产生下一代无性孢子的无性阶段。

真菌在无性阶段产生无性孢子的过程在一个生长季节可以连续循环多次,是病原真菌染寄主的主要阶段,它对病害的传播和流行起着重要作用。而有性阶段一般只产生一次有性孢子,其作用除了繁衍后代外,主要是度过不良环境,并成为翌年病害初侵染的来源。

在真菌生活史中,有的真菌不止产生一种类型的孢子,这种形成几种不同类型孢子的现象,称为真菌的多型性(polymorphism)。典型的锈菌在其生活史中可以形成冬孢子、担孢子、性孢子、锈孢子和夏孢子 5 种不同类型的孢子。一般认为多型性是真菌对环境适应性的表现。也有些真菌根本不产生任何类型的孢子,其生活史中仅有菌丝体和菌核;有些真菌在一种寄主植物上就可完成生活史,称单主寄生(autoecism),大多数真菌都是单主寄生。有的真菌需要在两种或两种以上不同的寄主植物上交替寄生才能完成其生活史,称为转主寄生(heteroecism),如锈菌。

真菌的种类很多,不可能用一个统一的模式来说明全部真菌的生活史,有些真菌的有性阶段到目前还没有发现,其生活史仅指其无性阶段。了解真菌的生活史,可根据病害在一个生长季的变化特点,有针对性地制定相应的防治措施。

▶ 三、园艺植物病原真菌的主要类群

1. 鞭毛菌亚门

鞭毛菌大多数生于水中,少数具有两栖和陆生习性。有腐生的,也有寄生的,有些高等鞭毛菌是植物上的活体寄生菌。鞭毛菌的主要特征是营养体多为无隔的菌丝体,少数为原生质团或具细胞壁的单细胞;无性生殖产生具鞭毛的游动孢子;有性生殖形成休眠孢子(囊)或卵孢子。与园艺植物病害关系较密切的鞭毛菌主要有:

(1)根肿菌属(*Plasmodiophora*) 营养体是原生质团,休眠孢子囊呈鱼卵状散生在寄主细胞内,萌发时产生前端具有两根长短不一鞭毛的游动孢子。如十字花科蔬菜根肿病菌(*P. brassicae*)危害植物根部引起指状肿大。

(2)腐霉属(*Pythium*) 菌丝发达,有分枝,无分隔,生长旺盛时呈棉絮状。孢囊梗菌丝状。孢子囊球状或姜瓣状,成熟后一般不脱落,萌发时产生泡囊,原生质进入泡囊内形成游动孢子,游动孢子肾形,双鞭毛。有性生殖在藏卵器内形成一个卵孢子。引起多种园艺植物幼苗猝倒病以及瓜果腐烂病的瓜果腐霉菌(*P. aphanidermatum*)。

(3)疫霉属(*Phytophthora*) 孢囊梗分化不显著至显著,分枝或不分枝。孢子囊近球形、卵形或梨形,顶端有乳突。成熟后脱落,萌发时产生游动孢子或直接萌发长出芽管。游动孢子肾形,两根鞭毛。有性生殖在藏卵器内形成一个卵孢子。引起辣椒疫病菌(*P. capsici*)、黄瓜疫病菌(*P. melonis*)、马铃薯晚疫病菌(*P. infestans*)。

(4)霜霉菌 霜霉菌是高等的鞭毛菌,都是植物上的活体寄生菌,它们的菌丝蔓延在寄主细胞间,以吸器伸入寄主细胞内吸收养分。孢囊梗有限生长,孢囊梗分枝特点及其尖端形态是分属的依据。孢子囊卵圆形,顶端乳突有或无,萌发时产生游动孢子或直接萌发出芽管。卵孢子圆球形,黄褐色,光滑或有皱纹。霜霉菌主要包括霜霉属(*Peronospora*)、假霜霉属(*Pseudoperomospora*)、盘梗霉属(*Bremia*)和单轴霉属(*Plasmopara*)等真菌,引起的要有葡萄、十字花科蔬菜、黄瓜、莴苣等园艺植物霜霉病。

(5)白锈属(*Albugo*) 菌丝在寄主细胞间蔓延,以吸器伸入细胞内吸收营养,活体寄生物。孢囊梗不分枝,短棍棒状,密集在寄主表皮下,排列成栅栏状,孢囊梗顶端串生孢子囊。孢子囊椭圆形,无色,成熟后突破寄主表皮散出白色锈粉。卵孢子壁厚,表面有瘤状突起。引起的园艺植物病害有十字花科蔬菜白锈病(*A. candida*)。

2. 接合菌亚门

接合菌绝大多数为腐生菌,少数为弱寄生菌。营养体为无隔菌丝体;无性生殖在孢子囊内产生不动的孢囊孢子;有性生殖产生接合孢子。本亚门真菌与园艺作物病害有关的主要是:

根霉属(*Rhizopus*)菌丝发达,有分枝,匍匐丝和假根分布在基物上和基物内。孢囊梗从匍匐丝上长出,与假根对生,顶端形成球形孢子囊,孢子囊壁易破碎,其内产生孢囊孢子,孢囊孢子球莆有饰纹。有性生殖形成接合孢子,但不常见。重要病原菌有南瓜软腐病菌(*R. nigricans*)。

3.子囊菌亚门

本亚门真菌除酵母菌为单细胞外,其他子囊菌的营养体都是分枝繁茂的有隔菌丝体,无性生殖在孢子梗上产生分生孢子,产生分生孢子的子实体有分生孢子器、分生孢子盘、分生孢子束等;有性生殖产生子囊和子囊孢子,大多数子囊菌的子囊产生在子囊果内,少数是裸生的。子囊果的常见有4种类型:子囊壳、闭囊壳、子囊腔和子囊盘。重要的子囊菌有:

(1)外囊菌属(*Taphrina*)　该属为活体寄生菌。子囊裸露,平行排列在寄主表面,呈栅栏状。子囊长筒形,其内有8个子囊孢子,子囊孢子椭圆形或圆形,单细胞。子囊孢子在子囊内可芽殖产生芽孢子。外囊菌都是高等植物的寄生物,引起叶片、枝梢和果实的肿胀、皱缩。有桃缩叶病菌(*T. deformans*)、李囊果病菌(*T. Pruni*)等。

(2)白粉菌　都是高等植物的活体寄生物,菌丝表生,以吸器伸入表皮细胞中吸取营养。子囊果为闭囊壳,内生一个或多个子囊,子囊球形或卵形。闭囊壳外部有不同形状的附属丝。闭囊壳内的子囊的数量及外部附属丝形态是白粉菌的分属依据。无性阶段由菌丝上产生直立的分生孢子梗,顶端串生分生孢子。由于菌丝和分生孢子呈白色粉状,故引起的病害称白粉病。白粉菌主要包括叉丝单囊壳属(*Podosphaera*)、球针壳属(*Phyllactinia*)、钩丝壳属(*Uncinula*)、单丝壳属(*Sphaerotheca*)和白粉菌属(*Erysiphe*)等真菌,引起的病害主要有苹果、梨、葡萄、瓜类等园艺植物白粉病。

(3)小丛壳属(*Glomeralla*)　子囊壳小,壁薄,多埋生于子座内,没有侧丝。子囊棍棒形,子囊孢子单胞,无色,椭圆形。引起的园艺植物炭疽病。如苹果炭疽病(*G. Cingulata*)、菜豆炭疽病(*G. lindemuthianum*)。无性阶段为炭疽菌属(*Colletotrichum*)。

(4)黑腐皮壳属(*Valsa*)　子囊壳具长颈,埋生于子座基部。子囊棍棒形或圆柱形。子囊孢子单细胞,无色,腊肠形。无性阶段为壳囊孢属(*Cytospora*)。如苹果腐烂病菌(*V. Mali*)等。

(5)囊孢壳属(*Physalospora*)　子囊壳黑色,埋生于寄主组织内。子囊棍棒状,子囊孢子单胞,无色。如梨轮纹病菌(*P. piricola*)、苹果黑腐病菌(*P. obtusa*)等。

(6)球腔菌属(*Mycosphaerella*)　子囊座生于寄主表皮层下。子囊圆桶形。子囊孢子椭圆形,无色,双胞。如梨褐斑病菌(*M. sentina*)、瓜类蔓枯病菌(*M. melonis*)等。

(7)黑星菌属(*Venturia*)　子囊腔大多在病株残余组织的表皮下形成,孔口周围有少数黑色、有隔的刚毛。子囊棍棒形,子囊孢子椭圆形,双胞,无色或淡黄色。无性阶段为黑星孢属(*Fusicladium*)。此属真菌危害果树的叶片、枝条和果实,引起的病害称为黑星病,如苹果黑星病菌(*V. inaequalis*)等。

(8)核盘菌属(*Sclerotinia*)　由菌丝体形成菌核,菌核萌发产生具长柄的黄褐色子囊盘。子囊与侧丝平行排列于子囊盘的开口处,形成子实层。子囊棍棒形,子囊孢子椭圆形或纺锤形,无色,单细胞。多不产生分生孢子。如十字花科蔬菜菌核病(*S. Sclerotiorum*)。

(9)链盘菌属(*Monilinia*)　子囊盘盘形或漏斗形,由假菌核上产生。子囊圆桶形,子囊孢子单胞,无色,椭圆形。桃褐腐病菌(*M. fructicola*、*M. laxa*)、苹果和梨褐腐病菌(*M. fructigena*)、苹果花腐病(*M. mali*)等。

4.担子菌亚门

担子菌中包括可供人类食用和药用的真菌,如平菇、香菇、猴头菇、木耳、竹荪、灵芝等。寄生或腐生,营养体为发达的有隔菌丝体。担子菌菌丝体发育有两个阶段,由担孢子萌发的菌丝单细胞核,称初生菌丝,性别不同的初生菌丝结合形成双核的次生菌丝。双核菌丝体可以形成菌核、菌索和担子果等机构;担子菌无性生殖一般不发达,有性生殖除锈菌外,多由双核菌丝体的细胞直接产生担子和担孢子。高等担子菌的担子散生或聚生在担子果上,如蘑菇、木耳等。担子上着生4个担孢子。与园艺植物病害关系较密切的担子菌主要有:

(1)锈菌 为活体寄生菌,菌丝在寄主细胞间以吸器伸入细胞内吸取养料。在锈菌的生活史中可产生多种类型的孢子,典型锈菌具有5种类型的孢子,即性孢子(pycnospore)、锈孢子(aeciospore)、夏孢子(urediospore)、冬孢子(teliospore)和担孢子(basidiospore)。冬孢子主要起越冬休眠的作用,冬孢子萌发产生担孢子,常为病害的初次侵染源;锈孢子、夏孢子是再次侵染源,起扩大蔓延的作用。有些锈菌还有转主寄生现象。锈菌引起的植物病害在病部可以看到铁锈状物(孢子堆)故称锈病。引起园艺植物病害的主要菌类如下。

①胶锈菌属(*Gymnosporangium*) 冬孢子双细胞,浅黄色至暗褐色,具有长柄;遇水胶化;性孢子器埋生于上表皮内,瓶形;锈孢子器长管状,锈孢子串生,近球形,黄褐色表面有小的瘤状突起;无夏孢子阶段;转主寄生的,冬孢子阶段多寄生在松柏科的桧属上。梨锈病菌(*G. haraeanum*)、苹果锈病菌(*G. yamadai*)等。

②柄锈菌属(*Puccinia*) 冬孢子有柄,双细胞,深褐色,单主或转主寄生;夏孢子黄褐色,单细胞,近球形,有刺。性孢子器球形;锈孢子器杯状或筒状,锈孢子单细胞,球形或椭圆形;引起的园艺植物病害如葱类锈病(*P. allii*)等。

③单胞锈菌属(*Uromyces*) 冬孢子单细胞,有柄,顶端较厚。夏孢子单细胞,有刺或瘤状突起。如菜豆锈病菌(*U. appendiculatus*)、豇豆锈病菌(*U. vignae*)、蚕豆锈病菌(*U. fabae*)等。

④层锈菌属(*Phakopsora*) 冬孢子单胞无柄,椭圆形,在寄主表皮下排列成数层,夏孢子球形,表面有刺。性孢子和锈孢子阶段未发现。如枣树锈病菌(*P. zizyphi-vulgaris*)、葡萄锈病菌(*P. ampelopsides*)等。

(2)黑粉菌 黑粉菌以双核菌丝在寄主的细胞间寄生,一般有吸器伸入寄主细胞内。典型特征是形成黑色粉状的冬孢子,萌发形成先菌丝和担孢子。黑粉菌的分属主要根据冬孢子的形状、大小、有无不孕细胞、萌发的方式及冬孢子球的形态等。重要的病原菌有葱类黑粉病(*Urocystis cepulae*)、十字花科蔬菜黑粉病(*Urocystis brassicae*)等。

(3)层菌 层菌多有发达的担子果,多腐生,少数是植物病原菌。担子在担子果上很整齐地排列成子实层,担子有隔或无隔,外生4个担孢子,层菌通常只产生担孢子。病害主要通过土壤中的菌核、菌丝或菌索进行传播和蔓延。层菌一般是弱寄生菌,经伤口侵入到果树根部或维管束,造成根腐或木腐。引起的园艺植物病害,如苹果紫纹羽病菌(*Helicobasidium mompa*)、桃木腐病菌(*Fomes julvus*)和苹果根朽病菌(*Armillariella tabescens*)等。

5.半知菌亚门

半知菌的营养体为多分枝繁茂的有隔菌丝体;无性繁殖产生各种类型的分生孢子;多数种类有性阶段尚未发现。着生分生孢子的结构类型多样。有些种类分生孢子梗散生,或成分生孢子束(synnema)状,或着生在分生孢子座(sporodochium)上;有些种类形成孢子果,分生孢子梗和分生孢子着生在近球形、具孔口的分生孢子器(pycnidium)中,或盘状的分生孢子盘内(acervulus)上。半知菌所引起的病害种类在真菌病害中所占比例较大,种类众多。重要的病原菌有:

（1）粉孢属（*Oidium*）　菌丝体白色，表生。分生孢子梗直立，不分枝。分生孢子长圆形，单胞，无色，串生，自上而下依次成熟。引起多种园艺植物的白粉病。

（2）轮枝孢属（*Verticillium*）　分生孢子梗直立，纤细，有分枝，部分分枝呈轮枝状。分生孢子卵圆形至椭圆形，无色，单胞，单生或丛生。如茄子黄萎病菌（*V. dahliae*）等。

（3）葡萄孢属（*Botrytis*）　分生孢子梗细长，灰褐色，有分枝，分枝顶端膨大呈球状，上有许多小梗，梗上着生分生孢子。分生孢子聚生成葡萄穗状，分生孢子卵圆形，单胞，无色或灰色。菌核不规则，黑色。如引起多种园艺植物如番茄、辣椒、葡萄、桃、草莓的灰霉病菌（*B. cinerea*）等。

（4）褐孢霉属（*Fulvia*）　分生孢子梗黑褐色，单生或丛生，不分枝或仅中、上部分枝。分生孢子暗褐色，单生或成短链，单胞或双胞，形状和大小变化很大，卵圆形、圆桶形、柠檬形或不规则形。如番茄叶霉病菌（*F. fulva*）等。

（5）黑星孢属（*Fusicladium*）　分生孢子梗黑褐色，极短，顶端着生分生孢子，分生孢子可在孢子梗上陆续形成，有孢痕。分生孢子深褐色，椭圆形或梨形，单胞或双胞。有性阶段是黑星菌属（*Venturia*）。如梨黑星病菌（*F. pirina*）、苹果黑星病菌（*F. dentriticum*）等。

（6）尾孢属（*Cercospora*）　分生孢子梗暗色，丛生于子座组织上，不分枝，直或弯曲，有时呈屈膝状。顶端着生分生孢子，分生孢子单生，无色或深色，线形、鞭形或蠕虫形，直或微弯，多胞。如豆类叶斑病菌（*C. cruenta*）、芹菜斑点病菌（*C. apii*）等。

（7）链格孢属（Alternaria）　分生孢子梗淡褐色至褐色，单枝，短或长，弯曲或屈膝状。分生孢子单生或串生，褐色，形状不一，卵圆形、倒棍棒形，有纵横隔膜，顶端常具喙状细胞。如梨黑斑病菌（*A. kikuchiana*）、白菜黑斑病菌（*A. brassicae*）、茄和番茄早疫病菌（*A. solani*）、苹果斑点落叶病菌（*A. mali*）等。

（8）镰孢霉属（*Fusarium*）　分生孢子梗聚集成垫状的分生孢子座，分生孢子梗形状大小不一。大型分生孢子多胞，无色，镰刀形。小型分生孢子单胞，无色，椭圆形。如西瓜枯萎病（*F. oxysporum* f. sp. *niveum*）、番茄枯萎病菌（*F. oxysporum* f. sp. *lycopersice*）病等。

（9）炭疽菌属（*Colletotrichum*）　分生孢子盘生于寄主表皮下，有时生有褐色、具分隔的刚毛。分生孢子梗无色至褐色，短而不分枝，分生孢子无色，单胞，长椭圆形或新月形。目前，此属真菌包括原来的从刺盘孢属（*Vermicularia*）和盘圆孢属（*Gleosporium*）的大部分种。引起多种园艺植物的炭疽病，如菜豆炭疽病菌（*C. Lindemuthianum*）瓜类炭疽病菌（*C. lagenarium*）、苹果炭疽病菌（*C. fructigenum*）等。

（10）痂圆孢属（*Sphaceloma*）　分生孢子盘盘状或垫状，分生孢子梗短，不分枝，排列紧密。分生孢子单胞，无色，椭圆形。如葡萄黑痘病（*S. ampelinum*）等。

（11）盘二孢属（*Marssonina*）　分生孢子盘盘状，着生在寄主表皮下，分生孢子梗短不分枝，分生孢子椭圆形，无色，双细胞，两细胞大小不等，分隔处有缢缩。如苹果褐斑病菌（*M. mali*）。

（12）叶点霉属（*Phyllosticta*）　分生孢子器埋生，有孔口。分生孢子梗短，分生孢子小，单胞，无色，近卵圆形。引起的园艺植物的叶斑病如苹果斑点病（*P. mali*）、辣椒白斑病（*P. physaleos*）等。

（13）茎点霉属（*Phoma*）　分生孢子器埋生或半埋生。分生孢子梗短，着生于分生孢子器的内壁。分生孢子小，卵形，无色，单胞。如甘蓝黑胫病菌（*P. Lingam*）等。

（14）大茎点霉属（*Macrophoma*） 形态与茎点霉属相似，但分生孢子较大，一般长度超过 15 μm。如苹果、梨的轮纹病（*M. kawatsukai*）、苹果干腐病菌（*M. sp.*）等。

（15）拟茎点霉属（*Phomopsis*） 分生孢子有两种类型：常见的孢子卵圆形，单胞，无色，能萌发；另一种孢子线形，一端弯曲成钩状，单胞无色，不能萌发。如茄褐纹病菌（*P. Vexans*）等。

（16）壳囊孢属（*Cytospora*） 分生孢子器着生在植物表面或部分埋在组织中的瘤状或球状子座内，分生孢子器腔不规则分为数室。分生孢子梗极细，不分枝。分生孢子细小，香肠形，略弯，单胞无色。有性阶段多为黑腐皮壳属（*Valsa*）。苹果树腐烂病菌（*C. mandshurica*）、梨树腐烂病菌（*C. carphosperma*）。

（17）盾壳霉属（*Coniothyrium*） 分生孢子器黑色，圆形或扁圆形，有孔口，少数有乳状突起，部分埋生于寄主表皮下，发生孢子梗短小，不分枝。分生孢子很小，单细胞，椭圆形成熟后青褐色。如葡萄白腐病菌（*C. diplodiella*）等。

（18）壳针孢属（*Septoria*） 分生孢子器黑色，圆形或扁圆形，有孔口，部分埋生于表皮下。分生孢子梗极短，不分枝。分生孢子细长针形或线形，直或微弯，一端较细，多隔，无色。如番茄斑枯病菌（*S. lycopersici*）、芹菜叶斑病菌（*S. apii*）等。

（19）丝核菌属（*Rhizoctonia*） 菌丝褐色，多为近直角分枝，分枝处有缢缩。菌核褐色或黑色，表面粗糙，形状不一，表里颜色相同，菌核间有丝状体相连。不产生分生孢子。是重要的寄生性土壤习居菌，侵染园艺植物根、茎引起猝倒或立枯病，如茄立枯病菌（*R. solani*）等。

（20）小核菌属（*Sclerotium*） 菌核组织坚硬，初呈白色，老熟后呈褐色至黑色，内部浅色。菌丝无色或浅色，不产生分生孢子。引起多种园艺植物如苹果、梨、菜豆等的白绢病菌（*S. rolfsii*）。

四、真菌病害的特点

真菌病害的主要症状是坏死、腐烂和萎蔫，少数为畸形。特别是在发病部位常有肉眼可见的霉状物、粉状物、粒状物等病征，这是真菌病害区别于其他病害的重要标志，也是进行病害田间诊断的主要依据。

鞭毛菌亚门的真菌，如腐霉菌，多生活在潮湿的土壤中，是土壤习居菌，常引起植物根部和茎基部的腐烂或苗期猝倒病，湿度大时往往在病部生出大量的白色棉絮状物；疫霉菌所引起的病害如辣椒、马铃薯、黄瓜等蔬菜的疫病或晚疫病，发病常常十分迅速，发病部位多在茎和茎基部，病部湿腐，病健交界处不清晰，常有稀疏的霜状霉层；霜霉菌所引致的病害通称霜霉病，是十字花科、葫芦科、藜科蔬菜和葡萄等果树的重要病害，引起叶斑，且在叶背形成白色、紫褐色的霜状霉层；白锈菌危害的植物种类以十字花科蔬菜为主，也引起叶斑，有时也引致病部畸形，但在叶背形成白色的疱状突起，将表皮挑破，有白色粉状物散出，因此这类病害又称白锈病。

接合菌亚门真菌引起的病害很少，而且多是弱寄生菌，通常引起含水量较高的大块组织的软腐。

子囊菌及半知菌引起的病害在症状上有很多相似的地方，一般在叶、茎、果上形成明显的病斑，其上产生各种颜色的霉状物或小黑点。但白粉菌常在植物表面形成粉状的白色或灰白色霉层，后期霉层中夹有小黑点即闭囊壳，植物本身并没有明显的病状变化。子囊菌和半知菌中有很多病原物会使寄主植物在发病部位产生菌核，如核盘菌属引起的菌核病、丝核菌和小核菌属引起的立枯病和白绢病等,都很易识别;炭疽病是一类发病寄主范围广、危害较大的病害,其主要的特点是引起病部腐烂,且有橘红色的黏状物出现,是其他真菌病害所不具有的特征。

担子菌中的黑粉病和锈病,也很容易识别,分别在病部形成黑色或褐色的粉状物。

掌握了真菌病害的症状特点后,在田间病害诊断时可以利用某类病害的症状变化规律快速、准确做出判断。

第二节　植物病原原核生物

原核生物是指含有原核结构的单细胞生物。其遗传物质分散在细胞质内,没有核膜包围而成的细胞核。细胞质中含有小分子的核蛋白体,没有线粒体、叶绿体等细胞器。引起园艺植物病害的原核生物主要有细菌、植原体和螺原体等,它们的重要性仅次于真菌和病毒,引起的重要病有十字花科植物软腐病、茄科植物青枯病、果树根癌病、黄瓜角斑病、枣疯病等。

▶ 一、植物病原细菌的一般性状

1. 形态结构

细菌的形态有球状、杆状和螺旋状。植物病原细菌大多为杆状,因而称为杆菌,两端略圆或尖细。菌体大小为 $(0.5\sim0.8)$ μm$\times(1\sim3)$ μm。

细菌的构造简单,由外向内依次为黏质层或荚膜、细胞壁、细胞质膜、细胞质、由核物质聚集而成的核区,细胞质中有颗粒体、核糖体、液泡等内含物。植物病原细菌细胞壁外有黏质层,但很少有荚膜。

大多数的植物病原细菌有鞭毛(flagellum),各种细菌的鞭毛数目都不相同,通常有 3～7根,着生在一端或两端的鞭毛称为极鞭,着生在菌体四周的鞭毛称为周鞭。细菌鞭毛的数目和着生位置在分类上有重要意义。

有些细菌生活史的某一阶段,会形成芽孢。芽孢是菌体内容物浓缩产生的,一个营养细胞内只形成一个芽孢,是细菌的休眠体,有很厚的壁,对光、热、干燥及其他因素有很强的抵抗力。植物病原细菌通常不产生芽孢。通常在制作植物病理学所需的培养基时,采用 121℃ 的高温高压热蒸汽经 15～30 min 可将其杀灭。

2. 繁殖和变异

细菌都是以裂殖的方式进行繁殖。裂殖时菌体先稍微伸长,自菌体中部向内形成新的细胞壁,最后母细胞从中间分裂为两个子细胞。细菌的遗传物质主要是存在于核区内的 DNA,但在一些细菌的细胞质中还有独立的遗传物质,如质粒。核质和质粒共同构成了原核生物的基因组。在细胞分裂过程中,细胞质和基因组亦同步分裂,然后均匀地分配到两个子细胞中,从而保证了亲代的各种性状能稳定地遗传给子代。细菌的繁殖速度很快,在适宜的条件下,每20 min 就可以分裂一次。

细菌经常发生变异,这种变异可以是形态、生理上的,也可以是致病性方面的。一类变异是突变,尽管细菌自然突变率很低(为十万分之一),但细菌繁殖快,大大增加了变异的可能性;另一种变异是通过结合、转化等方式,使遗传物质部分发生改变,从而形成性状不同的后代。

3. 生理特性

大多数植物病原细菌对营养的要求不严格,可在一般人工培养基上生长。在固体培养基上形成不同形状和色泽的菌落。这是细菌分类的重要依据。菌落边缘整齐或粗糙,胶黏或坚韧,平贴或隆起;颜色有白色、灰白色或黄色等。但有一类寄生植物维管束的细菌在人工培养基上则难以培养或不能培养,称之为维管束难养细菌。

植物病原细菌最适宜的生长温度一般为 26～30℃,少数在较高温(青枯细菌生长适温为37℃)和较低温(马铃薯环腐病细菌生长适温为 20～23℃)下生长较好。多数细菌在 33～40℃时停止生长,50℃、10 min 时多数死亡,但对低温的耐受力较强,即使在冰冻条件下仍能保持生活力。绝大多数病原细菌都是好气性的,少数为兼性厌气性的。培养基的酸碱度以中性偏碱较为适合。

4. 染色反应

细菌的个体很小,一般在光学显微镜下观察必须进行染色才能看清。染色方法中最重要的是革兰氏染色,它还具有重要的细菌鉴别作用。即将细菌制成涂片后,用结晶紫染色,以碘处理,再加 95％酒精洗脱,如不能脱色则为革兰氏反应阳性,能脱色则为革兰氏反应阴性。植物病原细菌革兰氏染色反应大多是阴性,少数是阳性。

二、植物菌原体的一般性状

植物菌原体没有细胞壁,没有革兰氏染色反应,也无鞭毛等其他附属结构。菌体外缘为三层结构的单位膜。细胞内有颗粒状的核糖体和丝状的核酸物质。

植物菌原体包括植原体(phytoplasma)即原来的类菌原体(mycoplasma like organism,MLO)和螺原体(spiroplasma)两种类型。植原体的形态通常呈圆形或椭圆形,圆形的直径在100～1 000 nm,椭圆形的大小为 200 nm×300 nm,但其形态可发生变化,呈哑铃形、纺锤形、马鞍形、梨形、蘑菇形等形状。螺原体菌体呈螺旋丝状,一般长度为 3～25 nm,直径为 100～200 nm。

植原体较难在人工培养基上培养,它要求较复杂的营养条件,同时要求适当的温度、pH等。极少数种类可在液体培养基中形成丝状体,在固体培养基上形成"荷包蛋"状菌落。螺原体较易在人工培养基上培养,也形成"荷包蛋"状的菌落。

植原体一般具有下列几种繁殖方式:裂殖、出芽繁殖或缢缩断裂法繁殖。

三、植物病原原核生物的分类和主要类群

根据伯杰氏细菌鉴定手册(第 9 版,1994)列举了总的分类纲要,并采用 Gibbons 和 Murray(1978)的分类系统,将原核生物分为 4 个门,7 个纲,35 个组群。与植物病害有关的原核生物分属于薄壁菌门(Phylum Gracilicutes)、厚壁菌门(Phylum Firmicutes)和软壁菌门(Phylum Tenericutes)。薄壁菌门和厚壁菌门的原核生物有细胞壁,而软壁菌门没有细胞壁,也称菌原体。

(一)薄壁菌门(Phylum Gracilicutes)

细胞壁薄,厚度为 7～8 nm,细胞壁中肽聚糖含量为 8％～10％,革兰氏染色反应阴性。

重要的植物病原细菌属有:土壤杆菌属(*Agrobacterium*)、欧文氏菌属(*Erwinia*)、假单胞菌属(*Pseudomonas*)、黄单胞菌属(*Xanthomonas*)和木质部小菌属(*Xyella*)(原来称类立克次体 Rickettsia-like organism,RLO 或木质部难养菌(xylem limited bacterium,XLB)等。

(1)土壤杆菌属(*Agrobacterium*)　菌体短杆状,大小为(0.6～1.0)μm×(1.5～3.0)μm,鞭毛多为 1～4 根,周生或侧生。革兰氏反应阴性。好气性,无芽孢。培养基上形成圆形、隆起、光滑、灰白色至白色的黏性菌落,不产生色素。侵害高等植物的根茎部,造成瘤肿、冠瘿等可成形症状。代表病原菌是根癌土壤杆菌(*A. tumefaciens*),存活在病组织及土壤中,并由土壤传播,引起桃、苹果、葡萄等的根癌病。

(2)欧文氏杆菌属(*Erwinia*)　菌体短杆状,大小为(0.5～1.0)μm×(1～3)μm。有多根周生鞭毛。革兰氏阴性。兼性好气性,无芽孢。培养基上形成圆形、隆起灰白色菌落。重要的植物病原菌有胡萝卜软腐欧文氏杆菌(*E. carotovora*)。引起十字花科蔬菜软腐病,但很少危害水果,病菌主要通过伤口侵入寄主,病残体是主要的侵染来源,也可在某些昆虫体内越冬。

(3)假单胞菌属(*Pseudomonas*)　菌体短杆状,大小为(0.5～1.0)μm×(1.5～5.0)μm,一般有鞭毛 3～7 根,极生。革兰氏阴性。培养基上形成圆形、隆起、灰白色菌落,有些种类产生白色或褐色荧光性色素和可扩散到培养基中的褐色色素。为害植物引起斑点或萎蔫和腐烂。如茄青枯病菌(*P. solanacearum*)和黄瓜细菌性角斑病菌(*P. lachrymans*)等。

(4)黄单胞菌属(*Xanthomonas*)　菌体短杆状,大小为(0.4～0.6)μm×(1.0～2.9)μm,单鞭毛,极生。革兰氏阴性,严格好气性。培养基上形成圆形隆起、蜜黄色菌落,产生非水溶性黄色素。为害植物多引起斑点或枯死,少数引起萎蔫。重要的病原菌有野油菜黄单胞(*X. campestris*),引起甘蓝黑腐病。

(5)木质部小菌属(*Xylella*)　菌体短杆状,多单生,少双生。大小为(0.25～0.35)μm×(0.9～3.5)μm,细胞壁波纹状,无鞭毛,革兰氏染色反应阴性,好气性。对营养要求十分苛刻,要求有生长因子。培养基上有两种类型的菌落:一类为枕状凸起,半透明,边缘整齐的菌落;另一类为脐状、表面粗糙,边缘波纹状。该菌由叶蝉传播,引起植株枯萎、叶烧、梢枯、萎缩等。重要病原有难养木质部菌(*X. fastidiosa*),引起葡萄皮尔氏病、桃伪果病等。

(二)厚壁菌门(Phylum Firmicutes)

细胞壁厚,厚度 10～50 nm,细胞壁含肽聚糖量高,为 50%～80%,革兰氏染色反应阳性。重要的植物病原细菌有:棒形杆菌属(*Clavibacter*)和链丝菌属(*Streptomyces*)等。

(1)棒形杆菌属(*Clavibacter*)　菌体短杆状或不规则杆状,大小为(0.4～0.75)μm×(0.8～2.5)μm,无鞭毛,革兰氏反应阳性,好气性。培养基上形成圆形光滑凸起、不透明,多灰白色的菌落。为害植物引起萎蔫症状。重要的病原菌有马铃薯环腐病(*C. Michiganensis* subsp. *sepedonicum*),引起薯块环状维管束组织坏死,故称为环腐病。

(2)链丝菌属(*Streptomyces*)　原来放线菌中的好气类归于本属中,菌体丝状、纤细、无隔膜,直径 0.4～1.0 μm,革兰氏染色反应阳性,无鞭毛。多以各种类型的孢子繁殖,少数裂殖。孢子的形态色泽是分类依据之一。培养基上形成圆形、致密,多灰白色的菌落。菌丝通过芽眼上的气孔或块茎上的皮孔或伤口侵入,在块茎表面形成疮痂症状。为害植物引起病害只有马铃薯疮痂病菌(*S. scabies*)。

(三)软壁菌门(Phylum Tenericutes)

又称柔壁菌门或无壁菌门。菌体球形或椭圆形,无细胞壁,只有单位膜,厚 8～10 nm,无革兰氏反应。营养要求苛刻,对四环素类敏感。包括螺原体属(*Spiroplasma*)和植原体属(*Phytoplasma*),统称植物菌原体。

(1)螺原体属(*Spiroplasma*) 菌体在对数生长时呈螺旋形,繁殖时可产生分枝,分枝亦呈螺旋形。在固体培养基上的菌落很小,煎蛋状。菌体无鞭毛,但有收缩摇动式的运动,属兼性厌氧菌。引起黄化、丛枝、矮缩、小叶等症状。可嫁接传染,传播媒介为叶蝉。如柑橘僵化病螺原体(*S. citir*)等。

(2)植原体属(*Phytoplasma*) 菌体圆球形或椭圆形,有时为丝状、杆状或哑铃状等。菌体大小为 80~1 000 nm。目前只极少数可人工培养。在固体培养基上形成"荷包蛋"状菌落。引起丛枝、黄化、花变叶、小叶等症状。嫁接可传染,传播媒介为叶蝉,其次为飞虱、木虱等。植原体对四环素族抗菌素如四环素、多霉素和土霉素敏感,可以用这些抗菌素治疗其所引起的病害,疗效可达一年,但对青霉素抗性很强。如枣疯病等。

四、原核生物病害的特点

不同种类的植物原核生物所引起的病害都有各自不同的症状特点。细菌病害的症状主要有坏死、腐烂、萎蔫和瘤肿等,并形成菌脓;引起坏死症状的,受害组织初期多为半透明的水渍状或油渍状,在坏死斑周围,常可见黄色的晕圈;在潮湿条件下,植株表面或在维管束中有乳白色黏性的菌脓,这是诊断细菌性病害的重要依据。引起腐烂的细菌病害,症状多为软腐,且常伴有恶臭。

植物病原细菌主要通过伤口和自然孔口(如水孔、气孔、皮孔等)侵入寄主植物。通过流水(雨水、灌溉水)、介体昆虫进行传播。很多细菌还可通过农事操作和种苗如马铃薯环腐病通过切刀、姜瘟病通过块茎进行传播。高温、高湿、多雨(暴风雨)等环境条件均有利于细菌病害的发生和流行。

植物菌原体病害的症状与病毒病相似,为变色和畸形,如黄化、矮化或矮缩、丛生,小叶、花变绿等。通过叶蝉、飞虱、木虱等介体昆虫、嫁接、菟丝子进行传播。

第三节 植物病原病毒

植物病原病毒是仅次于真菌的重要病原物。据 1999 年统计,有 900 余种病毒可引起植物病害。很多园艺植物病毒病对生产造成极大的威胁。如马铃薯、番茄、辣椒的病毒病、十字花科蔬菜的病毒病、苹果病毒病等,严重影响了蔬果产品的产量和品质。

一、病毒的性质

病毒(virus)比细菌更加微小,在普通光学显微镜下是看不见的,必须用电子显微镜观察。人类对病毒的性状和本质的认识是随科学技术不断发展的,至今也很难对病毒做出非常确切的定义。1935 年经提纯得到烟草花叶病毒(TMV)的结晶,证明病毒是含有核酸的核蛋白;随着电子显微镜的应用,明确病毒是有一定形状的非细胞状态的分子生物;1991 年,Matthews

将病毒定义为:通常包被于保护性的蛋白(或脂蛋白)衣壳中,只能在适宜的寄主细胞内完成自身复制的一个或一套基因组核酸分子。

二、植物病毒的形态

形态完整的病毒称作病毒粒体。高等植物病毒粒体主要为杆状、线条状和球状等。线条状、杆状和短杆状的粒体两端钝圆或平截,粒体呈菌状或弹状。病毒的大小、长度个体之间并不一致,一般是以平均值来表示。线状粒体大小为 (480~1 250) nm×(10~13) nm;杆状粒体大小为(130~300) nm×(15~20) nm,弹状粒体大小(58~240) nm×(18~90) nm;球状病毒粒体为多面体,粒体直径多在 16~80 nm。

许多植物病毒可由几种大小、形状相同或不同的粒体所组成,病毒的基因组可以分配在各个病毒粒体内,这几种粒体必须同时存在,该病毒才表现侵染、增殖等全部性状。如烟草脆叶病毒(TRV)有大小两种杆状粒体;苜蓿花叶病毒(AMV)具有大小不同的 5 种粒体,分别为杆状和球状。这些病毒统称为多分体病毒(multicomponent virus)。

三、植物病毒的结构和成分

植物的病毒粒体由核酸和蛋白质衣壳组成。蛋白质在外形成衣壳,核酸在内形成心轴。一般杆状或线条状的植物病毒是中空的,中间是核酸链,蛋白质亚基呈螺旋对称排列。核酸链也排列成螺旋状,嵌于亚基的凹痕处;球状病毒大都是近似正二十面体,粒体也是中空的。由60 个或 60 个倍数的蛋白质亚基镶嵌在粒体表面组成衣壳。但核酸链的排列情况还不太清楚;弹状粒体的结构更为复杂,内部为一个由核酸和蛋白质形成的、较粒体短而细的螺旋体管状中髓,外面有一层含有蛋白质和脂类的包膜。

植物病毒粒体的主要成分是核酸和蛋白质,核酸和蛋白质比例因病毒种类而异,一般核酸占 5%~40%,蛋白质占 60%~95%。此外,还含有水分、矿物质元素等;有些病毒的粒体还有脂类、碳水化合物、多胺类物质;有少数植物病毒含有不只一种蛋白质或酶系统。

一种病毒粒体内只含有一种核酸(RNA 或 DNA)。高等植物病毒的核酸大多数是单链RNA,极少数是双链的(三叶草伤瘤病毒)。个别病毒是单链 DNA(联体病毒科)或双链 DNA(花椰菜花叶病毒)。

植物病毒外部的蛋白质衣壳具有保护核酸免受核酸酶或紫外线破坏的作用。蛋白质亚基是由许多氨基酸以多肽连接形成的。病毒粒体的氨基酸有 19 或 20 种,氨基酸在蛋白质中的排列次序由核酸控制,同种病毒的不同株系,蛋白质的结构可以有一定的差异。

四、植物病毒的理化特性

病毒作为活体寄生物,在其离开寄主细胞后,会逐渐丧失它的侵染力,不同种类的病毒对各种物理化学因素的反应有所差异。

(1)钝化温度(失毒温度) 把含有病毒的植物汁液在不同温度下处理 10 min 后,使病毒失去侵染力的最低温度,以摄氏度表示。病毒对温度的抵抗力相当稳定,同种病毒的不同株系的钝化温度可有差别。大多数植物病毒钝化温度为 55～70℃,烟草花叶病毒的钝化温度最高,为 90～93℃。

(2)稀释限点(稀释终点) 把含有病毒的植物汁液加水稀释,使病毒失去了侵染力的最大稀释限度。各种病毒的稀释限点差别很大,如菜豆普通花叶病毒的稀释限点为 10^{-3},烟草花叶病毒的稀释限点为 10^{-6}。

(3)体外存活期(体外保毒期) 在室温(20～22℃)下,含有病毒的植物汁液保持侵染力的最长时间。大多数病毒的体外存活期为数天到数月。

此外,不同种类病毒的物理特性在沉降系数和光谱吸收特性上也有所不同。

(4)对化学因素的反应 病毒对一般杀菌剂如硫酸铜、甲醛的抵抗力都很强,但肥皂等除垢剂可以使病毒的核酸和蛋白质分离而钝化,因此常把除垢剂作为病毒的消毒剂。

五、植物病毒的增殖

植物病毒是一种非细胞状态的分子寄生物,其增殖方式不同于一般细胞生物的繁殖。其特殊的"繁殖"方式称为复制增殖(multiplication)。由于植物病毒的核酸主要是 RNA,而且是单链的,所以病毒的 RNA 分子并不是直接作为模板复制新病毒的 RNA,而是先形成相对应的"负模板",再以"负模板"不断复制新的病毒 RNA。新形成的病毒 RNA 控制蛋白质衣壳的复制,然后核酸和蛋白质进行装配形成完整的子代病毒粒体。核酸和蛋白质的合成和复制需要寄主提供场所(通常在细胞质或细胞核内)、复制所需的原材料和能量、寄主的部分酶和膜系统。

六、植物病毒的侵染和传播

植物病毒是严格的细胞内专性寄生物,除花粉传染的病毒外,植物的病毒只能从机械的或传毒介体所造成的、不足以引起细胞死亡的微伤口侵入,因为病毒不能通过植物表面的细胞壁。

植物病毒的侵染有全株性的和局部性的。全株性侵染的病毒并不是植株的每个部分都有病毒,植物的茎和根尖的分生组织中可以没有病毒。利用病毒在植物体内分布的这个特点将茎端进行组织培养,可以得到无病毒的植株。如马铃薯、甘薯、草莓等植物的无毒组培苗繁育工厂化生产已经获得成功。

植物病毒的侵染来源和传播方式有:

1.种子和其他繁殖材料

由种子传播的病毒种类很少,许多全株性侵染的病毒,病株的种子是不带毒的。只有豆科和葫芦科植物病毒病可以通过种子传播,而且种子的带毒率差别也很大。有些植物种子是由外部含有病毒的植物残体而传毒。

感染病毒的各种无性繁殖材料如块茎、鳞茎、块根、果树的插条、砧木和接穗等也是病毒病重要的侵染来源。

嫁接是果树病毒病得以传播的最重要方式。

2. 田间病株

许多病毒的寄主范围广,如烟草花叶病毒、黄瓜花叶病毒等,都可以侵染上百种栽培和野生的植物。一种植物上的病毒可以作为另一种植物病毒病的侵染来源。

另外,栽培的和野生的植物不仅是病毒的越冬越夏场所,同时也是许多介体昆虫的毒源寄主。值得注意的是,很多带病毒的杂草是隐症的,介体昆虫在这些带毒寄主上吸食后就可以将病毒传到栽培寄主上。所以,了解病毒的寄主范围是很必要的。

接触传染也是田间植株之间病毒病传染的一种方式。有些很容易传染的病毒如烟草花叶病毒,在田间和温室进行移苗、整枝、打杈等农事操作,或因大风使健株与邻近病株接触而相互摩擦,造成微小的伤口,这些病毒就可随着汁液进入健株。所以,在田间进行农事操作时,应经常用肥皂水洗手,以免因手和工具沾染了病毒汁液而传播了病毒。

3. 土壤

有些病毒可以通过土壤传播。例如烟草花叶病毒的稳定性强,能在土壤中长期保持其生物活性。但没有介体仅由土壤传染病毒病是很难的。现在发现,TMV 等病毒是由土壤中的线虫和真菌传染的。传染病毒的线虫有剑线虫属(*Xiphinema*)、长针线虫属(*Longidorus*),真菌有油壶菌属(*Olpidium*)等。

4. 介体昆虫

严格地说,介体昆虫并不是侵染来源,只是传染的介体。大部分植物病毒是通过昆虫传播的。传毒的昆虫主要是刺吸式口器的昆虫,如蚜虫、叶蝉、飞虱、粉虱、蓟马等,也有少数咀嚼式口器的昆虫如甲虫、蝗虫等也可传播病毒。除昆虫外,少数螨类也是病毒的传播媒介。

昆虫传播病毒有一定的专化性,有些病毒只由蚜虫传播,有的只由叶蝉传播,其中叶蝉的专化性较强,而蚜虫传毒的专化性较弱。有些昆虫只能传播一种病毒,而桃蚜(*Myzus persicae*)可以传播 100 多种病毒。

昆虫所传播病毒的持久性(昆虫在病株上获毒后,保持传毒能力时间的长短)有很大差别。根据昆虫获毒后传毒期限的长短,可分为三种类型:

(1)非持久性病毒 昆虫获毒后立刻就能传毒,但很快就会失去传毒能力。

(2)半持久性病毒 昆虫在获毒后不能马上传毒,要经过一段时间才能传毒,这段时间叫作"循回期"。昆虫的传毒能力可以保持一定期限。

(3)持久性病毒 昆虫获毒后也要经过一定的时间才能传毒,但此类昆虫可终生保持传毒能力或经卵传毒。

近年来,逐渐采用另一种分类法,根据病毒在刺吸式口器昆虫体上的存在部位及病毒的传染机制,也将病毒分为三种类型:

(1)口针型病毒 这类病毒存在于口针的前端,其传染性状相当于非持久性病毒。

(2)循回型病毒 昆虫吸食的病毒,要经过中肠到达唾液腺,再经唾液的分泌传染病毒。病毒在昆虫体内有转移的过程,需经一定时间才能传染。其传染性状相当于半持久性病毒。

(3)增殖型病毒 病毒在体内转移的过程中还可在体内增殖。其传染性状相当于持久性病毒。

▶ 七、植物病毒的分类和命名

植物病毒分类主要依据以下几项原则进行：①病毒基因组的核酸类型；②核酸是否单链；③病毒粒体有无脂蛋白包膜；④病毒粒体形态；⑤基因组核酸分段状况。

根据上述主要特性，在国际病毒分类委员会（ICTV）2000年的分类报告中，将植物病毒分为15个科（包括49个属）和24个未定科的属，900多个确定种或可能种。其中DNA病毒有4个科，13个属；RNA病毒有11个科，60个属。根据核酸的类型和链数，可将植物病毒分为：双链DNA病毒、单链DNA病毒、双链RNA病毒、负单链RNA病毒以及正单链RNA病毒。

在植物病毒的分类系统中，以前多数学者认为病毒"种"的概念还不够完善，采用门、纲、目、科、属、种的等级分类方案不成熟。所以近代植物病毒分类上的基本单位不称为"种"，而称为成员（member），近似于属的分类单位称为组（group）。1995年出版的ICTV第六次报告，将729个种分为9个科47个属，基本明确了科、属、种关系。

株系（strain）和变株（variant）是病毒种下的分类单元，具有生产上的重要性。一般自然存在的称株系，人工诱变的称变株。不同株系之间在蛋白质衣壳中氨基酸的成分、介体昆虫的专化程度、传染效率和症状的严重度等方面存在性状差异。

随着人类对病毒认识程度的不断深入，病毒的命名方法也在发生改变。病毒的命名法有俗名法、密码法和拉丁双名法。

1. 俗名法

植物病毒最初使用的命名法，这种命名法是将寄主的俗名＋症状特点＋病毒组合而成。如烟草花叶病毒为 *Tobacco mosaic virus*，简称TMV，这种命名法目前仍较通用。

2. 密码法

主要依据核酸的类型、链数以及核酸的分子质量、核酸在病毒粒体中百分含量等进行命名。但随着人类对病毒本质认识的深入，密码法也无法全面概括病毒的性状，因此在1977年以后便很少使用。

按照密码法命名，每一病毒的密码包含四对符号：如"烟草花叶病毒"就变成"烟草花叶病毒（R/1：2/5：E/E：S/O）"

第1对：核酸类型/核酸链数。R＝RNA，D＝DNA，1为单链，2为双链。

第2对：核酸分子质量/侵染粒体中核酸的百分率。

第3对：病毒粒体的外形/核衣壳的外形。S＝球形；E＝长形杆状而头齐；U＝长形杆状而端圆；X＝与前述不同的形状。

第4对：寄主种类/介体种类。寄主的代号是 A＝藻类；B＝细菌；S＝种子植物；介体的代号是：Ac＝蝉或螨；Al＝粉虱；Ap＝蚜虫；Au＝叶蝉、飞虱或角蝉；Cc＝粉蚧；Cl＝甲虫；Di＝蝇或蚊；Fu＝真菌；Gy＝网蝽；Ne＝线虫；O＝非介体传播；Ps＝木虱；Si＝跳蚤；Th＝蓟马；Ve＝不同于前述的介体。

＊＝未详，适用于以上各对特征。

3. 拉丁文双名法

植物病毒的命名目前还不采用此法，仍沿用俗名法，病毒的属名为专用国际名称，由典型成员寄主名称（英文或拉丁文）缩写＋主要特点描述（英文或拉丁文）缩写＋virus拼组而成。

植物病毒的科属和正式种名书写时用斜体,未经 ICTV 批准的种名及株系书写时不采用斜体。

类病毒(viroid)在命名时遵循相似的规则,因缩写时易与病毒混淆,新命名规则规定 viroid 的缩写为 Vd;类病毒的科属与正式种名书写时应用斜体,如马铃薯纺锤块茎类病毒(*Potato spindle tuber viroid* 缩写为 PSTVd)。

八、重要的植物病毒属及典型种

(一) 烟草花叶病毒属和烟草花叶病毒(TMV)

烟草花叶病毒属(*Tobamovirus*) 典型种为烟草花叶病毒(TMV),病毒形态为直杆状,直径 18 nm,长 300 nm;病毒粒体的沉降系数 S_{20w} 为 194S;核酸占病毒粒体的 5%,蛋白质占 95%左右;基因组核酸为一条(+)$_{ss}$RNA 链;衣壳蛋白亚基为一条多肽。

寄主范围广,属于世界性分布;依靠植株间的接触、花粉或种苗传播,对外界环境的抵抗力强。引起番茄、马铃薯、辣椒等茄科植物的花叶病。

(二)马铃薯 Y 病毒属(*Potyvirus*)和马铃薯 Y 病毒(PVY)

马铃薯 Y 病毒属(*Potyvirus*) 线状病毒,通常长 750 nm,直径为 11~15 nm,具有一条正单链 RNA,核酸占粒体重量的 5%~6%,蛋白占 94%~95%。病毒粒体的沉降系数 S_{20w} 为 150~160S。主要以蚜虫进行非持久性传播,绝大多数可以通过接触传染,个别可以种传。所有病毒均可在寄主细胞内产生典型的风轮状内含体或核内含体和不定形内含体。大部分病毒有寄主专化性,如 PVY 主要限于茄科,MDMV(玉米矮花叶病毒)限于禾本科,大豆花叶病毒(SMV)限于豆科等;个别具有较广泛的寄主范围。

马铃薯 Y 病毒(*Potato virus Y*,PVY)主要侵染马铃薯、番茄等园艺植物。PVY 可在茄科植物和杂草上越冬。自然状态下由桃蚜等蚜虫以非持久性方式传播。

(三)黄瓜花叶病毒属(*Cucumovirus*)和黄瓜花叶病毒(CMV)

黄瓜花叶病毒属(*Cucumovirus*) 典型种为黄瓜花叶病毒(*Cucumber mosaic virus*,CMV)。粒体球状,直径 29 nm,属于三分体病毒。粒体中$_{ss}$RNA 含量为 18%,蛋白质为 82%。沉降系数 S_{20w} 为 99 S。在 CMV 粒体中,有卫星 RNA 的存在。CMV 即成为卫星 RNA 的依赖病毒,并能影响 CMV-RNA 的复制。CMV 在自然界依赖蚜虫以非持久性方式传播,也可由汁液接触传播,少数报道可由土壤带毒而传播。

黄瓜花叶病毒寄主包括十余科的上百种双子叶和单子叶植物,且常与其他病毒复合侵染,使病害症状复杂多变。

(四)植物病毒病的特点

植物感染病毒后产生各种症状,这种症状表现包括外部的和内部的。

植物病毒病的外部症状类型主要有变色、坏死和畸形。变色中以花叶、明脉和黄化最为常见。所以很多病毒病称作花叶病或黄化病,但黄化症状有相当一部分是植原体引起的,而丛枝、花变绿等症状则都是植原体所引起的;植物病毒病的坏死症状常表现为枯斑、环纹或环斑,有时环斑组织可以不坏死;畸形症状也是病毒病的常见症状类型,多表现为癌肿、矮化、皱缩、小叶等。

植物病毒病还有一个特点,就是一种病毒病可以引起多种类型的症状。如辣椒病毒病就表现为花叶、矮化、皱缩、环斑等。

细胞感染病毒后，植物内部最为明显的变化是在表现症状的表皮细胞内形成内含体，内含体的形状很多，有风轮状、变形虫形、近圆形的，也有透明的六角形、长条状、皿状、针状、柱状等形状。有些在光学显微镜下就可观察到。

植物受到病毒感染后，病毒虽然在植物体内增殖，但由于环境条件不适宜而不表现显著的症状，称症状潜隐。如高温可以抑制许多花叶病型病毒病的症状表现。

一种病毒所引起的症状，可以随着寄主植物种类而有不同，如 TMV 在普通烟上引起全株性花叶，在心叶烟上则形成局部性枯斑；而两种或两种以上病毒的复合侵染，症状表现就更加复杂了。如 CMV 引起番茄病毒病的蕨叶症状，与 TMV 复合侵染则引起严重的条斑；有时复合侵染的两种病毒会发生颉颃作用，最明显的是交互保护，即先侵染的病毒可以保护植物不受加一病毒的侵染。如经化学诱变获得的番茄花叶病毒的弱毒疫苗 N_{14} 的使用，可有效降低番茄条斑病的发病程度。

第四节　植物病原线虫

线虫是一类低等动物，种类多，分布广。一部分可寄生在植物上引起植物线虫病害。如果树、蔬菜等园艺植物的根结线虫病，使寄主生长衰弱、根部畸形；同时，线虫还能传播其他病原物，如真菌、病毒、细菌等，加剧病害的严重程度。

近年来很多具有生防潜力的昆虫病原线虫的繁殖和应用研究取得了很大的进展。如斯氏线虫科（Steinernematidae）、异小杆线虫科（Heterorhabditidae）、索科（Mermiehidae）等，在生产上对桃小食心虫、小地老虎、大黑鳃金龟等害虫取得了显著的防治效果；捕食真菌、细菌的线虫也有很多报道。

▶ 一、形态与解剖特征

大多数植物寄生线虫体形细长，两端稍尖，形如线状，故名线虫。植物寄生性线虫大多虫体细小，需要用显微镜观察。线虫体长 $0.3\sim1\ mm$，个别种类可达 $4\ mm$，宽 $30\sim50\ \mu m$。线虫的体形也并非都是线形的，这与种类有关，雌雄同型的线虫雌成虫和雄成虫皆为线形，雌雄异型的线虫雌成虫为柠檬形或梨形，但它们在幼虫阶段都是线状的。线虫虫体多为乳白色或无色透明，有些种类的成虫体壁可呈褐色或棕色。

线虫虫体分唇区、胴部和尾部。虫体最前端为唇区。唇由六个唇瓣组成。胴部是从吻针基部到肛门的一段体躯。线虫的消化、神经、生殖、排泄系统都在这个体段。尾部是从肛门以下到尾尖的一部分。尾有圆形、筒形、鞭形、弯钩形等。

植物寄生线虫外层为体壁，不透水、角质、有弹性，表面光滑或有纵横条纹，有保持体形、膨压和防御外来毒物渗透的作用。体壁下为体腔，其内充满体腔液，有消化、生殖、神经、排泄等系统。线虫无循环和呼吸系统。其中消化系统和生殖系统最为发达，神经系统和排泄系统相对较为简单。

消化系统由口、口针、口腔、食道、消化道、直肠和肛门组成。口后为口腔，口腔内有一根骨质化的刺状物,称为口针(吻针)。口针是植物寄生线虫特有的。口针位于口腔的中央,是线虫穿刺植物组织吸取营养的器官,能伸缩,其形态和结构是线虫分类的依据之一。

口腔下的食道有一个肌肉发达的球状体,称中食道球。其作用相当于唧筒,可以帮助线虫吮吸流体食物。在食道后部或旁边通常有食道腺,它能分泌溶解植物细胞壁的物质和各种毒素。食道的类型是重要的分类依据之一。消化道直管状,其后是直肠和肛门。雄虫直肠的开口与生殖器官的开口同在一处,又称为泄殖腔。

神经系统主要有神经环、乳突、侧器、半月体、半月小体和侧尾腺。神经环是线虫的神经中枢;侧器位于头部可感受化学刺激;半月体和半月小体位于排泄孔附近,呈透明状;乳突是与神经相连的小突起物,常常位于头部、颈部和虫体后部,有分泌和感受接触的作用;侧尾腺位于线虫尾部,侧尾腺的有无是分类的依据之一。

排泄系统最为简单,只有一个排泄孔,位于虫体腹面。

生殖系统非常发达。雌虫生殖系统由卵巢、输卵管、子宫和阴门组成。子宫的一部分可以膨大形成授精囊。雌虫的阴门和肛门是分开的。雄虫的生殖系统由睾丸、输精管和泄殖腔组成。泄殖腔内有交合刺、引带和交合伞等附属器官。雄虫的生殖孔和肛门是同一个开口,称泄殖孔。

二、植物病原线虫的生活史

植物线虫生活史比较简单。有卵、幼虫和成虫 3 个虫态。卵通常为椭圆形,半透明,产在植物体内、土壤中或留在卵囊内;幼虫有 4 个龄期,1 龄幼虫在卵内发育并完成第一次蜕皮,2龄幼虫从卵内孵出,再经过 3 次蜕皮发育为成虫。植物线虫一般为两性生殖,也可以孤雌生殖。多数线虫完成一代只要 3～4 周的时间,在一个生长季中可完成若干代。

线虫在田间的分布一般是不均匀的,水平分布呈块状或中心分布;垂直分布与植物根系有关,多在 15 cm 以内的耕作层内,特别是根围。

线虫在土壤中的活动性不强,而且没有方向性,所以其主动传播距离非常有限,在土壤中每年迁移的距离不会超过 1～2 m;被动传播是线虫的主要传播方式,包括水、昆虫和人为传播。在田间主要以灌溉水的形式传播;人为传播形式较多,如耕作机具携带病土、种苗调运、污染线虫的农产品及其包装物的贸易流通等。通常人为传播都是远距离的。有些线虫也通过昆虫传播。

植物病原线虫多以幼虫或卵的形态在土壤、田间病株、带病种子(虫瘿)和无性繁殖材料、病残体等场所越冬,在寒冷和干燥条件下还可以休眠或滞育的方式长期存活。低温干燥条件下,多数线虫的存活期可达一年以上,而卵囊或胞囊内未孵化的卵存活期则更长。

三、植物病原线虫的寄生性和致病性

植物寄生线虫都是活体寄生物,不能人工培养。线虫的寄生方式有外寄生和内寄生。外寄生的线虫虫体大部分留在植物体外,仅以头部穿刺入植物组织内吸取食物;内寄生的线虫虫体则全部进入植物组织内。也有些线虫生活史的某一段为外寄生,而另一段为内寄生。

线虫可以寄生在植物的根、茎、叶、芽、花、穗等各个部位,但大多数线虫在土壤中生活,寄生在植物根及地下茎的最为多见。

植物寄生线虫具有寄主专化性,有一定的寄主范围。有些很专化,只寄生在少数几种植物上;有些线虫的寄主范围很广,能在许多分类上不相近的植物上寄生。线虫种内存在生理分化现象,有生理小种和专化型的区分。

植物病原线虫对植物的致病性主要有以下几方面:

(1)机械创伤　由线虫口针穿刺植物组织细胞进行吸食直接造成伤害。

(2)营养掠夺　由于线虫吸食,夺取了寄主的营养,阻碍植物组织细胞的生长发育。

(3)化学毒害　线虫吸食时向植物组织细胞内分泌多种酶等生化物质,破坏了组织细胞的正常代谢过程。

(4)复合侵染　由线虫侵染所造成的伤口是真菌、细菌等病原微生物的二次侵染途径,或者有些线虫还是真菌、细菌和病毒的传播介体导致更为严重的危害。

植物受线虫为害后,可以表现局部性症状和全株性症状。局部性症状多出现在地上部分,如顶芽坏死、茎叶卷曲、叶瘿、种瘿等;全株性病害则表现为营养不良、植株矮小、生长衰弱、发育迟缓、叶色变淡等,有时还有丛根、根结、根腐等症状。

四、植物病原线虫的主要类群

线虫为动物界、线虫门(Nemata)的低等动物。门下设侧尾腺纲(Secernentea)和无侧尾腺纲(Adenophorea)。植物寄生线虫分属于垫刃目、滑刃目和三矛目,目以下分总科、科、亚科、属、种。种的名称采用拉丁双名法。

园艺植物的重要病原线虫类群如下:

1.根腐线虫属(*Pratylenchus*)

寄生于植物根内和块根、块茎等植物地下器官。寄主范围广泛,能危害多种园艺植物,引起根部损伤和根腐。体长不超过1 mm,圆柱形,两端钝圆,唇区缢缩,口针发达,基部球粗大;雌虫单卵巢,直生,前伸。雄虫单精囊,交合刺成对,不并合,交合伞包至尾尖。重要病原种有:短尾根腐线虫(*P.brachyurus*)、穿刺根腐线虫(*P.Penetrans*)。

2.根结线虫属(*Meloidogyne*)

寄主范围广泛,危害多种园艺植物根系引起根结。雌、雄虫异形、异皮,口针短而细,中食道球发达;雄虫细长,尾短,无交合伞,交合刺粗壮;雌虫梨形,阴门周围的角质膜形成特征性的会阴花纹,可孤雌生殖。重要种有南方根结线虫(*M.incognita*)、花生根结线虫(*M.arenaria*)、爪哇根结线虫(*M.javanica*)、北方根结线虫(*M.hapla*)。

第五节　寄生性植物

大多数植物为自养生物,能自行吸收水分和矿物质,并利用叶绿素进行光合作用合成自身生长发育所需的各种营养物质。但也有少数植物由于叶绿素缺乏或根系、叶片退化,必须寄生在其他植物上以获取营养物质,称为寄生性植物。大多数寄生性植物为高等的双子叶植物,可以开花结籽,又称为寄生性种子植物(parasitic seed plants)。

▶ 一、寄生性植物的寄生性

根据寄生性植物对寄主植物的依赖程度,可将寄生性植物分为全寄生和半寄生两类。全寄生性植物如菟丝子、列当等,无叶片或叶片已经退化,无足够的叶绿素,根系蜕变为吸根,必须从寄主植物上获取包括水分、无机盐和有机物在内的所有营养物质。解剖的特点是两个植物的导管和筛管相连,寄主植物体内的各种营养物质可不断供给寄生性植物;半寄生性植物如槲寄生、桑寄生等本身具有叶绿素,能够进行光合作用,但需要从寄主植物中吸取水分和无机盐,在解剖上的特点是两个植物的导管相连。它们与寄主植物主要是水分的依赖关系,又称为水寄生。

寄生性植物在寄主植物上的寄生部位也是不相同的,有些为根寄生,如列当;有些则为茎寄生,如菟丝子和槲寄生。

▶ 二、寄生性植物的主要类群

1. 菟丝子科菟丝子属(*Cuscuta*)

菟丝子属植物是世界范围分布的寄生性种子植物,在我国各地均有发生,寄主范围广,主要寄生于豆科、菊科、茄科、百合科、伞形科、蔷薇科等草本和木本植物上。菟丝子属植物为全寄生、一年生攀藤寄生的草本种子植物,无根;叶片退化为鳞片状,无叶绿素;茎藤多为黄色丝状。菟丝子花较小,白色、黄色或淡红色,头状花序。蒴果扁球形,内有 2~4 粒种子;种子卵圆形,稍扁,黄褐色至深褐色。

菟丝子种子成熟后落入土壤或混入作物的种子中,成为第二年的主要初侵染源。翌年菟丝子种子发芽后,长出可旋卷的淡黄色线状幼茎,遇到寄主后即紧密缠绕寄主茎部,并在接触的部位产生吸盘侵入寄主植物的维管束内吸取水分和养分。之后吸盘下边的茎就逐渐萎缩死亡。而其上部的茎则不断缠绕寄主,并可向四周蔓延危害。寄主植物遭菟丝子危害后生长严重受阻。

在我国主要有中国菟丝子(*C. chinensis*)和日本菟丝子(*C. japonica*)等。中国菟丝子主要危害草本植物,日本菟丝子则主要危害木本植物。

田间发生菟丝子为害后,一般是在开花前彻底割除菟丝子,或采取深耕的方法将种子深埋使其不能萌发。近年来用"鲁保一号"防效也很好。

2. 列当科列当属(*Orobanche*)

列当属植物在我国主要分布于西北、华北和东北地区。寄主为瓜类、豆类、向日葵、茄果类等植物。列当属植物为全寄生、一年生草本植物,茎肉质,单生或有分枝;仅在茎基部有退化为鳞片状的叶片,无叶绿素;根退化成吸根伸入寄主根内吸取养料和水分。花两性,穗状花序,花冠筒状,多为蓝紫色;果为球状蒴果,内有几百甚至数千粒种子;种子极小,卵圆形,深褐色,表面有网状花纹。

列当主要以种子形式借气流、水流、农事操作活动等传播。种子在土壤中可保持生活力达 10 年之久。遇到适宜的温、湿度条件和植物根分泌物的刺激,种子就可以萌发。种子萌发后产生的幼根向部生长,接触寄主的根后生成吸盘侵入寄主植物根部吸取水分和养分。之后茎开始发育并长出花茎,造成寄主生长不良和严重减产。

我国重要的列当种类有:埃及列当($O. aegyptica$),主要寄主为瓜类植物;向日葵列当($O. curnane$),主要寄主为向日葵。

3. 桑寄生科槲寄生属($Viscum$)

槲寄生多为绿色灌木,有叶绿素,营半寄生生活,主要寄生于桑、杨、板栗、梨、桃、李、枣等多种林木和果树等木本植物的茎枝上。

槲寄生为绿色小灌木。叶肉质肥厚无柄对生,倒披针形或退化成鳞片;茎圆柱形,二歧或三歧分枝,节间明显,无匍匐茎;花极小,单性,雌雄同株或异株;果实为浆果,黄色。

槲寄生的种子由鸟类携带传播到寄主植物的茎枝上,萌发后胚轴在与寄主接触处形成吸盘,由吸盘中长出初生吸根,穿透寄主皮层,形成侧根并环绕木质部,再形成次生吸根侵入木质部内吸取水分和矿物质。

我国以槲寄生($V. album$)和东方槲寄生($V. orientale$)较为常见。

槲寄生发现后应及时锯除病枝烧毁,喷洒硫酸铜 800 倍液有一定防效。

第六节　非侵染性病害的病原

引起非侵染性病害的病原因子有很多,主要可归为营养失调、土壤水分失调、温度不适、有害物质等。

▶ 一、营养失调

植物在正常生长发育过程中需要氮、磷、钾、钙、硫、镁等大量元素;铁、硼、锰、锌等微量元素,当营养元素缺乏或过剩,或者各种营养元素的比例失调,或者由于土壤的理化性质不适宜而影响了这些元素的吸收,植物都不能正常生长发育,产生生理病害。

其中缺素症较为常见,一方面是由于某种营养元素缺乏而导致植物发病的。如番茄缺钙表现为植株瘦弱,心叶边缘发黄皱缩,中部叶片形成大块黑褐色斑,叶片上卷,在结果后还会引起脐腐病。苹果缺钙引起苦痘病,在果实贮藏前期果面产生圆形或不规则形凹斑,病部果肉呈海绵状坏死,味苦,苦痘病因而得名。黄瓜缺镁,表现为生育期提早,脉间黄化,重则引起叶片枯死;果树缺铁则引起多种的缺铁黄化病,表现为新叶黄化而老叶保持绿色。另一方面原因则是各种营养元素之间的颉颃作用导致某些营养元素的缺乏。如土壤中锰和锌、锰和铁、钾和镁、钠和钙、铵离子和钾离子等的吸收都互为颉颃关系,前一种元素过量就会使植物出现另一种元素的缺乏症。

土壤中某些营养元素含量过高不仅影响植物生长发育,有时还会造成严重的伤害。如土壤中氮肥含量过多时,常造成植物营养生长过旺,生育期延迟,植株抗病力下降;土壤中硼过剩时,引起黄瓜幼苗下位叶缘黄化或脱落,植株矮化;锰过剩时,则使叶脉变褐,叶片早枯。

除土壤自身的营养元素的缺乏或过剩会引发营养失调外,土壤的理化性质不适宜,如温度过低、水分含量低、pH 偏高或偏低等都会直接或间接影响植物对营养元素的正常吸收和利用。如低温会降低植株根的呼吸作用,直接影响根系对氮、磷、钾的吸收。土壤干燥、土壤溶液的浓度过高,温度高、空气湿度小、土壤水分蒸发快、酸性土壤中易发生钙的缺乏。

土壤的盐渍化问题是盐碱地区蔬果生产的重要制约因素,各种有害盐类对植株的危害主要是土壤的渗透压过高,使植物出现吸水困难,其症状与干旱相似。但近年来设施栽培面积的不断扩大,土壤的次生盐渍化问题也日益突出。由于保护地栽培效益高、倒茬频繁,各种农家肥和化学肥料施用量都很大,有很多化学肥料如硫酸铵、硫酸钾、氯化钾等都有副成分在土壤中残留,但保护地半封闭的环境条件却阻碍了雨水对土壤的淋洗作用,造成多余肥料及其副成分在土壤中大量积累,并与土壤中其他离子结合成各种可溶性盐。土壤中可溶性盐在土表积聚,其浓度超过了植物正常生长的允许范围,造成土壤次生盐渍化。

土壤次生盐渍化对植物的危害根据盐分浓度不同而有所差异。据测定,土壤盐分浓度在0.3%以下时,仅草莓等少数作物表现盐害;浓度在0.3%～0.5%时,就会使土壤板结,根系发育不良,植株吸水困难,全株萎蔫,产量降低;浓度达到0.5%～1%时,多数作物会表现明显症状,植株矮小,叶色浓绿,叶缘出现坏死斑,不发新根,重则植株枯死。土壤含盐量达1%以上时,多数作物不能生长、成活。据调查,我国多数保护地已不同程度地受到土壤次生盐渍化的危害。

二、水分失调

植物的新陈代谢过程和各种生理活动,都必须有水分的参与才能进行,它直接参与植物体内各种物质的转化和合成,溶解并吸收土壤中各种营养元素并可调节植物体温。水分在植物体内的含量可达80%～90%以上,水分的缺乏或过多及供给失调都会对植物产生不良影响。

天气干旱,土壤水分供给不足,会使植物的营养生长受到抑制,营养物质的积累减少而降低品质。缺水严重时,植株萎蔫,叶片变色,叶缘枯焦,造成落叶、落花和落果,甚至整株枯死。

土壤水分过多,俗称涝害,会阻碍土温的升高和降低土壤的透气性,土壤中氧气含量降低,植物根系长时间进行无氧呼吸,引起根系腐烂,也会引起叶片变色、落花和落果,甚至植株死亡。

水分供给失调、变化剧烈时,对植株会造成更大的伤害。如先干旱后涝害,会使根菜类的根茎、果树的果实开裂,前期水分充足后期干旱则使番茄果实发生脐腐病,严重影响蔬果产品的产量和品质。

三、温度不适

植物的生长发育都有它适宜的温度范围,温度过高或过低,超过了它的适应能力,植物代谢过程将受到阻碍,就可能发生病理变化而发病。

低温对植物危害很大。轻者产生冷害,冰点以上的持续低温对喜温植物的危害,表现为植株生长减慢,组织变色、坏死,造成落花、落果和畸形果。如黄瓜生长发育期遇低于12℃的低温,会出现幼苗生长缓慢,叶色变浅,叶缘枯黄的现象;夜温低于5℃生长停滞,幼苗萎蔫。葫芦科、茄科、豆科等蔬菜幼苗的"沤根"也是由低温引起的。当地温低于12℃且持续时间较长,土壤浇水过量,幼苗根部表皮呈铁锈色,逐渐腐烂,不发新根或不定根,地上部叶缘焦枯,生长几乎停止,重则枯死。

0℃以下的低温可使植物细胞内含物结冰,细胞间隙脱水,原生质破坏,导致细胞及组织死亡。如秋季的早霜、春季的晚霜,常使植株的幼芽、新梢、花器、幼果等器官或组织受冻,造成幼芽枯死、花器脱落、不能结实或果实早落。

高温对植物的危害也很大。可使光合作用下降,呼吸作用上升,碳水化合物消耗加大,生长减慢,使植物矮化和提早成熟。干旱会加剧高温对植物的危害程度。

在自然条件下,高温常与强日照及干旱同时存在,使植物的茎、叶、果等组织产生灼伤,称日灼病,表现为组织褪色变白呈革质状、硬化易被腐生菌侵染而引起腐烂,灼伤主要发生在植株的向阳面。苹果、葡萄等果树的向阳部位修剪过度,夏季果实得不到遮阳,就会发生日灼;番茄、辣(甜)椒等植株老叶打得过重也易发生灼伤。保护地栽培通风散热不及时,也常造成高温伤害,造成黄瓜幼苗花打顶,叶片出现褪色斑点。高温干旱常使辣椒大量落叶、落花和落果。

▶ 四、有害物质

空气中的有毒气体、土壤和植物表面的尘埃、农药等有害物质,都可使植物中毒而发病。工厂排出的有害气体为硫化物、氟化物、氯化物、氮氧化物、臭氧、粉尘等。

硫化物主要为二氧化硫,植物受二氧化硫危害,主要表现为叶片不均匀褪绿,形成白斑,常引起叶片早落。辣椒和豆科蔬菜、苹果、葡萄、桃等果树对二氧化硫都比较敏感;氟化物危害植物多在叶尖、叶缘产生黄色或黑褐色枯焦斑;氯化物主要危害充分伸展的叶片,能很快破坏叶绿素,在脉间产生褪绿斑,严重时全叶变白,枯死脱落。

保护地栽培的植物还可能受到氨气、亚硝酸气、以邻苯二甲酸二异丁酯为增塑剂的塑料薄膜挥发的有害气体的危害。在保护地一次性施用过多的铵态氮肥、未腐熟的饼肥、人粪尿、鸡粪、鱼肥等,遇棚内高温,3~4天就可产生大量氨气,使空气中的氨气浓度不断增加,当浓度达到0.1%~0.8%时,植物就可受害,在叶片上形成大小不一的不规则失绿斑,叶缘枯焦,严重时整株枯死。以邻苯二甲酸二异丁酯为增塑剂的塑料薄膜挥发的有害气体在高温下2~3天就可使黄瓜、油菜甘蓝等蔬菜中毒死亡。

在贮藏过程中,条件不适宜也可诱发生理病害,如苹果虎皮病、马铃薯黑心病等,都是由于贮藏温度高、通风不良等原因引起的。

在防治病虫草害时使用杀菌剂、杀虫剂、除草剂等化学农药浓度过高、施用方法不合理、种类和时期不恰当也会产生药害。如施用烟剂防治病虫害时用量过大,烟剂的分布点不均匀,局部植物会产生全株叶片焦枯的症状。波尔多液可用于多种果树真菌性病害的防治,但如果使用时期不适宜或硫酸铜和生石灰的比例不恰当,植物也会产生药害,在苹果的幼果期和近成熟时使用会在果面产生果锈。杀菌剂和杀虫剂浓度过高,会使植物叶片产生不规则形坏死斑,甚至全叶枯焦。喷施矮壮素、多效唑等植物生长调节剂浓度过高会严重抑制植物生长;2,4-D在茄果类蔬菜上常用来保花、保果、促进果实膨大,但药液蘸花时浓度过大或重复蘸花,会使果实脐部呈瘤状突起造成果实畸形。

第十二章　园艺植物病害的发生与发展

◆ 学习目标

理解病害的发生与发展过程。

侵染性病害的发生和流行,是寄主植物和病原物在一定的环境条件影响下,相互作用的结果。如果要更好地认识病害的发生、发展规律,就必须了解病害发生发展的各个环节,深入分析病原物、寄主植物、环境条件在各个环节中的作用。

第一节　病原物的寄生性和致病性

一、寄生性

寄生性是指病原物从寄主处获得活体营养的能力。不同的病原物其寄生性有强弱区分。

1. 专性寄生物

它们的寄生能力最强,自然条件下只能从活的寄主细胞和组织中获得营养,也称为活体寄生物。寄主植物的细胞和组织死亡后,寄生物也停止生长和发育,寄生物的生活严格依赖寄主,寄主的死亡对其不利。植物病原物中,所有植物病毒、植原体、寄生性种子植物,大部分植物病原线虫和霜霉菌、白粉菌和锈菌等真菌是专性寄生物。

2. 非专性寄生物

绝大多数的植物病原真菌和植物病原细菌都是非专性寄生的。但它们的寄生能力也有强弱区分。强寄生物的寄生性仅次于专性寄生物,以寄生生活为主,但也有一定的腐生能力,在某种条件下,可以营腐生生活。大多数真菌和叶斑性病原细菌属于这一类。如很多子囊菌的无性阶段寄生能力较强,可在旺盛生长的活寄主上营寄生生活;而有性阶段寄生能力弱,可在衰老死亡的寄主组织(如落叶)上营腐生生活。

弱寄生物一般也称作死体寄生物。它们的寄生性较弱,只能在衰弱的活体寄主植物或处于休眠状态的植物组织或器官(如块根、块茎、果实等)上营寄生生活。这类寄生物包括引起猝倒病的腐霉菌和瓜果腐烂的根霉菌、引起腐烂的细菌等,它们生活史中的大部分时间是营腐生生活的。

分析一种病原物是弱寄生还是强寄生还是很重要的,这与病害的防治关系密切。如培育抗病品种是很有效的防治措施,但它主要是针对寄生性较强的病原物所引起的病害,对于弱寄生物所引起的病害,一般来说很难得到理想的抗病品种。对于这类病害的防治,应着重于采取措施提高植物的抗病性。

◆ 二、病原物的寄主专化性

病原物对寄主具有选择性,任何病原物都只能寄生在一定的寄主植物上,也就是每种病原物都有一定的寄主范围。不同病原物的寄主范围差别很大,这与其寄生性强弱有一定的关系。一般来说,寄生物的寄生性强,寄主专化性就强,寄主范围相对较窄;寄生性弱,寄主专化性也较弱,寄主范围较宽。如十字花科蔬菜的霜霉病菌都有较强的寄主专化性,如萝卜变种只对萝卜属蔬菜有较强的寄生能力,对十字花科的其他蔬菜无寄生能力或寄生能力极弱;而丝核菌和灰霉菌则可在上百种植物上寄生。

但也有较特殊的情况,植物病原病毒也是专性寄生物,寄生性也很强,但其寄主范围一般都很广泛,如烟草花叶病毒能的寄主包括茄科、葫芦科、藜科、菊科等 36 科 236 种植物。它和一般的专性寄生物有所不同。

◆ 三、致病性

致病性是病原物所具有的破坏寄主和引起病害的能力。病原物的破坏作用是由于寄生物从寄主吸取水分和营养物质,同时,病原物新陈代谢的产物也直接或间接地破坏寄主植物的组织和细胞。致病性和寄生性既有区别又有联系,但致病性才是导致植物发病的主要因素。

专性寄生物或强寄生物对寄主细胞和组织的直接破坏性小,所引起的病害发展较为缓慢,如果寄主细胞或组织死亡,对病原物生长反而不利;而多数非专性寄生物对寄主的直接破坏作用很强,可以很快分泌酶或毒素杀死寄主的细胞或组织,而后从死亡的组织和细胞中获得营养。

病原物对寄主植物的致病性体现是多方面的。首先是夺取寄主的营养物质,致使寄主生长衰弱;其次是分泌各种酶和毒素,使植物组织中毒进而消解、破坏组织和细胞,引起病害;有些病原物还能分泌植物生长调节物质,干扰植物的正常激素代谢,引起生长畸形。

病原真菌、细菌、病毒、线虫等病原物,在其种内存在致病性的差异,依据其对寄主属的专化性可区分为不同的专化型;同一专化型内又根据对寄主种或品种的专化性分为生理小种。病毒称为株系,细菌称为菌系。了解当地病原物的生理小种,对选育和推广抗病品种、分析病害流行规律和预测预报具有重要的实践意义。

应当指出,病原物的致病性,只是决定植物病害严重性的一个因素。病害的严重程度还和病原物的发育速度、传染效率等因素有关,在一定条件下,致病性较弱的病原物也可能引起病害的严重发生。如霜霉菌的致病性是较弱的,但在生产上,它所引起的霜霉病是十字花科、葫芦科蔬菜和葡萄等果树的重要病害。

第二节 寄主植物的抗病性

▶ 一、寄主植物的抗病性表现

寄主植物抵抗或抑制病原危害的能力称为抗病性。不同植物对病原物的抗病能力有程度区分。

一种植物对某一种病原物而言,完全不发病或无症状称免疫;表现为轻微发病的称抗病,发病极轻则称高抗;植物可忍耐病原物侵染,虽然表现为发病较重,但对植物的生长、发育、产量、品质没有明显影响称耐病;寄主植物发病严重,对产量和品质影响显著称感病;寄主植物本身是感病的,但由于形态、物候或其他方面的特性而避免发病称避病。

植物之所以有抗病性的表现,与植物微观的形态结构和生理生化特性有关。形态结构的特性如植物表面毛状物的疏密、蜡层的厚薄、气孔的结构、侵填体形成的快慢等,生理生化方面如酚类化合物、有机酸含量和植物保卫素的积累速度等都会影响到植物抗病性的强弱。

▶ 二、水平抗性和垂直抗性

范德普兰克(Van der Plank)根据寄主植物抗病性与病原物小种的致病性之间有无特异性相互关系,把植物抗病性分为垂直抗性和水平抗性两类。

垂直抗性也称小种专化抗性。寄主和病原物之间有特异的相互作用,植物某品种对病原物的某些生理小种有抗性,而对另一些则没有抗性。生产上,这种抗病性一般表现为免疫或高抗,但抗病性不持久,容易因田间小种变异而导致抗病性丧失。垂直抗性由主效基因控制,抗性遗传表现为质量遗传。

水平抗性又称非小种专化抗性。即寄主和病原物之间没有特异的相互作用,植物某品种对病原物所有小种的反应基本一致。水平抗性不易因病原小种变化而在短期内导致抗病性丧失,抗病性较为稳定持久。水平抗性由许多微效基因综合起作用,抗性遗传表现为数量遗传。但在生产上易受栽培管理水平、营养条件的影响。

利用抗病品种来防治病害,必须注重科学合理,最大限度发挥水平抗性和垂直抗性品种的长处,才能收到较好的防治效果。

第三节 侵染过程

病原物的侵染过程是指病原物侵入寄主到寄主发病的过程。包括侵入前期、侵入期、潜育期和发病期。但每一个时期都是连续的。

▶ 一、侵入前期

侵入前期是指病原物与寄主植物的感病部位接触,并产生侵入机构为止的阶段。

这段时间病原物处在寄主体外,受到环境中复杂的物化因素和各种微生物的影响,病原物必须克服各种不利因素才能进一步侵染,若能阻止病原物与寄主植物接触或创造不利于病原物生长的微生态条件可有效地防治病害。

▶ 二、侵入期

侵入期是指病原物从侵入到与寄主建立寄生关系的阶段。

侵入期是病原物侵入寄主植物体内最关键的第一步,病原物已经从休眠状态转入生长状态,且又暴露于寄主体外,是其生活史中最薄弱的环节,最利于采取措施将其杀灭。

1. 病原物的侵入途径

病原物必须通过一定的途径进入植物体内,才能进一步发展而引起病害。各种病原物的侵入途径概括起来主要有伤口(如机械伤、虫伤、冻伤、自然裂缝、人为创伤)侵入、自然孔口(气孔、水孔、皮孔、腺体、花柱)侵入和直接侵入。各种病原物都有一定的侵入途径。病毒只从伤口侵入;细菌可以从伤口和自然孔口侵入;大部分真菌可从伤口和自然孔口侵入,少数真菌、线虫、寄生性植物可从表皮直接侵入。

病原物的侵入途径与其寄生性有关,一般从伤口侵入的病原物其寄生性较弱,寄生性较强的病原物可从自然孔口,甚至可从表皮直接侵入寄主细胞或组织内。真菌大多数是以孢子萌发后形成的芽管或菌丝侵入寄主细胞或组织的。

2. 影响侵入的环境条件

影响侵入的环境条件主要是温、湿度。它既影响病原物也影响寄主植物。

湿度对真菌和细菌等病原物的影响最大。湿度影响孢子能否萌发和侵入,绝大多数气流传播的真菌病害,其孢子萌发率随湿度增加而增大,在水滴(膜)中萌发率最高。如真菌的游动孢子和细菌只有在水中才能游动和侵入;只有白粉菌是个例外,它的孢子在湿度较低的条件下萌发率高,在水滴中萌发率反而很低。

另外,在高湿度下,寄主愈伤组织形成缓慢,气孔开张度大,水孔泌水多而持久,保护组织柔软,寄主植物的抗侵入能力大为降低。

温度则影响孢子萌发和侵入的速度。真菌孢子在适温条件下萌发只需几小时的时间。如马铃薯晚疫病菌孢子囊在 $12\sim13℃$ 的适宜温度下,萌发仅需 $1\ h$,而在 $20℃$ 以上时需时 $5\sim8\ h$。又如葡萄霜霉病菌孢子囊在 $20\sim24℃$ 萌发需 $1\ h$,在 $28℃$ 和 $4℃$ 下分别为 $6\ h$ 和 $12\ h$。

应当指出,在植物的生长季节里,温度一般都能满足病原物侵入的需要,而湿度的变化则较大,常常成为病害发生的限制因素。因而也就不难理解为什么在潮湿多雨的气候条件下病害严重,而雨水少或干旱季节病害轻或不发生;同样,适当的农业措施,如灌水适时适度、合理密植、合理修剪、适度打除底叶、改善通风透光条件、田间作业尽量避免植物机械损伤和注意伤口愈合等,对于减轻病害都十分有效。只有病毒病是个例外,它在干旱条件下发病严重,这是因为干旱有利于介体昆虫的发育和活动。此外,目前所使用的杀菌剂仍以保护性为主,必须在病原物侵入寄主之前,也就是少数植物的发病初期使用,才能收到比较理想的防效。

三、潜育期

潜育期指病原物侵入寄主后建立寄生关系到出现明显症状的阶段。

潜育期是病原物在植物体内进一步繁殖和扩展的时期,也是寄主植物调动各种抗病因素积极抵抗病原危害的时期。各种病害的潜育期长短不一,短的只有几天,长的可达一年。在潜育期,温度的影响比较大。病原物在其生长发育的最适温度范围内,潜育期最短,反之延长。

此外,潜育期的长短也与寄主植物的健康状况有着密切的关系。如苹果树腐烂病有潜伏侵染的现象,即使外观无症状的苹果枝条皮层内普遍潜伏有病菌。凡生长健壮,营养充足的果树,抗病力强,潜育期相应延长;而营养不良,树势衰弱的果树,潜育期短,发病快。所以,在潜育期采取有利于植物的措施如保证充足的营养、物理法铲除潜伏病菌或使用合适的化学治疗剂等也可以减轻病害的发生。

潜育期的长短还与病害流行关系密切。潜育期短,一个生长季节中重复侵染的次数就多,病害发生的可能性增大。

四、发病期

指出现明显症状后病害进一步发展的阶段。

此时病原物开始产生大量繁殖体,加重危害或开始流行,所以病害的防治工作仍然不能放弃。病原真菌会在受害部位产生孢子,细菌会产生菌脓;孢子形成的先后时间是不同的,如霜霉病、白粉病、锈病、黑粉病的孢子和症状几乎是同时出现的,但一些寄生性较弱的病原物繁殖体,往往在植物产生明显的症状后才出现。

另外,病原物的繁殖体的产生也需要适宜的温湿度,温度一般能够满足,在较高的湿度条件下,病部才会产生大量的孢子和菌脓。有时可利用这个特点对病症不明显的病害进行保湿以快速地诊断病害。

研究病害的侵染过程及其规律性,对于病害的预测预报和防治工作都有极大的帮助。

第四节　病害循环

病害循环是指侵染性病害从一个生长季节开始发生,到下一个生长季节再度发生的过程。它包括病原物在何处越冬(或越夏)、病原物如何传播以及病原物的初侵染和再侵染等环节,切断其中任何一个环节,都能达到防治病害的目的。

一、病原物的越冬、越夏

植物病原物绝大多数是在寄主植物体上寄生的,生长期结束或植物收获后,病原物能否顺利渡过寄主休眠期影响到下一个生长季病害的发生情况。病原物可以以寄生、休眠、腐生等方式在以下场所越冬和越夏,而越冬和越夏后的病原物也是植物在生长季内最早发病的初侵染来源。

越冬和越夏时期的病原物相对集中,方便我们采取最经济简便的方法最大限度地压低病原物的数量,用最少的投入收到最好的防治效果。

1. 田间病株

病原物可在果树、保护地栽培蔬菜等多年生或一年生寄主植物上越冬、越夏。对田间病株上的病害防治不可忽视。

2. 种苗和其他繁殖材料

其他繁殖材料是指种子、苗木以外的各种繁殖材料,如块根、块茎、鳞茎、接穗等。使用这些繁殖材料时,不仅植物本身发病,它们还会成为田间的发病中心,造成病害的蔓延;繁殖材料的远距离调运还会使病害传入新区。

病原物在种苗等繁殖材料上的具体位置是不同的。如菟丝子的种子可混杂在种间;辣椒炭疽病菌的孢子附着在种表;茄子褐纹病菌的菌丝体可潜伏在种皮内。

在播种前应根据病原物在种苗上的具体位置选用最经济有效的处理方法,如水选、筛选、热处理或化学处理法等。世界各国在口岸对种苗等繁殖材料实行检疫,也是防止危险性病害在更广大地区传播的重要措施。

3. 病株残体

病株残体包括寄主植物的秸秆根、茎、枝、叶、花、果实等残余组织。绝大部分的非专性寄生的真菌和细菌可以腐生的方式在残体上存活一段时期。某些专性寄生的病毒也可随病株残体休眠。但残体腐烂分解后,病原物往往也随之死亡。

4. 土壤

各种病原物可以休眠或腐生的形式在土壤中存活。如鞭毛菌的休眠孢子囊和卵孢子、黑粉菌的冬孢子、线虫的胞囊等,可在干燥土壤中长期休眠。

在土壤中腐生的真菌和细菌,可分土壤寄居菌和土壤习居菌两类。土壤寄居菌的存活依赖于病株残体,当病残体腐败分解后它们不能单独存活在土壤中。绝大多数寄生性强的真菌、细菌属于此类;土壤习居菌对土壤适应性强,可独立地在土壤中长期存活和繁殖,其寄生性都较弱,如腐霉属、丝核属和镰孢霉属真菌等,均在土壤中广泛分布,常引起多种植物的幼苗死亡。

在同一块土地上多年连种同一种植物,就可能使土壤中某些病原物数量逐年增加,使病害不断加重。合理的轮作可阻止病原物的积累,因而有效地减轻土传病害的发生。此外,土壤也是各种腐生性颉颃微生物的良好繁殖场所,近年来这方面的研究和利用取得了很大进展,为土传病害的防治提供了更多方法的选择。

5. 粪肥

植物的枯枝落叶、野生杂草等是堆肥、垫圈和沤肥的好材料,因此病原物可随各种残体混入肥料,或者虽然经过牲畜消化,但仍能保持生活力而使粪肥带菌。而粪肥未经充分腐熟,就可能成为初侵染来源增加病害发生的可能性。使用腐熟粪肥是防止粪肥传病的有效措施。

▶ 二、病原物的传播

病原物传播的方式,有主动传播和被动传播之分。如很多真菌有强烈的放射孢子的能力,又如具有鞭毛的游动孢子、细菌可在水中游动,线虫和菟丝可主动寻找寄主,但其活动的距离十分有限。自然条件下以被动传播为主。

　　1. 气流传播

　　真菌产孢数量大、孢子小而轻,气流传播最为常见。气流传播的距离远,范围大,容易引起病害流行。园艺植物病害中,近距离的气流传播是比较普遍的。

　　气流传播病害的防治方法比较复杂,要注意大面积的联防。另外,确定病害的传播距离也是很必要的。如桧柏是苹果和梨锈病的转主寄主,其苗圃与果园的间隔距离设为 2.5~3 km 就是依据冬孢子的传播距离确定的。

　　2. 水流传播

　　水流传播病原物的形式在自然界也是十分普遍的。其传播距离不及气流远。雨水、灌溉水都属于水流传播。如多种真菌的游动孢子、器孢子和炭疽菌的分生孢子、病原细菌,都有黏性,在干燥条件下无法传播,必须随水流或雨滴传播。在土壤中存活的病原物,如果树根癌菌、苗期猝倒病菌和立枯病菌等还可随灌溉水传播,在防治时要注意灌水的方式。

　　3. 人为传播

　　人类在从事各种农事操作和商业活动中,常常无意识地传播了病原物。如使用带病的种苗会将病原体带入田间;而疏除花果、嫁接、修剪、育苗移栽、打顶去芽等农事操作中,手和工具会将病菌由病株传播至健株上;种苗、农产品及植物性的包装材料上所携带的病原物都可能随着地区之间的贸易运输由人类自己进行远距离的传播。

　　4. 昆虫和其他介体传播

　　昆虫等介体的取食和活动也可以传播病原物。如蚜虫、叶蝉、木虱刺吸式口器的昆虫可传播大多数病毒病害和植原体病害;咀嚼式口器的昆虫可以传播真菌病害;线虫可传播细菌、真菌和病毒病害、鸟类可传播寄生性植物的种子;菟丝子可传播病毒病等。

　　大多数病原物都有较为固定的传播方式,如真菌和细菌病害多以风、雨传播;病毒病常由昆虫和嫁接传播,从病害预防的角度来说,了解病害的传播规律有着重要的意义。

▶ 三、初侵染和再侵染

　　越冬或越夏后,病原物在新的生长季引起植物的初次侵染,称初侵染。在同一生长季内,由初侵染所产生的病原体通过传播引起的所有侵染皆称再侵染。有些病害只有初侵染,没有再侵染,如苹果和梨的锈病;有些病害不仅有初侵染,还有多次再侵染,如霜霉病、白粉病、黑星病等。

　　有无再侵染是制定防治策略和方法的重要依据。对于只有初侵染的病害,设法减少或消灭初侵染来源,即可获得较好的防治效果。对再侵染频繁的病害不仅要控制初侵染,还必须采取措施防止再侵染,才能遏制病害的发展和流行。

第五节　植物病害的流行

　　每种植物都会发生很多种病害,但需要加以防治的是大面积发生、为害严重的病害。病害普遍而且严重的发生称为病害流行。所谓病害防治是流行性病害的防治,以避免农业生产的巨大损失。

▶ 一、病害流行的因素

病害发生并不等于病害的流行,病害能否流行取决于三个方面的因素:

1.病原物

病原物的致病性强、数量多并能有效传播是病害流行的原因。病毒病还与蚜虫等介体的发生数量有关。

2.寄主植物

品种布局不合理,尤其是大面积种植单一的感病品种有时会导致病害的严重流行。

3.环境条件

环境条件包括气象条件和耕作栽培条件。只有在适宜的环境条件下病害才能流行。

气象因素中温度、相对湿度、雨量、雨日、结露和光照时间的影响最为重要。同时要注意大气候与田间小气候的差别。耕作栽培条件中土壤性质、酸碱性、营养元素等也会影响到病害的流行。

病害的流行都是三方面综合作用的结果。但由于各种病害发病规律不同,每种病害都有各自的流行主导因素。如苗期猝倒病,植物品种对其抗性并无明显差异,土壤中病原物始终存在,只要苗床持续低温潮湿就会导致病害流行,低温潮湿就是病害流行的主导因素。

病害流行的主导因素有时是可变化的。如相同栽培条件和相同气象条件下,品种的抗性是主导因素;已采用抗性品种且栽培条件相同的情况下,气象条件就是主导因素;相同品种、相同气象条件下,肥水管理就是主导因素。防止病害流行,必须找出流行的主导因素而后采取相应的措施,这是非常必要的。

▶ 二、病害流行的类型

依据病害流行过程中再侵染的有无,可将病害分为两类:

1.单年流行病害

这类病害有多次再侵染,故又称多循环病害。寄主感病期长,潜育期短,病害在一个生长季内就可由轻到重达到流行的程度,当年病害能否流行取决于气象条件。这类病害多为局部病害如叶斑病、锈病、白粉病、霜霉病等。

2.积年流行病害

这类病害只有初侵染,无再侵染或再侵染的作用不大,故又称单循环病害。寄主感病期短,潜育期长,病原物要经过多年数量积累才能引起病害的流行。当年病害能否流行取决于初侵染的菌量。这类病害多为系统病害如多种园艺植物根病等。

▶ 三、植物病害的预测预报

植物病害的预测预报就是根据病害流行的规律推测病害能否流行和流行程度,为制定防治计划,掌握防治有利时机提供依据。

病害预测的依据主要有:病害流行规律,特别是病害流行的主导因素;寄主植物的感病性、品种布局、种植方式等；病原预测物生理小种变化和数量；环境条件如气象资料等。

　　病害的预测预报分长期和短期预测。长期预测是预测一个生长季节或一年的病情变化。一般适用于土传和种传病害和只有初侵染的病害；短期预测主要是预测短期内病害的始发期、盛发期、达到防治指标的时期等。短期预测适用于气流传播、再侵染频繁、受环境影响较大的病害。

　　随着电子计算机技术和信息技术在植物病理学中的应用，采样和监测技术的提高，生物传感、遥感遥测技术的应用，以及病害流行规律的深入研究，植物病害预测预报工作应用将会得到快速发展。

第十三章　园艺植物病害的诊断与治理

◆ 学习目标

掌握各类病害的诊断方法和技术。

第一节　园艺植物病害的诊断

正确诊断和鉴定植物病害,是防治病害的基础。只有确定了植物病害的病原,才能有的放矢,根据病原的特性和病害发生规律制定相应的防治对策,并收到良好的防治效果。

一、非侵染性病害和侵染性病害的识别

植物病害依据病原类别分为侵染性病害和非侵染性病害,这两类病害的病原、发生规律和防治方法完全不同。诊断病害应首先确定该病害属于哪一类,然后再做进一步的鉴定。

在初步诊断病害时,田间观察和发病条件分析是最为常用的方法。在田间观察时应详细调查和记录以下内容:病害发生的普遍性和严重性;病害发展的速度和田间分布;发生时期;寄主品种、受害部位、症状;地势、土质、酸碱性;施肥、灌水、用药等管理情况等。然后根据病害在田间分布和发展情况,判定病害的类别。

1. 非侵染性病害

由营养、水分失调、温度不适宜或植物接触有害物质引起,在田间的分布、症状有其特有的规律性。

(1)在田间的发生面积比较大,且发病时间、发病程度相同,表现同一症状,没有由点到面逐步扩展的过程,冷害、热害、雹害、有害气体污染等还常有明显的突然性。

(2)病株上只见病状,而无任何病征,如使用农药、化肥不当时,常出现明显的枯斑、灼烧、畸形等病状。但在诊断时,要注意非侵染性病害引起植物组织死亡后,腐生物的干扰。

(3)病害与地势、土质、土壤酸碱度和微量元素、施肥、灌水和用药及是否接触废水、废气、烟尘等有密切关系。如日灼多出现在向阳面,沤根与灌水过多、土壤长期潮湿有关。

只要诊断正确,非侵染性病害的防治相对较为简单,针对病因采取相应措施即可。如根外或叶面追施缺乏的营养元素、合理排灌、均衡供水、严格按使用说明施肥用药、采用遮阳网、地热线等材料进行温度调节等。

2.侵染性病害

由各种病原物侵染引起,病害的发生规律与非侵染性病害很不相同。侵染性病害发病最初都有发病中心,田间病株的发病时间各不相同,发病程度有轻有重,病害呈由点到面的扩展过程;绝大多数侵染性病害都有明显的病征;病害的发生与环境条件没有直接的因果关系。

二、侵染性病害的鉴定

1.症状观察

根据症状特点可初步判断侵染性病害的病原物类型。真菌病害的症状以坏死、萎蔫、腐烂居多,并可在病部看到明显的霉状物、粉状物、颗粒状物等特定结构;细菌病害的症状与真菌相似,但在潮湿条件下病部可见黄色或乳白色的脓状物,干燥后形成发亮的薄膜或胶粒;病毒和类病毒病害虽无病征,但它们的病状有显著特点,如变色(花叶、黄化)、畸形(小叶、线叶、皱缩等);线虫病害植株地上部分一般多表现为矮小瘦弱、发育迟缓、营养不良等,地下部分多表现为根结、根腐等症状,有时肉眼即可见线虫虫体。寄生性植物则一看便知。

常见病、多发病一般通过病害的症状表现就可做出判断,但少见病害或症状表现不够明显的病害则需用显微镜做进一步鉴定。

2.病原物镜检

有时受田间发病条件的限制,症状尤其是病症表现不够明显,此时较难断定是何种病害。可将病株或病组织采回,在合适的温、湿度条件下培养,促使症状充分表现,然后再进行鉴定。

当病部出现明显病症后,可做病原物镜检。镜检时根据不同的病症采取不同的制片观察方法。当病症明显为真菌病害的病症,如粉状物、霉状物、点状物时,可采用徒手切片法制作临时切片进行观察;若病原物十分稀疏,可采用透明胶带粘贴制片。然后根据菌丝、子实体、孢子的形态特征,鉴定为何种真菌病害。在鉴定时要注意腐生菌的干扰。

若未发现有真菌的特征物,可观察有无溢菌现象。溢菌现象为细菌病害所特有,是区分细菌与真菌、病毒病害最简便的手段之一。方法是:选择典型、新鲜的病组织,先将病组织冲洗干净,然后用剪刀从病健交界处剪下 4 mm^2 大小的病组织,置于载玻片中央,加入一滴无菌水,盖上盖玻片,随后镜检。如发现病组织周围有大量云雾状物溢出,即可确定为细菌病害。注意镜检时光线不宜太强。若要进一步鉴定细菌的种类,则需做革兰氏染色反应、鞭毛染色等进行性状观察。

病毒病害无任何病症,田间诊断主要依据病状表现。可用电子显微镜观察病毒粒体的形态进行病原物鉴定。

线虫病害的病原鉴定,一般是将病部产生的虫瘿或瘤肿切开,挑取线虫制片镜检,根据线虫的形态确定其种类。对寄生在植物地下部位的线虫病害,注意排除土壤中腐生线虫的干扰。

在病毒和线虫鉴定方面,电子显微镜、血清学及分子生物学技术已被广泛应用,大大提高了病毒和线虫鉴定的准确性。

三、柯赫氏证病法则

对于一些不太常见或一些新病害的病原鉴定应遵循柯赫氏法则,也称为证病试验。它是从发病部位分离到微生物并得到纯培养,然后在健康植物上人工接种,得到相同的症状后再次从发病部位分离得到同种微生物的纯培养,就可以证明该微生物为真正的病原物。

第二节　病害综合治理原则和措施

植物病害综合治理的目的是保证作物的持续高产、稳产和优质。因此,植物病害的综合治理必须从农业生产的全局和农业生态系的总体观点出发,综合运用各项措施预防和控制病害的发生或发展。在最大限度获得经济效益的同时还要注重环境效益,保证农业生产的可持续发展。

植物病害综合治理的基本原则即我国植保工作的总方针是"预防为主,综合防治"。预防在植物病害防治中极为重要,它是在病害发生之前采取措施消灭病害或防止病害流行;综合防治是充分运用各种防治措施,取长补短,对植物的一种或多种病害进行综合治理。

在制定综合防治措施时应有全局观念,既要考虑当前的防治效果和经济效益,也要考虑长远的环境效益;同时综合防治绝不是各种措施简单的累加,更不是措施越多越好,而是要根据病害发生的具体情况,合理运用各种措施获得最佳防治效果;在病害防治工作中,要有主次之分,重点控制主要病害,对次要病害密切注意发展变化,并逐步解决。

植物病害的发生和流行,是寄主植物和病原在环境条件影响下相互作用的结果,所以病害防治措施的制定也多从病三角入手。寄主植物方面:使用抗病品种或提高植物抗病性;病原方面:压低其越冬数量或防止其传播和侵染;环境条件方面:提高栽培管理水平,创造不利于病原而利于寄主植物的环境条件。

植物病害的具体防治措施可归纳为:植物检疫、农业防治法、选育和利用抗病品种、生物防治法、物理防治法和化学防治法。

一、植物检疫

(一)植物检疫的意义与任务

植物检疫是一项法规防治措施,它是由国家颁布条例和法令,对植物及其产品的运输和贸易进行管理和控制,防止危险性病、虫、杂草传播蔓延。具有法律性和权威性。我国已于1992年正式颁布和实施了《中华人民共和国进出境动植物检疫法》。

植物病害的分布有其地理局限性。有些病害只在特定地区发生,且发病程度也随地区而异。一种病害传入新区后,可能因气候条件或寄主的变化而暴发流行。

历史上,人类因不了解病害的地理分布特点有过沉痛的教训。例如,马铃薯晚疫病随其寄主由南美引入欧洲和北美,在1845年阴雨低温的气候条件下大流行,造成令人震惊的饥荒;1937年甘薯黑斑病随"冲绳一号"品种从日本传入我国;1934年棉花枯萎病随美国"斯字棉"引入我国等;后两种病害就是由于对种苗的调运管理不严,已发展成为我国广大地区普遍发生的病害,经济损失巨大。因此,对植物及其产品进行检疫,禁止危险性病害传播是十分必要的。

植物检疫的任务是:①禁止危险性病、虫、杂草随植物及其产品由国外输入或由国内输出;②将在国内局部地区发生的危险性病、虫、杂草封锁在一定范围内,禁止其传播到尚未发生的地区,并采取各种措施将其消灭;③一旦危险性病、虫、杂草传入新区,要采取紧急措施将其彻底消灭。

(二)植物检疫对象的确定

植物检疫分为对外植物检疫和国内植物检疫。对外植物检疫是在机场、港口、邮局对来往于国际间的货物进行进境、出境和过境检疫,防止危险性的病、虫、杂草传入。国内植物检疫是在国内各地区之间的货物调运时对其进行检疫,防止危险性病、虫、杂草在国内各地区之间传播蔓延。

植物检疫对象据植物检疫的性质分为对内检疫对象和对外检疫对象两类。各个国家都有对内及对外检疫对象名单。各省、直辖市、自治区也都有对内植物检疫对象名单。根据国际植物保护公约的规定:凡局部地区发生、能够随植物及其产品人为传播、且传入后危险性大的有害生物可被列为检疫对象。由于国内外贸易发展和种苗调运频繁以及危险性病、虫、杂草种类的不断变化,检疫对象不能固定不变,必须根据实际情况不断进行修订和补充。

我国现行的对外植物检疫对象名单是 1992 年根据新颁布的《中华人民共和国进出境动植物检疫法》的规定制定和颁布的《中华人民共和国进境植物检疫危险性病、虫、草名录》。该名录将检疫对象分为一类和二类检疫对象,共列有香蕉穿孔线虫等 40 种检疫性病害;对内检疫对象名单仍沿用 1983 年修订的《国内植物检疫对象名单》,该名录共列有柑橘溃疡病等 16 种对内检疫性病害。

二、选育和利用抗病品种

选育和利用抗病品种防治植物病害是一种最经济有效的措施。特别是对气流传播或由土壤习居菌引起的病害、病毒病害等,抗病品种的作用尤为突出。

抗病品种选育的方法与一般育种方法相同,有引种、系统选育、杂交育种、人工诱变、组织培养和遗传工程育种等方法,所不同的是要进行严格的抗病性鉴定。

品种抗病性鉴定的方法有直接鉴定和间接鉴定两种方法。直接鉴定法是分别在室内和田间将病原物接种到待鉴定的品种上观察其抗性反应。间接鉴定法是根据与植物抗病性有关的形态、解剖、生理、生化特性来鉴定品种抗病性的方法。

此外,抗病品种育成后,一定要注意合理利用以延长抗病品种的使用寿命。品种的抗性会因为生理小种的变化或纯度降低而丧失,因此,在选育和利用抗病品种时,要注意垂直抗性品种的轮换、合理布局、合理配置;与水平抗性品种的配合使用和品种的提纯复壮工作。

三、农业防治法

农业防治就是通过耕作制度和栽培措施的改善,创造有利于植物生长发育而不利于病原物生存繁殖的条件,最大限度地控制病害。农业防治是最经济、最基本的防治方法,是防治方法和丰产栽培措施的结合。

1. 建立无病留种田,培育无病种苗

很多植物病害如真菌、细菌、病毒、线虫病害都可通过种苗携带而远距离传播,因此培育无病种苗是防止种苗传播病害的根本措施,尤其对园艺植物的病毒病、根癌病等的防治效果非常显著。

种苗繁育应建立无病的留种田或无病的留种区。留种田或留种区要和常规生产田隔离，并保持一定距离，做好病害监测和防治工作。种子收获时要单打单收，防止混杂。

2. 田园卫生

搞好田园卫生可以减少多种病害的初侵染和再侵染的病菌来源。做田园卫生应分为两个阶段，一个是生长期，一个是采收后。生长期应及时清除中心病株、病枝、病果、病叶，阻止或减缓病害的发生和流行；采收后，病枝、病果、落叶还是很多病原物的越冬场所，及时清除这些病残体，是减轻下一生长季病害的必要措施；另外，很多杂草是病毒的寄主，有些真菌病害如梨锈病还需要转主寄主，铲除杂草和一些经济效益不大的转主寄主也是必要的。

搞田园卫生还要注意科学，对病叶、病果、病枝等残体，不可随意丢弃，应带出田外集中烧毁或深埋。

3. 轮作

连作的缺点是明显的。连作的田块，土壤中病原物的数量逐年增多，使很多病害尤其是根病逐年加重。

轮作对土壤寄居菌所致的病害效果明显。它可以使土壤中病原物的数量因长期得不到寄主而减少；改善土壤中微生物区系结构，发挥微生物之间的颉颃作用，抑制或杀死土壤中的病原物，从而减轻病害的发生程度；调节地力，保持土壤营养平衡供给，使寄主发育健壮。

进行轮作时，应据病原物的寄主范围选择非寄主植物；还要依据病原物在土壤中的存活期限和生产实际决定合理的轮作年限。生产上一般采用 2～4 年的轮作。

4. 栽培措施

通过改善栽培措施为植物创造良好的生长环境，可以提高植物的抗病能力，减轻病害的发生。

在不影响植物生长的前提下调整播期（提前或错后），使植物感病期与病原菌的传播高峰错开，就可减轻病害发生。如十字花科蔬菜秋季早播的病毒病重，晚播的病毒病轻，这与蚜虫传毒高峰是否相遇有关。

蔬菜高垄栽培和合理密植、果树的合理修剪，都可改善通风透光性，降低田间或树体的小气候湿度，避免病害发生和流行。

增施有机肥、深翻土壤，可以改良土壤理化性质和土壤通气状况，改善土壤微生物区系，促进根系发育；配方施肥，保证营养平衡供给，使植物生长健壮，提高植株的抗病性。

合理灌溉是栽培管理中的重要措施，供水适量和供水平衡都是很重要的。浇水过多，增加湿度，极易引起病害发生和流行；供水不平衡，先旱后涝，会造成生理性裂果，引起产量损失；灌溉方式要注意科学，大水漫灌、串灌会人为传播病原物而引起病害流行，滴灌、渗灌等措施既节水又防病。

5. 适期采收和合理贮藏

蔬果产品采收时期不当、方法不当及贮藏管理不善也会使贮藏期病害发生和流行。采收时间：应选择气候凉爽的晴天进行采收，防止果品受冻；采收方法：注意避免伤口，伤口过多会使根霉、青霉等弱寄生菌引发果实腐烂；合理贮藏：保持低温通风干燥的条件是果品安全贮藏的环境条件。

另外，贮藏期发生的病害，其病菌来源于田间的侵染，贮藏期病害的防治还必须从田间防治和采后入库前两阶段处理入手。除加强生长期防治外,在入库前用药剂消毒贮藏窖或果品也是很必要的。

四、生物防治法

利用有益生物及其产物来防治病害的方法。目前应用较多的有颉颃作用、重寄生作用、交互保护作用等。由于生物防治法对环境安全、防病效果明显而日益受到重视,在病害防治的科研和生产实践方面都取得了重大进展。

1. 颉颃作用

指一种微生物对另一种微生物有抑制生长甚至消解的作用。颉颃微生物分泌的抗菌物质称为抗菌素。利用颉颃微生物或其分泌的抗生素防治病害已经很普遍。如井冈霉素、链霉素、多氧霉素等是生产上的常用抗生素;直接利用颉颃微生物防治病害也取得了成功。如 5406 是老苜蓿根上分离的一种放线菌,可抑制土壤中的多种病原物;枯草芽孢杆菌防治桃、李、杏果实的褐腐病;放射土壤杆菌 K_{84} 和 E_{26} 防治多种果树的细菌性根癌病;哈茨木霉防治多种园艺植物的灰霉病等。

2. 重寄生作用

指一种病原物被另一种生物寄生的现象。如我国从菟丝子上分离到一种寄生的炭疽菌制成鲁保 1 号生物制剂,用于菟丝子的防治已取得成效。

3. 交互保护作用

两个有亲缘关系的植物病毒株系侵染植物时,先侵染的株系可保护植物免受另一个株系的侵染。如利用弱病毒疫苗 N_{14} 和卫星病毒 S_{52} 处理幼苗可兼防烟草花叶病毒和黄瓜花叶病毒引起的病毒病。

五、物理防治

通过机械、热力、外科手术等方法处理种子、苗木和土壤等来防治病害称物理防治。物理防治法无污染、效果好,也有很好的发展潜力。

1. 汰除

汰除是利用机械方法或比重的原理清除混杂在种间的病原物。机械汰除可利用病、健种子形状、大小、轻重不同,采用风选、筛选和汰除机,我国采用汰除机汰除小麦种子中混杂的粒线虫虫瘿汰除效率很高。比重法是利用病、健种子比重不同,用清水、泥水、盐水将病种子汰除。方法简便、经济有效。

2. 热力处理

(1)温汤浸种　将带菌的种子、苗木放入一定温度的热水中处理一定时间,利用热力杀死种子、苗木内病原物的方法。温汤浸种有恒温浸种和变温浸种两种方式,前者为定温定时,后者为变温定时。

温汤浸种时有些需注意的问题:一是处理的温度和时间;不同品种对温度的敏感性有差异,温汤浸种的温度和时间应根据不同的处理对象具体选定。为保证种子、苗木的安全,在大量浸种前一定要进行小批量的浸种试验。浸种后要把种子晾干才能播种。

（2）土壤热力消毒　在温室及苗床中经常使用,主要采用晒土、热水浇灌、蒸气消毒等方法杀灭土壤中的病原菌,减轻土传病害的发生。

（3）外科手术　果树和林木在治疗枝干病害时常用。如治疗苹果树皮腐烂病,直接用快刀将病组织刮净或在刮净后涂药。若病斑绕树干一周,还可采用桥接的方法保证营养供给;环割枝干可减轻枣疯病的发生等。

六、化学防治

使用各种化学药剂来防治植物病害即为化学防治。化学防治是目前农业生产中一项很重要、也最为常用的防治措施,它具有作用迅速、效果显著、简单经济等优点。但是,化学药剂如果使用不当,会造成环境和果蔬产品的污染,破坏生态平衡。

（一）化学防治的基本原理

1. 保护作用

在病原物侵入寄主植物之前使用化学药剂,以阻止病原物的侵入而使植物得到保护。此类药剂称为保护剂。保护剂的施用应均匀、周到。同时,很多病害再侵染频繁,使用保护剂时,应注意选用残效期长的药剂,以减少施药次数。

在施用保护剂时,还应根据病害的发病特点,选择用药时期和施药重点。如苹果轮纹病的防治,施药时期有休眠期和生长期两个阶段,休眠期施药重点为发病枝干,目的是杀死或抑制越冬的病原物,减少初侵染来源;生长期则从落花后 10 天开始喷药,尤其注意在雨后及时喷药,施药重点是幼果,减轻或防止果实发病。

2. 治疗作用

当病原物已经侵入植物或植物已经发病时,使用化学药剂处理植物,使植物体内的病原物被杀死或受到抑制,阻止病害继续发展或使植物恢复健康。这类药剂都有一定的内吸传导作用,称为内吸治疗剂,简称内吸剂或铲除剂。目前,多数治疗剂的内吸传导作用还不十分理想,在使用这类药剂时,也应尽量均匀周到;内吸治疗剂多有较强专化性,同类药剂如果长期连续使用,容易使病原菌产生抗药性,而降低防治效果。

3. 免疫作用

将化学药剂引入健康植物体内,提高植物体对病原物的抵抗力,减轻或免于发病。这类药剂称免疫剂。免疫作用的机制是诱导植物体产生有杀菌或抑菌作用的植物保卫素,改变寄主的形态结构使之不利于病原侵染或扩展等。目前免疫剂的种类较少,应用不十分广泛。

4. 钝化作用

在植物病毒病害防治中,常使用金属盐、氨基酸、维生素、植物生长调节剂和抗菌素等物质来钝化病毒,使其侵染力和增殖力降低,从而达到减轻病毒病害的目的。

（二）杀菌剂的分类

按照防治对象的类别进行区分,杀菌剂一般指杀真菌剂和杀细菌剂,但在病害防治中还包括防治线虫病害的杀线虫剂和防治病毒病的病毒钝化剂。

按照杀菌谱范围的宽窄,杀菌剂可分为广谱性杀菌剂和选择性杀菌剂,在使用时应根据病害的具体情况来选择使用。如乙磷铝、甲霜灵等药剂为鞭毛菌病害的专用杀菌剂,对半知菌的病害无效。

按照杀菌剂的作用方式分,杀菌剂可分为保护剂、治疗剂、免疫剂等。

(三)杀菌剂的剂型

未经加工的农药一般称为原药,为方便使用,原药常被加工成具有一定物理状态和化学特性的制剂称剂型。杀菌剂的剂型种类很多,常用杀菌剂的剂型主要有可湿性粉剂、胶悬剂、乳油、水剂、烟剂、熏蒸剂等。

1.粉剂和粉尘剂(DD)

用原药加入一定量的惰性粉(黏土、滑石粉、高岭土等),经机械加工成粉末状物,粉剂不易被水湿润,不可以加水喷雾使用。

2.可湿性粉剂(WP)

杀菌剂中最为常用的剂型。是将原药、填充物和一定量的助剂(湿润剂、分散剂等)按一定比例充分混合和粉碎后,达到一定细度的粉状制剂。可湿性粉剂适用于兑水稀释后喷雾,不可用于喷粉。

3.胶悬剂(FC)

将原药超微粉碎后分散在水、油或表面活性剂中,形成黏稠状可流动的液体制剂。较耐雨水冲刷。胶悬剂长时间放置后会发生沉淀,一般不影响药效。使用时摇匀即可。常用于喷雾。

4.乳油(EC)

杀菌剂原药按比例溶解在有机溶剂(如苯、甲苯、二甲苯)中,加入乳化剂制成的油状液体。加水稀释后成为乳浊液。常用于喷雾或浇灌。

5.水剂

杀菌剂原药溶于水中制成的液态剂型。加水稀释后成为溶液,可用于喷雾、浇灌、浸泡等。

6.烟剂

由原药、燃料(木屑粉、淀粉等)、助燃剂(如氯酸钾、硝酸钾等)、阻燃剂(如陶土、滑石粉等)制成的混合物,块状。点燃后燃烧均匀,无明火,发烟率高。主要用于设施栽培(如温室、塑料大棚)作物病害的防治。

7.熏蒸剂

由易挥发性药剂、助剂及填充料按一定比例混合制成的用于熏蒸的药剂。熏蒸剂常见剂型为固体,少数品种为液体。

(四)杀菌剂的使用方法

杀菌剂使用方法,应根据病害发生规律、杀菌剂的性质、加工剂型、环境条件等因素加以确定。常用的使用方法有:

1.种苗处理

许多植物病害是通过种子、苗木传播的,因此种苗消毒是防治植物病害一项很重要的措施。种苗处理是用药剂处理种子、苗木、插条、接穗、块根、块茎、鳞茎、苗等。

进行种苗处理时,要根据防治对象的特点选择不同的药剂。例如,表面带菌的可用非内吸性的杀菌剂;病菌潜藏在表皮下的,要用渗透性较强的铲除剂或内吸性杀菌剂。较常用的种苗处理的方法有浸种、拌种和闷种。

①浸种　用一定浓度的药液浸泡种子,经过一定时间后取出,晾干后再播种。浸种使用的药剂必须是溶液和乳液,不能使用悬浮液。在操作过程中一定要严格掌握药剂浓度和浸种时间,否则会影响药效或产生药害。浸种时药液用量以浸过种子 5～10 cm 为宜。

②拌种　将干燥的种子与干燥的药粉混拌均匀,用药量一般为种子重量的 0.2%～0.5%。通过拌种可杀死种子表面及种子内部的病原物。拌种所用的药剂有湿拌剂和干拌剂,剂的粉粒细度高,与种子必须混拌均匀,否则可能产生药害。拌种后的种子应直播,不能催芽。若催芽应用浸种或闷种法。

③闷种　一般是用一定浓度的药液处理种子 5～30 min,或将药液喷淋种子之后熏闷 1～3 h,待种子晾干后播种。此法结合了浸种和拌种的优点,效果较好。

④种衣法　一般使用市售的种衣剂处理种子。种子上所附药剂能在种子萌发时进入植物体,药效较长。

2. 土壤处理

将药剂施入土壤中以杀死各种土壤中的病原物,防治各种作物根部病害和维管束病害。药剂处理土壤的方法,常用的有以下几种:

①穴施、沟施法　播种前,在土壤中挖坑或开沟,将药剂分散施入坑内或沟内,随即播种。

②浇灌法　将药剂按使用浓度加水稀释后浇灌在土壤中或植株基部。

③翻混法　将一些挥发性强、有熏蒸作用的药剂施到地面后随即翻耕,使药剂分散到土壤耕作层内,并在表面加盖覆盖物,通过熏蒸作用杀死土壤中的病原菌。这类药剂使用后往往需要间隔一定时间(15～30 天)后才能播种。

3. 喷雾

借助雾化器械产生的压力,把药液分散成细小的雾滴,把药剂均匀喷洒在植物表面的施药方法。此法是目前生产上应用最为广泛的一种方法。喷雾时要做到雾滴细小、喷洒均匀周到。喷雾应选择晴天上午、无风或风力在 1～2 级的条件下进行。

4. 喷粉

用喷粉器将粉剂均匀喷洒到植物表面上。喷粉法比较适用于温室栽培防治病害,其优点是不增加棚室内的湿度;喷粉法与其他用药法不同,其药剂不是直接喷于植物体上,而是应当喷于行间,使药粉在植物表面自然沉降,因此喷粉时最好选择晴天无风的早晨、露水还未干之前进行,效果较好。

(五)常用杀菌剂的种类

1. 非内吸性杀菌剂

(1)波尔多液　最早发现和应用的保护剂之一。为天蓝色胶状悬液,在植物表面黏着力强,不易被雨水冲刷,残效期可达 15～20 天。

波尔多液由硫酸铜和石灰乳配制而成,主要有效成分是碱式硫酸铜,分子式为 $[Cu(OH)_2] \cdot CuSO_4$。

根据硫酸铜和石灰的比例,波尔多液可分为石灰半量式、等量式、倍量式等类别。具体配合比例见表 13-1。

表 13-1　波尔多液各式硫酸铜生石灰配合量

配合式	硫酸铜	生石灰	水
1%石灰等量式	1	1	100
1%石灰半量式	1	0.5	100
0.5%石灰倍量式	0.5	1	100
0.5%石灰等量式	0.5	0.5	100
0.5%石灰半量式	0.5	0.25	100

波尔多液的配置方法通常有两种,即两液法和稀铜浓灰法。

两液法:取优质的硫酸铜晶体和生石灰分别放在两个容器中,先用少量水消解生石灰,少量的热水溶解硫酸铜,然后分别加入全水量的 1/2,配置成硫酸铜液和石灰乳,待两种液体的温度相等且不高于室温时,将两种液体同时徐徐倒入第三个容器内,边倒边搅拌即成。此法配置的波尔多液质量高,防病效果好。

稀铜浓灰法:以 9/10 的水量溶解硫酸铜,用 1/10 的水量消解生石灰成石灰乳,然后将稀硫酸铜溶液缓慢倒入浓石灰乳中,边倒入边搅拌即成。注意绝不能将石灰乳倒入硫酸铜溶液中,否则会产生络合物沉淀,降低药效,产生药害。

为了保证波尔多液的质量,配置时需注意以下几点:①若波尔多液放置时间过长,悬浮的胶粒就会互相聚合沉淀并形成结晶,黏着力差,药效降低。因此使用波尔多液时应现配现用,不宜久放。②波尔多液对金属有腐蚀作用,配制时不要用金属容器,最好用陶器或木桶。③应选用高质量的生石灰和硫酸铜。生石灰以白色、质轻、块状的为好,尽量不要使用消石灰,若用消石灰,也必须用新鲜的,而且用量要增加 30% 左右。硫酸铜最好是纯蓝色的,不夹带有绿色或黄绿色的杂质。④配置时水温不宜过高,一般不超过室温。

波尔多液的防病范围很广,可以防治多种果树和蔬菜病害,如霜霉病、疫病、炭疽病、溃疡病、疮痂病、锈病、黑星病等。但在不同的作物上使用时要根据不同作物对硫酸铜和石灰的敏感程度,来选择不同配比的波尔多液,以免造成药害。

(2)石灰硫黄合剂　简称石硫合剂,是由生石灰、硫黄粉和水熬制而成的一种深红棕色透明液体,具臭鸡蛋味,呈强碱性。有效成分为多硫化钙($CaS \cdot S_x$)。多硫化钙的含量与药液比重呈正相关,因此常用波美比重计测定,以波美度(°Be)来表示其浓度。与其他药剂的使用间隔期为 15~20 天。

石硫合剂的熬制方法:石硫合剂的配方也较多,常用的为生石灰 1 份、硫黄粉 2 份、水 10~12 份。把足量的水放入铁锅中加热,放入生石灰制成石灰乳,煮至沸腾时,把事先用少量水调好的硫黄糊徐徐加入石灰乳中,边倒边搅拌,同时记下水位线,以便随时添加开水,补足蒸发掉的水分。大火煮沸 45~60 min,并不断搅拌。待药液熬成红褐色,锅底的渣滓呈黄绿色即成。按上述方法熬制的石硫合剂,一般可以达到 22~28°Be。

熬制石硫合剂的注意事项:①一定要选择质轻、洁白、易消解的生石灰;硫黄粉越细越好,最低要通过 40 号筛目;②前 30 min 熬煮火要猛,以后保持沸腾即可;熬制时间不要超过 60 min,但也不能低于 40 min。③水要在停火前的 15 min 加完。

石硫合剂可用于防治多种作物的白粉病及各种果树病害的休眠期防治。它的使用浓度随防治对象和使用时的气候条件而不同。在生长期一般使用 0.1~0.3°Be,果树休眠期使用

5°Be。

（3）代森锰锌（喷克、大生、大生富、新万生、山德生、速克净，mancozeb）　代森锰锌属有机硫类低毒杀菌剂。是杀菌谱较广的保护性杀菌剂。对果树、蔬菜上的炭疽病、早疫病和各种叶斑病等多种病害有效，同时它常与内吸性杀菌剂混配，用于延缓抗性的产生。制剂有70%代森锰锌可湿性粉剂，外观为灰黄色粉末。本品不要与铜制剂和碱性药剂混用。

（4）福美双（thiram）　福美双属有机硫中等毒杀菌剂。其抗菌谱广，具保护作用，主要用于处理种子和土壤，防治多种作物的苗期立枯病。也可用于喷洒，防治一些果树、蔬菜的疫病、炭疽病等病害。制剂有50%福美双可湿性粉剂，外观为灰白色粉末。拌种和土壤处理：用于防治番茄、瓜类苗期立枯病，用药量为0.3～0.8 kg/100 kg种子；喷雾：用于防治油菜、黄瓜霜霉病、葡萄白腐病、炭疽病等。不能与铜制剂、碱性药剂混用或前后紧接使用。

（5）代森锌（zineb）　为有机硫低毒杀菌剂，使用安全，一般不会引起药害。制剂有60%、65%及80%可湿性粉剂，外观为浅黄色或灰白色粉末。可用于防治马铃薯晚疫病，果树与蔬菜的霜霉病、炭疽病，麦类锈病，苹果和梨的黑星病，葡萄褐斑病、黑痘病等病害。遇碱或含铜药剂易分解。

（6）百菌清（达科宁、chlorothalonil）　百菌清属苯并咪唑类低毒杀菌剂。对鱼类毒性大。其杀菌谱广，对多种作物真菌病害具有预防作用。在植物表面有良好的黏着性，不易受雨水等冲刷，一般药效期7～10天。制剂有75%百菌清可湿性粉剂，外观为白色至灰色疏松粉末；10%百菌清油剂，外观为绿黄色油状均相液体；45%百菌清烟剂外观，为绿色圆饼状物。适用于预防各种作物的真菌病害。如霜霉病、疫病、白粉病、锈病、叶斑病、灰霉病、炭疽病、叶霉病、蔓枯病、疮痂病、果腐病等。油剂对桃、梨、柿、梅及苹果幼果可致药害。烟剂对家蚕、柞蚕、蜜蜂有毒害作用。

（7）乙烯菌核利（农利灵、vinclozolin）　乙烯菌核利属二甲酰亚胺类低毒杀菌剂，有触杀性。对果树蔬菜类作物的灰霉病、褐斑病、菌核病有良好的防治效果。制剂有50%农利灵可湿性粉剂，外观为灰白色粉末。可用于防治各种花卉、蔬菜的灰霉病、蔬菜早疫病、菌核病、黑斑病。在黄瓜和番茄上的安全间隔期为21～35天。

（8）异菌脲（扑海因、iprodione）　异菌脲属氨基甲酰脲类低毒杀菌剂，是广谱性的触杀性杀菌剂，具保护治疗双重作用。制剂有50%扑海因可湿性粉剂，外观为浅黄色粉末；25%扑海因悬浮剂，外观为奶油色浆糊状物，能与除碱性物质以外的大多数农药混用。对葡萄孢属、链孢霉属、核盘菌属引起的灰霉病、菌核病、苹果斑点落叶病、梨黑星病等均有较好防效，常用稀释倍数为1 000倍，在苹果上使用，一个生长季最多使用3次，安全间隔期为7天。

（9）菌核净（dimethachlon）　菌核净属亚胺类低毒杀菌剂。具有直接杀菌、内渗治疗作用、残效期长等特性。对于白粉病、油菜菌核病防治较好。制剂有40%菌核净可湿性粉剂，外观为淡棕色粉末。遇碱和日光照射易分解。

（10）腐霉利（速克灵、杀霉利、procymidone）　腐霉利属亚胺类低毒杀菌剂。具保护治疗双重作用，对灰霉病、菌核病等防治效果好。制剂有50%速克灵可湿性粉剂，制剂为浅棕色粉末。可防治多种蔬菜、果树、农作物的灰霉病、菌核病、叶斑病。药剂配好后尽快使用；不能与碱性药剂混用，也不宜与有机磷农药混配；单一使用该药容易使病菌产生抗药性，应与其他杀菌剂轮换使用。

（11）氧化亚铜（靠山、cuprous oxide）　氧化亚铜属无机铜类低毒杀菌剂，其杀菌物质主要为铜离子,对多种作物的真、细菌病害有效。制剂有 56% 靠山水分散粒剂,为红褐色微型颗粒。可防治蔬菜的霜霉病、早疫病等。高温或低温潮湿气候条件及对铜敏感作物慎用。

(12)氢氧化铜(可杀得、copper hydroxide) 氢氧化铜属无机铜类低毒保护性杀菌剂。其中起杀菌活性的物质为铜离子。制剂有 77% 可杀得可湿性粉剂,外观为蓝色粉末。可用于防治瓜类角斑病、霜霉病、番茄早疫病等真、细菌性病害。避免与强酸或强碱性物质混用;高温高湿气候条件及对铜敏感作物慎用。

(13)氯苯嘧啶醇(乐比耕、异嘧菌醇、fenarimol) 氯苯嘧啶醇属嘧啶类低毒杀菌剂,用于叶面喷洒,具有预防治疗作用,杀菌谱广。制剂有 6% 乐比耕可湿性粉剂,外观为白色粉末。可防治果树、蔬菜、油料作物的白粉病、锈病、炭疽病及多种叶斑病。在果树上使用的安全间隔期为 21 天。

(14)抗霉菌素 120(农抗 120、农用抗菌素 TF-120) 抗霉菌素 120 属农用抗菌素类低毒广谱杀菌剂,它对许多植物病原菌有强烈的抑制作用。

制剂有 2%、4% 抗霉菌素 120 水剂,外观为褐色液体,无霉变结块,无臭味。对蔬菜、果树、农作物、花卉上的白粉病、锈病、枯萎病等都有一定防效。本剂勿与碱性农药混用。

(15)链霉素(streptomycin) 链霉素属低毒抗菌素类杀菌剂,对多种作物的细菌性病害有防治作用,对一些真菌病害也有效。制剂有 72% 农用硫酸链霉素可溶性粉剂,外观为呈白色或类白色粉末,低温下较稳定,高温下易分解失效,持效期 7～10 天。可防治大白菜软腐病等细菌病害。该剂不能与碱性农药或碱性水混合使用;喷药 8 h 内遇雨应补喷;避免高温日晒,严防受潮。

(16)混合脂肪酸(83 增抗剂、mixed aliphatic acid) 原药外观为浅黄色透明液体。低毒,具有使病毒钝化的作用,抑制病毒初浸染降低病毒在植物体内增殖和扩展速度。制剂有 10% 混合脂肪酸水乳剂,外观为乳黄色黏稠状液体。主要用于防治烟草花叶病毒。使用本品应充分摇匀,然后兑水稀释,喷后 24 h 内遇雨需补喷;宜在植株生长前期使用,后期使用效果不佳。本品在低温下会凝固,可放入温水中待制剂融化后再加水稀释。

(17)霜脲锰锌(克露、cymoxanil、mancozeb) 霜脲锰锌是霜脲氰和代森锰锌混合而成,属低毒杀菌剂,对鱼低毒。对蜜蜂无毒害作用。对霜霉病和疫病有效。单独使用霜脲氰药效期短,与保护性杀菌剂混配,可以延长持效期。制剂有 72% 克露可湿性粉剂,外观为淡黄色粉末。主要用于防治黄瓜霜霉病。此药贮存在阴凉干燥处,未能及时用完的药,必需密封保存。

(18)春雷氧氯铜(加瑞农、kasugamycin、copper oxychloride) 春雷氧氯铜为春雷霉素与王铜混配而成,王铜外观为绿色或蓝绿色粉末。春雷氧氯铜属低毒杀菌剂。制剂有 50% 加瑞农可湿性粉剂,外观为浅绿色粉末,除碱性农药外,可与多种农药相混。对多种作物的叶斑病、炭疽病、白粉病、早疫病和霜霉病等真菌病害及由细菌引起的角斑病、软腐病和溃疡病等有一定的防治效果。该药对苹果、葡萄等作物的嫩叶敏感,会出现轻微的卷曲和褐斑,使用时一定要注意浓度,宜在下午 4 时后喷药;安全间隔期为 7 天。

(19)植病灵(triacontyl alcohol、copper sulphate、dodecyl sodium sulphate) 植病灵为三十烷醇、硫酸铜、十二烷基硫酸钠混合而成,三十烷醇是生长调节物质,可促进植物生长发育,三十烷醇与十二烷基硫酸钠结合后可使寄主细胞中的病毒脱落并对症毒起钝化作用。硫酸铜通过铜离子起杀菌作用。制剂有 1.5% 植病灵乳剂,外观为绿色至天蓝色液体。可用于防治番茄花叶病和蕨叶病,烟草花叶病毒。应贮存在阴凉避光处,用时充分摇匀;在作物表面无水时喷施;喷雾必须均匀,避免同生物农药混用。

2. 内吸性杀菌剂

(1)三乙磷酸铝(疫霉灵、疫霜灵、乙磷铝、phosethyl-Al)　纯品为白色无味结晶,遇强酸、强碱易分解。属低毒杀菌剂,在植物体内能上下传导,具有保护和治疗作用。它对霜霉属,疫霉属等藻菌引起的病害有良好的防效作用。

制剂有 40%、80% 三乙磷酸铝可湿性粉剂,外观为淡黄色或黄褐色粉末;90% 三乙磷酸铝可溶性粉剂,外观为白色粉末。用于防治黄瓜霜霉病、白菜霜霉病、烟草黑胫病。勿与酸性、碱性农药混用,以免分解失效;本品易吸潮结块,但不影响使用效果。

(2)恶醚唑(世高、敌萎丹、difenoconazole)　为低毒广谱性杀菌剂。具有治疗效果好、持效期长的特点。可用于防治子囊菌亚门、担子菌亚门和半知菌亚门病原菌引起的叶斑病、炭疽病、早疫病、白粉病、锈病等。制剂有 10% 水分散粒剂,3% 敌萎丹悬浮种衣剂。

(3)甲基硫菌灵(甲基托布津、thiophanate-methyl)　原粉为微黄色结晶,对酸碱稳定。属苯并咪唑类广谱性杀菌剂,低毒,具有预防和治疗作用。制剂有 70% 甲基托布津可湿性粉剂,外观为无定形灰棕色或灰紫色粉剂;50% 甲基托布津胶悬剂,外观为淡褐色悬浮液体;36% 甲基硫菌灵悬浮剂,外观为淡褐色黏稠悬浊液体。

适用于防治由子囊菌、半知菌引起的各种病害。如黑穗病、赤霉病、白粉病、炭疽病、灰霉病、褐斑病等。不能与含铜制剂混用,收获前 14 天内禁止使用。

(4)甲霜灵(雷多米尔、瑞毒霜、甲霜安、metalaxy)　原粉外观为黄色至褐色无味粉末。甲霜灵属低毒杀菌剂,是一种具有保护、治疗作用的内吸性杀菌剂,可被植物的根、茎、叶吸收,并随植物体内水分运转而转移到植物的各器官。可以作茎叶处理、种子处理和土壤处理,对霜霉菌、疫霉菌、腐霉菌所引起的病害有效。制剂有 25% 雷多米尔可湿性粉剂,外观为白色至米色粉末。可用于防治蔬菜的霜霉病、晚疫病。

该药易产生抗性,应与其他杀菌剂复配使用;每季施药次数不得超过三次。

(5)三唑酮(百理通、粉锈宁、triadimefon)　三唑酮原粉外观为白色至浅黄色固体,在酸性和碱性条件下都稳定。属低毒杀菌剂,是一种高效、低残留、持效期长、内吸性强的三唑类杀菌剂。被植物的各部分吸收后,能在植物体内传导。对锈病和白粉病具有预防、铲除、治疗、熏蒸等作用。对鱼类及鸟类比较安全。对蜜蜂和天敌无害。制剂有 25% 百理通可湿性粉剂,外观为白色至黄色粉末。20% 三唑酮乳油,外观为黄棕色油状液体。15% 三唑酮烟剂,外观为棕红色透明液体。对根腐病、叶枯病也有很好的防治效果。安全间隔期为 20 天。

(6)丙环唑(敌力脱、丙唑灵、氧环宁、必扑尔、propiconazole)　原油外观为明黄色黏滞液体。丙环唑属低毒杀菌剂,是一种具有保护和治疗作用的三唑类杀菌剂,可被根、茎、叶吸收,并可在植物体内向上传导。残效期一个月。制剂有 25% 敌力乳油,外观为浅黄色液体。可以防治子囊菌、担子菌和半知菌引起的病害,如白粉病、锈病、叶斑病、白绢病,但对卵菌病害如霜霉病、疫病无效。贮存温度不得超过 35℃。

(7)速保利(烯唑醇、diniconazole)　纯品为白色颗粒,除碱性物质外,能与大多数农药混用。速保利属中等毒杀菌剂,具有保护、治疗、铲除和内吸向顶传导作用的广谱杀菌剂。抗菌谱广,特别对子囊菌和担子菌高效,如白粉病菌、锈菌、黑粉菌和黑星病菌等,另外还有尾孢霉、青霉菌、核盘菌、丝核菌等。产生抗药较慢,程度较低,一般不致于发生田间防治失效。制剂有 12.5% 速保利可湿性粉剂,外观为浅黄色细粉,不易燃、不易爆。适用于防治各种作物上的白粉病、锈病、黑穗病、叶斑病。本品不能与碱性农药混用。

(8)噻菌灵(特克多、thiabendazole)　噻菌灵是白色粉末。属低毒杀菌剂。与苯菌灵等苯并咪唑药剂有正交互抗药性。具有内吸传导作用。抗菌活性限于子囊担子菌、半知菌,而对卵菌和接合菌无活性。制剂有45％特克多悬浮剂外观为奶油色黏稠液体,在高温、低温水中及酸碱液中均稳定可防治多种果树、蔬菜的白粉病、炭疽病、灰霉病、青霉病。本剂对鱼有毒。

(9)多菌灵(carbendazim)　原药为浅棕色粉末。遇酸遇碱易分解。为低毒的苯并咪唑类杀菌剂。剂型有25％、50％可湿性粉剂,外观为褐色疏松粉末。可用于防治子囊菌亚门和半知菌亚门真菌引起的多种植物病害。如苹果、梨轮纹病,苹果炭疽病、褐斑病,葡萄炭疽病、黑痘病,黄瓜炭疽病,番茄早疫病,茄子褐纹病等。

(10)多抗霉素(多氧霉素、多效霉素、宝丽安、保利霉素、polyoxin)　原药为浅褐色粉末。多抗霉素溶于水。对紫外线稳定,在酸性和中性溶液稳定,在碱性溶液中不稳定。多抗霉素属低毒杀菌剂,是一种广谱性抗生素杀菌剂,具有较好的内吸传导作用。该药对动物没有毒性,对植物没有药害。制剂有10％宝丽安可湿性粉剂,外观为浅棕黄色粉末及3％、2％、1.5％多抗霉素可湿性粉剂,外观为灰褐色粉末。主要防治对象有黄瓜霜霉病、瓜类枯萎病、苹果斑点落叶病、草莓和葡萄灰霉病及梨黑斑病等多种真菌病害。本剂不能与酸性或碱性药剂混用。

(11)噁霜锰锌(杀毒矾、oxadixyl、mancozeb)　属苯基酰胺类低毒杀菌剂。对鸟和鱼类低毒。药效略低于甲霜灵,与其他苯基酰胺类药剂有正交互抗药性,属于易产生抗性的产品。具有接触杀菌和内吸传导活性。有优良的保护治疗铲除活性,药效可持续13～15天,其抗菌活性仅限于卵菌,对子囊菌、半知菌、担子无活性,噁霜锰锌为噁霜灵与代森锰锌混配而成,其抗菌谱更广,除控制卵菌病害外,也能控制其他病害。制剂有64％杀毒矾可湿性粉剂,外观为米色至浅黄色细粉末。用于防治各种蔬菜的霜霉病、疫病、早疫病、白粉病等。不要与碱性农药混用;不要放在高于30℃的地方。

(12)氟硅唑(福星、flusilazole)　属低毒三唑类杀菌剂。对子囊菌、担子菌和半知菌所致病害有效。对卵菌无效。对梨黑星病有特效,并有兼治梨赤星病作用。制剂有40％福星乳油外观为棕色液体。主要防治梨黑星病。酥梨类品种在幼果期对此药敏感,应谨慎用药;应避免病菌对福星产生抗性应与其他保护性药剂交替使用。

(13)霜霉威(普力克、propamocarb)　具有内吸传导作用,低毒。对卵菌类、真菌有效。制剂有66.5％、72.2％普力克水剂为无色、无味水溶液。可以防治多种作物苗期的猝倒病、霜霉病、疫病等病害。黄瓜作物上安全间隔期为3天。

(14)烯酰吗啉(安克、dimethomorph)　烯酰吗啉属低毒杀菌剂,对鱼中等毒性,对蜜蜂和鸟低毒,对家蚕无毒,对天敌无影响。它对藻状菌的霜霉科和疫霉属的真菌有效,有很强的内吸性。制剂有69％安克锰锌水分散粒剂、69％安克锰锌可湿性粉剂,外观分别为绿黄色粉末和外观为米色圆柱形颗粒。其主要成分为烯酰吗啉和代森锰锌。主要防治黄瓜霜霉病。与瑞毒霉等无交互抗性,可与铜制剂、百菌清等混用。

(15)恶霉灵(土菌消、hymexaxol)　为低毒的内吸土壤消毒剂,对腐霉菌、镰刀菌引起的猝倒病、立枯病等土传病害有较好的效果,对土壤中病原菌以外的细菌、放线菌影响很小,对环境安全。制剂有30％土菌消水剂、70％土菌消可湿性粉剂。闷种易产生药害。

3.杀线虫剂

(1)二氯异丙醚　为具熏蒸作用的杀线虫剂,由于蒸气压低,气体在土壤中挥发缓慢,对植物安全,可在播种前10～20天处理土壤,或在播种后或植物生长期使用。对人、畜低毒,残效期10天左右,但地温低于10℃时不可用。制剂有30%颗粒剂、80%乳油。施药量为60～90 kg/hm²,距离15 cm处开沟或穴施,深10～20 cm,穴距20 cm,施药后覆土。

(2)克线磷(苯胺磷、力满库、苯线磷、线威磷、fenamiophos)　具有触杀和内吸传导作用,对人、畜高毒,杀线虫效果较为理想,可在播种前、移栽时或生长期时撒在沟、穴内或植株附近土中,制剂有10%力满库颗粒剂。用量为30～60 kg。

(3)丙线磷(益收宝、灭克磷、益舒宝、灭线磷、ethoprphos)　有触杀和熏蒸作用。对人、畜高毒。制剂有5%、10%、20%灭线磷颗粒剂。用量为有效成分4.5～5.25 kg/hm²。

(4)氯唑磷(米乐尔、异唑磷、isazofos)　为有机磷高毒杀线虫剂,具有内吸、触杀和胃毒作用,对水生动物高毒,对蜜蜂有毒,对鸟类口服有毒,推荐剂量对蚯蚓无毒。制剂有3%米乐尔颗粒剂,适用于防治各种园艺作物上的多种线虫病害。使用量为67.5～97.5 kg/hm²,播种时沟旁带施,与土混匀后播种覆土。

(六)杀菌剂的合理使用

药剂使用的不合理常导致药害、药效降低、用量和浓度加大、浪费严重、环境污染等。合理用药主要是防止产生药害和提高药效。做到合理用药应从以下几方面加以注意:

1.药剂种类

杀菌剂根据杀菌谱范围的宽窄可分为特异性杀菌剂和广谱性杀菌剂,但即使是广谱性杀菌剂对不同病原物的药效也有高低之分,应根据不同的防治对象来选择合适的药剂品种做到对症下药;盲目用药,有时不仅不能收到预期效果,反而出现药害。

一般来说,无机杀菌剂易产生药害,植物性药剂及抗菌素产生药害的可能性最小。在同一类药剂中,水溶性越大,其发生药害的可能性也越大。例如,硫酸铜是溶于水的,而波尔多液中的碱式硫酸铜是逐渐解离的,所以前者较易发生药害。

2.植物种类

不同植物对农药的抵抗力表现不同,即使是同一种作物的不同种或品种对农药的反应也有差异。例如,在果树中苹果、梨、核桃、枣、板栗等抗药性较强,而李、杏、桃、柿、葡萄等抗药性较弱;在蔬菜中十字花科(甘蓝等)、茄科(番茄、马铃薯)等作物抗药性较强,豆科作物抗药性较弱,瓜类的抗药力最差;植物的发育阶段也与抗药力有关,幼苗期、花期比其他时期敏感;幼嫩组织比老熟组织敏感,生长期比休眠期敏感。

3.环境条件

在具体施药时还应考虑环境条件的影响。温度、湿度、雨量和光照都会影响到药效的发挥。一般在气温高、阳光足的条件下,药剂的活性增强,药效较高,但有些药剂会发生药害、某些生物农药在高温下会失去活性。一般药剂应选择晴天施药,雨天和湿度大的情况下容易发生药害。

4.施药方法

正确的使用方法是充分发挥药效、避免药害发生的又一重要因素。同时还应适时、适量。配制农药应先加少量水搅拌均匀后,再加水到所需的使用浓度,否则局部可能喷出高浓度药液而造成药害;在病害防治时,要根据药剂的性质,在寄主发病前或发病初期使用,才能收到较好的效果;药剂都有其一定的使用浓度范围,过低效果不好,过高可能出现药害,特别在生产无公害和绿色蔬果产品时,不可随意增加用药量和使用次数,要抓住病原物侵入的关键时期,喷1～2次药即可。喷药还要注意不同药剂的安全间隔期;要注意靶标,即将药剂喷施到发病部位上,如防治黄瓜霜霉病,一定要将药液喷施到叶片背面,防治灰霉病时要将药液喷在幼果上等。

5.药剂轮换和药剂混配

长期使用同一类农药防治某种病害,易使病菌产生抗药性,降低药效、加大防治难度,因此应尽可能地轮换用药。所用农药品种应是无交互抗性的药剂品种,或将两种或两种以上的药剂混合后使用。混合后的药剂应对植物无药害,无气泡、沉淀、发热、变色现象出现才可使用,且应现混现用。

除根据植物的不同种类、生育期、具体用药部位和环境条件来选择合适的药剂品种、剂型、使用浓度和施药方法提高药效外,还应注意用药要考虑药剂对人、畜、天敌及其他有益生物的安全;不使用国家禁用的农药如汞制剂、砷制剂等;具体实施病害防治工作的人员必须严格按照用药操作规程、规范工作,以防农药中毒现象出现;积极推广化学防治和其他防治相结合的综合防治措施,逐渐减少对杀菌剂的依赖性。

第十四章 园艺植物苗期病害

◆ 学习目标
1. 了解昆虫的特性。
2. 了解昆虫与人类的关系。

苗期病害主要有猝倒病、立枯病等,是园艺植物育苗期间的常见病害,引起不同程度的死苗、烂苗。苗期病害发生范围广,以葫芦科、茄科和十字花科等蔬菜受害严重。

一、症状

1. 猝倒病

幼苗茎基部受害,病部水浸状软腐并缢缩成线,病苗常成片倒伏,在病苗及附近土壤表面可见棉絮状物。

2. 立枯病

多危害较大幼苗的茎基部,病部产生近圆形斑,略凹陷,病苗直立不倒,病部表面有蛛丝状物。

育苗期间,植株密度较大,田间发病区多呈斑块状分布。

二、病原

1. 猝倒病

病菌为瓜果腐霉[*Pythium aphanidermatum*(Eds.)Fitzp.],为鞭毛菌亚门,腐霉属真菌。病菌菌丝无色、无隔、有分枝,直径 2.3～7.1 μm;游动孢子囊无色,球形或姜瓣状,(24～62.5)μm×(4.9～14.8)μm。游动孢子肾形,双鞭毛,(14～17)μm×(5～6)μm;卵孢子球形、光滑,直径 13～23 μm。

此菌喜低温,10℃可以活动并引致寄主发病,适宜地温为 15～16℃,30℃以上生长受到抑制。

2. 立枯病

病菌为立枯丝核菌[*Rhizoctonia solani* Kühn],为半知菌亚门,丝核菌属真菌;有性阶段为丝核薄膜革菌[*Pellicularia filamentosa*(Pat.)Ro gers],为担子菌亚门,薄膜革菌属,不常见。

菌丝有隔，直径 8～12 μm，无色至黄褐色，分枝多为直角且分枝处缢缩有分隔；菌核白菜籽状，褐色至深褐色。

病菌 13～15℃即可生长，最高为 40～42℃，最适温度为 24℃。

三、发病规律

腐霉菌以菌丝体和卵孢子，丝核菌以菌丝体及菌核越冬。两种病菌的腐生性都很强，可在土壤中存活 2～3 年以上；并通过雨水、流水、农事操作以及带菌粪肥进行传播，再侵染频繁。

苗期是植物生长过程中的特殊时期，此时子叶中养分基本耗尽而新根尚未扎实，是植物抗病力较弱的时期，环境条件不适宜极易引起病害发生。

气温在 20～25℃，土温 15～20℃时，幼苗生长健壮，抗病力强；若遇阴雨或雪天，苗床温度长期低于 15℃，不利幼苗生长，或苗床温度过高，幼苗徒长时，病害容易发生；另外，幼苗在光照充足的条件下生长良好，抗病力强；反之，幼苗生长衰弱，抗病力弱，易发病。

因此，苗床管理不当如播种过密、灌水过量或遇寒流、阴雨或雪天，导致苗床湿度过大、床温忽高忽低，幼苗生长柔弱，易于诱使病害发生。

四、防治方法

应采取加强苗床管理、培育壮苗为主，药剂防治为辅的综合措施。

1. 加强苗床管理

苗床应选择地势高、向阳、排水好的地块；床土土质疏松肥沃，最好选用无病新土，如用旧床土，播前应进行床土消毒；播前一次打足底水，出苗后在晴天中午小水润灌，避免床土湿度过大；冬春季应采用地热线加温，夏秋季用遮阳网降温等措施以保证苗床的适宜温度。

2. 床土消毒

通常是对旧床播种前处理。

50％多菌灵、或 50％托布津，或将 25％甲霜灵与 50％福美双等量混匀，按每平方米 8～10 g，加细潮土 15 kg 拌匀，播种时 1/3 铺底、2/3 盖种。注意保持床土湿润，以防发生药害。

3. 药剂防治

发现病株及时拔除，再用药剂喷雾或浇灌。75％百菌清可湿性粉剂 600 倍液、70％代森锰锌可湿性粉剂 500 倍液、15％恶霉灵水剂 450 倍液、60％防霉宝 600 倍液对立枯病有效；25％瑞毒霉可湿性粉剂 800 倍液、64％杀毒矾可湿性粉剂 500 倍液、72.2％普力克水剂 500 倍液对猝倒病有效。

第十五章　蔬菜病害

◆ 学习目标
　　掌握蔬菜主要病害的症状识别、病原种类、发生规律及综合防治措施。

第一节　十字花科蔬菜病害

　　十字花科蔬菜病害主要有霜霉病、病毒病、软腐病、黑斑病、炭疽病、白斑病等，其中尤以霜霉病、病毒病、软腐病为害最为严重，对生产的威胁很大。

一、十字花科蔬菜霜霉病

　　十字花科蔬菜中，白菜、油菜、花椰菜、甘蓝、萝卜、芥菜、荠菜、榨菜等皆可发生霜霉病。北方以秋播大白菜、萝卜受害严重。

　　1.症状
　　十字花科蔬菜整个生育期都可受害。主要危害叶片，也可危害种株茎秆、花梗和果荚。
　　(1)叶片　多从下部叶片开始。初在叶背出现水浸状斑，后在叶面可见黄色或灰白色病斑，萝卜、花椰菜、甘蓝病斑多为黑褐色。病斑受叶脉限制而呈多角形，常多个病斑融合呈不规则形。病叶干枯，不堪食用。空气潮湿时，叶背布满白色至灰白色霜霉。
　　(2)花梗　弯曲肿胀呈"龙头"状，故有"龙头拐"之称。空气潮湿时，表面可产生茂密的白色至灰白色霜霉。茎秆、果荚上病状相似。
　　2.病原
　　病原物为寄生霜霉[*Peronospora parasitica*（Pers）Fries]为鞭毛菌亚门，霜霉科霜霉属真菌。
　　孢囊梗从气孔或表皮细胞间隙伸出，无色，单生或丛生，长 $260\sim300$ μm，顶端二叉分枝 $6\sim8$ 次。末端小梗尖细、略弯曲。小梗顶端着生孢子囊。孢子囊椭圆形，无色，$(24\sim27)$ μm $\times(15\sim20)$ μm。卵孢子在后期病组织或种株的花轴皮层内形成。卵孢子单胞，黄至黄褐色，球形，直径 $30\sim40$ μm，表面光滑或略带皱纹。
　　寄生霜霉菌为专性寄生菌，存在明显的生理分化现象。我国有芸薹、萝卜和芥菜三个专化型，其中芸薹专化型又分为白菜、甘蓝和芥菜致病类型，表现为相互之间的侵染力不同。

3.发病规律

病菌主要以卵孢子在土壤和病残体中越冬,种子也可带菌。次年卵孢子萌发侵染春菜引发病害。在春菜发病的中后期,植株的病组织内又可形成大量卵孢子,这些卵孢子经 1~2 个月的休眠,又可成为当年秋季大白菜、萝卜、甘蓝等蔬菜的初侵染来源。卵孢子和孢子囊主要靠气流和雨水传播。

十字花科蔬菜霜霉病的发生与气候条件、品种抗性、栽培措施等有关。

孢子囊萌发的温度是 7~13℃,侵入为 16℃,病组织内的菌丝发育温度为 20~24℃;另外,孢子囊形成、萌发和侵入均需较高的湿度或水滴。因此,气温在 16~20℃,多雨高湿,或田间湿度大、昼暖夜凉、夜露重或多雾,即使无雨量,病害也会发生和流行。

连作、早播、基肥不足、追肥不及时、生长过于茂密、通风不良、排灌不畅的田块,也会加重病害的发生。

白菜品种间有抗性差异。疏心直筒的品种抗病,圆球形、中心型品种感病;青帮品种抗病,白帮品种感病。此外,白菜对霜霉病的抗性与对病毒病的抗性是一致的,感染病毒病的白菜,霜霉病也常严重发生。

4.防治方法

以采用抗病品种和加强栽培管理为主,并配合药剂防治的综防措施。

(1)采用抗病品种　可选用青杂系列、增白系列、丰抗系列等。

(2)选用无病种子及种子消毒　无病株留种,或用 25% 的甲霜灵可湿性粉剂或 50% 福美双可湿性粉剂按种子重量的 0.3% 拌种。

(3)栽培防病　秋季收获后,及时清洁田园、深翻土壤;与非十字花科植物实行 2 年轮作,或 1 年的水旱轮作;适期迟播;合理密植、合理排灌,低洼地宜深沟、高畦种植,降低田间湿度;施足基肥、合理追肥,可定期喷施增产菌或植宝素,以防早衰。

(4)药剂防治　发现中心病株后用药。常用药剂有:72.2% 普力克水剂 600~800 倍液、72% 杜邦克露可湿性粉剂 800 倍液、58% 甲霜灵锰锌可湿性粉剂 600 倍液、25% 甲霜灵可湿性粉剂 600 倍液、40% 乙磷铝可湿性粉剂 300 倍液、64% 杀毒矾可湿性粉剂 500 倍液。7~10 天 1 次,连续 2~3 次。

二、十字花科植物病毒病

十字花科植物病毒病(rucifers virus diseases)在全国各地普遍发生,危害较重,是生产上的主要问题之一。北方地区大白菜受害最重,统称为"孤丁病"或"抽风"。其他十字花科植物如芥菜、小白菜、萝卜等也普遍发生,称为花叶病。

1.症状

由于毒原不同,蔬菜品种差别以及环境条件差异,症状表现多样。

(1)大白菜　苗期至成株期皆可发生。苗期发病,心叶花叶皱缩,明脉或叶脉失绿。成株期发病早则症状较重,叶片严重皱缩,质地硬、脆,生有许多褐色斑点,叶背叶脉上亦有褐色坏死条斑,病株严重矮化、畸形,生长停滞,不结球或结球松散;发病晚则症状轻,病株轻度畸形、矮化,有时只呈现半边皱缩,能结球,但内叶上有许多灰褐色小点,品质与耐贮性都较差。带病种株不抽薹或抽薹缓慢,花薹扭曲、畸形,新叶呈现明脉或花叶;花蕾发育不良或畸形,不结实或者果荚瘦小,籽粒不饱满,发芽率低;老叶上生坏死斑,植株矮小。

东北地区大白菜还有一种僵叶病(病毒病),与上述"孤丁"症状不同,叶片细长增厚,不皱缩,外叶向外直伸、僵硬,叶缘呈波浪状,植株亦较矮,不结球。

萝卜、小白菜、油菜等植物的症状与大白菜上的基本相同。

(2)甘蓝 病苗叶片上生褪绿圆斑,直径 2~3 mm。生长中后期叶片呈斑驳或花叶症状。老叶背面有黑色的坏死斑。病株发育缓慢,结球迟且疏松。

2.病原

我国十字花科蔬菜病毒病主要由 3 种病毒单独或复合侵染所致。

芜菁花叶病毒[*Turnip mosaic virus*,TuMV]病毒粒体线状,(150~300) nm×15 nm,钝化温度为 56~65℃,稀释终点为 $1.67×10^{-3}~2×10^{-3}$,体外保毒期为 24~28 h。侵染十字花科蔬菜主要引起花叶症状。病毒由蚜虫和汁液接触传染。除危害十字花科蔬菜外,还能侵染菠菜、茼蒿、荠菜等植物,是我国十字花科蔬菜的主要病毒种类。在北方单独侵染率在 65%~90%。

黄瓜花叶病毒(CMV)和烟草花叶病毒(TMV)也是十字花科蔬菜病毒病的重要病毒种类,病毒的物理特性参看瓜类病毒病和番茄病毒病,其单独侵染率分别在 20% 和 20%~30%。三种病毒的复合侵染率也很高。

此外,东北地区毒原还有萝卜花叶病毒(RMV)。

3.发病规律

北方地区,病毒在窖藏白菜、甘蓝、萝卜及越冬菠菜、多年生杂草上越冬。病毒由蚜虫和汁液摩擦传染,但田间病毒传播以蚜虫为主,桃蚜、菜缢管蚜(萝卜蚜)、甘蓝蚜及棉蚜等都可传毒,且为非持久性传播。病株种子不传毒。

病毒病的发生与气候条件、寄主生育期、品种都有一定关系。

(1)生育期 病害发生程度与白菜受侵染的生育期关系很大。幼苗 7 叶期以前最感病,染病后病状表现最严重,多不能结球;后期受侵染发病轻。侵染越早,发病越重,危害越大。

(2)气候条件 苗期高温干旱,地温高或持续时间长,利于蚜虫繁殖和活动,而不利于寄主生长,植株抗病性弱,病毒病发生常较严重;而气候凉爽,雨水充足则发病轻。因此,春秋两季气温 15~20℃,相对湿度在 75% 以下,白菜的感病期若与蚜虫的发生高峰期相吻合,病毒病发生严重。

此外,十字花科蔬菜互为邻作,发病重;与非十字花科蔬菜邻作,发病轻;秋季早播,发病重;适当晚播,发病轻;青帮品种比白帮品种抗病。

4.防治方法

应采用消灭蚜虫、加强栽培管理、选育和应用抗病品种相结合的综合防治措施。

(1)选用抗病品种 可选用叶色深绿,花青素含量多,叶片组织肥厚,叶肉组织细密,生长势强的品种,如北京大青口、包头青、青杂 5 号等;秋季严格挑选,春天在采种田及早剔除病株,减少毒源。

(2)加强栽培管理 调整蔬菜布局,避免与十字花科蔬菜间、套、轮作和邻作,及早发现并拔除病株;秋白菜适期早播,使幼苗期避开高温及蚜虫猖獗季节,防止发病;加强苗期管理,早间苗、早定苗,在播后、齐苗至 7~8 片真叶时勤浇水,可降低土温,减轻发病。

(3)防治蚜虫 苗期防蚜至关重要,应最大限度减少毒源植物上的蚜虫。在大白菜出苗后至 7 叶期前,消灭幼苗上的蚜虫。可用 10％吡虫啉可湿性粉剂 1 000～1 500 倍液、2.5％天王星乳油 3 000 倍液等。

(4)药剂防治 发病初期有 20％病毒 A 可湿性粉剂 500 倍液、1.5％植病灵乳剂 1 000 倍液、83 增抗剂 100 倍液等,10 天 1 次,连续 2～3 次。

三、十字花科蔬菜软腐病

十字花科蔬菜细菌性软腐病(bacterial soft rot)是十字花科蔬菜上的重要病害,危害严重。十字花科蔬菜软腐病,也称烂葫芦、烂疙瘩或水烂等,全国各地都有发生。在田间、窖内和运输过程中皆可发生,引起白菜腐烂,损失极大。该病除危害白菜、甘蓝、萝卜、花椰菜等十字花科蔬菜外,还危害马铃薯、番茄、辣椒、大葱、洋葱、胡萝卜、芹菜、莴苣等多种蔬菜。

1. 症状

软腐病的症状因病组织和环境条件不同而略有差异。一类以白菜、甘蓝等薄嫩多汁的叶片组织发病为代表,发病早期植株外围叶片在烈日下表现萎蔫,但早晚可恢复,后期不再恢复,露出叶球;后叶柄基部和根茎处心髓组织完全腐烂,充满灰黄色黏稠物,臭气四溢,易用脚踢落。腐烂的病叶湿润条件下水浸状半透明,黏滑软腐,晴暖、干燥的环境下,则失水干枯变成薄纸状。

一类以萝卜等比较坚实少汁的根茎组织发病为代表,发病多由根冠开始,初期污白色、水浸状,逐渐变褐软腐,病健分界明显,后病部水分逐渐蒸发,组织干缩;也有时病根外观正常,但髓部腐烂、中空,也有恶臭味。

2. 病原

胡萝卜软腐欧文氏菌胡萝卜亚种(*Erwinia carotovora* subsp. *carotovora*),为欧文氏菌属细菌。菌体短杆状,有周鞭 2～8 根,$(0.5～1.0)$ μm×$(2.2～3.0)$ μm;无荚膜,不产生芽孢,革兰氏染色阴性反应;在琼脂培养基上菌落为灰白色,圆形至变形虫形,稍带荧光性,边缘明晰。

病原细菌生长温度为 4～36℃,最适为 25～30℃。缺氧条件下可生长;在 pH 5.3～9.3 范围都能生长,最适 pH 为 7.0～7.2;致死温度为 50℃,不耐干燥和日光。

软腐病细菌可分泌果胶酶和蛋白酶。果胶酶降解寄主细胞的中间层(果胶层),使细胞分离,组织崩溃。蛋白酶则降解寄主细胞壁和膜的蛋白质。病组织腐烂过程中还可遭受其他腐生细菌的破坏,产生吲哚,因而病部发出臭味。

3. 发病规律

软腐病菌在采种病株、窖藏白菜和土壤、堆肥内病残体组织上越冬。保护地内则不存在越冬问题。病菌主要通过昆虫、雨水和灌溉水传播,从伤口(自然裂口、虫伤、机械伤口)侵入。从春到秋,在田间各种蔬菜上传播繁殖,不断危害。

以白菜软腐病为例,病菌皆由伤口侵入,因此病害发生与植株的伤口关系最为密切。

植株上的伤口有自然裂口、虫伤、病伤和机械伤 4 种,病菌主要从叶柄上的自然纵裂口侵入。久旱之后降雨,最易造成叶柄纵裂,病菌从这种裂口侵入后,发展迅速,造成的损失最大。

其次为虫伤。一方面由于昆虫会造成伤口,有利于病菌侵入;另一方面,有些昆虫可携带病菌,直接起到了接种的作用。在可携带病菌的各种昆虫中,以麻蝇、花蝇传带能力最强,可作长距离传播;东北地区十字花科蔬菜软腐病的发生,主要与地蛆和甘蓝夜盗虫发生程度有关,凡是虫口率高的地块,发病就重。其他地下害虫为害严重的地块,病害也较严重。

从软腐病的发生时期来看,多发生在白菜包心期以后,这与白菜的愈伤能力强弱有关。在白菜幼苗期,伤口愈合速度快,且不易受温度影响;而进入莲座期后,伤口愈合速度明显与温度呈负相关,即温度愈低,伤口愈合所需时间越长,由于软腐病菌从伤口侵入,所以寄主愈伤组织形成的快慢直接影响到病害发生的轻重。

气候条件对发病也有较大影响,其中以雨水与发病关系最大。多雨易使气温偏低,不利于伤口愈合。白菜包心后雨水多的年份,往往发病严重。

另据报道,软腐病菌在白菜的整个生育期,均可侵入,潜伏在维管束中,在厌氧条件下才表现症状。因此,高畦栽培,土壤中氧气充足,发病轻;平畦地面易积水,土壤中缺乏氧气,发病重。

此外,白菜与茄科和瓜类等蔬菜轮作发病重,与禾本科植物轮作发病轻;偏施氮肥,组织含水量大发病重;青帮品种、疏心直筒品种比白帮品种、球形牛心形品种抗病,抗病毒病和霜霉病的品种,也抗软腐病。

4. 防治方法

以选育抗病品种和加强栽培管理为主,结合药剂防治,可收到较好效果。

(1)选用抗病品种 抗病毒病和霜霉病品种也抗十字花科蔬菜软腐病。较抗病的大白菜品种有:北京大青口、包头青、塘沽青麻叶、开源白菜、跃进二号、牡丹江1号等。

(2)加强栽培管理 重病地块与禾本科、豆类和葱蒜等作物实行3年以上轮作;增施底肥,及时追肥,使苗期生长旺盛,后期植株耐水、耐肥,减少裂口;垄作或高畦栽培,利于排水防涝,减轻病害;适期晚播,使感病的包心期错过雨季,减轻发病;及时拔除重病株,减少菌源;从苗期开始,注意防治黄条跳甲、菜青虫、小菜蛾、地蛆和甘蓝夜盗虫等。东北地区在8月中下旬至9月初防治地蛆,可用乐果800~1 000倍液或敌百虫1 000倍液,灌根1~2次。

(3)药剂防治 病前或病初防治,以轻病株及其周围的植株为重点,又以叶柄及茎基部最重要。常用药剂有72%农用链霉素可溶性粉剂3 000~4 000倍液、新植霉素4 000倍液、20%喹菌酮可湿性粉剂1 000~1 500倍液、14%络氨铜水剂350倍液、50%代森铵600~800倍液、抗菌剂401的500~600倍液等。

四、十字花科蔬菜黑斑病

十字花科蔬菜黑斑病(crucifer alternaria leaf spot)是十字科蔬菜的常见病害,分布广,危害寄主多。白菜、油菜、甘蓝、花椰菜、萝卜等都可受害,但以白菜、甘蓝及花椰菜受害最重。本病仅发生在十字花科蔬菜上。

1. 症状

病害主要为害叶片,也可为害叶柄、花梗及种荚等部位。

叶片发病多从外叶开始,病斑圆形,灰褐色或褐色,多有明显的同心轮纹,病斑上生有黑色霉状物,有时病斑边缘有黄晕,高湿上病斑常穿孔。白菜上病斑较小,直径2~6 mm,甘蓝和花椰菜上病斑大,直径5~30 mm。多个病斑可愈合形成不规则大斑,造成叶片枯死。

花梗和种荚上发病的病状与霜霉病相似,但黑斑病形成黑霉可与霜霉病区别。

2.病原

芸薹链格孢[*Alternaria brassicae*（Berk.）Sacc.]和甘蓝链格孢[*A. brassicicola*（Schweinitz）Wilbrath]皆为半知菌亚门，链格孢属真菌。

病部所见黑霉即病菌的分生孢子和分生孢子梗。两种病菌产生的分生孢子形态相似，长条形或倒棍棒形，棕褐色，具 3～12 个横隔，若干纵隔，但白菜黑斑病菌的孢子较大，(33～147) μm×(9～33) μm，喙较长，色浅；甘蓝黑斑病菌的孢子较小，(15～90) μm×(6.3～17.5) μm，喙短，色深。

3.发病规律

主要以菌丝体在病残体、窖贮菜或种子上越冬。次年产生分生孢子，借风雨传播，由气孔或直接侵入，再侵染频繁。

病害的发生和流行与气候条件关系密切。发病温度范围为 11～24℃，适宜温度为 11.8～19.2℃，相对湿度 72%～85%，因此，阴雨连绵，多雨高湿，温度偏低，病害发生重。

4.防治方法

(1)加强栽培管理　种子消毒可用 50℃温水浸种 25 min，或用种子重量的 0.4% 的 50% 福美双，种子重量的 0.2%～0.3% 的 50% 扑海因拌种；与非十字花科植物隔年轮作；施足基肥，增施磷钾肥，提高植株抗病力。

(2)药剂防治　发病初期可用 75% 百菌清可湿性粉剂 500～600 倍液、50% 农利灵可湿性粉剂 800～1 000 倍液、50% 扑海因可湿性粉剂 1 500 倍液等，隔 7 天用药 1 次，连续 3～4 次。

五、十字花科蔬菜黑腐病

十字花科蔬菜黑腐病（crucifers black rot）各地都有发生，可危害多种十字花科蔬菜，但以甘蓝、花椰菜和萝卜受害较重。

1.症状

黑腐病是细菌性的维管束病害，苗期至成株皆可发病。

幼苗被害，子叶水浸状，真叶叶脉上出现小黑斑或细黑条，根髓部变黑，幼苗枯死。

成株发病，多从叶缘和虫伤处开始，出现"V"字形的黄褐斑，病斑外围有黄色晕圈；局部叶脉变为黑色或紫黑色，病菌能沿叶脉蔓延到根茎部，使基部维管束变黑，植株叶片枯死；萝卜肉根被害，外观正常，但切开后可见维管束环变黑，严重时，内部组织干腐、中空。

与软腐病不同之处是，黑腐病病组织不软化，也无恶臭味。

2.病原

野油菜黄单胞杆菌野油菜黑腐病致病变种[*Xanthomonas campestris* pv. *cmpestris*（Pammel）Dowson]，为黄单胞杆菌属细菌。

菌体短杆状，(0.4～0.5) μm×(0.7～3.0) μm，单鞭毛，无芽孢，有荚膜，单生或链生，革兰氏染色阴性反应。在牛肉琼脂培养基上，菌落灰黄色，圆形或稍不规则形，表面湿润有光泽，但不黏滑；在马铃薯培养基上，菌落呈浓厚的黄色黏稠状。病菌发育温度为 5～39℃，最适 25～30℃，致死温度 51℃、10 min。耐酸碱范围为 pH 6.1～6.8，以 pH 6.4 最适。

3.发病规律

病菌在种子、病残体和土壤中越冬，干燥条件下，病菌在土壤中可存活一年；病菌多从叶缘水孔或虫伤侵入,经繁殖后,迅速进入维管束,上下扩展,造成系统性侵染,并可进入种子而使种子带菌,病菌在种子上可存活 28 个月;带菌的种子是该病远距离传播的主要途径。在田间,病菌主要借雨水、昆虫、肥料等传播。

高湿多雨或高湿条件下,叶面结露,叶缘吐水,利于病菌侵入而发病;十字花科蔬菜连作地往往发病重;此外,植株早衰、虫害严重、暴风雨频繁发病重。

4.防治方法

(1)采用无病种或种子消毒　50℃温水浸种 20 min,或用 45％代森铵水剂 300 倍液浸种 15 min,洗净晾干播种;农抗 751 杀菌剂 100 倍液 15 mL 浸拌种子 200 g,吸附阴干,可有效预防黑腐病的发生。

(2)加强栽培管理　与非十字花科蔬菜进行 2 年以上的轮作;适时早播,合理浇水;收获后及时清除病残体并销毁。

(3)药剂防治　参考十字花科蔬菜软腐病。

第二节　茄科蔬菜病害

茄科植物在保护地和露地栽培广泛,其病害种类也较多,辣椒疫病、番茄晚疫病再侵染频繁、流行速度快,常具毁灭性,损失巨大。病毒病是番茄、辣椒上的重要病害之一,茄子黄萎病在东北地区严重发生,每年这些病害造成很大损失。

▶ 一、番茄病害

(一)番茄病毒病

番茄病毒病(tomato virus diseases)全国各地都有发生,常见的有花叶病、条斑病和蕨叶病三种,以花叶病发生最为普遍。但近几年条纹病的危害日趋严重,植株发病后几乎没有产量。蕨叶病的发病率和危害介于两者之间。

1.症状

(1)花叶病　田间常见的症状有两种,一种是轻花叶,植株不矮化,叶片不变小、不变形,对产量影响不大;另一种为花叶,新叶变小,叶脉变紫,叶细长狭窄,扭曲畸形,顶叶生长停滞,植株矮小,下部多卷叶,大量落花落蕾,果小质劣,呈花脸状,对产量影响较大。

(2)条斑病　植株茎秆上中部初生暗绿色下陷的短条纹,后油浸状深褐色坏死,严重时导致病株萎黄枯死;果面散布不规则形褐色下陷的油浸状坏死斑,病果品质恶劣,不堪食用。叶背叶脉上有时也可见与茎上相似的坏死条斑。

(3)蕨叶病　多发生在植株细嫩部分。叶片十分狭小,叶肉组织退化、甚至不长叶肉,仅存主脉,似蕨类植物叶片,故称蕨叶病;叶背叶脉呈淡紫色,叶肉薄而色淡,有轻微花叶;节间短缩,呈丛技状。植株下部叶片上卷,病株有不同程度矮缩。

2.病原

花叶病主要由烟草花叶病毒(*Tobacco mosaic virus*,TMV)引起。烟草花叶病毒寄主范围广,达 36 科 200 多种植物。病毒钝化温度为 90~97℃,稀释终点 10^{-6},体外保毒期很长,在无菌条件下,致病力达数年,在干燥病组织内存活力达 30 年以上。病毒颗粒呈杆状,300 nm×18 nm。在寄主细胞内可形成不定形内含体。

条斑病主要由番茄花叶病毒(*Tomato mosaic virus*,ToMV)侵染所致。该病毒属于烟草花叶病毒属,其物理性状与烟草花叶病毒相似,主要特点为在番茄、辣椒上表现系统条斑症状。

蕨叶病主要由黄瓜花叶病毒(*Cucumber mosaic virus*,CMV)侵染引起。病毒的物理性状参看瓜类病毒病。

马铃薯 Y 病毒(PVY)、烟草蚀纹病毒(TEV)也可引起番茄病毒病。

另外,烟草花叶病毒和马铃薯轻型花叶病毒混合侵染番茄时,也可造成条斑症状,但果斑较小,且不凹陷。烟草花叶病毒和黄瓜花叶病毒的不同株系,也常混合侵染番茄,其病状变异化复杂,鉴别较为困难。

3. 发病规律

烟草花叶病毒可在多种杂草和栽培作物体内、种子和土壤中越冬,此外,病毒可在烤晒后的烟叶及病残体中存活相当长的时期。经接触传染,分苗、定植、整枝、打杈等农事操作也可传播病毒,但蚜虫不传毒。

黄瓜花叶病毒主要在多年生杂草上越冬,由桃蚜、棉蚜等多种蚜虫传播,但以桃蚜为主。目前未发现种子和土壤传毒。

番茄病毒病的发生与气象条件关系密切。番茄花叶病适宜发生的温度为 20℃,平均气温 25℃病害流行,温度增高趋向隐症;邻近建筑物或低洼地块,通风散热不良利于发病;番茄条斑病与降雨量有关,雨水多造成土壤湿度大,地面板结,土温降低,番茄发根不好,长势弱,抗病力降低,再遇到雨后高温,就会导致病害的流行。

蕨叶病在高温干旱的气候条件下,有利于蚜虫的大量繁殖和有翅蚜的迁飞传毒,病害发生严重。

栽培管理不当也会加重病害发生。春番茄定植过晚,幼苗徒长发病重;田间操作时造成病健株的过多摩擦,会增加病毒传染机会;蚜虫特别是桃蚜发生严重,或番茄与瓜类作物邻作时,病毒病的发生常较重;土壤排水不良、土层瘠薄、追肥不及时,也会加重番茄花叶病的发生。

番茄不同品种对病毒病有抗性差异,其抗性也有一定的针对性,或对烟草花叶病毒,或对黄瓜花叶病毒,生产上应根据病毒病的实际发生情况,适用适宜的抗病品种。

4. 防治方法

采用以农业为主的综合防病措施,提高植株抗病力。另外,番茄病毒病的毒源种类在一年中会出现周期性的变化,春夏季以烟草花叶病毒为主,则秋季则以黄瓜花叶病毒为主,生产上防治时应针对毒源采取相应的措施,才能收到较好的效果。

(1)选用抗病品种 可选用中蔬 4、5、6 号,中杂 4 号,佳红,佳粉 10 号等抗耐病品种。

(2)种子处理 种子在播前先用清水预浸 3~4 h,再放入 10%磷酸三钠溶液中浸泡 20~30 min,洗净催芽。或用高锰酸钾 1 000 倍液浸种 30 min。

(3)栽培防病 收获后彻底清除残根落叶,适当施石灰使烟草花叶病毒钝化;实行 2 年轮作;适时播种,适度蹲苗,促进根系发育,提高幼苗抗病力;移苗、整枝、蘸花等农事操作时皆应遵循先处理健株,后处理病株的原则。操作前和接触病株后都要用 10%磷酸三钠溶液消毒和刀剪等工具,以防接触传染。

晚打杈、早采收。晚打杈促进根系发育,同时可减少接触传染;果实挂红时即应采收,以减缓营养需求矛盾,增强植株耐病性。

增施磷钾肥,定植时根围施"5406"菌肥,缓苗时喷洒万分之一增产灵,促使植株健壮生长提高抗病力;坐果期避免缺水、缺肥;自苗期至定植后和第一层果实膨大期防治蚜虫可减轻蕨叶病的发生。

(4)施用钝化剂及诱导剂 用 10%混合脂肪酸(83 增抗剂)50～100 倍液在苗期、移栽前 2～3 天和定植后两周共三次施用,可诱导植株产生对烟草花叶病毒的抗性。1:(10～20)的黄豆粉或皂角粉水溶液,在番茄分苗、定植、绑蔓、整枝、打杈时喷洒,可防止操作时接触传染。

(5)施用弱毒疫苗以及病毒卫星 番茄花叶病毒的弱毒疫苗 N_{14},N_{14} 在烟草及番茄上均不表现可见症状,还可刺激生长、促进早熟;CMV 的卫星病毒 S_{52} 可干扰病毒的增殖而起到防病作用。两者可以单独使用也可混合使用。

方法是:将 N_{14} 或 S_{52} 的 50～100 倍液,在移苗时浸根 30 min;或于 2 叶 1 心时涂抹叶面,或加入少量金刚砂后,用 2～3 kg/m^2 的压力喷枪喷雾接种。也可混合后使用,混合接种后 10 天左右会表现轻微花叶,之后逐渐恢复正常。

(6)药剂防治 发病初期可用 20%病毒 A 可湿性粉剂 500 倍液、1.5%植病灵乳剂 1 000 倍液、抗毒剂 1 号 200～300 倍液、高锰酸钾 1 000 倍液,再配合喷施 20 mg/L、增产灵 50～100 mg/L 及 1%过磷酸钙或 1%硝酸钾作根外追肥,有较好的防效。

(二)番茄晚疫病

番茄晚疫病(tomato late blight)是番茄的重要病害之一,阴雨的年份发病重。该病除危害番茄外,还可危害马铃薯。

1. 症状

番茄晚疫病在番茄的整个生育期均可发生,幼苗、茎、叶和果实均可受害,以叶和青果受害最重。

(1)苗期 茎、叶上病斑黑褐色,常导致植株萎蔫、倒伏,潮湿时病部产生白霉。

(2)成株期 叶片:叶尖、叶缘发病较为多见,病斑水浸状不规则形,暗绿色或褐色,叶背病健交界处长出白霉,后整叶腐烂。

(3)茎秆 病斑条形暗褐色。

(4)果实 青果发病居多,病果一般不变软;果实上病斑不规则形,边缘清晰,油浸状暗绿色或暗褐色至棕褐色,稍凹陷,空气潮湿时其上长少量白霉,后果实迅速腐烂。

2. 病原

致病疫霉[*Phytophthora infestans*(Mont.)de Bary]为鞭毛菌亚门疫霉属真菌。游动孢子囊梗无色,单根或多根由植物气孔生出,有分枝,并有结节状膨大现象,(624～1 136) $\mu m \times$ (6.3～7.5) μm。孢子囊卵形或近圆形,(24～54) $\mu m \times$(19～30) μm,无色,具乳突。未见厚垣孢子和卵孢子。

此菌只危害番茄和马铃薯,对番茄的致病力强,有明显的生理分化现象。

3. 发病规律

病菌主要以菌丝体在病残体或保护地栽培的番茄、马铃薯块茎上越冬。借气流和雨水传播。再以中心病株上的孢子囊借风雨、气流引起多次再侵染,导致病害流行。

番茄晚疫病的发生、流行与气候条件、栽培管理措施等因素有关,尤其是气候条件的影响最大。病菌发育温度为10～30℃,最适为24℃。孢子囊形成要求100%的相对湿度。因此,白天气温低于24℃、早晚多雾多露或经常阴雨绵绵、相对湿度持续保持在75%～100%,病害容易发生和流行。

地势低洼、排水不畅、过度密植造成田间湿度过大,及偏施氮肥、土壤肥力不足、植株生长衰弱都有利于病害发生。

4.防治方法

(1)种植抗病品种 抗病品种有圆红、渝红2号、中蔬4号、中蔬5号、佳红、中杂4号等。

(2)栽培管理 与非茄科作物实行3年以上轮作;合理密植,采用高畦种植,控制浇水、及时整枝打杈、摘除老叶降低田间湿度。保护地液态应从苗期开始,严格控制生态条件,尤其是防止高湿度条件出现。

(3)药剂防治 发现中心病株后应及时拔除并销毁重病株,摘除轻病株的病叶、病枝、病果,对中心病株周围的植株进行喷药保护,重点是中下部的叶片和果实。药剂有72.2%普力克水剂800倍液;58%甲霜灵锰锌可湿性粉剂500倍液;25%瑞毒霉可湿性粉剂800～1 000倍液;64%杀毒矾可湿性粉剂500倍液;50%百菌清可湿性粉剂400倍液。7～10天用药1次,连续用药4～5次。

(三)番茄叶霉病

番茄叶霉病(tomato leaf mould)俗称"黑毛",是棚室番茄常见病害和重要病害之一。在我国大部分番茄种植区均有发生,造成严重减产。以保护地番茄上发生严重。该病仅发生在番茄上。

1.症状

主要危害叶片,严重时也可危害果实。叶片发病,正面为黄绿色、边缘不清晰的斑点,叶背初为白色霉层,后霉层变为紫褐色。发病严重时霉层布满叶背,叶片卷曲、干枯;果实发病,在果面上形成黑色不规则斑块,硬化凹陷,但不常见。

2.病原

番茄叶霉病菌[*Fulvia fulva* (Cooke)Cif.],为半知菌亚门,褐孢霉属真菌,异名黄枝孢菌(*Cladosporium fulvum* Cooke)。分生孢子梗成束,有分枝,初无色,后呈褐色,有1～10个隔膜,大部分细胞上部一侧有齿状突起;分生孢子串生,孢子链有分枝,分生孢子圆柱形或椭圆形,初无色单胞,后变为褐色双胞;(14～38) $\mu m \times$ (5～9) μm。

3.发病规律

病菌以菌丝体和分生孢子在病残体和种子内越冬。次年分生孢子借气流传播,由寄主气孔、萼片、花梗等处侵入,引起初侵染及使种子带菌;病害的再侵染频繁。

温湿度是影响发病的主要因素。病菌发育温度为9～34℃,最适温度为20～25℃;相对湿度达90%以上,发病重;相对湿度在80%以下,则不利于病害发生;气温低于10℃或高于30℃,病情发展可受到抑制。

保护地遇阴雨天气,棚内通风不良,光照不足,叶霉病扩展迅速;而晴天光照充足,棚室内短期增温至30～36℃,就会对病害有明显的抑制作用。此外,种植过密,生长过旺,管理粗放,发病严重。病害从发生到流行成灾,一般在半个月左右。

4.防治方法

(1)采用抗病品种 双抗2号、沈粉3号和佳红等,但要根据病菌生理小种的变化,及时更换品种。

(2)选用无病种或种子处理 52℃温水浸种30 min,晾干播种;2%武夷霉素150倍液浸种;或2.5%适乐时悬浮种衣剂4~6 mL/kg种子拌种。

(3)栽培管理 重病区与瓜类、豆类实行3年轮作;合理密植、及时整枝打杈、摘除病叶老叶,加强通风透光;施足有机肥、适当增施磷、钾肥,提高植株抗病力;雨季及时排水,保护地可采用双垄覆膜膜下灌水方式,降低空气湿度,抑制病害发生。

(4)药剂防治 保护地还可用45%百菌清烟剂250 g/亩熏烟,或用5%百菌清、7%叶霉净或6.5%甲霉灵粉尘剂1 kg/亩,8~10天1次,连续或交替轮换施用。

发病初期可用:10%世高水分散颗粒剂1 500~2 000倍液、25%阿米西达1 500~2 000倍液、50%扑海因可湿性粉剂1 500倍液、47%加瑞农可湿性粉剂800倍液、2%武夷霉素150倍液、60%多防霉宝超微粉6 500倍液,或75%百菌清可湿性粉剂600倍液,或50%多硫胶悬剂700~800倍液喷霉,每隔7天喷1次,连续喷3次。

(四)番茄早疫病

番茄早疫病(tomato early blight)又称为轮纹病,各地普遍发生,是危害番茄的重要病害之一。近年来,一些地区由于推广抗病毒病而不抗早疫病的番茄品种,导致早疫病严重发生。此病除危害番茄外,还可危害茄子、辣椒和马铃薯等茄科蔬菜。

1.症状

早疫病可危害番茄的叶、茎和果实。

叶片受害,多从下部叶片开始,出现近圆形褐色病斑,有明显的同心轮纹和黄绿色晕圈,潮湿时病斑上生有黑色霉层。严重时病斑相连呈不规则形,病叶干枯脱落;茎部病斑多在分枝处产生,黑褐色、椭圆形、稍凹陷,也有同心轮纹;果实发病多在果蒂或裂缝处,病斑黑褐色、近圆形、凹陷,也有同心轮纹,上有黑色霉层,病果易腐烂。

2.病原

茄链格孢菌(*Alternaria solani* Sorauer),为半知菌亚门,链格孢属真菌。

病部霉层即为病菌的分生孢子和分生孢子梗。分生孢子梗由寄主气孔中伸出,单生或簇生,直或较直,暗褐色,有1~7个隔膜,$(30.6\sim104)\ \mu m\times(4.3\sim9.2)\ \mu m$;分生孢子长棍棒状,淡褐色,具纵横隔膜,顶端长有细长的喙,$(85.6\sim146.5)\ \mu m\times(11.7\sim22)\ \mu m$,喙无色,多数具1~3个隔膜,$(6.3\sim74)\ \mu m\times(3\sim7.4)\ \mu m$。

病菌有致病性分化,不同地区菌株间致病力差异明显。

3.发病规律

病菌以菌丝体和分生孢子随病残体在土壤中或种子上越冬。第2年分生孢子借气流、雨水及农事操作传播,由寄主的气孔、皮孔或表皮直接侵入。再侵染频繁。

番茄早疫病的发生、流行与温湿度、植株的生长状况及品种抗病性等关系密切。病菌生长的温度范围为1~45℃,最适温度26~28℃,分生孢子在水滴中萌发较好。早疫病在旬平均气温15~30℃均可发生,田间温度高、湿度大有利于侵染发病。一般气温15℃、相对湿度80%以上时开始发病;20~25℃、多雾阴雨,病害易流行。此外,病害多在结果后开始发病,结果盛期进入发病高峰。5—6月正是番茄坐果期,空气湿度和降雨影响到早疫病的严重程度。

另外,底肥充足,灌水追肥及时,植株生长健壮,发病轻;连作、大田改菜田造成基肥不足、种植过密,植株生长衰弱,管理粗放,发病重;植株含糖量低,抗病性弱。

4.防治方法

采取以加强栽培管理为主,结合种植抗病品种和喷药保护的综合防治措施。

(1)种植抗病品种　可选用荷兰 5 号、茄抗 5 号、矮立元、毛粉 802、西粉 3 号、密植红、粤胜等抗耐病品种。

(2)种子消毒　52℃温水浸种 30 min;或种子预浸 4 h 后,移入 0.5%硫酸铜溶液中浸 5 min,洗净催芽;或 100 倍福尔马林液浸种 15 min,洗净催芽。

(3)加强栽培管理　收获后及时清除田间植株残体;与非茄科蔬菜实行 2 年轮作;合理密植,以利植株通风透光,降低湿度,避免或减少叶面结露;配方施肥,施足底肥,及时追肥;坐果期叶面喷 0.1%蔗糖＋0.2%磷酸二氢钾再加 0.3%尿素,提高植株营养水平。

(4)药剂防治　保护地可采用粉尘剂或烟剂,如 5%百菌清粉尘剂 1 kg/亩、45%百菌清或 10%速克灵烟剂 250 g/亩。

其他药剂有:2%农抗 120 水剂 150 倍液、2%武夷霉素(BO—10)200 倍液、50%扑海因可湿性粉剂 1 000～1 500 倍液、70%代森锰锌可湿性粉剂 600 倍液、75%百菌清可湿性粉剂 600 倍液、10%世高水分散颗粒剂 1 500～2 000 倍液、10%宝丽安可湿性粉剂 1 500 倍液等。间隔 7～10 天,连续用药 2～3 次。

▶ 二、辣椒病害

(一)辣椒疫病

辣椒疫病(phytophthora blight of pepper)是一种毁灭性病温室、大棚及露地均有发生,病菌的寄主范围广,还可侵染瓜类、茄果类、豆类蔬菜。

1.症状

辣椒疫病在辣椒的整个生育期均可发生,茎、叶、果实、根皆可发病。

(1)苗期　茎基部暗绿色水渍状软腐,导致幼苗猝倒;或产生褐色至黑褐色大斑,导致幼苗枯萎。

(2)成株期

①叶片:出现暗绿色圆形或近圆形的大斑,直径 2～3 cm,后边缘黄绿色,中央暗褐色。

②果实:先于蒂部发病,病果变褐软腐,潮湿时表面长出白色稀疏霉层,干燥时形成僵果挂于枝上。

③茎秆:病部变为褐色或黑色,茎基部最先发病,分枝处症状最为多见;如被害茎在木质化前发病,则茎秆明显缢缩,植株迅速凋萎死亡。

2.病原

辣椒疫霉(*Phytophthora capsici* Leonian)为鞭毛菌亚门疫霉属真菌。

游动孢子囊梗无色、菌丝状;孢子囊顶生,单胞,卵形、肾形、梨形、长椭圆形或不规则形,有乳突,(40～80)μm×(29～52)μm;孢子囊成熟后释放肾形双鞭毛的游动孢子,(10～15)μm×(8～10)μm;卵孢子球形,直径 21～30 μm,淡黄色,壁光滑;厚垣孢子球形或不规则形,淡黄色,直径 18～28 μm。

3.发病规律

病菌以卵孢子或厚垣孢子在病残体、土壤或种子中越冬,其中土壤中的卵孢子可存活 2～3 年,是次年病害的主要初侵染源。翌年病菌经雨水飞溅、灌溉水传播至茎基部或近地面果实上,引发病害,出现中心病株。之后,病部产生的孢子囊借雨水、灌水进行多次再侵染。

辣椒疫病的发生与环境条件中的温、湿度关系最为密切。病菌生长发育温度为 8～38℃,最适 30℃;田间 25～32℃,相对湿度超过 85％时病害极易流行。一般是大雨过后天气突然转晴,或浇水后闷棚时间过长,温、湿度急剧上升,导致病害流行。另外,连作、积水、定植过密、通风透光不良的田块发病重。

疫病是一种发病周期短、流行速度异常迅猛的毁灭性病害。当土壤湿度在 95％以上,病菌只要 4～6 h 就可完成侵染,2～3 天就可发生一代。

4.防治方法

应采取以农业防治为主,药剂防治为辅的综合防治措施。

(1)选用早熟抗耐病品种 如碧玉椒、丹椒 2 号、细线椒等抗病品种,辣优 4 号、陇椒 1 号等耐病品种。

(2)农业防治法 与茄科、葫芦科以外的作物实行 2～3 年的轮作;种子消毒可用 52℃温水浸种 30 min,或清水预浸 10～12 h 后,用 1％硫酸铜浸 5 min,拌少量草木灰;72.2％普力克水剂 1 000 倍浸种 12 h,洗净催芽;进入雨季,气温高于 32℃,注意暴雨后及时排水,棚内应控制浇水,严防湿度过高;及时发现中心病株并拔除销毁,减少初侵染源。

(3)药剂防治 发病前,喷洒植株茎基和地表,防止初侵染;生长中后期以田间喷雾为主,防止再侵染。田间出现中心病株和雨后高温多湿时应喷雾与浇灌并重。可选用的药剂有:50％甲霜铜可湿性粉剂 800 倍液、58％甲霜灵锰锌可湿性粉剂 500 倍液、70％乙磷•锰锌可湿性粉剂 500 倍液、60％琥•乙磷铝(DTM)可湿性粉剂 500 倍液、64％杀毒矾 MS 可湿性粉剂600～800 倍液。7～10 天用药 1 次,共 3～4 次。

(二)辣椒病毒病

辣椒病毒病(pepper mosaic virus)是辣椒的重要病害,严重时常引起落花、落叶、落果,俗称三落,对产量和品质影响很大。

1.症状

辣椒病毒病症状有花叶、坏死两种类型。

(1)花叶型 花叶型分为轻花叶和重花叶两种类型。轻花叶多在叶片上出现明脉、轻微花叶和斑驳,病株不畸形和矮化,不造成落叶;重花叶除表现花叶斑驳外,叶片皱缩畸形,或形成线叶,枝叶丛生,植株严重矮化,果实变小。

(2)坏死型 病株部分组织变褐坏死,可发生在叶片、茎上,引起顶枯、条斑、环斑、坏死斑驳等。

以上症状有时可同时出现在一株植物上,引起落叶、落花、落果。

2.病原

辣椒病毒病可由多种病毒引起,主要有黄瓜花叶病毒(CMV)、烟草花叶病毒(TMV)、马铃薯 Y 病毒(PVY)等。病毒的形态和理化特性见瓜类病毒病、番茄病毒病和马铃薯病毒病。

黄瓜花叶病毒是辣椒上最主要的毒源,可引起系统花叶、畸形、簇生、蕨叶、矮化等,有时产生叶片枯斑或茎部条斑;烟草花叶病毒主要在植株生长前期为害,引起急性坏死斑或落叶、叶脉坏死或顶枯；马铃薯 Y 病毒在辣椒上引起系统轻花叶和斑允，矮化和果少等症。有时两种病毒可复合侵染，使症状更加复杂。

另外，烟草蚀纹病毒(TEV)、马铃薯 X 病毒(PVX)、苜蓿花叶病毒(AMV)、蚕豆萎蔫病毒(BBMV)也可引起辣椒病毒病。

3.发病规律

病毒病的发生规律因其毒源种类不同而异。

烟草花叶病毒随病残体在土中或在种子上越冬，靠接触及伤口传播，通过分苗、定植、整枝打杈等农事操作传播，辣椒定植早期，田间所见病株皆为 TMV 引起；而黄瓜花叶病毒(CMV)、马铃薯 Y 病毒(PVY)、苜蓿花叶病毒(AMV)等可在多年生杂草上越冬，主要由蚜虫传播，田间见有翅蚜后，以上病毒株逐渐增加，且复合侵染的病株也开始出现，其发生程度与蚜虫的发生情况密切相关，在高温干旱天气，不仅寄主抗性降低，且促进蚜虫的繁殖和传毒。

辣椒是浅根系作物，须根少、根系发育慢是其特点，因此，病毒病发生程度还和辣椒根系发育好坏关系密切，根系发育良好，植株健壮，发病轻；而定植过晚，缺肥、缺水，植株生长发育不良，抗性降低，病毒病重。

辣椒品种之间有抗病差异，一般早熟品种比中晚熟品种抗病，辣椒比甜椒抗病。

4.防治方法

(1)选用抗病品种　沈椒2号、中椒2号、辽椒4号、农大40号、三道筋等抗病性强。

(2)栽培管理　用10%磷酸三钠浸种20～30 min后洗净催芽；培育株型矮壮的健苗，第一分枝见花蕾时定植，并在分苗、定植前喷洒0.1%～0.2%硫酸锌，可提高植株抗病力；早定植，定植后加强管理，初期勤松土提高地温，促进根系发育，可采用地膜覆盖等方法；后期遮阳，降低地温，及时追施肥水，防早衰。

陆地栽培应在高温来临前封垄，可采用宽垄密植、一穴双株的方法，或用4～8行辣椒套1行玉米，或隔4行辣椒每米点种1株玉米等方法进行遮阳，待辣椒封垄后将玉米砍去，可减轻病毒病发生。

在育苗期间和定植初期及时防治蚜虫，50%辟蚜雾可湿性粉剂2 000倍液等。

(3)药剂防治　苗期用 N14 或 S52 单独或混合接种，10%混合脂肪酸(83增抗剂)50～100倍液在苗期、移栽前2～3天和定植后两周共3次施用，或用病毒钝化剂912,75 g/亩，开水1 kg冲泡12 h,200倍液，在定植后、初果和盛果期早晚喷雾，可诱导植株产生对烟草花叶病毒的抗性。

发病初期可用20%病毒 A 可湿性粉剂500倍液、1.5%植病灵1 000倍液、抗毒剂1号200～300倍液等喷雾，10天1次，连续3～4次。

(三)辣椒炭疽病

辣椒炭疽病(pepper anthracnose)是辣椒上的主要病害之一。我国各辣椒产区几乎都有发生。茄科蔬菜除辣椒外，茄子和番茄也可受害。

1.症状

病害主要危害叶片和果实，特别是近成熟期的果实和老叶。

(1)果实　病斑凹陷呈半软腐状，褐色、圆形或不规则形，常有略隆起的同心轮纹，其上密生轮状排列的小黑点或者橙红色的黏状小点。干燥时病组织薄纸状，易破裂。

(2)叶片　病斑圆形或不规则形，边缘褐色，中央灰白，病斑表面也有轮状排列的小黑点。

茎和果梗上病斑褐色,形状不规则、略凹陷,干燥时表皮易破。

2.病原

病原物皆为半知菌亚门,炭疽属真菌。

胶孢炭疽菌[*Colletotrichum gloeosporioides*(Penz.)Sacc],一种类型分生孢子盘周缘具暗褐色刚毛,具隔膜,(74～128)μm×(3～5)μm;分生孢子梗短圆柱形,无色,单孢,(11～16)μm×(3～4)μm;分生孢子长椭圆形,无色,单孢,(14～25)μm×(3～5)μm。另一种类型分生孢子盘无刚毛,分生孢子椭圆形、无色、单胞,(12.5～15.7)μm×(3.8～5.8)μm。

辣椒炭疽菌 *C.Capsici* Syd,分生孢子盘周缘及内部均密生长而粗壮的刚毛,刚毛暗褐色或棕褐色,具隔膜,(95～216)μm×(5～7.5)μm;分生孢子新月形,无色,单孢,(23.7～26)μm×(2.5～5)μm。

炭疽菌在自然状态下不产生有性阶段。

3.发病规律

病菌以分生孢子或菌丝体在种表或种内越冬,也可以分生孢子盘随病残体在土壤中越冬。分生孢子通过风雨、昆虫、农事操作等传播,且再侵染频繁。

炭疽病的发生与温湿度关系密切。病菌发育温度为 12～33℃,最适 27℃;适宜相对湿度为 95%左右,相对湿度低于 70%,不利于病菌发育;高温多雨利于病害的发生发展;此外,排水不良、种植过密、偏施氮肥、通风透光差、果实受日灼伤等,均易导致病害发生;成熟果和过成熟果容易受害,幼果很少发病。

4.防治方法

采用无病种或种子处理,结合栽培管理,配合药剂保护的综合防治措施。

(1)种植抗病品种　辣味强的品种多较抗病,可因地制宜选用。

(2)选用无病种及种子处理　无病株留种或用 55℃温水浸 10 min,或将种子在冷水中预浸 10～12 h,后用 1%硫酸铜浸种 5 min,或 50%多菌灵可湿性粉剂 500 倍浸 1 h。

(3)栽培管理　合理密植,使辣椒封垄后行间不郁蔽,果实不暴露;发病严重地块与瓜类和豆类蔬菜轮作 2～3 年;适当增施磷、钾肥,以增强抗病性;农事操作应在田间露水干后进行;果实采收后,及时清除病残体。

(4)药剂防治　发病初期可用 75%百菌清可湿性粉剂 800 倍、80%大生 M-45 800 倍液、70%甲基托布津可湿性粉剂 600～800 倍液、80%炭疽福美可湿性粉剂 800 倍液、50%多菌灵可湿性粉剂 500 倍液、25%阿米西达 1 500～2 000 倍液。7～10 天 1 次,连续 2～3 次。

◆ 三、茄子病害

(一)茄子褐纹病

茄子褐纹病(eggplant phomopsis rot)是世界性病害,也是茄子的重要病害之一。我国北方与茄绵疫病、茄黄萎病并称为茄子三大病害。该病主要引起果实腐烂,损失很大。该病仅危害茄子。

1.症状

褐纹病从苗期到成株期均可发生。叶、茎、果实皆可发病,但以果实发病最重。

幼苗受害,茎基部产生水浸状椭圆形病斑,病部褐色凹陷,病茎缢缩,幼苗猝倒。苗龄稍大时造成立枯。

叶片发病,多从底叶开始。病斑近圆形或不规则形,边缘暗褐色,中央灰白色至淡褐色,其上生有小黑点,病部易破裂;茎部受害,多在茎基部。病斑梭形,边缘暗褐色,中央灰白色,凹陷、干腐,表面散生小黑点。后期病皮易脱落;果实受害,病部褐色湿腐,多有明显的轮纹,表面密生同心轮纹状排列的小黑点。最后整个果实腐烂脱落,或干缩为僵果挂在枝上。

2.病原

茄褐纹拟茎点霉菌[*Phomopsis vexans*(Sacc. et Syd.)Harter],为半知菌亚门,拟茎点霉属真菌。

病部的小黑点即分生孢子器,分生孢子器球形或扁球形,具孔口,直径 55～400 μm。一般果实上的较大,而叶片上的较小;分生孢子单胞无色,有两种类型,一种为椭圆形或纺锤形,(4.0～6.0)μm×(2.3～3.0)μm;另一种为丝状或钩状,(12.2～28)μm×(1.8～2.0)μm。叶片上的分生孢子器内以椭圆形分生孢子占多数,而茎和果实上的分生孢子器内则线状分生孢子多见。丝状分生孢子不能萌发。

病菌的有性世代为[*Diaporthe vexans*(Sacc. et Syd.)Gratz],田间很少见到。

3.发病规律

病菌主要以菌丝、分生孢子器随病株残体在土表越冬,也可以菌丝体或分生孢子在种子上越冬。病菌在种内和土表皆可存活 2 年以上。翌年,种子带菌引起幼苗发病,而土壤中的病菌则侵染植株茎基部。分生孢子借风雨、昆虫及田间农事操作等传播,从寄主表皮和伤口侵入。病害的再侵染频繁。

病害的发生、流行与温湿度、栽培管理和品种抗病性等有密切关系。病菌发育温度为 7～40℃,最适为 28～30℃。因 28～30℃ 的高温、相对湿度 80% 以上的高湿利于病害发生和流行。北方露地茄子褐纹病发生时间和轻重程度主要取决于当地雨季的早晚和降雨量的多少,6—8 月高温多雨病害易流行;而保护地持续高温高湿、结露重,病害严重。

此外,连作、幼苗瘦弱、地势低洼、排水不良、栽植密度过大、偏施氮肥,发病重。

茄子不同品种有明显抗性差异,一般长茄较圆茄抗病,白皮、绿皮茄较紫皮、黑皮茄抗病。

4.防治方法

采用以栽培管理为中心,选用无病种子为基础,药剂防治为保证的综合防治措施。

(1)选用抗病品种　根据各地饮食习惯和气候条件选择适宜品种。

(2)选用无病种子及种子处理

①无病株采种或进行种子消毒　先将种子在清水中预浸 3～4 h,然后移入 55℃ 温水浸15 min,冷却晾干备用;或福尔马林 300 倍液浸种 15 min,洗净晾干播种;或用 2.5% 适乐时4～6 mL/kg 种子拌种。

②苗床消毒　50% 福美双或 50% 多菌灵可湿性粉剂 6～8 g/m²,拌细土 5 kg,1/3 药土铺底,2/3 覆种。

(3)加强栽培管理　茄子收获后及时清除病残体;实行 2～3 年轮作;施足有机底肥,培育壮苗;结果后及时追肥,防早衰;雨季要及时排水,棚室栽培可用大垄双行法,增加通风透光条件;及时摘除病叶、病枝和病果,深埋或烧毁。

(4)药剂防治　发病初期可用 65% 代森锌可湿性粉剂 500 倍液、50% 百菌唑可湿粉剂1 000 倍液、70% 甲基托布津可湿性粉剂 800 倍液、75% 百菌清可湿性粉剂 600～800 倍液等喷雾,每隔 7～10 天 1 次,连续用药 2～3 次。

(二)茄子黄萎病

茄子黄萎病(verticillium wilt of eggplant)俗称半边疯、黑心病,是茄子的主要病害之一,目前我国大部分茄子产区都有发生,发病后产量损失严重,甚至绝收。

1. 症状

茄子苗期发病较少见,成株期多在门茄坐果后陆续出现症状。发病多从下部叶片开始,在叶缘和叶脉之间产生褪绿斑,有时可扩展到全叶。初期病叶中午表现萎蔫,早晚恢复。后期病部呈褐色焦枯状,叶片枯死脱落,甚至全株叶片脱落成光秆。有时仅半边植株发病。病果小、硬,无法食用。本病为全株性病害,纵剖病株根、茎等部位,可见维管束变褐。

2. 病原

病原为大丽轮枝菌(*Verticillium dahliae* Kleb.),属半知菌亚门轮枝菌属真菌。

分生孢子梗纤细,无色,长 111～200 μm,有 1～5 层轮状的分枝,每轮梗数通常 2～4 根;分生孢子枝梗(13.5～33.3) μm×(2.16～3.36) μm,轮枝间距 21.6～45.9 μm;分生孢子椭圆形,无色单胞,(2.7～9.4) μm×(2.4～5.4) μm。在 PDA 培养基形成的微菌核球形或长条形,(27～81) μm×(19～67) μm;厚垣孢子扁圆形,(4～8) μm×(4～6.5) μm。

该菌有明显的生理分化现象,按致病力强弱分为 3 个类型,即 I 型,致病力最强,产量损失最大;II 型致病力中等,产量损失居中;III 型致病力最弱,产量损失最小。

对茄子黄萎病菌的致萎机理有两种学说,即堵塞学说和毒素学说,堵塞学说认为病菌侵入刺激细胞产生胶状物质堵塞了导管;而毒素学说认为病菌侵入后产生毒素引起凋萎。

3. 发病规律

病菌以微菌核、厚垣孢子和菌丝体在土壤病残体中越冬。在土壤中可存活 6～8 年之久。种子能否带菌仍有争议。病菌通过末腐熟的粪肥、田间操作、农机具、灌水、雨水等途径传播,由伤口、根部表皮或根毛直接侵入,病害在当年无再侵染。

病害的发生与气候条件关系密切。气温在 20～25℃,土温 22～26℃及土壤湿度较高时发病重,气温在 28℃以上、干旱病害受到抑制。在东北地区,从幼苗定植至开花结果初期日平均气温低于 18℃持续时间长,发病率高。有时冷凉天气,灌大水使地温低于 15℃,就会使病害发生。这主要是低温条件下,定植后幼苗根部伤口不易愈合,有利于病菌侵入为害。

此外,地势低洼,大水漫灌,土质黏重,重茬连作,施用末腐熟粪肥均可诱发病害发生。

4. 防治方法

对茄子黄萎病应采取以农业防治为中心的综合防治措施。

(1)选用无病种苗　选用无病种子或进行种子消毒处理,用 55℃温水浸种 30 min,或 50%多菌灵可湿性粉剂 500 倍液浸种 2 h,或 60%防霉宝可湿性粉剂 600 倍液+0.01%平平加液浸种 1 h,洗净合催芽。

苗床土壤消毒可用 40%棉隆 10～15 g/m² 与 15 kg 细土混匀,翻入 15 cm 深,覆地膜熏蒸,土温 15～20℃时 10～15 天后揭膜排气,5～7 天药气排净方可定植。

(2)加强栽培管理　从定植到盛果期是防治关键时期。

与十字花科、百合科等蔬菜轮作 5 年以上,水旱轮作则 1 年即有很好效果;施用腐熟有机肥,也可施用 15%防萎蔫生态液,提高植株抗病力;适时定植,覆盖地膜,提高地温;茄子采收后要小水勤浇,保持地面湿润、不龟裂,防止大水漫灌,避免冷井水直接浇灌;及时清除病叶、病果、病株,深埋或烧毁。

(3)嫁接防病　国内外报道,栽培丰产茄与茄砧1号、野茄、赤茄嫁接,有较好的防病效果。

(4)药剂防治　要带药定植,沟施或穴施。药剂有50％多菌灵或60％防霉宝按1:50与细土混匀配成药土,用药2 kg/亩;或在发病初期用10％双效灵水剂200倍液,15％防萎蔫生态液300倍液、60％防霉宝可湿性粉剂500倍液灌根,每株浇500 mL药液,隔10天1次,共2～3次。

(5)选用抗病品种　目前,抗黄萎病的茄子品种中,苏长茄1号、龙杂茄卫号、辽茄3号、济南早小长茄、湘茄4号等较抗病,日本的米特和VF品种较抗病、耐病。

(三)茄子绵疫病

茄子绵疫病(eggplant phytophthora)是茄子的三大病害之一,俗称水烂,在田间蔓延迅速,损失较大。该病还可危害其他茄科植物如番茄、辣椒和瓜类植物如黄瓜、西葫芦等。

1. 症状

茄子绵疫病在整个生育期均可发生,主要危害果实,此外也可侵害叶、花、茎等。

(1)苗期　嫩茎腐烂缢缩,细苗猝倒死亡。

(2)成株期　叶片:产生不规则形轮纹斑,可扩展。潮湿时,病斑表面生白霉;干燥时病叶干枯易碎。果实:以成熟果实受害较重,发病多在腰部开始,病部凹陷腐烂,有时全果腐烂。潮湿时表面有大量白色棉絮状霉,病果易脱落。

2. 病原

寄生疫霉(*Phytophthora parasitica* Dast.)和辣椒疫霉(*P. capsici* Leon.)为鞭毛菌亚门疫霉属真菌。

游动孢子囊梗菌丝状,偶有分枝,无色透明,顶生孢子囊;孢子囊单胞,圆形,无色,有乳突,(24～72) μm×(20～48) μm;游动孢子卵形双鞭毛;卵孢子球形,黄褐色,直径20～40 μm。

3. 发病规律

病菌以卵孢子在土壤中越冬,在土壤中可存活4～5年。翌年经雨水、灌溉水传播至近地面果实上,病部产生的孢子囊再借风、雨传播,引起再侵染。

黄瓜疫病的发生及流行与气候条件、栽培管理措施、品种抗性等因素有关,以湿度和栽培措施的影响最大。

病菌发育温度为8～38℃,最适温度为30℃,高湿度和降雨有利于病菌孢子囊的形成、萌发和侵入。一般在25～30℃、相对湿度在80％以上时,病害极易流行。湿度和降雨是病害发生的决定因素。北方7—8月伏雨早、降雨量大,发病早,病情重。发病高峰多在降雨高峰后的2～3天。

另外,连作、排水不良、保护地内浇水过量,管理粗放的地块,发病严重。

4. 防治方法

以栽培管理为中心,结合选用抗病品种和药剂防治的综合防治措施。

(1)选用抗病品种　圆茄系品种比长茄系品种抗病,含水量低的品种比含水量高的品种抗病。

(2)种子处理　100倍福尔马林液浸种30 min,洗净晾干播种。72.2％普力克水剂或25％甲霜灵可湿性粉剂800倍液浸种30 min后催芽播种。

(3)加强栽培管理　与非茄科植物实行4～5年以上轮作,覆盖地膜,减少侵染的机会;采用高垄栽培,加强防涝,控制浇水,降低田间湿度。

(4)药剂防治 用药参考番茄晚疫病。

四、茄科蔬菜其他病害

(一)茄科蔬菜灰霉病

茄科蔬菜灰霉病(grey mould of solanaceae vegetables)在保护地发生严重,被称为"徘徊于保护地的幽灵"。其中以番茄、茄子、甜椒的灰霉病发生最为严重,以果实发病为主,造成果实腐烂,尤其以第一、二穗果受害最重,对前期产量影响很大,在贮藏、运输过程中也常引起蔬果产品大量腐烂,损失很大。

1. 症状

灰霉病在各种茄科蔬菜上的症状表现都是相似的。除果实外,病菌还可以危害叶片、茎、枝条等部位。田间发病多从凋败的花瓣和近地面的老叶开始,然后再向其他部位扩展。另外,灰霉病的共同特征是在发病部位形成灰色霉状物,灰霉病也因而得名。

(1)苗期 茎部缢缩,引起幼苗倒伏。叶片上为形状不规则的湿腐,灰霉较为稀疏。

(2)成株期 主要危害花器和未成熟果实。常见为开败的花瓣或花托先开始褐色腐烂,并向花梗及果实上蔓延,最后造成烂果;叶片上发病多从叶尖开始,向叶片呈楔形扩展,病部褐色腐烂;茎及枝条上多形成梭形或不规则形病斑,若病斑绕茎一周,其上枝叶迅速枯死。叶片和茎上都有稀疏的灰霉。

2. 病原

灰葡萄孢(*Botrytis cinerea* Pers.)为半知菌亚门,葡萄孢属真菌。

分生孢子梗细长,有分枝,常多根丛生,(1 429.3～3 207.8) μm×(12.4～24.8) μm;分生孢子簇生于顶端成葡萄穗状,孢子圆形或倒卵形,表面光滑,无色,聚集时呈灰褐色,(6.3～13.8) μm×(6.3～10) μm;菌核黑色,不规则形。自然条件下不产生有性阶段。

3. 发病规律

病菌以分生孢子、菌丝体或菌核在病残体和土壤中越冬。次年春,菌核萌发产生分生孢子。分生孢子借助气流、雨水和农事操作进行传播。是再侵染频繁的病害;灰霉病菌为寄生性较弱的病菌,只有寄主生长衰弱、抗病性弱时,才会感病。

病菌发育的温度范围5～30℃,最适温度为20～23 ℃,31℃以上的高温对病菌有抑制作用;但对湿度要求很高,一般在气温20℃左右,相对湿度持续在90%以上时利于发病。因此,遇连阴天、棚内低温高湿、光照弱、通风不良的条件下,病害易流行。

4. 防治方法

加强栽培管理,以控制温、湿度为主,结合药剂保护的方法。

(1)栽培管理 棚内上午适当晚放风以提高温度至33℃,抑制病菌发育;下午延长放风时间,降低棚内湿度,适当提高夜温,减少结露;控制浇水,采用覆膜、滴灌技术;适当打底叶,增强植株间的通风透光性;增设加温设备,避免寒流侵袭。

(2)清洁田园 清除残花和发病初期及时清除病果、病叶,减轻后期病害发生;果实采收后,将病残体清出田间销毁,减少病菌越冬量。

(3)药剂防治 在茄科植物沾花时,可在生长调节剂中加入0.1%的速克灵、扑海因、农利灵等,可有效预防灰霉病的发生。

保护地内可选用烟剂和粉尘剂:10%速克灵烟剂或 45%百菌清烟剂 250~300 g/亩;或 10%灭克粉尘剂、5%百菌清粉尘剂、6.5%甲霉灵粉尘剂,1 kg/亩,7~10 天 1 次,连续 2~3 次。

另外可用 45%特克多悬浮剂 3 000~4 000 倍液、50%速克灵可湿性粉剂 1 500~2 000 倍液、40%施佳乐悬浮剂 800~1 000 倍液、50%扑海因可湿性粉剂 1 000~1 500 倍液、65%甲霉灵可湿性粉剂 1 000~1 500 倍液、50%甲基托布津可湿性粉剂 500~800 倍液、50%农利灵 1 000 倍液,7~10 天 1 次,连续 2~3 次。注意药剂轮换,以防产生抗药性。

(4)生物防治 哈茨木霉等木霉属真菌对灰霉病有很好的防效。

(二)茄科植物细菌性青枯病

茄科植物细菌性青枯病(bacterial wilt of nightshade family)是一种分布广泛的世界性病害。该病可危害以茄科为主的 44 个科 300 多种植物。我国以南方诸省发病较重。以番茄、受害最重,马铃薯、茄子次之,辣椒受害较轻。

1.症状

在茄科蔬菜上,番茄、马铃薯和茄子的症状表现稍有不同。

(1)番茄 植株 30 cm 高以后开始发病。首先是顶部叶片萎垂,以后下部叶片凋萎,而中部叶片凋萎最迟。病株最初白天萎蔫,傍晚恢复正常,病叶变浅绿色;病茎中下部表皮粗糙,常增生不定根或不定芽。潮湿时病茎上可见 1~2 cm、初为水浸状后变褐色的斑块。病茎维管束褐色,用手挤压有乳白色的菌脓溢出。病情发展迅速,严重时经 2~3 天即死亡,病株死亡时仍保持绿色,故称青枯病。

(2)马铃薯 马铃薯被害后,叶片自下向上逐渐萎垂,4~5 天后全株茎叶萎蔫死亡,死亡后植株仍保持绿色。切开病株上的薯块和近地面茎部,可见维管束变褐色,挤压后也有乳白色的菌脓溢出。

(3)茄子 茄子被害,初期个别枝条的叶片或叶片的局部呈现萎垂,后扩展到整株,后期病叶变褐焦枯。病茎外观无明显变化,若剖开病茎可见维管束变褐色。这种变色可从根茎部延伸到上面枝条。枝条髓部大多腐烂中空。挤压病茎的横切面,也有乳白色的菌脓溢出。

2.病原

青枯劳尔氏菌(*Ralstonia solanacearum*)旧称(*Pseudomonas solanacearum*),为劳乐氏菌属细菌。菌体短杆状,两端圆,(0.9~2) μm×(0.5~0.8) μm,极生鞭毛 1~3 根,在琼脂培养基上形成污白色、暗褐色乃至黑褐色的圆形或不整圆形菌落,菌落平滑,有光泽。革兰氏染色阴性反应。

生长温度范围为 10~41℃,最适为 30~37℃,致死温度为 52℃、10 min。对酸碱性为 pH 6.0~8.0,以 pH 6.6 为最适。

病菌有 5 个小种和 5 个生物型。中国有 2、3、4、5 共 4 个生物型。

3.发病规律

病原细菌主要以病残体在土中或在马铃薯种薯上越冬。病菌可在土壤中存活 14 个月以上的时间。田间病害可通过雨水、灌水、末腐熟粪肥、种薯等传播,从寄主的根部或茎基部的伤口侵入,进入维管束后可向上蔓延,导致全株发病。

病害的发生和流行与环境条件关系密切。高温、高湿或雨水多的季节和年份利于病害发生,我国南方发生较重,而在北方则很少发病。温度中尤以土壤温度、含水量与发病的关系最为密切。一般土温在20℃左右时开始发病,土温25℃左右时病害容易流行;土壤含水量达25%以上时根部容易腐烂并产生伤口,利于病菌侵入。因此,在暴雨后突然转晴,气温急剧上升时会造成病害的严重发生。我国南方,气温一般容易满足病菌的要求,因此降雨的早晚和多少往往是发病轻重的决定性因素。

此外,低畦不利于排水,发病重,而高畦排水良好,发病轻;连作地发病重,合理轮作发病轻;微酸性土壤青枯病发生较重,微碱性土壤pH在7.2~7.6,发病轻;增施钾肥也可以减轻病害发生。

4.防治方法

应采用栽培管理为中心,选用无病种薯为基础,药剂防治为保证的综合措施。

(1)栽培管理　与瓜类或禾本科作物(水稻效果最好)实行3年以上的轮作,重病地实行4~5年的轮作;结合整地撒施50~100 kg/亩的石灰,使土壤呈微碱性(pH 7.2),可减轻病害发生。

番茄提倡早育苗、早移栽,避开夏季高温,以减少发病损失;幼苗应选用节间短、粗的抗病个体,徒长或纤细的幼苗抗病力弱,应予淘汰;幼苗移栽时宜多带土,少伤根;生长期中耕应由深变浅,到番茄生长旺盛后要停止中耕,以防伤害根系;采用配方施肥技术,喷施植宝素7 500倍液或爱多收6 000倍液,增施腐熟的有机肥或五四〇六菌肥,提高抗病力。

(2)选用无病种薯或种薯消毒　严格挑选种薯是防止马铃薯青枯病传播的重要措施。在剖切块茎时,发现溢出黏液的块茎,必须剔除。然后用20%的福尔马林液或沸水消毒切刀;或在切块前对种薯用福尔马林200倍液浸2 h。

(3)化学防治　田间发现病株应立即拔除烧毁。病穴可灌注2%福尔马林液或20%石灰水消毒,也可于病穴撒施石灰粉。或用72%农用链霉素4 000倍液、25%络氨铜水剂500倍液、77%可杀得可湿性微粉剂400~500倍液、50%琥胶肥酸铜可湿性粉剂400倍液灌根,0.3~0.5 L/株,每隔10天1次,连续喷2~3次。

(4)生物防治　有益微生物主要包括芽孢杆菌(*Bacillus* sp.)、假单胞杆菌和链霉菌(*Streptomyces* sp.)等细菌和菌根真菌。另外,Terlai'、NaNO$_3$等盐分、吲哚衍生物、阿魏胶(asafoetida)和姜黄根粉末(turmeric)等化学物质可明显降低土壤中病菌数目,但对产量有影响。

(三)马铃薯病毒病

马铃薯病毒病(potato virus diseases)在我国分布较广,危害也较严重。植株受害后发育畸形、矮小,产量降低,并造成马铃薯种薯严重退化。

1.症状

马铃薯病毒病的症状有3种类型。

(1)花叶型　叶片呈花叶斑驳,严重时叶片皱缩,全株矮化,有时伴有叶脉透明。

(2)坏死型　在叶、叶脉、叶柄及枝条、茎部皆可出现褐色坏死斑,病斑可相连成坏死条斑,严重时全叶枯死或萎蔫脱落。

(3)卷叶型　叶片沿主脉或边缘向上卷,质地硬、脆、革质化,严重时小叶呈筒状。病株有不同程度矮化。病茎和叶柄的维管束横切面常见黑点,块茎剖面维管束呈黑色网状。

此外,有时还发生病毒的复合侵染,引致马铃薯发生条斑坏死。

2.病原

马铃薯病毒病可由多种病毒引起,主要有马铃薯 X 病毒(PVX)、马铃薯 Y 病毒(PVY)和马铃薯卷叶病毒(PLRV)。

马铃薯 X 病毒(*Potato virus X*,PVX)的粒体呈线状,(480~580) nm×(10~12) nm,钝化温度 68~75℃,稀释终点为 10^{-5}~10^{-6},体外保毒期 1 年以上。在马铃薯上引起轻花叶或斑驳、环斑,有时叶片皱缩,植株明显矮化。除马铃薯被害外,还可侵染其他茄科植物。汁液摩擦传染,昆虫不传染。

马铃薯 Y 病毒(*Potato virus Y*,PVY)粒体呈弯曲长线状,(730~790) nm×(12~15) nm,钝化温度 50~70℃,稀释终点为 10^{-3},体外保毒期 24~36 h。在马铃薯上初期症状为花叶斑驳,后发展为坏死斑,叶片稍皱缩,病薯严重退化。在感病细胞内可形成风轮状、环状或束状内含体。可汁液传染,也可由蚜虫传染。该病毒寄主范围广,可侵染茄科和其他多种植物。PVY 常与 PVX 复合侵染,引起皱缩花叶、坏死症状。

马铃薯卷叶病毒(*Potato leaf roll virus*,PLRV)的寄主范围也很广,除马铃薯外还可侵染茄科和其他植物等。病毒粒体球状,直径 24~25 nm。在马铃薯上引起卷叶型症状。

卷叶病毒主要由蚜虫传染,以桃蚜传毒效率最高,汁液接触不能传染。得毒后的蚜虫可终身传毒,但不能传给后代。

另外,马铃薯 S 病毒(PVS)、马铃薯 A 病毒(PVA)等也侵染马铃薯引起病毒病。

3.发病规律

病毒主要在带毒种薯内越冬。以上病毒除 PVX 外,田间皆可由蚜虫及汁液摩擦方式传染。蚜虫以桃蚜和棉蚜的传毒效率最高。病毒病的远距离传播则依靠带毒种薯。

高温干旱,田间管理粗放,有利于蚜虫的繁殖、迁飞和传播病毒,病毒病发生重;土壤瘠薄,植株营养不良,抗病力弱,病情也显著加重;而在气温低、湿度高或多风雨的地区,对蚜虫的繁殖不利,发病轻;故海拔较高、气候冷凉的山区,病毒病发生轻,常作为种薯的繁殖基地。

4.防治方法

建立无病毒种薯繁育基地,采用抗耐病品种是防治马铃薯病毒病的根本措施。

(1)建立无病种薯繁育基地 在高海拔地区或冷凉山区建立马铃薯无病毒基地。生产上选用无毒种薯。通过下列 3 种检查方法淘汰病薯。

①染色检查法 取茎基与块茎相连处作切片,在缓冲性的(pH 4.5)1:20 000 的品红溶液染 1~2 min,转入 pH 4.5 的磷酸缓冲液中冲洗 5~6 min,如坏死的筛管组织染成红色说明薯块带毒。

②紫外线检查法 带毒薯块内含莨菪素,在紫外光下照射下会发出荧光,切开薯块,在紫外线下检查,可确定是否带毒。

③血清学检查法 利用病毒的抗血清检查,快速、准确。

(2)生物技术脱毒繁育无病种薯 在马铃薯生长点尖端 1 mm 以内没有或只有微量的病毒,切取生长点进行组织培养,获得无毒的薯块原种,选择远离生产田的繁育基地,繁殖供生产田使用的无病毒种薯。

也可进行热处理。种薯经 35℃ 56 天或 36℃ 39 天处理;芽眼切块后变温处理(每天 40℃ 4 h,16~20℃ 20 h,共处理 56 天)皆可以除去卷叶病毒。

(3)选用抗病品种 白头翁、克新 1 号、2 号、抗疫 1 号、乌盟 601 等较抗病。

（4）栽培管理　留种田远离菜田；加大行距，缩小株距，高畦，深沟灌水；注意增施磷、钾肥，严防大水漫灌；及早拔除病株，留种地及时防治蚜虫。

第三节　葫芦科蔬菜病害

葫芦科蔬菜的病害种类较多，枯萎病是各种瓜类蔬果的重要毁灭性病害，严重时可造成绝产，霜霉病是保护地黄瓜上的重要病害，近年在保护地面积不断扩大，已成为制约产量的主要因素。炭疽病在西瓜、甜瓜上为害严重，除在生长季节经常发生外，收获后贮藏条件不当是病害继续流行的重要因素。其他如白粉病在各个地区也有不同程度的为害。

▶ 一、黄瓜病害

（一）黄瓜霜霉病

黄瓜霜霉病（cucumber downy mildew）是黄瓜的重要病害之一，发生最普遍，常具有毁灭性。其他瓜类植物如甜瓜、丝瓜、冬瓜也有霜霉病的发生。西瓜抗病性较强，很少受害。

1. 症状

苗期和成株期均可发病。幼苗：子叶正面出现形状不规则的黄色至褐色斑，空气潮湿时，病斑背面产生紫灰色的霉层。

成株期：主要危害叶片。多从植株下部老叶开始向上发展。初期在叶背出现水浸状斑，后在叶正面可见黄色至褐色斑块，因受叶脉限制而呈多角形。常见为多个病斑相互融合而呈不规则形。露地栽培湿度较小，叶背霉层多为褐色，保护地内湿度大，霉层为紫黑色。

2. 病原

古巴假霜霉［*Pseudoperonospora cubensis*（Berk. et Curt.）Rosov.］，为鞭毛菌亚门，霜霉科假霜霉属真菌。

孢子囊梗由气孔伸出，常多根丛生，无色，$(165\sim420)\ \mu m\times(3.3\sim6.5)\ \mu m$，不规则二叉状锐角分枝 $3\sim6$ 次，末端小梗上着生孢子囊。孢子囊椭圆形或卵圆形，淡褐色，顶端具乳突，$(15\sim32)\ \mu m\times(11\sim20)\ \mu m$。游动孢子椭圆形，双鞭毛。卵孢子在自然情况下不易出现。

病菌在有生理分化现象，有多个生理小种或专化型，危害不同的瓜类。

3. 发病规律

由于园艺设施栽培面积的不断扩大，黄瓜终年都可生产，黄瓜霜霉病能终年危害。病菌可在温室和大棚内，以病株上的游动孢子囊形式越冬，成为次年保护地和露地黄瓜的初侵染源。并以孢子囊形式通过气流、雨水和昆虫传播的。

病害的发生、流行与气候条件、栽培管理和品种抗病性有密切关系。

病菌孢子囊形成的最适温度为 $15\sim19\,^{\circ}\mathrm{C}$；孢子囊最适萌发温度为 $21\sim24\,^{\circ}\mathrm{C}$；侵入的最适温度为 $16\sim22\,^{\circ}\mathrm{C}$；气温高于 $30\,^{\circ}\mathrm{C}$ 或低于 $15\,^{\circ}\mathrm{C}$ 发病受到抑制。孢子囊的形成、萌发和侵入要求有水滴或高湿度。

在黄瓜生长期间，温度条件易于满足，湿度和降雨就成为病害流行的决定因素。当日平均气温在 $16\,^{\circ}\mathrm{C}$ 时，病害开始发生；日平均气温在 $18\sim24\,^{\circ}\mathrm{C}$，RH 在 80% 以上时，病害迅速扩展；在多雨、多雾、多露的情况下,病害极易流行。另外,排水不良、种植过密、保护地内放风不及时等,都可使田间湿度过大而加重病害的发生和流行。在北方保护地,霜霉病一般在 2—3 月为始见期,4—5 月为盛发期。露地多发生在 6—7 月。

此外,叶片的生育期与病害的发生也在关系。幼嫩的叶片和老叶片较抗病,成熟叶片最感病。因此,黄瓜霜霉病以成株期最多见,以植株中下部叶片发病最严重。

4. 防治方法

(1)选用抗病品种 晚熟品种比早熟品种抗性强。但一些抗霜霉病的品种往往对枯萎病抗性较弱,应注意对枯萎病的防治。抗病品种有:津研 2 号、6 号,津杂 1 号、2 号,津春 2 号、4 号,京旭 2 号,夏青 2 号,鲁春 26 号,宁丰 1 号、2 号,郑黄 2 号,吉杂 2 号,夏丰 1 号,杭青 2 号,中农 3 号等,根据各地的具体情况选用。

(2)栽培无病苗,提高栽培管理水平 采用营养钵培育壮苗,定植时严格淘汰病苗。定植时应选择排水好的地块,保护地采用双垄覆膜技术,降低湿度;浇水在晴天上午,灌水适量。采用配方施肥技术,保证养分供给。及时摘除老叶、病叶,提高植株内通风透光性。此外,保护地还可采用以下防治措施:

①生态防治 根据天气条件,在早晨太阳未出时排湿气 40~60 min,上午闭棚,控制温度在 25~30℃,低于 35℃;下午放风,温度控制在 20~25℃,相对湿度在 60%~70%,低于 18℃停止放风。傍晚条件允许可再放风 2~3 h。夜温度应保持在 12~13℃,外界气温超过 13℃,可昼夜放风。目的是将夜晚结露时间控制在 2 h 以下或不结露。

②高温闷棚 在发病初期进行。选择晴天上午闭棚,使生长点附近温度迅速升高至40℃,调节风口,使温度缓慢升至 45℃,维持 2 h,然后大放风降温。处理时若土壤干燥,可在前一天适量浇水,处理后适当追肥。每次处理间隔 7~10 天。注意:棚温度超过 47℃会烤伤生长点,低于 42℃效果不理想。

(3)药剂防治 在发病初期用药,保护地用 45%百菌清烟雾剂(安全型)200~300 g/亩,分放在棚内 4~5 处,密闭熏蒸 1 夜,次日早晨通风。隔 7 天熏 1 次。或用 5%百菌清粉尘剂、5%加瑞农粉尘剂 1 kg/亩,隔 10 天 1 次。

露地可用 69%安克锰锌可湿性粉剂 1 500 倍液、72.2%普力克水剂 800 倍液、72%克露可湿性粉剂 500~750 倍液、70%安泰生可湿性粉剂 500~700 倍液、56%水分散颗粒剂 500~700 倍液、25%甲霜灵可湿性粉剂 800 倍液、40%乙磷铝水溶性粉剂 300 倍液、64%杀毒矾可湿性粉剂 500 倍液、80%大生湿性粉剂 600 倍液。

(二)黄瓜黑星病

黄瓜黑星病(cucumber scab)是我国北方地区黄瓜的常发性病害。该病不仅危害黄瓜,还危害西葫芦、南瓜、甜瓜、冬瓜等葫芦科蔬菜。

1. 症状

黑星病从苗期至成株期皆可发生。叶片、茎蔓、卷须、瓜条皆可发病。

幼苗发病,子叶上出现黄白色近圆形斑,引起全叶干枯,幼苗停止生长。

成株期叶片被害,开始为暗绿色小斑点,后病部星状开裂,并具黄色晕环;叶柄、茎蔓发病,出现黄褐色梭形斑,表皮凹陷粗糙呈疮痂状、破裂;瓜条染病,开始病部流出黄褐色胶状物,后凹陷龟裂呈疮痂状,受害瓜条多弯曲畸形。潮湿时病斑上长出灰黑色霉层。

2.病原

瓜枝孢霉(*Cladosporium cucumerinum* Ell. et Arthur),为半知菌亚门,枝孢属真菌。

病部产生的黑色霉层即为病菌的分生孢子和分生孢子梗。分生孢子梗细长,丛生,淡褐色或褐色,单枝或仅上部分枝,(160~520)μm×(4~5.5)μm;分生孢子梭形,链瘤串生,有分枝,有0~2个隔膜,褐色或橄榄绿色,光滑或具微刺。单胞孢子(11.5~17.8)μm×(4~5)μm;双胞孢子(19.5~24.5)μm×(4.5~5.5)μm。

病菌存在明显的生理分化现象,生理小种致病力有强、中、弱的区分。

3.发病规律

病菌以菌丝体和分生孢子在病残体、土壤和种子上越冬。种子带菌率最高可达37%。

病菌在2.5~35℃范围内皆可生长发育,最适20~22℃;但对湿度要求很严,相对湿度90%以上孢子萌发率较高,80%以下则较低。

该病属于低温、高湿、弱光照害。当棚内最低温度超过10℃,相对湿度连续16小时高于90%,结露,是该病发生和流行的重要条件。研究表明,当寄主处于15~25℃低温—高温交替的环境时,病害发生非常严重;露地发病与雨量和雨日数多少有关。降雨量大、次数多,田间湿度大及连续冷凉条件发病就重。

另外,嫩叶、幼茎和幼果被害严重,而老叶和老瓜发病轻;黄瓜品种间抗性差异显著,中农13、中农11抗病性较强,而山东密刺较感病。

4.防治方法

(1)选用无病种或种子处理　无病株留种或用55~60℃温水浸种15 min;也可用50%多菌灵可湿性粉剂500倍液浸种20 min,洗净催芽;或用种子重量0.3%的50%多菌灵可湿性粉剂拌种。

(2)抗病品种　选用中农11、中农13、津研7号、青杂1号、青杂2号、吉杂1号、吉杂2号等抗病品种。

(3)栽培管理　与非瓜类作物进行2年以上轮作;收获后彻底清除病残体,生长季及时摘除病瓜;施足基肥,适时追肥,增施磷、钾肥;合理灌水,尤其定植后至结瓜期控制浇水十分重要。保护地黄瓜应注意湿度管理,减少叶面结露,将高于90%湿度控制在8 h以内。

(4)药剂防治　温室与大棚在定植前10天,进行药物熏蒸,硫黄300~400 g+锯末500 g/100 m³混匀密闭棚室,熏蒸一夜。

发病初期可用10%多百粉尘剂1 kg/亩,或百菌清烟剂200~250 g/亩,傍晚点燃熏一夜;也可以用40%福星6 000~8 000倍液、10%世高水分散颗粒剂1 000~1 500倍液、25%阿米西达1 500~2 000倍液、50%多菌灵可湿性粉剂800倍液+70%代森锰锌可湿性粉剂800倍液、2%武夷霉素150倍液、50%扑海因可湿性粉剂1 000倍液等,7~10天1次,连续3~4次。

(三)黄瓜菌核病

黄瓜菌核病(cucumber sclerotinia rot)从苗期至成熟期均可发病,主要危害果实和茎蔓。随着设施栽培蔬菜面积的不断扩大,菌核病发生有加重的趋势。

1.症状

(1)幼苗　茎基部水渍状腐烂,引起猝倒。

(2)成株期　果实:多从残花处先腐烂,可扩展至全果,烂果上长出白色绵霉,绵霉内后期可见黑色鼠粪状的菌核。茎蔓:水浸状软腐,也有白色绵霉或菌核,其上组织凋萎枯死。

2. 病原

核盘菌[*Sclerotinia sclerotiorum*(Lib.)de Bary]为子囊菌亚门核盘菌属真菌。

菌核初白色,后变为黑色鼠粪状,由菌丝体纠结而成。(1.1～6.5)mm×(1.1～3.5)mm。干燥条件下,可以存活4～11年,水中经1个月腐烂。菌核萌发产生1至数个子囊盘,子囊盘肉质,初黄色,成熟后暗红色或红褐色,大小不等。子囊着生在子囊盘上,子囊之间有无色、丝状的侧丝。子囊无色、棍棒状,内生8个子囊孢子,子囊孢子无色,单胞,椭圆形。病菌一般不产生分生孢子。

3. 发病规律

病菌以菌核在病残体、土壤或种子间越冬越夏。次年春季,土中的菌核萌发产生子囊盘及子囊孢子。种子、粪肥、流水皆可传播菌核病。子囊孢子主要靠气流传播,先侵染衰弱的叶片及花瓣,然后危害柱头和幼瓜。在田间主要以菌丝通过病健株或病健组织的接触进行再侵染。

病菌发育的温度范围为0～30℃,最适15～20℃;对湿度要求较高,相对湿度在85%以上利于菌核萌发和菌丝生长、侵入及子囊盘产生;因此,保护地内低温、湿度大或早春和秋季多雨的年份有利于病害的发生和流行,并且菌核形成速度快、数量多。

此外,连年种植十字花科、葫芦科、豆科、茄科蔬菜的田块、排水不良、偏施氮肥、组织柔嫩及植株遭受霜冻后发病严重。

4. 防治方法

以农业措施控制越冬菌核数量及田间相对湿度为主,并及时施药保护。

(1)选用无病种子或进行种子处理　无病株上采种或播前用10%盐水漂种2～3次,汰除菌核。

(2)加强栽培管理　有条件可水旱轮作,或夏季灌水泡田(方法参根病)杀死菌核;收获后深翻土壤20 cm,使菌核埋入深土中不能萌发;采用高畦或半高畦覆盖地膜,防止子囊盘出土;发现子囊盘后,及时铲除,田外销毁。保护地内相对湿度应控制在65%以下,注意适量浇水。

(3)化学防治　发现子囊盘后即用药防治。

保护地可用10%速克灵或15%腐霉利烟剂250 g/亩,傍晚闭棚,熏闷一夜,次日早晨通风。7天1次,连熏3～4次;也可用灭克粉尘剂1 kg/亩。使用烟剂和粉尘剂不增加湿度,对喜高湿病害防效显著。

也可选用40%菌核净可湿性粉剂800～1 500倍液,或50%速克灵可湿性粉剂1 500倍液、50%扑海因可湿性粉剂800倍液、25%万霉灵可湿性粉剂1 000～1 500倍液、50%农利灵可湿性粉剂600～800倍液、50%灭霉灵可湿性粉剂600～800倍、40%菌核利可湿性粉剂1 000倍液、70%甲基托布津可湿性粉剂1 000倍液。7～10天用药一次,连3～4次。

病情严重时,可将上述药剂50倍液涂于病茎处,也有好的效果。在利用菌核净、速克灵、扑海因等药剂时,要注意交替用药,以防止病菌产生抗药性。

(四)黄瓜细菌性角斑病

黄瓜细菌性角斑病(bacterial angular leaf spot of cucumber)在北方发生较多。目前该病只在黄瓜上发生。

1. 症状

该病主要危害叶片,严重时也可危害果实和茎蔓。

叶片受害,病斑受叶脉限制呈多角形,正面黄褐色,背面水浸状,后期病斑易脱落穿孔;果实及茎上病斑初期呈水渍状,表面可见乳白色菌脓。果实上病斑可向内扩展至维管束,使果肉变色,并可蔓延到种子。

幼苗受害,子叶上初生水浸状圆斑,稍凹陷,后变褐干枯,可向幼茎蔓延,引起幼苗软腐死亡。

2. 病原

丁香假单胞菌黄瓜致病变种(*Pseudomonas syringae* pv. *lachrynams*),为假单胞杆菌属细菌。菌体短杆状,0.8 μm×(1.0~1.2) μm,具 1~5 根单极生鞭毛,革兰氏染色阴性。发育适温为 25~28℃,最高 35℃;致死温度 49~50℃ 10 min;耐酸碱度范围 pH 5.9~8.8,以 pH 6.8 为最适。

3. 发病规律

病菌在种子内或随病残体在土壤中越冬,通过雨水、昆虫和农事操作等途径传播,主要从气孔、水孔及皮孔等自然孔口侵入。带菌种子可远距离传播,引起幼苗发病。有再侵染。

保护地内 24~28℃,相对湿度超过 70%,昼夜温差大或露地温暖、多雨的气候条件下发病重,低洼、连作的田块发病重。

4. 防治方法

(1)加强栽培管理　种子用 40%福尔马林 150 倍液浸种 1.5 h 后,洗净晾干,或在 50℃温水浸种 20 min;选用无病土育苗;与非瓜类作物实行 2 年以上的轮作;田间生长期及收获后清除病叶、蔓,并进行深翻。

(2)药剂防治　发病初期用 72%农用链霉素 4 000 倍液、14%络氨铜水剂 300 倍液、50%甲霜铜可湿性粉剂 600 倍液、60%琥·乙磷铝(DTM)可湿性粉剂 500 倍液、硫酸链霉素等。

二、瓜类枯萎病

瓜类枯萎病 (cucumber fusarium wilt)又称蔓割病、萎蔫病,是瓜类植物的重要土传病害,各地有不同程度的发生。病害危害维管束、茎基部和根部,引起全株发病,导致整株萎蔫以至枯死,损失严重。主要危害黄瓜、西瓜,亦可危害甜瓜、西葫芦、丝瓜、冬瓜等葫芦科作物,但南瓜和瓠瓜对枯萎病免疫。

1. 症状

该病的典型症状是萎蔫。田间发病一般在植株开花结果后。发病初期,病株表现为全株或植株一侧叶片中午萎蔫似缺水状,早晚可恢复;数日后整株叶片枯萎下垂,直至整株枯死。主蔓基部纵裂,裂口处流出少量黄褐色胶状物,潮湿条件下病部常有白色或粉红色霉层。纵剖病茎,可见维管束呈褐色。

幼苗发病,子叶变黄萎蔫或全株枯萎,茎基部变褐缢缩导致立枯。

2. 病原

病原菌为镰刀菌属尖镰孢菌(*Fusarium oxysporum* Schlecht.)和瓜萎镰孢菌[*F. bulbigenum* Cooke et Mass. var. *Niveum*(Smith)Wollenw.],皆为半知菌亚门镰刀菌属真菌。以尖镰孢菌为主。

尖镰孢菌有许多不同的专化型,有尖镰孢菌黄瓜专化型(*F. oxysporum* f. sp. *cucumerinum*);尖镰孢菌西瓜专化型(*F. oxysporum* f. sp. *niveum*),尖镰孢菌甜瓜专化型(*F.*

oxysporum f. sp. *melonis*),尖镰孢菌苦瓜专化型(F. *oxysporum* f. sp. *momordicas*),尖镰孢菌西葫芦专化型(F. *oxysporum* f. sp. *lagenariae*),尖镰孢菌丝瓜专化型[F. *oxysporum* f. sp. *luffae*],尖镰孢菌冬瓜专化型(F. *oxysporum* f. sp. *benincasae*)。

根茎部的霉层为菌丝、分生孢子和分生孢子梗。黄瓜尖镰孢菌菌丝白色棉絮状,小型分生孢子无色,长椭圆形,单胞或偶尔双胞,$(5.0\sim12.5)\,\mu m \times (2.5\sim4.0)\,\mu m$;大型分生孢子无色,纺锤形或镰刀形,$1\sim5$ 个分隔,多为 3 个分隔,顶端细胞较长、渐尖,$(15.0\sim47.5)\,\mu m \times (3.5\sim4.0)\,\mu m$;厚垣孢子圆形、淡黄色、直径 $5\sim13\,\mu m$。

枯萎病菌除有专化型外,还有生理小种分化。

3. 发病规律

镰孢菌为土壤习居菌,可以厚垣孢子、菌核、菌丝和分生孢子在土壤、病残体、未腐熟粪肥中越冬。土壤中病菌可存活 $5\sim6$ 年,而且厚垣孢子和菌核通过牲畜消化道后仍有侵染力。病菌在田间主要靠农事操作、雨水、地下害虫和线虫等传播,通过根茎部伤口和裂口侵入,然后进入维管束。病害基本只有初侵染,无再侵染或再侵染作用不大。

枯萎病菌致病机制有两个方面:一是菌丝及寄主细胞受刺激后产生胶状物质堵塞导管,引起萎蔫;二是病菌分泌毒素,使细胞中毒而死,同时使寄主导管产生褐变。

黄瓜枯萎病菌是一种积年流行病害,具有潜伏侵染现象,幼苗期已经带菌,但多数到开花结果时才表现症状。

枯萎病发生程度取决于初侵染菌量,连作地块土壤中病菌积累多,病害往往比较严重;此外,地势低洼,耕作粗放,施用末腐熟粪肥,土壤中害虫和线虫多,造成较多伤口,有利病菌侵入,都会加重病害。

瓜类品种间对枯萎病菌抗性有较大差异。

4. 防治方法

(1)选育利用抗病品种 黄瓜晚熟品种较抗病,如长春密刺、山东密刺、中农 5 号,将瓠瓜的抗性基因导入西瓜培育出了系列抗病品种,目前开始在生产上应用。

(2)农业防治 与非瓜类植物轮作至少 3 年以上,有条件可实施 1 年的水旱轮作,效果也很好;育苗采用营养钵,避免定植时伤根,减轻病害;施用腐熟粪肥;结果后小水勤灌,适当多中耕,使根系健壮,提高抗病力。

(3)嫁接防病 西瓜与瓠瓜、扁蒲、葫芦、印度南瓜,黄瓜与云南黑籽南瓜等嫁接,成活率都在 90% 以上。但果实的风味稍受影响。

(4)药剂防治 种子处理可用 60% 防霉宝 1 000 倍液＋平平加 1 000 倍液浸种 60 min;定植前 $20\sim25$ 天用 95% 棉隆对土壤处理,10 kg 药剂拌细土 120 kg/亩,撒于地表,耕翻 20 cm,用薄膜盖 12 天熏蒸土壤;苗床用 50% 多菌灵可湿性粉剂 8 g/m² 配成药土进行消毒;或用 50% 多菌灵 4 kg/亩配成药土施于定植穴内。

发病初期可用 20% 甲基立枯磷乳油 1 000 倍液、50% 多菌灵 500 倍液、70% 甲基托布津可湿性粉剂 $500\sim600$ 倍液、10% 双效灵 300 倍,40% 抗枯灵 500 倍液灌根,每株用药液 100 mL,隔 10 天 1 次,连续 $3\sim4$ 次。并用上述药剂按 1:10 的比例与面粉调成稀糊涂于病茎,效果较好。

(5)生物防治 用木霉菌等颉抗菌拌种或土壤处理也可抑制枯萎病的发生;台湾研究用含有腐生镰刀菌和木霉菌的 20% 玉米粉、1% 水苔粉、1.5% 硫酸钙与 0.5% 磷酸氢二钾混合添加物,施入西瓜病土中,防效达92%。

三、瓜类灰霉病

瓜类灰霉病(grey mould ofgourds vegetables)中以黄瓜和西葫芦的灰霉病发生最为严重。可危害茎、叶和果实。

1.症状

(1)果实 病菌多从凋败的雌花开始腐烂,长出灰褐色的霉层,若幼瓜被害,则幼瓜黄萎、停止生长。若较大的瓜条被害,初见瓜脐水浸状并沾有露珠状物,后长出大量灰霉,病瓜腐烂。

(2)叶片 一般由脱落的烂花或病卷须沾附在叶面引起发病,形成直径2~5 cm的大斑,多有清晰、间距较宽的轮纹,上有少量灰霉。烂花也可沾附在茎上引起茎部腐烂。

2.病原

灰葡萄孢(*Botrytis cinerea* Pers.)为半知菌亚门,葡萄孢属真菌。

分生孢子梗褐色,数根丛生,顶端有1~2次分枝,分枝末端密生小梗,分生孢子聚生呈葡萄穗状,(811.8~1 772.1)μm×(11.8~19.8)μm;分生孢子椭圆形,单胞,近无色,(5.5~16)μm×(5.0~9.3)μm。

3.发病规律

病菌以菌丝体、分生孢子和菌核在病残体和土壤中越冬。分生孢子以气流、雨水和农事操作进行传播。结瓜期为病害的发生高峰。

病菌发育湿度范围为4~32℃。最适为18~23℃,相对湿度要求在90%以上,但若气温超过31℃,病情不扩展。因此,春季连阴天,温度低,棚内湿度大,放风不及时,结露时间长,发病严重。

4.防治方法

方法及用药参考茄科蔬菜的灰霉病。

四、瓜类炭疽病

瓜类炭疽病(cucurbits anthracnose)是瓜类植物上的重要病害,以西瓜、甜瓜和黄瓜受害严重,冬瓜、瓠瓜、葫芦、苦瓜受害较轻,南瓜、丝瓜比较抗病。此病不仅在生长期危害,在贮运期病害还可继续蔓延,造成大量烂瓜,加剧损失。

1.症状

病害在苗期和成株期都能发生,植株子叶、叶片、茎蔓和果实均可受害。症状因寄主的不同而略有差异。

(1)苗期 子叶边缘出现圆形或半圆形、中央褐色并有黄绿色晕圈的病斑;茎基部变色、缢缩,引起幼苗倒伏。

(2)成株期 西瓜和甜瓜:叶片病斑黑色,纺锤形或近圆形,有轮纹和紫黑色晕圈;茎蔓和叶柄病斑椭圆形,略凹陷,有时可绕茎一周造成死蔓。

果实多为近成熟时受害,由暗绿色水浸状小斑点扩展为暗褐至黑褐色的近圆形病斑,明显凹陷龟裂,湿度大时,表面有粉红色黏状小点,幼瓜被害,全果变黑皱缩腐烂。

黄瓜：症状与西瓜和甜瓜相似，叶片上病斑也为近圆形，但为黄褐色或红褐色，病斑的晕圈为黄色，病斑上有时可见不清晰的小黑点，潮湿时也产生粉红色黏状物，干燥时病部开裂或脱落。

瓜条在未成熟时不易受害，近成熟瓜和留种瓜发病较多，由最初的水渍状小斑点扩大为暗褐色至黑褐色、稍凹陷的病斑，上生有小黑点或粉红色黏状小点；茎蔓和叶柄上的症状与西瓜、甜瓜相似。

2.病原

瓜类炭疽菌病原物有［*Colletotrichum lagenarium*（Pass.）Ell. et Halst.］为半知菌亚门，炭疽菌属真菌。有性世代在自然条件下尚未发现。

分生孢子盘成熟后突破寄主表皮外露。分生孢子梗无色，单胞，圆筒状，（20～25）μm×（2.5～3.0）μm；生孢子无色，单胞，卵圆形，一端稍尖，（14～20）μm×（5～6）μm，聚集时呈粉红色；分生孢子盘上有多根暗褐色的刚毛，90～120 μm，有2～3个隔膜。

3.发病规律

病菌主要以菌丝体及拟菌核（分生孢子盘）随病残体在土壤中越冬，也可以菌丝体在种皮内越冬。另外，温室、大棚内的设施和架材也是病菌越冬的重要场所。翌春菌丝体和拟菌核上产生大量分生孢子，借风雨、灌溉水、昆虫及农事操作进行传播；带菌种子可直接引起幼苗发病，并引起多次再侵染。

炭疽病的发生与流行与温湿度的关系最为密切。病菌在10～30℃范围内均可发病，但以22～24℃、相对湿度95%以上时发生普遍，28℃或相对湿度低于54%时，病害受抑制。

此外，连作地块、土壤黏重、排水不良、偏施氮肥、保护地内光照不足、通风不良，病害严重。西瓜、甜瓜在贮运过程中会继续发病，若贮藏环境湿度过大，会使病害严重发展，造成较大损失。

4.防治方法

采用抗病品种或无病良种，结合农业措施预防病害，再辅以药剂保护的综合防治措施。

（1）选用抗（耐）病品种，合理品种布局 瓜类作物的品种对炭疽病的抗性差异明显，但有逐年衰减的规律，注意品种的更新。目前黄瓜品种可用津杂1号、2号，津研7号等，西瓜品种红优2号、丰收3号、克伦生等。

（2）种子处理 无病株采种，或播前用55℃温水浸种15 min，后迅速冷却后催芽；或用40%福尔马林100倍液浸种30 min，用清水洗净后催芽，注意西瓜易产生药害，应先试验，再处理；或50%多菌灵可湿性粉剂500倍液浸种60 min，或每千克种子用2.5%适乐时4～6 mL包衣均可减轻危害。

（3）加强栽培管理 与非瓜类作物实行3年以上轮作；覆盖地膜，增施有机肥和磷、钾肥；保护地内控制湿度在70%以下，减少结露；田间操作应在露水干后进行，防止人为传播病害。采收后严格剔除病瓜，贮运场所适当通风降温。

（4）药剂防治 可选用：80%大生可湿性粉剂800倍液、25%施保克乳油4 000倍液、80%炭疽福美可湿性粉剂800倍液、50%多菌灵可湿性粉剂500倍液、70%甲基托布律可湿性粉剂800倍液、65%代森锌可湿性粉剂500倍液；75%百菌清可湿性粉剂500倍液、2%农抗120水剂200倍液或2%武夷霉素水剂200倍液等。保护地内在发病初期，也可用45%百菌清烟雾剂250～300克/亩，效果也很好。每7天左右喷1次药，连喷3～4次。

五、瓜类白粉病

瓜类白粉病(cucurbits powdery mildew)在葫芦科蔬菜中,以黄瓜、西葫芦、南瓜、甜瓜、苦瓜发病最重,冬瓜和西瓜次之,丝瓜抗性较强。

1.症状

白粉病自苗期至收获期都可发生,但以中后期危害重。主要危害叶片,一般不危害果实;初期叶片正面和叶背面产生白色近圆形的小粉斑,以后逐渐扩大连片。白粉状物后期变成灰白色或红褐色,叶片逐渐枯黄发脆,但不脱落。秋季病斑上出现散生或成堆的黑色小点。

2.病原

有瓜白粉菌(*Erysiphe cucurbitacearum* Zheng et Chen)和瓜单囊壳菌(*Sphaerotheca cucurbitae* Jacz. Z, Y. Zhao)为子囊菌亚门的白粉菌目、白粉菌属和单丝壳属。白粉菌目真菌都是表寄生的专性寄生菌,其无性世代形态相似,产生无色、椭圆形成串的分生孢子。分生孢子梗不分枝,圆柱形,无色;闭囊壳多在老熟叶片上产生,无孔口、扁球形、暗褐色,内有 1 个或多个子囊,附属丝菌丝状。我国北方尚未发现闭囊壳。

3.发病规律

北方病菌以菌丝体和分生孢子在温室和大棚内的发病植物上越冬。分生孢子主要借气流传播,其次是雨水。

病菌的分生孢子在 10~30℃的范围内都能萌发,以 20~25℃为最适宜;对湿度要求不严格,但如叶面上有水滴时,对孢子萌发不利。当田间湿度较大,温度在 16~24℃时,白粉病很易流行;温室、塑料大棚内湿度较大、空气不流通,白粉比露地发病早而严重。

栽培管理粗放、植株徒长、光照不足、通风不良、湿度较大、灌水不当利于白粉病发生。

4.防治方法

以选用抗病品种和加强栽培管理为主,配合药剂防治的综合措施。

(1)选用抗病品种　一般抗霜霉病的黄瓜品种也较抗白粉病。

(2)加强栽培管理　注意田间通风透光,降低湿度,加强肥水管理,防止植株徒长和早衰等。

(3)温室熏蒸消毒　白粉菌对硫敏感,在幼苗定植前 2~3 天,密闭棚室,每 100 m³ 用硫黄粉 250 g 和锯末粉 500 g(1∶2)混匀,分置几处的花盆内,引燃后密闭一夜。熏蒸时,棚室内温度应维持在 20℃左右;也可用 45%百菌清烟剂,用法同黄瓜霜霉病。

(4)药剂防治　目前防治白粉病的药剂较多,但连续使用易产生抗药性,注意交替使用。所用药剂有:40%杜邦福星乳油 8 000~10 000 倍液、30%特富灵可湿性粉剂 1 500~2 000 倍液、70%甲基托布津可湿性粉剂 1 000 倍液、15%粉锈宁可湿性粉剂 1 500 倍液、40%多·硫悬浮剂500~600 倍液、6%乐比耕可湿性粉剂 3 000~5 000 倍液等。

注意:西瓜、南瓜抗硫性强,黄瓜、甜瓜抗硫性弱,气温超过 32℃,喷硫制剂易发生药害。但气温低于 20℃时防效较差。

六、瓜类病毒病

瓜类病毒病(cucurbits virus diseases)又称花叶病,在我国各地分布普遍,其中以西葫芦发病最严重,甜瓜、南瓜、丝瓜、黄瓜次之。

1. 症状

各种瓜类病毒病的症状大同小异。

(1)西葫芦病毒病 自苗期至成株期均可发病,叶片黄化或形成系统花叶,系统明脉,叶片畸形呈鸡爪状,有时可见深绿色疱斑。植株矮化,不结果或果实畸形,果实上有时也可见深绿色或白色疱斑。

(2)南瓜病毒病 叶片呈花叶状,皱缩、变小、畸形,并出现深绿色疱斑,尤以嫩叶病状表现明显。果实也表现畸形,果面凹凸不平,有深浅绿色斑驳。植株明显矮化。

(3)丝瓜病毒病 幼嫩叶片呈深浅绿色斑驳或褪绿小环斑,老叶上则为花叶或黄色环斑;叶片畸形,叶裂加深,果实细小呈螺旋状扭曲畸形,上有褪绿斑。

(4)黄瓜病毒病 从苗期至成株期均可发生。病叶表现为深浅绿色相间的斑驳或花叶,病叶小而皱缩,质硬变脆,植株矮小。轻病株一般结瓜正常,但果面呈现褪绿斑驳,重病株不结瓜或瓜呈畸形。后期下部叶片逐渐变黄枯死。温室栽培的黄瓜,病株老叶上常出现角形坏死斑。

(5)甜瓜病毒病 幼嫩叶片呈深浅绿色相间的花叶斑驳,叶片变小卷缩,茎扭曲萎缩,植株矮化。瓜果变小,上有深浅绿色斑驳。

2. 病原

瓜类病毒病由多种病毒侵染引起的,主要有黄瓜花叶病毒(CMV)和西瓜花叶病毒(WMV)。

黄瓜花叶病毒(*Cucumber mosaic virus*,CMV)为黄瓜花叶病毒属病毒。病毒的寄主范围很广,可危害瓜类、十字花科、豆科植物等,但病毒株系间有差别。在葫芦、笋瓜、黄瓜上引起黄化皱缩,甜瓜上引起黄化,不侵染西瓜。病毒粒体为球状,直径 $28 \sim 30$ nm,稀释限点 1 000 ～ 10 000 倍,钝化温度 $60 \sim 70$℃,体外保毒期 3～4 天。传毒介体为多种蚜虫,也可以汁液接触传染。黄瓜种子不带毒,而甜瓜种子带毒率高达 $16\% \sim 18\%$。

西瓜花叶病毒(*Watermelon mosaic virus*,WMV)曾称为西瓜花叶病毒 2 号,只侵染葫芦科植物,在甜瓜(包括哈密瓜、白兰瓜)上呈系统花叶;在西葫芦上叶片斑驳、畸形,果实上有显著隆起的绿色条纹或黄色云斑;在西瓜上表现为花叶和叶畸形(小叶或皱叶)。病毒的钝化温度为 $60 \sim 62$℃,稀释限点为 2.5×10^{-3},体外保毒期为 74～250 h,可由汁液接触和棉蚜传播。早期受侵染的甜瓜种子带毒率可高达 $36\% \sim 70\%$,但一般为 20% 以下;结瓜后受侵染的种子带毒率极低。黄瓜种子不带毒。

小西葫芦黄花叶病毒(*Zucchini yellow mosaic virus*,ZYMV),为马铃薯 Y 病毒属病毒。病毒粒体为线状,长约 750 nm,它是热带及温带葫芦科植物上危害最严重的病毒之一。

南瓜花叶病毒(*Squash mosaic virus*,SqMV)为豇豆花叶病毒属病毒。病毒粒体为球形,直径约 30 nm,二分体正单链 RNA 基因组。主要通过种子传播,一些叶甲科甲虫也可有效地传播。在自然界,其寄主范围限于葫芦科;受侵染的植物可表现出花叶、环斑、绿色镶脉、边缘叶脉突出等症状。可侵染黄瓜,但症状较轻,不会导致果实的畸形;也可侵染甜瓜和西瓜。南瓜和西葫芦受侵染后导致鸡爪叶、畸形,有深绿疱斑等。

此外,番木瓜环斑病毒西瓜株系(PRSV-W)曾称为西瓜花叶病毒 1 号、烟草环斑病毒(TRSV)、黄瓜绿斑驳花叶病毒(CGMMV),甜瓜花叶病毒(MMV)等。

3.发病规律

黄瓜花叶病毒可以在多年生杂草根上越冬。如反枝苋、荠菜、刺儿菜、酸浆等杂草,同时这些杂草又是桃蚜、棉蚜的越冬场所。另外菠菜、芹菜等也可带毒,也是初侵染的毒源。病毒可由蚜虫、田间农事操作和汁液接触传播。

西瓜花叶病毒传播介体基本上与黄瓜花叶病毒相同,但甜瓜种子可以带毒,带毒种子是初侵染的重要毒源。

上述两种病毒病在不同温度下潜育期不同,日均温为 22.5℃时发病快,低于 18℃,病害发展较慢。

气候条件对发病影响很大。高温、强日照、干旱情况下利于蚜虫的繁殖和迁飞,同时病毒增殖快、潜育期缩短、再侵染增加,因此病害往往于夏季盛发。

另外,缺水、缺肥、管理粗放的田块发病严重。瓜田杂草丛生,或与番茄、辣椒等茄科作物和甘蓝、芥菜、萝卜、菠菜、芹菜等作物邻作,由于毒源多,发病也重。西葫芦花叶病的发生还与播种期有密切关系。适期早播、早定植的发病轻,迟播、晚定植的发病重。

4.防治方法

选育和利用抗病品种、采用无毒种子、加强栽培管理如铲除杂草、及时防治蚜虫等措施,是防治瓜类病毒病的主要途径。

(1)选育和利用抗病品种 瓜形长而细,刺多而皮硬,色泽青黑的品种较耐病。黄瓜原始型品种及亚洲长型黄瓜都具有不同程度的耐病性,如山东宁阳刺瓜和北京大刺瓜等。

(2)建立无病留种地,采用无病种子及种子消毒 甜瓜种子用 55℃温水浸种 40 min,或 60～62℃温水浸种 10 min,冷却晾干后播种。

(3)加强栽培管理 合理施肥和用水,使瓜秧健壮,增强抗病能力;在打顶、打杈、摘心等农事操作中应将病株与健株分开进行,以免传毒,或在病株上操作后用肥皂水洗手后,再操作健株。及时防治蚜虫,可用 10％吡虫啉 1 000～1 500 倍液喷雾,彻底铲除田边杂草,防止传毒。

(4)药剂防治 发病初期可有 20％病毒 A 可湿性粉剂 500 倍液、1.5％植病灵乳剂 1 000 倍液、83 增抗剂 100 倍液、抗毒剂 1 号 300 倍液喷雾,10 天左右 1 次,共 3～4 次。

第四节 豆科蔬菜病害

锈病是豆科蔬菜的重要病害,可危害叶片和豆荚,因产生类似于铁锈的粉状物而得名。

▶ 一、豆科蔬菜锈病

豆科蔬菜锈病(rust of leguminous vigetables)是豆科蔬菜重要病害之一,在我国各地均有发生,对产量影响较大。

1.症状

主要危害叶片(正反两面),也可危害豆荚、茎、叶柄等部位。最初叶片上出现黄绿色小斑点,后发病部位变为棕褐色、直径 1 mm 左右的粉状小点,为锈菌的夏孢子堆。其外围常有黄晕,夏孢子堆 1 至数个不等。

发病后期或寄主衰老时长出黑褐色的粉状小点，为锈菌的冬孢子堆。有时可见叶片的正面及荚上产生黄色小粒点，为病菌的性孢子器；叶背或荚周围形成黄白色的绒状物，为病菌的锈孢子器。但一般不常发生。

2.病原

疣顶单胞锈菌[*Uromyces appendiculatus*（Pers.）Ung.]引起菜豆锈病；豇豆单胞锈菌（*U. vignae-sinensis* Miura）引起豇豆锈病；豌豆单胞锈菌[*U. pisi*（Pers.）Shrot.]引起豌豆锈病。皆为担子菌亚门，单胞锈菌属真菌。其中豌豆锈病菌是转主寄生，其余为单主寄生。

菜豆锈病菌夏孢子堆黄褐色。夏孢子单胞，卵圆形，浅黄褐色，表面有微刺，(18～30)μm×(18～22)μm；冬孢子堆黑褐色，冬孢子有长柄，单胞，椭圆形，顶端有乳突，栗褐色，表面光滑或仅上部有微刺，(24～41)μm×(19～30)μm。

豇豆锈病菌夏孢子堆褐色，夏孢子单胞，卵圆形，黄褐色，表面有微刺，(19～36)μm×(12～35)μm；冬孢子堆黑褐色，冬孢子有柄，单胞，椭圆形，顶端有乳突，栗褐色，表面光滑或仅上部有微刺，(24～40)μm×(20～34)μm。

3.发病规律

豆科蔬菜锈菌在露地以冬孢子在病残体上越冬，在保护地也可以夏孢子越冬。冬孢子萌发产生担孢子，并以担孢子完成初侵染。其夏孢子通过气流传播，可重复侵染危害，再侵染频繁。

锈菌的夏孢子萌发和侵入必须有液态水，菜豆锈菌在气温20℃，相对湿度84%以上，病害易流行。豇豆锈菌在日均温23℃，相对湿度90%以上，病害易流行。因此，高湿度、昼夜温差大、结露时间长或连续阴雨发病严重。

此外，低洼地、排水不良、种植过密、通风性差发病也重。

4.防治方法

(1)选育抗病品种　品种抗病性差别大，在菜豆蔓生种中细花种比较抗病，而大花、中花品种则易感病。可选择适合当地栽培的品种。

(2)加强管理　及时清除病残体销毁、采用配方施肥技术、适当密植。

(3)药剂保护　发病初期及时喷药防治。药剂有:15%粉锈宁可湿性粉剂1 000～1 500倍液、50%萎锈灵可湿性粉剂1 000倍液、25%代敌力脱乳油3 000倍液、12.5%速保利可湿性粉剂4 000～5 000倍液、80%代森锌可湿性粉剂500倍液、70%代森锰锌可湿性粉剂1 000倍＋15%粉锈宁可湿性粉剂2 000倍液等均有效。15天喷药1次，共喷药1～2次即可。

▷ 二、豆科蔬菜根腐病

根腐病(root rot)是豆科蔬菜上的常见病害之一，其病因很多，有镰孢菌、疫霉菌、腐霉菌等真菌，也可由淹水、干旱、冻伤、热害、肥料或除草剂使用不当、工业废水污染等引起。以镰刀菌引起的根腐病较为常见。

1.症状

镰刀菌根腐病从苗期至成株期皆可发生。但菜豆镰刀菌根腐病多在开花结荚后，才逐渐表现症状。病株下部叶片发黄，叶缘焦枯，但不脱落，病株茎基部黑褐色，病部稍下陷，有时开裂至皮层内。剖视茎部，可见维管束变褐，病株侧根多已腐烂。主根全部腐烂后，病株即枯萎死亡。潮湿的环境下，病部可见粉红色霉状物。

2.病原

腐皮镰孢菌[*Fusarium solani* (Mart.)App. et Wollenw]和串珠镰孢菌（*F. moniliforme* Sheld），皆为半知菌亚门，镰孢霉属真菌。

病部所见的浅粉色的霉层即为病菌的分生孢子梗和分生孢子。腐皮镰孢菌菌丝有隔膜，产生大小两型分生孢子和厚垣孢子。大型分生孢子镰刀形，无色，多数有 3～4 个分隔，(22.4～46.4) μm×(3.2～4.8) μm；小型分生孢子椭圆形或圆柱形，无色，有 1～2 个分隔，(5.76～13.4) μm×3.52 μm；孢子聚集时呈浅粉色；厚垣孢子近球形，直径 11 μm，无色。

腐皮镰孢种内存在着致病性分化，有不同的专化型，在豆类、瓜类等植物上皆为不同的专化型。

串珠镰孢霉菌丝白色或淡红色，有隔膜，小型分生孢子串生，椭圆形或卵形，单胞，无色，(4～16) μm×(2～3) μm；大型分生孢子无色，孢子细长，新月形，直或微弯，两端尖，通常 3～5 个分隔，孢子大小变化很大，3 隔的(32～50) μm×(2.7～3.5) μm，7 隔的(61～82) μm×(2.7～4.2) μm，不产生厚垣孢子。

3.发病规律

根腐病菌主要以菌丝体、厚垣孢子或菌核在土壤、厩肥及病残体上越冬，也可混在种间。病菌在腐生状态下可存活 10 年以上，厚垣孢子可在土中存活 5～6 年或长达 10 年。病菌通过雨水、灌溉水、耕作和施肥等途径传播，由根部伤口侵入，有再侵染。

病菌生长发育温度范围为 13～35℃，适温为 29～32℃。因此，高温、高湿有利发病，连作地、低洼地、黏土地发病重。品种间抗病程度差异较大。

4.防治方法

以抗病品种为基础，农业防治和生物防治为中心，药剂防治为保证。

(1)选用抗病品种　豆科植物对根腐病都有较为理想的抗病品种，可因地制宜地选用。

(2)种子消毒　菜豆种子 36% 多·硫悬浮剂 50 倍液浸种 3～4 h、40% 甲醛 300 倍液浸种 4 h；豌豆种子可用 25% 三唑酮乳油按种重的 0.25% 拌种，或 75% 百菌清可湿性粉剂按种重的 0.2% 拌种。

(3)加强栽培管理　病菌的各专化型寄主范围较窄，可与非寄主植物实行 3 年的轮作；根据豆科植物的生长特性采用高畦或深沟栽培；防止大水漫灌和雨后积水，及时发现病株并拔除；田间盖膜晒土可显著降低发病率。

(4)化学防治　发病初期用 70% 甲基托布津可湿性粉剂 500 倍液、50% 多菌灵可湿性粉剂 500 倍液、20% 甲基立枯磷乳油 1 200 倍液、50% 克菌丹可湿性粉剂 500 倍液、77% 可杀得 500 倍液、50% 琥胶肥酸铜可湿性粉剂 300～400 倍液、14% 络氨铜水剂 300 倍液，浇灌或配成药土撒在茎基部，隔 7～10 天 1 次，共 2～3 次。另外，克菌丹和甲基托布津配合固氮菌使用对豇豆根腐病效果更好。

(5)生物防治　荧光假单胞菌、哈茨木霉菌、绿木霉、枯草杆菌等微生物对病菌也有一定抑制作用。

◗ 三、豇豆煤霉病

豇豆煤霉病(cowpea sooty blotch)又称为叶霉病，各地均有发生，是豇豆上的常见病和重要病害,染病后叶片干枯脱落,对产量影响较大。除豇豆外,还可危害菜豆、蚕豆、豌豆和大豆等豆科作物。

1.症状

主要危害叶片,在叶两面出现直径 1~2 cm、多角形的褐色病斑,病、健交界不明显,病斑表面密生灰黑色霉层,尤以叶背最多。严重时,病斑相互连片,引起叶片早落,仅留顶端嫩叶。

2.病原

豆类煤污尾孢霉(*Cercospora vignae* F. et E.),为半知菌亚门,尾孢属真菌。叶片上的灰黑色霉层即为病菌的分生孢子梗和分生孢子。分生孢子梗褐色丛生,直立不分枝,具 1~4 个隔膜,(15~52) μm×(2.5~6.2) μm;分生孢子鞭状,上端略细,下端稍粗大,淡褐色,具 3~17 个隔膜,(27~127) μm×(2.5~6.2) μm。

3.发病规律

病菌以菌丝体随病残体在田间越冬。第 2 年分生孢子,通过风雨传播,是再侵染频繁的病害。

病菌发育的温度范围为 7~35℃,最适为 30℃。当温度 25~30℃,相对湿度 85% 以上的条件下,病害易发生和流行。因此,露地高温多雨或保护地高温高湿、通气不良则发病重。连作地或播种过晚发病重。

4.防治方法

采取加强栽培管理为主、药剂防治为辅的防治措施。

(1)加强栽培管理 收获后清除病残体,实行轮作,施足腐熟有机肥,配方施肥;合理密植,保护地要用时通风,以增强田间通风透光性,防止湿度过大。发病初期及时摘除病叶,减轻后期发病。

(2)药剂防治 发病初期喷施 25% 多菌灵可湿性粉剂 400 倍液、70% 甲基托布津可湿性粉剂 800 倍液、77% 可杀得微粒粉剂 500 倍液、40% 多·硫悬浮剂800 倍液、50% 混杀硫悬浮剂 500 倍液或 14% 络氨铜水剂 300 倍液,隔 10 天 1 次,连续用药 2~3 次。

第五节 其他蔬菜病害

一、芹菜斑枯病

芹菜斑枯病(celery bacterial soft rot)又称晚疫病、叶枯病,目前已成为保护地芹菜的重要病害,对产量和品质影响很大。

1.症状

植株的叶片、叶柄、茎均可发病。叶片发病,病斑近圆形或不规则形,外缘黄褐色,中央灰白色,直径 3 mm 左右,表面散生少量小黑点,病斑外缘常有黄晕,多个病斑可相互愈合。叶柄或茎部染病,病斑褐色,长圆形稍凹陷,中央散生小黑点。

2.病原

芹菜生壳针孢(*Septoria apiicola* Speg.),为半知菌亚门壳针孢属真菌。

病部所见小黑点即为病菌的分生孢子器。分生孢子器球形或扁球形，直径 73～147 μm；分生孢子无色透明，丝状微弯，有 0～7 个隔膜，多为 3 个，(17～61) μm×(1.5～3.0) μm。

3. 发病规律

病菌主要以菌丝体在种皮内或病残体内越冬，可存活 1 年以上。次年形成分生孢子，借风雨传播，由表皮或气孔侵入，是再侵染频繁的病害。

病害在冷凉高湿的条件下容易发生和流行。病菌在低温下生长良好，病菌发育最适温度为 20～25℃，超过 25℃发育渐缓，潮湿和多雨是孢子传播和萌发的必要条件。因此，气温 20～25℃，多雨情况下发病重。此外，连阴雨或虽白天干燥，但夜间有雾或露水，昼夜温差大，忽冷忽热，植株抗病力弱时，病害也易发生。

4. 防治方法

应采用以栽培管理为主的综合防治措施。

（1）采用无病种子和种子消毒　使用 2 年以上的陈种有一定的防病效果，采用新种子应进行种子消毒，在 48～49℃温水中浸种 30 min，浸种时应不断搅拌，此法对发芽率有影响，约降低 10%，但杀菌效果较好。

（2）栽培管理　发病严重地块应进行 2～3 年的轮作；收获后彻底清除病残体，发病初期及时摘除病叶；施足基肥，增强植株抗病力；保护地要注意降温排湿，白天控温 15～20℃，高于 20℃应及时放风，夜间控温在 10～15℃，缩小昼夜温差，减少结露；露地栽培应小水勤灌，保湿防干旱，忌大水漫灌。

（3）药剂防治　保护地可用烟剂，45%百菌清烟剂 200～250 g/亩，或 5%百菌清粉尘剂 1 kg/亩，或选用 75%百菌清可湿性粉剂 600 倍液、40%多硫悬浮剂 500 倍液、80%代森锌可湿性粉剂 500 倍液。

二、葱霜霉病

葱霜霉病（Welsh onion downy mildew）是葱的重要病害，条件适宜时霜霉病可迅速流行，造成严重减产。葱霜霉病除为害葱外，还可为害葱属植物如大蒜、韭菜等。

1. 症状

由鳞茎带菌引起系统侵染时，病株矮化，叶片扭曲畸形，呈苍白绿色。潮湿时叶片与茎的表面遍生白色绒毛状霉，干燥时仅在叶片上出现白色斑点。

生长期发病的，叶片上病斑卵圆形或圆筒形，淡黄绿色，边缘不明显。潮湿时叶片表面遍生白色绒毛状霉，干燥时仅在叶片上出现枯斑。

葱假茎受害时，上部生长不均衡，常向一侧弯曲，种子接近成熟时，假茎处常破裂，影响种子成熟度，种子皱瘪。

2. 病原

葱霜霉菌（*Pirnospora schleidenii* Ung.），为鞭毛菌亚门真菌。

孢囊梗成束或单根从气孔中伸出，无色，无隔，长 122～820 μm；孢子囊单生，单胞，卵圆形，顶端稍尖，淡煤烟色，半透明，(18～29) μm×(40～72) μm；卵孢子黄褐色，球形，具厚而皱的壁，40～60 μm。

3.发病规律

病菌主要以卵孢子随病残体在地中越冬,或以菌丝潜伏在鳞茎及其侧生苗中越冬。翌年春,卵孢子经雨水反溅在叶片上引起初侵染,或种植带菌的鳞茎或侧生苗也可引起初侵染。在合适的气候条件下,病斑上产生大量的孢子囊,进行再侵染。

气象条件与病害的发生有密切的关系。夜晚凉湿,白天温暖,浓雾露重,土壤黏湿,有利于病害的发生和流行。孢子囊在相对湿度95%、温度13~18℃时可以产生,以15℃最适。

另外,病菌可借潮湿的气流作远距离传播,从而造成病害的大面积流行。

4.防治方法

(1)选用抗病品种 不同品种间存在抗病性差异,或根据各地情况选用。

(2)无病地留种或采用无病种苗 在干旱地区建立无病留种田,也可对种子进行消毒。种子消毒可用50℃温水浸种25 min,或用45℃温水浸鳞茎或侧生苗90 min。

(3)实行轮作 发病地区应与非葱类作物实行2~3轮作。

(4)加强栽培管理 选择地势高燥、通风、排水良好的地块。施足基肥,增施磷钾肥。合理灌水,降低田间湿度。发现病株及时拔除,收获后长度清除病残体。

(5)化学防治 发病初期进行药剂防治。药剂可选用:90%乙磷铝可湿性粉剂400~500倍液,50%甲霜铜可湿性粉剂800~1 000倍液,64%杀毒矾可湿性粉剂500倍液,72.2%普力克水剂800倍液,75%百菌清可湿性粉剂600倍液,65%代森锌可湿性粉剂500~700倍液,7~10天用药1次,连续用药2~3次,雨季适当缩短间隔时间。

三、蔬菜根结线虫病

蔬菜根结线虫病(root-knot nematode)是由根结线虫引起的一类世界性的重要植物线虫病害。它也是经济植物上危害最为严重的病害之一。根结线虫在世界各地分布普遍,几乎所有蔬菜、多种果树都可受害,它不仅直接影响寄主的生长发育,还可加剧枯萎病等病害的发生,使损失更加严重。

根结线虫种类繁多,全世界已报道的种类达70余种,我国报道的有16种。东北的温室中以北方根结线虫(*M. hapla* Chitwood)为主,南方地区4种均有。

1.症状

根结线虫仅危害根部,以侧根及支根最易受害。

根部受害,可形成根结,即为线虫虫瘿,剖开可见乳白色线虫,这是诊断根结线虫病最重要的标准之一。根结大小因寄主种类和线虫种类而异,豆科和瓜类蔬菜的根结较大,不规则串珠状;而茄科和十字花科蔬菜根结较小,多在新根的根尖处产生,在外部还可见透明胶质状卵囊。病株根系比健株短,侧根和根毛少,有时还形成丛根或锉短根。

地上部症状轻重程度有较大差异,轻病株症状不明显,重病株发育迟缓,生长衰弱,叶片黄枯,植株矮小,严重时死亡。

2.病原

北方根结线虫(*M. hapla* Chitwood)为根结线虫属(*MelMgyne*)线虫。

根结线虫属成虫雌雄异型,幼虫无论雌雄皆为线形。雌成虫固定在根内寄生,梨形,前端尖,乳白色,尾部退化。肛阴周围的会阴花纹是该属分种的重要依据之一。雌虫将卵产在体外的胶质卵囊中。雄虫线形、圆筒形、无色透明，尾部短而钝圆，呈指状。种内存在着明显的生理分化现象，有不同生理型或生理小种。营两性和孤雌生殖。寄主植物多达 2 500 余种。

北方根结线虫雌虫的会阴花纹由平滑条纹组成，近圆形，间隔宽，有些花纹向一方或两方伸展呈翼状，尾端区常有刻点。雌虫$(550\sim790)\ \mu m \times (400\sim450)\ \mu m$，雄虫 $1\,000\sim1\,130\ \mu m$。2 龄幼虫有钝而分叉的尾部，体长 $357\sim517\ \mu m$。寄主专化性强，有两个小种。主要分布在较寒冷和热带或亚热带的高海拔地区（7 月平均温度 26.7℃ 的等温线以北）。北方常见寄主有胡萝卜、花生。

根结线虫的卵产于身体末端的胶质卵囊中。1 龄幼虫在卵内发育并完成第一次蜕皮，2 龄幼虫蠕虫状，破卵而出，进入土中侵染寄主。幼虫固定在寄主根部，身体逐渐膨大，同时刺激寄主根部细胞增生形成根结。幼虫再经二次蜕皮，到 4 龄幼虫时已雌雄可辨。雄虫线形，雌虫洋梨形。可两性生殖或孤雌生殖。卵可能立即孵化，也可以越冬后在春天孵化。

3.发病规律

根结线虫以 2 龄幼虫或卵随病残体在土中越冬，在土中可存活 1~3 年。第 2 年卵孵化为幼虫，由根冠侵入寄主，刺激寄主形成明显的根结。线虫发育成熟后交尾产卵，卵在根结内孵化发育，2 龄后离开卵壳，进入土中进行再侵染或直接越冬。主要通过雨水、灌水或黏附在农机具上的土壤等途径传播。

根结线虫病的发生与土壤的质地、理化性质、耕作制度等都有关系。

在土壤温度 25~30℃、土壤持水量在 40% 左右最适宜线虫发育；地势高燥、结构疏松、含盐量低、中性沙土地，适宜线虫的活动，发病重；而土壤潮湿、黏重板结，发病较轻，若土壤连续淹水 4 个月，可使线虫全部死亡；线虫主要在表土 3~9 cm 活动，深耕 20 cm，可减轻发病；连作地发病重，且危害程度随连作年限加长而加重。

4.防治方法

(1)土壤处理　应用棉隆、威百亩等土壤熏蒸剂可有效降低土壤中的线虫密度。一般在播种前 2~3 周施于 15~25 cm 深的土中，施药时土壤应保持湿润，施药后覆土压实，以达到熏蒸杀虫的目的；也可在播种或移植时使用 10% 力满库颗粒剂 2~4 kg/亩，20% 益舒宝颗粒剂 1.5~1.75 kg/亩，3% 米乐尔颗粒剂 4.5~6.5 kg/亩，10% 克线丹颗粒剂 1.5~3 kg/亩等。

(2)选用抗病品种　根据不同寄主类型，选用抗、耐病品种。

(3)生物防治　节丛孢菌（*Arthorbotrys* sp.）、淡紫拟青霉菌（*Paecilomyces lilacinum*）、芽孢杆菌（*Bacillus penetrans*）、厚壁轮枝菌（*Verticillium chlamydosporium*）等颉颃菌可寄生卵或捕食低龄幼虫，对根结线虫有较好的控制效果。

(4)加强栽培管理　病区可与禾本科作物实行 2~3 年轮作；采用无病土育苗和深耕翻晒土壤，可有效减少虫源；收获后彻底清除病残体，集中烧毁或深埋；有条件的还可通过种植诱杀植物、生草休闲或漫灌等措施，降低线虫密度，减少损失。

第十六章　果树病害

◆ 学习目标
掌握果树主要病害的症状、病原、发病规律及防治方法。

第一节　苹果病害

一、苹果斑点落叶病

苹果斑点落叶病(apple spot leaf drop)又称褐纹病。我国自 20 世纪 70 年代后期陆续发现,80 年代后成为各苹果产区的重要病害。病害发生后,7—8 月间新梢叶片大量染病,造成提早落叶,严重影响树势和次年的产量。此病通常只危害苹果。

1. 症状

斑点落叶病主要危害叶片,特别是展叶 20 天内的嫩叶,也能危害叶柄、一年生枝条和果实。

叶片染病,出现直径 2～6 mm 大小不等的红褐色病斑,边缘紫褐色,病斑中央常具一深色小点或同心轮纹。天气潮湿时,病部正反面均可长出墨绿至黑色霉层;高温多雨季节,数个病斑相连,导致叶片焦枯脱落;嫩叶染病常扭曲畸形。

叶柄染病,产生椭圆形凹陷病斑,常导致叶片脱落;枝条染病,产生灰褐色病斑,芽周变黑,凹陷坏死,边缘开裂。

果实受害多在近成熟期,果面上产生红褐色的小斑点。

2. 病原

苹果链格孢菌(*Alternaria mali* Roberts),为半知菌亚门,链格孢属真菌。

分生孢子梗成束,暗褐色,弯曲,有隔膜,$(16.8\sim65)\ \mu m \times (4.8\sim5.2)\ \mu m$,分生孢子暗褐色,单生或串生,倒棍棒状或纺锤形,有短喙,具横隔 1～5 个,纵隔 0～3 个,$(36\sim46)\ \mu m \times (9\sim13.7)\ \mu m$。

病菌能产生毒素,这种毒素具有寄主特异性,可用于苗木的抗病性鉴定。

3. 发病规律

病菌以菌丝在病叶、枝条或芽鳞中越冬,翌春产生分生孢子,随气流、风雨传播。

病害在 17～31℃ 下均可发病，最适为 28～31℃。病害在一年中有两个发生高峰。第一高峰为 5 月上旬至 6 月中旬，春秋梢和叶片大量染病，严重时造成落叶；第二高峰为 9 月，秋梢发病严重和度加大，造成大量落叶。

病害的发生、流行与气候、品种密切相关。高温多雨病害易发生，春季干旱年份，病害始发期推迟；春、秋梢抽生期间的雨量大，发病重。

此外，树势衰弱，通风透光不良，地势低洼，地下水位高，枝细叶嫩等易发病。

苹果不同品种间存在抗病性差异，红星、红元帅、印度、青香蕉、北斗易感病；富士系、金帅系、鸡冠、祝光、嘎纳、乔纳金发病较轻。

4.防治方法

(1)利用抗病品种　选栽红富士、乔纳金等较抗病品种。

(2)加强栽培管理　秋冬季结合修剪清除果园内病枝、病叶，减少初侵染源；夏季剪除徒长枝，改善果园通透性，注意低洼地的排水，降低果园湿度。合理施肥，增强树势，提高树体的抗病力。

(3)化学药剂防治　病叶率 10％ 左右为用药时期。可选用 1∶2∶200 倍量式波尔多液、30％绿得保胶悬剂 300～500 倍液、80％大生 M－45 或喷克可湿性粉剂 600～800 倍液、10％宝丽安可湿性粉剂 1 000～1 500 倍液、70％安泰生 600～800 倍液、70％代森锰锌可湿性粉剂 400～600 倍液、50％扑海因可湿性粉剂 2 000 倍液、36％甲基硫菌灵悬浮剂 500～600 倍液、75％百菌清可湿性粉剂 800 倍液。一般间隔 10～20 天，共喷药 3～4 次。

▶ 二、苹果褐斑病

1.症状

苹果褐斑病(apple brown spot)主要为害叶片，也可危害果实。病斑多为褐色，边缘绿色不整齐，故又称绿缘褐斑病，病叶易早期脱落。

叶片上的病斑有三种类型。

(1)同心轮纹型　病斑圆形，直径 1～2.5 cm，正面中心暗褐色，边缘黄色，病斑周围有绿色晕圈，病斑上有轮状排列的小黑点；背面暗褐色，边缘浅褐色，无明显边缘。

(2)针芒型　病斑小，略近圆形，边缘不整齐，明显呈针芒放射状，后期叶片变黄后，病斑周围及背面仍保持绿色。

(3)混合型　病斑暗褐色，较大，近圆形或不规则形，其上生有小黑点，但不呈同心轮纹；后期病斑中心灰白色，边缘仍保持绿色，有时边缘呈针芒状。

果实染病，病斑褐色，圆形或不规则形，直径 0.6～1.2 cm，病部果肉褐色，呈海绵状干腐，坏死不深。

2.病原

苹果盘二孢[*Marssonina mali* (P. Henn) Ito.]为半知菌亚门盘二孢属真菌。

病斑上所见小黑点为病菌的分生孢子盘，(108～306) μm×(45～50) μm；分生孢子梗栅状排列，顶生分生孢子，分生孢子无色，双胞，中间缢缩，上大而圆，下小而尖，呈葫芦状，(14～20) μm×(5～9) μm，内有 2～4 个油球。

有性阶段为 *Diplocarpon mali* Harada et Sawamura 为子囊菌亚门真菌，子囊盘肉质，钵

状,(105～200) μm×(80～125) μm;子囊阔棍棒状,(40～49) μm×(12～14) μm,内含 8 个子囊孢子;子囊孢子香蕉形,稍弯,双胞,(24～30) μm×(5～6) μm。

3.发病规律

病菌以菌丝、分生孢子盘和子囊盘在落叶上越冬。次年雨后产生分生孢子和子囊孢子,借风雨传播。

褐斑病的发生和流行与降雨量关系最为密切,不同年份发病早晚和轻重差异很大。降雨早而多的年份,发病早而重;春旱年份发病晚而轻;有些地区降雨虽少,但雾露重,发病也重。北方褐斑病多在 5 月下旬至 6 月上旬始见病叶,7—8 月进入发病盛期,并引起果树落叶,严重时到 9 月初落叶可达一半。

另外,幼树较老树发病轻,而结果树发病重;树冠内膛和下部比外围和上部发病重,这与冠内部和下部通风透光不良、湿度大有关;果园地势低洼,排水不良,病虫害严重时,褐斑病发生都较重。

苹果品种间存在抗病性差异。富士、元帅、红星、国光易感病,祝光、青香蕉等抗病。

4.防治方法

(1)加强栽培管理 秋冬季彻底清扫果园内落叶,结合修剪清除病枝叶,集中烧毁;增施有机肥,提高树势;合理修剪,增加树冠通风透光性;做好果园排水工作,以降低湿度,减轻病害。

(2)药剂防治 药剂防治时间可根据发病情况确定。辽宁分别在 7 月上旬和 8 月上旬用药 2 次;河北在 6 月上中旬、7 月中旬和 8 月中旬用药 3～4 次。可选用 1:2:200 波尔多液、30%绿得保胶悬剂 300～500 倍液、10%宝丽安可湿性粉剂 1 000～1 500 倍液、70%甲基硫菌灵超微可湿粉 1 000 倍液等。用药间隔 20 天。

▶ 三、苹果炭疽病

苹果炭疽病(apple bitter rot)又称苦腐病,是重要的果实病害之一。除危害苹果外,还能危害海棠、梨、葡萄、李、樱桃、山楂、核桃、枣、无花果等多种植物。在生长季和贮藏期皆可发生,尤以贮藏期更为严重,损失很大。

1.症状

苹果炭疽病主要危害果实,也可危害果台和枝干等部位。

(1)果实 初期果面出现圆形、淡褐色小斑点,可扩大至全果的 1/3 或 1/2,边缘清晰,病部果肉下陷,并向果心深入,呈漏斗状腐烂,具苦味;后期病部表面生出小黑点,常呈同心轮纹状排列,空气潮湿时,溢出粉红色黏状物。

病果上常有多个病斑,相互连片后也可致全果腐烂。有些病果失水干缩成黑色僵果挂于树上。

(2)果台 从顶部开始,逐渐向下蔓延,病部暗褐色。严重时,整个果台干枯死亡。

(3)枝条 在老弱枝、虫枝和枯枝的表皮上,可形成不规则的褐斑,后病部溃疡状、病皮龟裂脱落,木质部裸露。病部表皮上也可产生小黑点。

2.病原

胶孢炭疽菌(*Colletotrichum gloeosporioides* Penz.),为半知菌亚门,炭疽菌属真菌。自然情况下有性阶段少见。

分生孢子盘成熟后突破表皮;分生孢子梗单胞,无色,栅状排列,大小(10～20) $\mu m \times$(2～4) μm;分生孢子聚集时呈粉红色,单个孢子无色,长圆柱形或长椭圆形,内含数个油球,(12～16) $\mu m \times$(3～6) μm。

3.发病规律

病菌主要以菌丝体在僵果、病果台、枯枝、爆皮枝等部位越冬。翌春病菌产生分生孢子通过气流、雨水传播,再侵染频繁。病菌有潜伏侵染的特性,果实采收后,在贮藏期陆续发病,常造成大量腐烂。

病菌发育温度范围为12～40℃,最适28～32℃;适宜相对湿度在95%以上;温度在10℃时,病害停止扩展。在北方苹果产区,一般坐果期病菌开始侵染,果实生长前期(6—7月)为侵染盛期;果实生长后期进入发病期(7月后可见病斑,8—9月为发病盛期)。

病害的发生和流行与气候、栽培条件、树势和品种有关。高温、高湿,特别是雨后高温利于病害流行,因此降雨多且早的年份发病严重。全年的两个发病高峰都与高温和高湿有关:夏季是病害的田间发病高峰,病果大量出现;贮藏期若温度高、湿度大,染病的果实陆续发病,造成果实大量腐烂。

此外,树势弱、株行距小、偏施氮肥、枝叶茂密、杂草丛生、地势低洼、排水不良、土壤黏重的果园,病害发生严重;苹果品种间抗性差异较大,元帅、富士、金冠、柳玉、祝光等品种较抗病,国光、秦冠等品种次之,红娇抗性较差;另据日本报道,病菌可侵染刺槐。在我国的一些地区也发现以刺槐作防风林的果园,炭疽病发生早且重。

4.防治方法

采用提高栽培管理水平、增强树势,并结合药剂防治的综合措施。

(1)清除病原　结合修剪,清除病僵果、枯枝和干枯果台,刮除病皮;生长季节及时摘除初期病果。此外,果园周围不要栽植刺槐等植物。

(2)加强栽培管理,增强树势　增施有机肥和磷、钾肥,控制果量,以增强树势;及时排水和中耕除草,改善果园的通风透光条件,以降低果园的湿度。

(3)药剂保护　对苹果炭疽病的防治以预防为主。一般从落花后10天左右开始喷药防治,隔10～15天用1次药,连续3～4次。

可用1∶2∶(200～240)的波尔多液、12%绿乳铜600～800倍液、80%大生M-45可湿性粉剂800～1 000倍液、6%乐必耕可湿性粉剂4 000倍液、50%施保功可湿性粉剂2 000～3 000倍液、50%多菌灵可湿性粉剂800～1 000倍液、70%甲基托布津可湿性粉剂1 000倍液、62.25%仙生可湿性粉剂600倍液、25%炭特灵可湿性粉剂300～500倍液、80%炭疽福美可湿性粉剂500～600倍液等。金冠等品种对波尔多液敏感,幼果期改用其他农药为宜。

▶ 四、苹果树腐烂病

苹果树腐烂病(apple canker)俗称烂皮病,各地苹果产区均有发生。严重时可造成死树和毁园,是一种毁灭性的病害。近年来,随着老品种的更新淘汰,病情有所缓解。

苹果树腐烂病除危害苹果及苹果属植物外,还可使梨、桃、樱桃、梅等多种落叶果树受害。

1. 症状

腐烂病主要危害枝干,也可侵害果实。

枝干受害,致使皮层腐烂坏死,表现出2种症状类型——溃疡型和枝枯型。

(1)溃疡型 多发生在主干和大枝上,以主枝与枝干分权处最多。春季病斑近圆形,红褐色,水浸状,边缘不清晰,组织松软,指压病部可下陷,常有黄褐色汁液流出,有酒糟味。揭开表皮,可见病部深约1~1.5 cm,组织呈红褐色乱麻状;后期病部失水干缩下陷,病健交界处裂开,病皮上产生很多小黑点。天气潮湿时,小黑点上涌出黄色、有黏性的卷须状孢子角;发病严重时,病斑扩展环绕枝干一周,树体受害部位以上的枝干干枯死亡。

(2)枝枯型 多见于2~4年生的小枝条、果台、干桩等部位。病斑形状不规则,扩展迅速,很快环绕枝干一周,造成枝条枯死。后期病部也出现小黑点。

果实受害,果面上产生暗红褐色、圆形或不规则形病斑,有轮纹,边缘清晰。病部腐烂,略带酒糟气味。病皮易剥离。病斑中部常形成小黑点。潮湿条件下,也涌出金黄色卷须状的孢子角。

2. 病原

苹果黑腐皮壳菌(*Valsa mali* Miyabe et Yamada),为子囊菌亚门,黑腐皮壳属真菌;无性阶段为半知菌亚门,壳囊孢属(*Cytospora* sp.)真菌。

病部产生的小黑点即为病菌的分生孢子器和子囊壳。分生孢子器黑色、圆锥形,直径480~1 600 μm,其内分成几个腔室,各室相通,具一共同孔口。分生孢子梗不分枝、无色透明,10.5~20.5 μm;分生孢子无色,单胞,香蕉形,内含油球,(4.0~10.0) μm×(0.8~1.7) μm。

子囊壳多在秋季产生,黑色、球形或烧瓶状,具长颈,直径320~540 μm;子囊长椭圆形或纺锤形,无色,顶部钝圆,(28~35) μm×(10.5~27) μm,内含8个子囊孢子;子囊孢子无色,单胞,香蕉形,(7.5~10.0) μm×(1.5~1.8) μm。

根据病原菌形态,小林享夫(1972)主张将苹果树腐烂病菌学名改为[*Valsa ceratosperma* (Tode et Fr.)Maire],无性阶段为[*Cytospora sacculus* (Schwein.)Gvrtischvili]。

3. 发病规律

病菌主要以菌丝体、分生孢子器、子囊壳和孢子角在田间病树组织枝干内越冬。分生孢子器的产孢能力可持续两年。翌春雨后或潮湿产生孢子角,分生孢子通过雨水冲溅或梨潜皮蛾、透翅蛾、吉丁虫等昆虫传播,经各种伤口(主要是冻伤)、皮孔侵入。子囊孢子也能侵染。

腐烂病菌是弱寄生菌;当其侵入寄主后,并不立即致病,而是处在潜伏状态,只有树体或局部组织衰弱,或树体进入休眠期,生理活动减弱或抗病力较低时,病菌才迅速扩展,并使寄主表现症状。此即腐烂病菌的潜伏侵染现象。外观无病的枝干皮层内普遍带有潜伏病菌,且带菌率随树龄增加而提高。

腐烂病的年发病周期始于夏季。病菌先在落皮层上扩展,形成表层溃疡斑;但夏季是树体的活跃生长期,不利于病菌扩展;而秋末冬初,树体进入休眠期,生活力减弱,表皮层病菌向纵深扩展,侵入健康组织,形成坏死点;深冬季节,内部发病数量激增,但不表现明显症状。

腐烂病症状表现一年中有2个高峰。在环渤海地区,一是早春,2月开始发生,3—4月达到高峰,此时病斑扩展最快,危害最严重;另一个高峰在9—10月的晚秋。一般早春病势重于秋季。各地发生高峰因气候条件不同而有所差异。冬春季温暖地区发病期可提前至 1 月。

苹果树腐烂病的发生和流行,树势强弱是关键因素。各种导致树势衰弱的因素,如土壤瘠薄,施肥不足,干旱缺水,各种病虫害严重,均会造成树体营养不良,树势衰弱,使树体抵抗力降低,因而诱发腐烂病发生;坐果大小年现象严重的果园或植株,树体负载量过大,也会使树体营养不良,导致发病严重。

北方果区常发生树体冻伤,特别是周期性的冻伤是病害大规模流行的前提;其他如修剪造成的剪锯口伤、枝干害虫的虫伤等也都是病菌的侵入途径,均可诱发腐烂病;树体本身的愈伤能力对发病影响也很大,凡生长健壮、营养充足的果树,愈伤能力强,发病轻。

此外,病斑刮治不及时,病枯枝和修剪下的树枝处理不妥善,使果园内病菌大量积累,病害发生严重。

4. 防治方法

采取围绕增强树势、提高抗病力进行栽培管理,结合搞好果园卫生、铲除潜伏病菌和病斑治疗的综合防治措施。

(1)加强栽培管理,增强树势,提高抗病力 合理修剪,调整树势;合理调节树体负载量,严格疏花疏果,杜绝大小年结果现象;采用配方施肥技术,重施有机基肥,保持果园土壤有机质含量在 1% 以上;改善灌水条件,防止早春干旱和雨季积水;搞好果树防寒,幼树培土、大树树干涂白防冻害,每年 12 月初刮净树体老翘皮后进行。涂白剂配方为石灰:食盐:水:动物油(最好不用牛、羊油)=10:1:(30～35):1;加强对叶斑病、枝干害虫、叶部害虫的防治,保持树势。

(2)搞好果园卫生,减少菌源 生长季及时刮除病斑;及时清除死树、病枝、残桩并妥善处理;剪锯口等伤口用煤焦油或油漆封闭,减少病菌侵染。

(3)药剂预防 在早春树体萌动前,喷布杀菌剂保护,可用 3～5°Be 石硫合剂、5% 菌毒清水剂 50 倍液全树喷雾一次,在 5—6 月对树体大枝干涂刷药剂(不可喷雾),可选用:5% 菌毒清水剂 50 倍液。可有效减少病菌侵入。

(4)病疤治疗 对病疤治疗,采取"春季突击刮、坚持常年刮","治早、治小、治了"的原则,很见实效。

①病斑刮治法 是病疤处理的主要方法。地面铺塑料布,在病疤周围随疤形外延 0.5 cm,用刀割一个 1～1.5 cm 深达木质部的圈,将圈内的病皮和健皮全部彻底刮除,将刮掉的病组织集中烧毁。对暴露的木质部涂药处理。药剂有:80% 必备可湿性粉剂 100 倍、5% 菌毒清水剂 50 倍液、843 康复剂 200 g/m²、腐必清油乳剂 2～5 倍液、10°Be 石硫合剂、30% 腐烂敌可湿性粉剂 20～40 倍液、灭腐灵原液等。20 天后再涂 1 次。对直径 10 cm 以上的病疤在刮除病组织后还应采用脚接和桥接法以恢复树势和延长结果年限。

②敷泥法 就地取土和泥,拍成泥饼敷于病疤及其外围 5～8 cm 范围,厚 3～4 cm,然后用塑料布或牛皮纸扎紧。此法宜在春季进行,次年春季解除包扎物,清除病残组织后涂药消毒保护。直径小于 10 cm 的病疤可用此法。

③重刮皮法 可兼防干腐病、轮纹病等其他枝干病害,防病作用可持续 4 年以上。10 年生以上果树可用此法。在果树旺盛生长期(5—7 月),用刮挠将主干、中心干和主枝下部的树表皮刮去 1 mm 厚,至露出黄绿色新鲜组织为止。刮后不消毒。

此外,还可采用割条法、打眼法等,优点是省工、对木质部保护较好;缺点是消毒不彻底、复发率高。

五、苹果树干腐病

苹果树干腐病(apple tree dieback)又称胴腐病,是苹果上常见的重要枝干病害之一。各地苹果产区皆有分布。近年来该病的发生有明显上升趋势。

干腐病除危害苹果树外,还能危害梨、桃、梅等10余种木本植物。

1. 症状

干腐病主要危害枝干。

大树枝干发病,初期病斑暗红色,长条形或不规则形,表面湿润,有茶褐色黏液溢出。以后病皮逐渐干缩凹陷,变为黑褐色,表面密生小黑点(黑点小而密可与腐烂病相区别),病健分界处常裂开。严重时病部腐烂可达木质部,使病部以上枝条枯死。

幼树发病与大树症状相似,但多在嫁接口处形成暗褐色病斑,并沿树干向上扩展,严重时幼树枯干死亡,病部也有密集的小黑点。

果实受害,果面产生有同心轮纹的病斑。湿度大时,很快全果腐烂。

2. 病原

葡萄座腔菌[*Botryosphaeria dothidea*(Moug. et Fr.)Ces. et de Not.],为子囊菌亚门葡萄座腔菌属真菌;无性阶段为大茎点菌属(*Macrophoma* sp.)和小穴壳菌属(*Dothiorella* sp.),皆为半知菌亚门真菌。

病部的小黑点即为病菌的孢子器和子囊壳。*Macrophoma* 型分生孢子器扁球形,(154~255)$\mu m \times$(73~118)μm;分生孢子无色,单胞,长椭圆形,(16.8~24.0)$\mu m \times$(4.8~7.2)μm。*Dothiorella* 型分生孢子器与子囊壳混生于同一子座内,(182~319)$\mu m \times$(127~225)μm;分生孢子无色,单胞,长椭圆形,(16.8~29.0)$\mu m \times$(4.5~7.5)μm。

子囊壳着生于子座内,扁球形或洋梨形,(227~254)$\mu m \times$(209~247)μm,内生多个子囊;子囊棍棒状,无色,(50~80)$\mu m \times$(10~14)μm;子囊孢子无色,单胞,椭圆形,双行排列,(16.8~26.4)$\mu m \times$(7.0~10.0)μm。

3. 发病规律

病菌以菌丝体、分生孢子器及子囊壳在病枝干上越冬。翌春产生孢子经伤口、皮孔等侵入,借风雨传播。树皮水分低于正常情况时,病情扩展迅速。

在辽宁南部苹果产区,5月中旬至11月,病害均能发生,全年病害有两次高峰。其一为降雨量较少的6月,病势较重;其二为8月中旬至9月上旬;7月中旬的雨季,病势减轻。在山东,以6—8月和10月为两个发病高峰。

干腐病菌具有潜伏侵染特性,且寄生力弱。因此,干腐病的发生受树势影响很大,果园管理粗放,土壤瘠薄,偏施氮肥,结果大小年严重,冻伤、虫伤等伤口多,树势衰弱则发病重;幼苗移栽定植后的缓苗期发病重。

此外,病害还与气候条件关系密切,一般干旱年份和年内的干旱季节发病重;缺水的山坡丘陵果园发病也较重;树皮水分低利于发病。

苹果品种间抗病性差异较大,元帅、鸡冠、祝光等比较抗病,而红富士、国光、系品种受害较重。

4.防治方法

应以加强果园栽培管理、增强树势、提高体抗病能力等农业措施为主,控制病害的发生。

(1)培育和选用无病壮苗　加强苗圃管理水平,培育苗木时应施足有机底肥,控制氮肥施用量。提高嫁接质量,嫁接口应高于地面。生长季可用 0.3%～0.5%磷酸二氢钾喷布树体进行根外追肥 2～3 次。

(2)提高栽培管理水平,增强树体抗病力　肥水管理、调节树体负载量、冬季防寒等措施,可参考苹果腐烂病。

(3)减少树体伤口,切断病菌侵染途径　尽量减少各种机械伤口尤其是冻伤、日灼伤、虫伤等。封闭剪锯口,芽接苗剪砧口涂抹 1%硫酸铜,苗木移栽时少伤根等,均能有效减轻病害。

(4)药剂保护　早春树体萌动前,喷布杀菌剂保护。药剂有:3～5°Be 石硫合剂,5%菌毒清水剂 50～100 倍液等。生长季可结合斑点落叶病、炭疽病等病虫害防治进行药剂保护。可用 1～3 次 1:2:200 波尔多液,50%退菌特可湿性粉剂 800～1 000 倍液等。

(5)及时刮治病斑　病害发生初期多局限于表皮,可刮去病皮,然后用药剂消毒 2 次(间隔 20 天左右)。药剂有:5～10°Be 石硫合剂、5%菌毒清水剂 50～100 倍液、腐必清 3～5 倍液等。

▶ 六、苹果轮纹病

苹果轮纹病(apple ring spot)又称粗皮病、轮纹褐腐病等。此病在我国苹果产区均有发生,是一种严重的病害,在山东、辽宁、河北等主要苹果产区常因该病造成重大损失,采收后贮藏的果实还可继续发病。

轮纹病除危害苹果外,还可危害梨、山楂、桃、李、杏、栗、枣、海棠等果树。

1.症状

轮纹病主要危害枝干和果实,叶片受害比较少见。

枝干受害,以皮孔为中心产生直径 0.5～3 cm 不等的近圆形或不规则形褐色病斑。病斑中心疣状隆起,质地坚硬,边缘开裂,成一环状沟。翌年病健部裂纹加深,病组织翘起如"马鞍"状,病斑表面产生小黑点,病斑往往连片,使表皮十分粗糙,故有粗皮病之称。多数病斑限于表层。

果实受害,症状多在近成熟期或贮藏期出现。也以皮孔为中心,生成近圆形褐色病斑。病斑扩展迅速,使果实呈红褐色腐烂,有明显同心轮纹。病斑不凹陷,烂果不变形,常发出酸臭气味,并有茶褐色汁液流出。病部表面逐渐产生很多散生的小黑点。失水后形成黑褐色僵果。

叶片受害,病斑圆形或不规则形,褐色,常具轮纹,直径 0.5～1.5 cm。后期病斑呈灰白色,也产生黑色小粒点。

2.病原

梨生囊孢壳(*Physalospora piricola* Nose),为子囊菌亚门囊孢壳属真菌,但有性阶段不常出现;无性阶段为轮纹大茎点菌(*Macrophoma kuwatsukai* Hara),为半知菌亚门大茎点属真菌。

病部的小黑点即为病菌的分生孢子器和子囊壳。分生孢子器扁圆形,具乳头状孔口,直径

383~425 μm;分生孢子梗棒状,(18~25) μm×(2~4) μm;分生孢子无色,单胞,纺锤形或长椭圆形,(24~30) μm×(6~8) μm。

子囊壳球形或扁球形,黑褐色,具孔口,(170~310) μm×(230~310) μm;子囊棍棒状,无色,(110~130) μm×(17.5~22.0) μm,内含 8 个子囊孢子;子囊孢子无色,单胞,椭圆形,(24.5~26) μm×(9.5~10.5) μm。

3. 发病规律

病菌主要以菌丝体、分生孢子器和子囊壳在病枝干上越冬,菌丝在枝干组织中可存活 4~5 年。在北方病斑上的子实体于次年 4—6 月产生孢子,孢子借雨水飞溅传播,经皮孔侵入。因此当年的侵染均为初侵染,而无再侵染。病果发病期较晚,很少产生子实体,或虽产生子实体,但孢子不能成熟,故不能成为侵染来源。

轮纹病的发生和流行,气候条件是主要因素,气候条件中又以降雨最为关键。春季气温 15℃,相对湿度 80% 以上或有 10 mm 以上的降雨时,有利于病菌孢子散发和侵入。病菌首先侵染枝干,花后直至采收枝干、果实均可受害。因此,在果树生长前期,降雨早、次数多、雨量大,孢子散发早、多,侵染严重;若果实成熟期遇高温干旱则受害加重。

轮纹病菌具有潜伏侵染特点,果实受侵染的持续时间较长,为落花后 1 周至果实成熟期。但幼果受害后,需经较长时间(幼果期侵染的潜伏期为 80~150 天,后期侵染的为 18 天左右)方能显现症状。

轮纹病发病期集中在果实接近成熟之后,特别以采收期和贮藏期发病最严重。一般早熟品种在采收前 30 天左右、晚熟品种采收前 50~60 天开始发病;采收后 10~20 天为发病高峰;2/3 左右的病果则在贮藏期显现症状,但贮藏期发病果实均为田间侵染所致。

果园管理水平也是影响发病程度的关键因素之一。

轮纹病菌是一种弱寄生菌,衰弱植株、老弱枝干及弱小幼树易感病。所以果园管理粗放,枝干害虫发生重,大小年结果严重,肥水不足,修剪不当造成树势衰弱时,病害极易发生。

苹果的不同品种间抗病性差异明显。皮孔密度大、细胞结构疏松的品种相对感病。苹果中富士、黄元帅、寒富、红星、印度、青香蕉等品种发病较重;国光、祝光、新红星、红魁等发病较轻;玫瑰红、金晕、黄魁等居中。

4. 防治方法

采取加强果园管理、培育无病壮树,田间铲除越冬病菌,搞好药剂保护,加强贮运期间的管理等综合防治措施。

(1)加强果园管理　选择无病区培育苹果无病壮苗,果园内严禁栽植病苗;合理修剪,调节树体负载量,控制大小年发生;增施有机肥或果树专用肥,增强树势,提高树体抗病力;早期剪除病枝、摘除病果,及时防治各种病害及蛀干害虫。在幼果期套袋,防止病菌侵染。

(2)刮除病皮　坚持刮早、刮小、刮了的原则,冬季和早春刮除病皮,刮后消毒,可用 5~10°Be 石硫合剂,50% 甲基硫菌灵可湿性粉剂 50 倍液,1% 硫酸铜液,5% 菌毒清 100 倍液等。

(3)早春药剂保护　果树萌芽前进行药剂保护,效果很好。5% 菌毒清水剂 500 倍液,50% 混杀硫悬浮剂 200 倍液,腐必清 100 倍液,0.3% 五氯酚钠与 1~3°Be 石硫合剂混合液(现混现用)等。

(4)药剂防治　落花后开始进行。坚持雨后喷药,做到雨多多喷、无雨不喷,在药剂残效期外逢雨必喷。药剂有:40% 福星乳油 7 000~10 000 倍液、6% 乐比耕可湿性粉剂 4 000 倍液、

80％大生可湿性粉剂 600～800 倍液、50％多菌灵可湿性粉剂 600 倍液＋90％疫霜灵可溶性粉剂 600 倍液、40％福星乳油 8 000～10 000 倍液＋90％疫霜灵可溶性粉剂 600 倍液等。喷药时要求细致周到，采取"淋浴式"。

（5）贮藏期管理　果实采收时，即严格淘汰病、伤果实，入库前再次进行精选淘汰病、伤果。贮藏库使用前可用硫黄剂或仲可胺等熏蒸剂进行消毒。果实入库后低温贮藏，温度保持在1～2℃，可减轻病害的发生。

🔸 七、白绢病

白绢病（white mold）是园艺作物上的一种普遍而重要的病害，其寄主广泛，能危害 62 科 200 多种植物。重要园艺植物有苹果树、茄科蔬菜、豆科蔬菜和油料作物、葫芦科植物等。以苹果、辣椒、番茄、茄子、花生、大豆受害最严重。北方以苹果白绢病较为多见，蔬菜白绢病主要分布在南方。

1.症状

白绢病在不同植物上的症状相似，茎基部出现暗褐色病斑，上被白色绢丝状菌丝层，多呈放射状，在周围地表和土壤缝隙中也可见到白色菌丝；后期病部产生数量众多的茶褐色白菜籽状菌核；茎基部腐烂后，全株萎蔫枯死；但植株的维管束不变褐。

2.病原

齐整小核菌（*Sclerotium rolfsii* Sacc.），为半知菌亚门，小核菌属真菌。有性世代为担子菌亚门伏革菌属的白绢伏革菌［*Corticium rolfsii*（Sacc.）Curzi］，有性世代不常发生。

菌丝无色或浅色，有隔膜，在寄主体上呈白色，辐射状，有光泽；菌核球形或椭圆形，直径1～2.5 mm，平滑而有光泽，初为白色，后变为茶褐色，内部灰白色；担子单胞，无色，棍棒状，（9～20）μm×（5～9）μm；顶生担孢子，担孢子单胞，无色，倒卵形，7.0 μm×4.6 μm。

3.发病规律

病菌主要以菌核和菌丝体在土壤中越冬。翌年菌核萌发产生的菌丝从寄主根部、茎基部直接侵入或从伤口侵入；田间以菌核通过雨水、昆虫和中耕灌溉等农事操作传播，或以菌丝沿土表蔓延到邻近植株传播。

菌核抗逆性很强，在室内可存活 10 年，在田间干燥土壤中也能存活 5～6 年，但在灌水的情况下，经 3～4 个月即死亡，菌核通过牲畜消化道仍能存活，故未腐熟厩肥也可传病。

据国内外报道，尿素、氰氨化钙、硝酸铵、氯化铵、硫铵等氮素化肥能抑制菌核萌发；大气含氧量在 5％以下时，病菌生长受抑制；在 15 cm 以内的浅土层菌核可较好保持生活力，而地表的菌核在干湿交替条件下易遭破坏，因而浅耕地发病比免耕地重。

病害的发生与温湿度等气候条件有密切关系。病菌发育温度范围为 8～42℃，最适为32～33℃；pH 范围为 1.9～8.4，最适为 5.9；而发病最适温度为 25～35℃，菌核萌发要求几乎100％空气湿度，土壤含水量 35％时发病率最高。因此，高温、高湿、土壤偏酸、空气充足的条件适宜发病。一般高温多雨天发病重，气温降低后，发病减轻，酸性土壤和沙质土壤有利于病害发生。

此外，土壤贫瘠、连作、密植地发病重。

4.防治方法

对白绢病少有抗病品种,应以农业防治和生物防治为主,药剂防治为辅。

(1)栽培管理　与禾本科作物实行4年以上的轮作,或水旱轮作1年使菌核腐烂;深翻土壤15 cm以上,抑制菌核萌发;适当增施氮肥可减轻发病;注意雨后及时排除积水;发病初期拔除病株、挖除周围土壤,并用消石灰或硫黄粉消毒;对于苹果等木本植物,彻底刮除病组织后,涂抹波尔多浆保护,作物收获后,彻底清除病残体,集中烧毁。

(2)生物防治　哈茨木霉(*Trichoderma harzianum*)、绿木霉(*T. virid*)、粉红黏帚霉(*Gliocladium roseum*)绿粘帚霉(*G. virens*)和荧光假单胞菌(*Pseudomonas fluerescens*)对白绢病菌都有一定的抑制作用。每亩用哈茨木霉0.8~1 kg+100 kg细土/亩混匀可有效控制病害。

(3)药剂防治　发病初期可用15%三唑酮可湿性粉剂、50%甲基立枯磷可湿性粉剂与细土按1:(100~200)的比例混匀,撒于病根茎表面,有较好防效。必要时可有25%敌力脱乳油1 000~1 500倍液、20%甲基立枯磷1 000倍液、1%硫酸铜液淋根,隔10天1次,连续2~3次。

第二节　梨树病害

一、梨黑星病

梨黑星病(pear scab)又称疮痂病,是梨树的重要病害,常造成生产上的重大损失。

1.症状

黑星病发病时期长,从落花到果实近成熟期均可发病;危害部位多,可危害果实、果梗、叶片、叶柄和新梢等部位。

幼果发病,在果面产生淡黄色圆斑,不久产生黑霉,之后病部凹陷,组织硬化、龟裂,导致果实畸形;大果受害在果面产生大小不等的圆形黑色病疤,病斑硬化,表面粗糙,但果实不畸形;叶片受害,在叶正面出现圆形或不规则形的淡黄色斑,叶背密生黑霉,危害严重时,整个叶背布满黑霉,在叶脉上也可产生长条状黑色霉斑,并造成大量落叶;叶柄和果梗上的病斑长条形、凹陷,也生有大量黑霉,常引起落叶和落果;新梢受害,初生黑色椭圆形霉斑,期后病斑开裂、疮痂状。

2.病原

梨黑星病菌[*Fusicladium pirinum*(Lib.)Fuckel],为半知菌亚门,黑星孢属真菌。分生孢子梗粗短,暗褐色,散生或丛生,曲膝状,有明显的孢痕,(16.5~46.2)μm×(3~6)μm;分生孢子淡褐色或橄榄色,纺锤形、椭圆形或卵圆形,多数单胞,少数有一个隔膜,(8.3~24.3)μm×(5~7.9)μm。

有性阶段为(*Venturia pirina* Aderh.)和(*V. nashicola* Tanaka et Yamamoto),为子囊菌亚门,黑星菌属真菌,只在越冬后的落叶上产生。前者主要危害西洋梨,后者为害中国梨和日本梨。

3. 发病规律

病菌主要以分生孢子或菌丝体在芽鳞片内或病枝、落叶上越冬,未成熟的子囊壳则主要在落叶上越冬。次年春以分生孢子和子囊孢子侵染新梢,出现发病中心,所产生的分生孢子,通过风雨传播,引起多次再侵染。

病菌在 20～23℃发育最为适宜;分生孢子萌发要求相对湿度在 70％以上,低于 50％则不萌发;干燥和较低的温度有利于分生孢子的存活,温暖湿润的条件则利于病菌产生子囊壳。

病害发生的日均温为 8～10℃,流行的温度则为 11～20℃。若雨量少、气温高,此病不易流行,但若阴雨连绵,气温较低,则蔓延迅速。因此,降雨早晚,雨量大小和持续时间是影响病害发展的重要条件。雨季早且持续时间长,尤其是 5—7 月雨量多、日照不足,最容易引起病害流行。此外,树势衰弱、地势低洼、树冠茂密、通风不良的梨园也易发生黑星病。

我国各地气候条件不同,病害的发生时期也有所差别。在东北地区,一般 6 月中下旬开始发病,8 月为盛发期;河北省则在 4 月下旬至 5 月上旬开始发病,7—8 月为盛发期。

不同品种抗病性有较大差异。一般以中国梨最感病,日本梨次之,西洋梨较抗病。发病重的品种有鸭梨、秋白梨、京白梨、安梨、花盖梨等;蜜梨、香水梨(如巴梨)等较为抗病。

4. 防治方法

(1)彻底清园 秋末冬初清扫落叶和落果;早春梨树发芽前结合修剪清除病梢、病枝叶;发病初期摘除病梢和病花丛(东北约在 5 月上中旬),同时进行第一次药剂防治。

(2)加强果园管理 增施有机肥,增强树势,提高抗病力,疏除徒长枝和过密枝,增强树冠通风透光性,可减轻病害。

(3)喷药保护 梨树花前和花后各喷 1 次药,以保护花序、嫩梢和新叶。以后根据降雨情况,每隔 15～20 天喷药 1 次,共喷 4 次。在北方梨区,用药时间分别为 5 月中旬(白梨粤片脱落后,病梢初现期)、6 月中旬、6 月末至 7 月上旬、8 月上旬。

药剂一般用 1:2:200 波尔多液,40％福星乳油 8 000～10 000 倍液、15％霉能灵可湿性粉剂 3 000～3 500 倍液、62.5％仙生 400～600 倍液、12.5％特普唑可湿性粉剂 2 000～2 500 倍液、6％乐比耕可湿性粉剂 4 000 倍液、50％多菌灵可湿性粉剂 500～800 倍液、50％甲基托布津可湿性粉剂 500～800 倍液或 50％退菌特可湿性粉剂 600～800 倍液防效更好。

▶ 二、梨锈病

梨锈病(pear rust)又名赤星病、羊胡子,是梨树重要病害之一。危害叶片和幼果,造成早落,影响产量和品质。另外,其他果树如苹果、山楂、沙果、棠梨和贴梗海棠等也有锈病的发生。

病菌有转主寄主现象。其转主寄主为松柏科的桧柏、欧洲刺柏、南欧柏、高塔柏、圆柏、龙柏、柱柏、翠柏、金羽柏和球桧等。以桧柏、欧洲刺柏和龙柏最易感病,球柏翠柏次之,柱柏和金羽柏较抗病。

1. 症状

梨锈病主要危害叶片和新梢,严重时也能危害果实。

(1)叶片 叶正面形成近圆形的橙黄色病斑,直径 4～8 mm,有黄绿色晕圈,,表面密生橙黄色黏性小粒点,为病菌的性子器和性孢子。后小粒点逐渐变为黑色,向叶背凹陷,并在叶背长出多条灰黄色毛状物,即病菌的锈子器。病斑多时常导致提早落叶。

（2）幼果 症状与叶片相似，只是毛状的锈子器与性子器在同部位出现。病果常畸形早落。新梢、果梗与叶柄被害后，病部龟裂，易折断。

转主寄主桧柏染病后，起初在针叶、叶腋或小枝上出现淡黄色斑点，后稍隆起。在次年 3 月，逐渐突破表皮露出单个或数个红褐色或圆锥形的角状物，即为病菌的冬孢子角。春雨后，冬孢子角吸水膨胀，呈橙黄色胶质花瓣状。

2. 病原

梨胶锈菌（*Gymnosporangium asiaticum* Miyabe ex Yamada），异名为（*G. haraeanum* Syd.），为担子菌亚门胶锈菌属真菌。

病菌需要在两类不同的寄主上完成其生活史。在梨、山楂等寄主上产生性孢子器及锈子器，在桧柏、龙柏等转主寄主上产生冬孢子角。

性孢子器扁球形，生于叶正面病部表皮下，初黄色后黑色，孔口外露，（120～170）$\mu m \times$（90～120）μm，内生性孢子，无色单胞，纺锤形或椭圆形，（5～12）$\mu m \times$（2.6～3.5）μm。

锈子器丛生于病部叶背幼果、果梗等处，细圆筒形，长 5～6 mm，直径 0.2～0.5 mm。内生锈孢子，近球形，（18～20）$\mu m \times$（19～24）μm，橙黄色，表面有微瘤。

冬孢子角红褐色或咖啡色，圆锥形，吸水后膨胀胶化，长 2～5 mm。冬孢子黄褐色，双胞，长椭圆形，（33～75）$\mu m \times$（14～28）μm，柄无色细长，遇水胶化。冬孢子萌发产生担孢子，担孢子卵形，单胞，淡黄褐色，（10～16）$\mu m \times$（7～10）μm。

3. 发病规律

病菌以多年生菌丝体在桧柏病次组织中越冬。次年春形成冬孢子角。冬孢子角在雨后吸水膨胀，冬孢子开始萌发产生担孢子；担孢子随风雨传播，引起梨树叶片和果实发病，产生性孢子和锈孢子；锈孢子不能再危害梨树，只能侵害转主寄主桧柏的嫩叶和新梢，并在桧柏上越夏、越冬，因而无再侵染，至翌年春再度形成冬孢子角；梨锈病菌无夏孢子阶段。

冬孢子萌发的温度范围为 5～30℃，最适温度为 17～20℃。担孢子发芽适宜温度 15～23℃，锈孢子萌发的最适温度为 27℃。

梨锈病发生的轻重与转主寄主、气候条件、品种的抗性等密切相关。

（1）转主寄主 担孢子传播的有效距离是 2.5～5 km，在此范围内患病桧柏越多，锈病发生越重。

（2）气候条件 梨树的感病期很短，自展叶开始 20 天内（展叶至幼果期）最易感病，超过 25 天，叶片一般不再受感染；同时病菌（担孢子）一般只能侵害幼嫩组织。而冬孢子萌发时间和梨树的感病期能否相遇则取决于梨树展叶前后的气候条件。

当梨芽萌发、幼叶初展前后，天气温暖多雨，风向和风力均有利于担孢子的传播时病害重。而当冬孢子萌发时梨树尚未发芽，或当梨树发芽、展叶时，天气干燥，则病害发生均很轻。

（3）梨树品种 中国梨最感病，日本梨次之，西洋梨最抗病。

4. 防治方法

（1）清除转主寄主 梨园周围 5 km 内禁止栽植桧柏和龙柏等转主寄主，以保证梨树不发病。

（2）喷药保护 无法伐除转主寄主时，可在春雨前剪除桧柏上冬孢子角，或用 2～3°Be 石硫合剂、1∶2∶150 的波尔多液、30% 绿得保胶悬剂 300～500 倍液、0.3% 五氯酚钠混合 1°Be 石硫合剂喷射桧柏，减少初侵染源。

梨树上喷药,应掌握在梨树萌芽至展叶的 25 天内期进行,一般在梨萌芽期喷第 1 次药,以后每隔 10 天左右喷 1 次,连续喷 3 次,雨水多的年份可适当增加喷药次数。药剂有 1∶2∶(160~200)波尔多液、20％萎锈灵可湿性粉剂 400 倍液、15％粉锈宁乳剂 2 000 倍液、25％敌力脱乳油 3 000 倍液、25％敌力脱乳油 4 000 倍＋15％粉锈宁可湿性粉剂 2 000 倍液、12.5％速保利可湿性粉剂 4 000~5 000 倍液。

另外,梨锈重寄生菌对锈子器的寄生率达 92％,减少了对转主寄主桧柏的侵染。可逐年减轻锈病的发生。

第三节　葡萄病害

▶ 一、葡萄霜霉病

葡萄霜霉病(grape dowmy mildew)在我国各葡萄产区均有发生,为葡萄的重要病害之一。病害严重时,病叶焦枯早落、病梢生长停滞、严重削弱树势,对产量和品质影响很大。

1. 症状

主要危害叶片,也危害新梢和幼果。

(1)叶片　最初在叶背出现半透明油浸状斑块,后在叶正面形成淡黄色至红褐色病斑,因受叶脉限制病斑呈角形。常见多个病斑相互融合;叶背面出现白色霜状霉层;病叶常干枯早落。

(2)果粒　幼嫩果粒高度感病。直径 2 cm 以下的果粒表面可见霜霉,病果粒与健康果粒相比颜色灰暗、质地坚硬,但成熟后变软。

(3)新梢　肥厚、扭曲,表面有大量白色霜霉,后变褐枯死。叶柄、卷须和幼嫩花穗症状相似。

2. 病原

葡萄生单轴霉[*plasmopara viticola* (Berk. et Curt.) Berl. et de Toni],属鞭毛菌亚门,霜霉科单轴霉属真菌。

游动孢子囊梗由植物表皮气孔伸出,直角或近直角分枝 3~6 次,分枝末端长 2~4 个小梗,上生孢子囊,这就是肉眼所见的霜霉。孢子囊梗常多根丛生,无色透明,(300~400) μm×(7~9) μm。游动孢子囊卵形或椭圆形,顶端有乳突,无色,(12~30) μm×(8~18) μm。孢子囊在水中萌发时产生无色、双鞭毛、肾形的游动孢子。

葡萄生长后期,在寄主叶片海绵组织内形成卵孢子。卵孢子球形、褐色、厚壁,表面平滑或有皱褶,直径 30~35 μm。

3. 发病规律

病菌主要以卵孢子在病残体或随病残体在土壤中越冬,在土壤中可存活 2 年以上。温暖地区也可以菌丝体在枝条、幼芽中越冬。来年环境条件适宜时,卵孢子或菌丝体萌发产生孢子囊,再以孢子囊内产生的游动孢子借风雨传播。

温湿度条件对发病和流行影响很大。葡萄霜霉病多在秋季发生,是葡萄生长后期的病害,冷凉潮湿的气候有利于发病。

孢子囊形成的温度范围为 5~27℃，最适为 15℃，RH 要求在 95%~100%；孢子囊萌发的温度范围为 12~30℃，最适温度为 18~24℃，需有液态水。因此，在少风、多雨、多雾或多露的情况下最适发病。阴雨连绵除有利于病原菌孢子的形成、萌发和侵入外，还刺激植株产生易感病的嫩叶和新梢。

病害的发生发展还同果园环境和寄主状况有关。

果园的地势低洼，植株密度过大，棚架过低，通风透光不良，树势衰弱，偏施、迟施氮肥使秋季枝叶过分茂密等有利于病害的发生流行。

葡萄细胞液中钙/钾比例也是决定抗病力的重要因素之一，含钙多的葡萄抗病能力强。植株幼嫩部分的钙/钾比例比成龄部分小，因此，嫩叶和新梢容易感病。含钙量与品种的吸收能力及土壤、肥料中的钙含量有关。

4.防治方法

在采用抗病品种的基础上，配合清洁果园、加强栽培管理和药剂保护等综合防治措施。

（1）选用抗病品种　美洲系统品种较抗病，欧亚系统品种较感病。抗病品种有：康拜尔、北醇等。中抗品种有：巨峰、先锋、早生高墨、龙宝、红富士、黑奥林、高尾等巨峰系列品种。新玫瑰香、甲州、甲斐、粉红玫瑰、里查玛特及我国的山葡萄为感病品种等。

（2）加强果园管理　做到"三光、四无、六个字"：春、夏、秋修剪病枝、病蔓、病叶为"三光"；树无病枝、枝无病叶、穗无病粒、地无病残为"四无"；"六个字"是"提"：提高结果部位和棚架高度（2.5 m）；"摘"：摘心；"绑"：主蔓斜绑；"锄"：清除园中杂草；"排"：排水良好，及时；"施"：增施磷、钾肥。

（3）药剂保护　重病区于发病前喷施 1∶0.7∶200 的波尔多液 2~3 次，每次间隔 10~15 天，对葡萄霜霉病特效。发病初期可选用 58%甲霜灵锰锌可湿性粉剂 600~800 倍液、69%安克锰锌可湿性粉剂 1 500 倍液、86.2%铜大师 800~1 200 倍液、65%福美锌可湿性粉剂 500 倍液、90%乙磷铝可湿性粉剂 600 倍液。上述药剂交替使用，间隔 15~20 天，根据发病情况连续喷药 2~4 次。

二、葡萄白腐病

葡萄白腐病（grape white rot）又称水烂、穗烂病，是葡萄的重要病害之一。我国北方产区一般年份果实损失率在 15%~20%，病害流行年份果实损失率可达 60%以上。

1.症状

白腐病主要危害果穗，也危害枝梢和叶片等部位。

果穗感病，一般是近地面果穗的果梗或穗轴上产生浅褐色的水浸状病斑，逐渐干枯；果粒发病，表现为淡褐色软腐，果面密布白色小粒点，发病严重时全穗果粒腐烂，果穗及果梗干枯缢缩，受震动时病果及病穗极易脱落；有时病果失水干缩成黑色的僵果，悬挂枝上，经冬不落。

枝梢发病，多出现在摘心处或机械伤口处。病部最初呈淡红色水浸状软腐，边缘深褐色，后期暗褐色、凹陷，表面密生灰白色小粒点。病斑环绕枝条一周时，其上部枝、叶逐渐枯死。最后，病皮纵裂如乱麻状。

叶片发病，多在叶尖、叶缘处，病斑褐色近圆形，通常较大，有不很明显的轮纹，表面也有灰白色小粒点,但以叶背和叶脉两边为多,病斑容易破碎。

2. 病原

葡萄盾壳霉[*Coniothyrium diplodiella*(Speg.)Sacc.],为半知菌亚门盾壳霉属真菌。病部的灰白色小粒点,即病菌的分生孢子器。分生孢子器球形或扁球形,厚壁,灰褐色至暗褐色,(118~146)μm×(91~146)μm;分生孢子梗不分枝,12~22 μm;分生孢子单胞,卵圆形至梨形,(8~11)μm×(5~6)μm;分生孢子初生无色,成熟后淡褐色,内含 1~2 个油球。有性阶段为[*Charrinia diplodiella*(Speg.)Viala. et Rava],为子囊菌亚门真菌,我国尚未发现。

3. 发病规律

病菌主要以分生孢子器和菌丝体在病残体和土壤中越冬,病菌在土壤中可存活 2 年以上,且以表土 5 cm 深最多。室内干燥条件下可存活 7 年。次年春季分生孢子靠雨水迸溅传播,通过伤口、密腺侵入,再侵染频繁。

分生孢子萌发的温度范围为 13~40℃,最适为 28~30℃;相对湿度要求在 95% 以上,92% 以下不能萌发。因此,高温高湿的气候条件是病害发生和流行的主要因素。此外,病害的发生与寄主的生育期关系密切,果实进入着色期和成熟期,其感病程度也逐渐增加。

白腐病的发生和流行有三个阶段:一是坐果后,降雨早,雨量大,发病早;二是果实着色期,即 7 月上中旬大雨出现早、雨量大,病害可很快达到盛发期(病穗率 10%);三是病害持续期,其长短取决于雨季结束的早晚。华东地区一般于 6 月上中旬开始发病,华北地区在 6 月中下旬,东北地区则在 7 上中旬,发病盛期一般都在采收前的雨季(7—8 月)。

另外,坐果后至果实成熟期遇暴风雨或雹害造成伤口多,发病重,果穗距地面越近越易染病(80% 的病穗发生在距地面 40 cm 以下的部位);此外,杂草丛生、通风透光不良、土质黏重、排水不良的果园发病重;立架式比棚架式病重,双立架比单立架病重,东西架向又比南北架向病重。

4. 防治方法

白腐病的防治应采用改善栽培措施,清除菌源及药剂保护的综合防治措施。

(1)加强栽培管理　生长季节及时清除病果、病叶、病蔓;秋季采后剪除病枝蔓,清除地面病残组织,带出园外集中销毁;提高结果部位,及时摘心、绑蔓、剪副梢,以利通风透光;清除杂草、搞好排水工作,以降低园内湿度。

(2)药剂防治　重病园可在发病前地面撒药灭菌。常用药剂为 50% 福美双粉剂 1 份、硫黄粉 1 份、碳酸钙 1 份混合均匀,1~2 kg/亩,或用灭菌丹 200 倍液喷地面。

病害始发期第一次喷药,连喷 3~5 次,两次用药间隔 10~15 天。药剂有:78% 科博可湿性粉剂 600 倍液、50% 退菌特可湿性粉剂 800~1 000 倍液、50% 福美双可湿性粉剂 500~800 倍液、50% 福美双可湿性粉剂+65% 福美锌可湿性粉剂按 1:1 混匀 1 000 倍液、50% 甲基托布津可湿性粉 500 倍液、50% 多菌灵可湿性粉剂 1 000 倍液、75% 百菌清可湿性粉剂 500~800 倍液。喷药时,如逢雨季,可在配制好的药液中加入 0.5% 皮胶或其他展着剂,以提高药液黏着性。

▶ 三、葡萄黑痘病

葡萄黑痘病(grape elsineo anthracnose)又名疮痂病。是葡萄生长前期的重要病害。东三省、河北、河南、山东、山西、陕西等省都有分布。春夏两季多雨潮湿的年份和地区发病严重,损失巨大。

1. 症状

果实、果梗、叶片、叶柄、新梢和卷须等葡萄的绿色幼嫩部位皆可受害。

叶片发病,出现直径 1～4 mm 疏密不等褐色圆斑,中央灰白色,后病斑星状开裂,边缘有紫褐色晕圈。幼叶发病,叶脉皱缩畸形,导致叶片停止生长或枯死。

绿果被害,果面出现圆形直径 5～8 mm 的深褐色病斑,中央凹陷,灰白色,上有小黑点,外缘紫褐色似"鸟眼"状,后期病斑硬化或龟裂。但病斑只限于果皮,不深入果肉。空气潮湿时病斑上有乳白色的粘状物。

新梢、枝蔓、叶柄或卷须发病时,出现灰黑色,边缘紫褐色,中部凹陷开裂的条斑。发病严重时,病部生长停滞、萎缩枯死。

2. 病原

葡萄黑痘痂圆孢菌(*Sphaceloma ampelinum* de Bary),为半知菌亚门,痂圆孢属真菌。病部的小黑点即为病菌的分生孢子盘。分生孢子盘直径 60 μm;分生孢子梗短小,椭圆形,(6.6～13.2) μm×(1.3～2) μm;分生孢子椭圆形,无色,单胞,稍弯曲,两端各有 1 个油球,(4.8～11.6) μm×(2.2～2.7) μm。有性阶段为[*Elsinoe ampelina* (de Bary) Shear],我国尚未发现。

3. 发病规律

病菌主要以菌丝体潜伏于病蔓、病梢、病果、病叶等组织中越冬。第 2 年 5—6 月产生新的分生孢子,借风雨传播,直接侵入寄主组织。再侵染频繁。

病菌发育温度范围为 10～40℃,最适为 24～30℃,超过 30℃病害受抑制。

黑痘病的流行和降雨及植株幼嫩程度有密切关系。在华北、东北地区,春季及初夏(4—6月)雨水多,园内湿度高,又逢新梢和幼叶成长期,病害发生严重;天旱少雨的年份或地区,发病显著减轻。夏季虽然炎热多雨,但葡萄各部组织已成熟,抗性增强,病害发生较轻。

此外,清园工作不彻底、树势衰弱、排水不良、偏施氮肥导致枝叶徒长的果园往往发病较重;为病菌越冬和翌年传播创造了条件。

在品种方面,绝大多数西欧品种及黑海品种抗病,欧美杂交种很少感病,东方品种及地方品种易感病。

3. 防治方法

(1)选育抗病品种　因地制宜地选用园艺性状良好的抗病品种栽培。

(2)搞好清园工作　秋季收获后彻底清除果园内的落叶、病穗;结合冬季修剪除病梢、摘僵果、刮枯皮,并收集烧毁。

(3)喷药保护　春季葡萄芽鳞萌动前全面喷洒铲除剂。可用 0.5%五氯酚钠＋(3～5)°Be 石硫合剂,或 45%晶体石硫合剂 30 倍液＋0.5%五氯酚钠。

葡萄开花前及落花后及果实黄豆粒大时,每隔 10～15 天喷药 1 次。药剂有 1:0.7:(200～240)波尔多液、30%绿得保胶悬剂 400～500 倍液、50%甲基托布津可湿性粉剂 500 倍液、65%代森锌可湿性粉剂 500～600 倍液、50%多菌灵可湿性粉剂 1 000 倍液、75%百菌清可湿性粉剂 600 倍液、70%代森锰锌可湿性粉剂 600 倍液。注意药剂交替使用。

第四节　桃树病害

▶ 一、桃树根癌病

果树根癌病(growngall of fruit trees)又名冠瘿病,是多种果树上一种重要的根部病害。病害全国分布,病菌寄主极其广泛,据国外报道,可侵染 93 科 331 个属 643 种植物,其中以桃树、樱桃、葡萄、梨、苹果受害最重,给生产上造成巨大损失。

1. 症状

根癌病主要发生在根颈部、侧根和支根上,以嫁接处较为常见;有时也发生在茎部,故又称冠瘿病。

根癌病在发病部位形成球形或扁球形、大小不一、数目不等的癌瘤,癌瘤小如豆粒,大如拳头,初期绿色幼嫩,后期逐渐变成褐色,坚硬木质化,表面粗糙、凹凸不平。

2. 病原

根癌土壤杆菌(Agrobacterium tumefaciens)为土壤杆菌属细菌。

菌体短杆状,单生或链生,$(1 \sim 3) \mu m \times (0.4 \sim 0.8) \mu m$,具 $1 \sim 6$ 根周生鞭毛,有荚膜,无芽孢。革兰氏染色阴性反应;在琼脂培养基上菌落白色、圆形,光亮、透明。发育温度范围为 $0 \sim 37^{\circ}C$,最适为 $25 \sim 28^{\circ}C$,致死温度为 $51^{\circ}C$(10 min)。细菌耐酸碱范围为 pH $5.7 \sim 9.2$,最适为 pH 7.3。

3. 发病规律

根癌细菌在癌瘤组织的皮层内或进入土壤中越冬。土壤中的病原细菌可存活一年以上。雨水和灌溉水是主要传播途径,此外,蛴螬、蝼蛄等地下害虫、线虫也可传播病害。病菌经嫁接口、机械伤、虫伤造成的伤口侵入。苗木带菌可使病害远距离传播。病害的潜伏期较长,从侵入到显现癌瘤需经过几周甚至一年的时间,多为 $2 \sim 3$ 个月。

病害的发生与温湿度关系密切。病菌侵染与发病随土壤湿度的增高而增加,反之减轻;癌瘤形成与温度关系密切,$28^{\circ}C$时癌瘤生长最快,气温高于 $32^{\circ}C$ 则不能形成。在内蒙古,葡萄根癌病在 5 月中旬以前和 9 月下旬以后,旬平均气温低于 $17^{\circ}C$,癌瘤不发生。当旬平均气温达 $20 \sim 23.5^{\circ}C$时,癌瘤大量发生。

其次,土壤的酸碱度和苗木的嫁接方式对病害发生的影响也较大。pH 在 $6.2 \sim 8.0$ 范围内的碱性土壤利于发病,pH 5 以下的酸性土壤对发病不利。切接法苗木伤口大,愈合慢,加之嫁接口与土壤接触时间长,发病率较高;而芽接法苗木伤口小、愈较快,且接口远离地表,所以很少染病。

此外,地下害虫、线虫危害等使根部受伤,会增加发病机会;土壤黏重、排水不良的果园发病多,土质疏松、排水良好的沙质壤土发病少。

4. 防治方法

根癌病为伤口侵入的土传病害,且细菌一旦侵入、癌瘤形成,从目前来看,杀菌剂的作用便不明显,所以在防治时以阻止根瘤菌侵入和生物防治为主。

（1）加强苗木检疫　加强对调运苗木的检疫,禁止癌瘤苗木由苗圃进入果园。

（2）加强栽培管理　有条件时在定植前对土壤进行处理。土壤偏碱性的果园,应适当施用酸性肥料或有机肥料,提高土壤酸度,改善土壤结构;及时防治地下害虫和线虫,减少发病概率。

（3）抗性品种的应用及改进嫁接方法　适当选用抗性砧木。嫁接苗木宜采用芽接法,避免伤口接触土壤,减少染病机会。嫁接工具在使用前用75％酒精消毒,防止人为传播。

（4）生物防治　放射土壤杆菌 K_{84} 是一种根际细菌,对核果类细菌性根癌病效果很好。使用时用水稀释,使细菌浓度在 10^6 个/mL,用于浸种、浸根和浸插条;国内研究人员分离到放射土壤杆菌 HLB-2 和 MI-15,可抑制葡萄根癌病;抗根瘤菌剂对多种果树根癌病防治效果显著。

（5）切除癌瘤　在大树上发现癌瘤时,先彻底切除癌瘤,然后消毒。可用80％抗菌剂402的100～200倍液后,再外涂843康复剂或波尔多浆;也可涂抹抗根癌菌剂。切下的癌瘤应随即烧毁。

▶ 二、桃穿孔病

桃穿孔病（Peach shot hole）是桃树上常见的叶部病害。包括细菌性穿孔病和真菌性穿孔病（霉斑穿孔病和褐斑穿孔病）。其中以细菌性穿孔病分布最广,易造成大量落叶,削弱树势,影响产量。

这三种穿孔病除为害桃树外,还能侵染李、杏、樱桃等多种核果类果树。

1. 症状

（1）细菌性穿孔病（peach bacterial shot hole）　主要为害叶片,也能侵害果实和枝梢。

叶片发病,初为水浸状小点,后扩大成圆形或不规则形病斑,紫褐色或黑褐色,直径2 mm左右。病斑周围水浸状并有黄绿色晕环,之后病斑干枯,病部组织脱落形成穿孔。

枝条受害,可见两种不同的病斑。一种为春季溃疡,另一种为夏季溃疡。春季溃疡斑,多出现在二年生的枝条上,在新叶出现时,枝条上形成暗褐色的小疱疹,直径2 mm左右,之后可扩展至1～10 cm,但宽度不会超过枝直径的一半,有时可造成枯梢。夏季溃疡出现在当年的嫩枝上,以皮孔为中心形成褐色或紫黑色,圆形或椭圆形的凹陷病斑,边缘水浸状。夏季病斑多不扩展。

果实发病,在果面上产生暗紫色,圆形略凹陷的病斑。天气潮湿时,病斑上出现黄白色黏状物,干燥时则产生开裂纹。

（2）霉斑穿孔病（peach clasterosporium shot hole）　叶片上病斑由黄绿色转为褐色,圆形或不规则形,直径2～6 cm,病斑部分也穿孔。幼叶被害多焦枯,不穿孔。潮湿时,病斑背面产生污白色霉状物。

枝梢被害时,常以芽为中心形成长椭圆形病斑,边缘紫褐色,并发生裂纹和流胶。

果实上病斑初为紫色,后变褐,边缘红色,中央凹陷。

（3）褐斑穿孔病（peach cercospora shot hole）　在叶片两面发生圆形或近圆形病斑,直径1～4 mm,边缘清晰略带轮纹,有时呈紫色或红褐色。后期病斑上长出灰褐色霉状物。病部常干枯脱落,形成穿孔。穿孔边缘整齐,穿孔严重时即落叶。果实上病斑与叶片上相似。

2. 病原

(1) 细菌性穿孔病　*Xanthomonas campestris* pv. *pruni*（Smith）Dye，菌体短杆状，(0.4～1.7) μm×(0.2～0.8) μm。两端圆，单极生 1～6 根鞭毛，有荚膜。菌落黄色圆形。革兰氏染色阴性。病菌发育最适温度 24～28℃，最高 37℃，最低 3℃。致死温度 51℃（10 min）。病菌在干燥条件下可存活 10～13 天，在枝干溃疡组织上可存活 1 年以上。

(2) 霉斑穿孔病　*Clasterosporium carpophilum*（Liw）Adirh，为半知菌亚门真菌。分生孢子梗有分隔，暗色。分生孢子梭形，椭圆形或纺锤形，有 1～6 个分隔，稍弯，淡褐色，(16～28.5) μm×(9～10.5) μm。病菌发育温度 19～26℃，最低 5～6℃，最高 39～40℃。

(3) 褐斑穿孔病　*Cercospora circumscissa* Sacc.，为半知菌亚门真菌。分生孢子梗束橄榄色，不分枝，直立或弯曲，无或有 1 个分隔。分生孢子细长，鞭状、倒棍棒状或圆柱形，棕褐色，直立或微弯，3～12 个分隔，(24～120) μm×(3～4.5) μm。

3. 发病规律

细菌性穿孔病的病原细菌，在枝条病组织内越冬。次年桃树开花前后，病菌从病组织中溢出，借风雨或昆虫传播。

病害一般在 5 月开始发生，夏季干旱时病势发展缓慢，秋季雨水多时病势又有所上升。

一般在温暖、雨水频繁或多雾季节适宜病害发生，树势衰弱或排水通风不良及偏施氮肥的果园发病重。品种之间存在抗病性差异。

霉斑穿孔病和褐斑穿孔病菌，则以菌丝体和分生孢子在病枝梢或芽内越冬。第二年春季借风雨传播。低温多雨适合病害发生。

4. 防治方法

(1) 加强果园管理　冬季结合修剪，彻底清除枯枝落叶，集中烧毁，减少越冬菌源。注意果园排水，增强通风透光性，降低湿度。增施有机肥料，使果树生长健壮，提高抗病力。

(2) 避免与其他核果类果树混栽　杏树和李树对细菌性穿孔病有很强的感染力，常常成为发病中心，并感染周围的桃树。在桃园内，不要当混栽其他核果类果树。

(3) 喷药保护　果树发芽前，喷布 4～5°Be 石硫合剂或 45% 晶体石硫合剂 30 倍液或 1:1:100 的波尔多液，芽后喷布 72% 农用链霉素可溶性粉剂 3 000 倍液，硫酸链霉素 4 000 倍液，机油乳剂:代森锰锌:水＝10:1:500 半月 1 次，连续 2～3 次，对 3 种病害有较好的防效。

第五节　枣疯病

枣疯病(jujube witche's broom)又称丛枝病、公枣树，是枣树上的一种很严重的病害，在我国枣产区皆在分布。疯树经基本不再结果，3～4 年后即死亡。病情严重的果园，常造成绝产。

1. 症状

枣树地上、地下部均可染病。地上部分染病，主要表现为枝叶丛生似鸟巢状；花变叶或虽可结果，但果实呈花脸状，果面凹凸不平，凸处红色，凹处绿色，果肉松散，不堪食用；叶片变小，叶色变淡，质硬而脆；地下部分染病，主要表现为根蘖丛生形成一丛丛短疯枝，枝叶细小，黄绿色，后全部焦枯。最后病根皮层腐烂、脱落，全株死亡。

2.病原

枣疯病的病原是植原体(Phytoplasma,旧称 MLO)。

在电子显微镜下观察,枣疯病植原体为不规则球状,直径 80～720 nm,外膜厚度 8.2～9.2 nm,堆积成团或联结成串。

3.发病规律

病原体在未死亡的疯枣树体内存活。可通过嫁接方式传播;自然界中,中国拟菱纹叶蝉(*Hishimonoides chinensis* Anufriev)、橙带拟菱纹叶蝉(*H. aurifaciales* Knob)和红闪小叶蝉(*Typhlocyba* sp.)等是重要的传播媒介。其中,凹缘菱纹叶蝉一旦摄入枣疯病病原原体,可终身带菌,但不能经卵传至子代。其他土壤、种子、汁液及病健根接触均不能传播。

病原体被传播到枣树上先运行到根部,经过增殖后,再由根部传至全株,引起树冠发病,因此适时环剥有防病作用。

病害的发生与枣园的地势、土质、管理及品种有关。土壤干旱瘠薄、管理粗放、树势衰弱的枣园发病重,反之则轻;盐碱地枣区,较少发病或不发病;杂草丛生、虫害严重的山坡枣园发病重,平原枣园和田园清洁的果园发病轻;金丝小枣易感病,胜县红枣、陕北的马牙枣、铃枣、酸铃枣较抗病,有些酸枣则是免疫的。

4.防治方法

对枣疯病防治应以加果园管理、及时防治媒介昆虫、使用无病苗木等预防措施为主。

(1)培育无病苗木 选用抗病酸枣品种为砧木,选取无病接穗、接芽嫁接,也可用无病树分根进行繁殖。苗圃中一旦发现病苗,应立即拔除销毁。

(2)加强枣园管理 对土质条件差的枣园,应增施有机肥改良土壤,促使枣树生长健壮,提高抗病力。轻病树可砍除病枝或采用环剥,延缓发病;重病株将病树连根清除;枣园内不要栽植松、柏等叶蝉的其他寄主植物;5—9 月结合枣尺蠖、桃小食心虫等害虫防治传病叶蝉。

(3)病树治疗 接穗可用 1 000 mg/kg 盐酸四环素浸泡 0.5～1 h,有消毒防病的效果。发病较轻的枣树,全年共用药 2 次,分别在早春树液流动前和秋季树液回流前,用树干注射机于树干基部 4 个方向注射 1 000 万单位土霉素或 1 000 mg/kg 盐酸四环素各 100 mL,共 400 mL,有一定的治疗效果。

习 题

一、名词解释

1. 羽化
2. 补充营养
3. 龄期
4. 昆虫生活年史
5. 滞育
6. 真菌的生活史
7. 病原物
8. 假死性
9. 植物病害
10. 转主寄生
11. 病原物的寄生性
12. 病毒的稀释终点
13. 半寄生种子植物
14. 病原物的再次侵染
15. 昆虫的性外激素
16. 致死中量（LD_{50}）
17. 补充营养
18. 龄期
19. 农药的致死中量
20. 多胚生殖
21. 昆虫的假死性
22. 农药的规格
23. 综合治理
24. 昆虫的胚后发育
25. 病症
26. 病原物的致病性
27. 侵染循环
28. 病毒的致死温度
29. 发育起点
30. 昆虫的变态

31. 世代重叠

二、填空

1. 昆虫的触角由 _____、_____、_____ 三部分组成。触角的类型是识别昆虫的重要依据,蜜蜂的触角为 _____ 状,蝶类的触角为 _____ 状,金龟甲的触角为 _____ 状,叩头甲的触角为 _____ 状,白蚁的触角为 _____ 状。

2. 昆虫的足由 _____、_____、_____、_____、_____ 和 _____ 六部分组成。由于生活环境和生活方式的不同,昆虫的足特化成各种类型,其中,蝗虫的后足为 _____,螳螂的前足为 _____,蝼蛄的前足为 _____。

3. 昆虫的翅按 _____ 和 _____ 可以分为多种类型,其中天牛的前翅为 _____,蛾的前后翅均为 _____,蓟马的前后翅均为 _____,蝽的前翅为 _____,寄蝇的后翅特化为 _____,蜜蜂的前后翅为 _____。

4. 真菌进行营养生长的菌体部分称为 _____,其典型的形态是 _____,它在一定的条件下能分化为特殊的变态结构,如 _____、_____、_____ 和 _____。

5. 真菌通过两性细胞或性器官的结合进行有性繁殖,产生有性孢子,常见有性孢子有 _____、_____、_____、_____ 四种。

6. 感病植物本身在生理、解剖、形态上表现出来的各种不正常特征称为 _____,主要的类型有 _____、_____、_____、_____、_____。

7. 子囊菌亚门的真菌的子实体常见的类型有 _____、_____、_____ 及 _____ 四种。

8. 确定昆虫针插部位的原则是既能使虫体平衡又不破坏分类特征,因此,半翅目昆虫的针插部位是 _____,直翅目昆虫的针插部位是 _____,鞘翅目的针插部位是 _____,鳞翅目昆虫的针插部位是 _____,双翅目昆虫的针插部位是 _____。

9. 昆虫的采集标签的内容主要是 _____、_____ 和 _____。

10. 鳞翅目成虫翅上的常见线条有 _____、_____、_____、_____ 和 _____。

11. 病毒的传播可分为 _____ 和 _____ 传播两大类。_____ 传播是指通过感病植物或带毒体本身的无性繁殖材料或有性繁殖材料来完成的。_____ 传播是指由带毒的或本身受感染的其他生物介体来完成的传播方式。

12. 植物病害的侵染循环是指病害从前一个生长季节开始发病,到下一个生长季节再度发病的全部过程。它包括 _____、_____、_____ 和 _____ 四个基本环节。

13. 了解病原物的越冬或越夏场所是有效防治植物病害的重要保证。病原物越冬或越夏的场所主要有 _____、_____、_____、_____。

14. 某种病害在一定地区或在一定时间内普遍而严重,称为病害 _____。侵染性病害的发生受 _____、_____ 和 _____ 三方面的影响。

15. 引起园艺植物非侵染性病害的原因很多,但主要是由于 _____。

16. 以菌治病的机制包括 _____、_____、_____ 和 _____。

17. 常见的物理机械防治措施有 _____、_____、_____、_____ 和 _____ 五种。

18. 园艺植物病虫害调查可分为普查和专题调查。专题调查一般是在普查的基础上进行的。调查方法可分为 _____ 、_____ 、_____ 和 _____ 四个步骤。

19. 园艺植物虫害的发生期预测常用的方法有 _____ 、_____ 和形态构预测法和相关一元回归分析法。

20. 石硫合剂是用 _____ 、_____ 和 _____ 熬制成的红褐色透明液体。

21. 常见的观赏植物叶部病害类型有 _____ 、_____ 、_____ 、_____ 、_____ 、_____ 和 _____ 等八类。

22. 常见的观赏植物枝干病害类型有 _____ 、_____ 、_____ 和枯萎等五类。

23. 病虫害调查时常用的抽样方法有(任选三种) _____ 、_____ 、_____ 。

24. 农药制剂的名称由 _____ 、_____ 和 _____ 三部分组成。

25. 生物防治包括(任选五项) _____ 、_____ 、_____ 、_____ 和 _____ 等措施。

26. 合理使用农药应注意 _____ 、_____ 、_____ 和 _____ 等几个问题。

27. 园艺植物本身对昆虫的为害表现出不同的适应性与防御性,即植物的抗虫性,其可表现为 _____ 、_____ 、_____ 三个方面。

28. 病原物的越冬场所有 _____ 、_____ 、_____ 、_____ 。病原物的传播方式有 _____ 、_____ 、_____ 、_____ 。

29. 昆虫最敏感的光的波长范围是 _____ nm,黑光灯发出的光的波长范围是 _____ nm,利用黑光灯诱杀昆虫是利用昆虫的 _____ 性。蚜虫对 _____ 光比较敏感,利用这个特性我们在生产上可 _____ 用 _____ 诱杀蚜虫。

30. 园艺植物的非侵染性病害的原因很多,但主要的病原有 _____ 、_____ 、_____ 、_____ 等。

31. 石硫合剂是用 _____ 、_____ 和 _____ 熬制成的红褐色透明液体。

32. 植物病原真菌属于真菌门,真菌门可分为 _____ 、_____ 、_____ 、_____ 和 _____ 五个亚门,紫纹羽病的病原菌属于 _____ 亚门,白纹羽病的病原菌属 _____ 亚门。

33. 菜粉蝶属鳞翅目 _____ 科,以 _____ 越冬,幼虫又称 _____ 。

34. 十字花科蔬菜三大病害是指 _____ 、_____ 、_____ 。

35. 柑橘溃疡病的病原 _____ 病害类型,侵入寄主的主要途径是 _____ 和 _____ 。

36. 柑橘星天牛是以幼虫为害成年树基部的 _____ 和 _____ ,并在皮下蛀食后钻蛀 _____ 。

37. 龙眼角颊木虱以 _____ 固定叶背吸食,受害部位叶正面突起,呈"钉状"虫瘿。

38. 柑橘溃疡病流行的主要因素是 _____ 。

39. 柑橘全爪螨以 _____ 为害柑橘叶片,被害叶片呈 _____ ,严重时叶片苍白、脱落,为害高峰主要在 _____ 两季。

40. 常见的根部病害有 _____ 、_____ ,其中 _____ 是由细菌引起的。

41. 嘴壶夜蛾 _____ 月为害枇杷、桃、李,6、7月为害 _____ ,8月为害 _____ ,

_____月是为害高峰期。

42. 苗期病害主要有立枯病和猝倒病,前者病原菌属_____亚门_____属,有性阶段为_____亚门_____属。后者病原菌属_____亚门_____属。

43. 立枯病以_____或_____菌核在_____中或_____越冬,在适宜环境条件下,病菌从_____或_____侵入幼茎、根部引起发病。

44. 紫纹羽病主要为害_____,病原菌以_____、_____和_____在_____或_____越冬。_____是该病扩展、蔓延的重要途径。

45. 白绢病主要为害苗木及成树的_____部,病菌主要以_____在_____中越冬,_____也可以_____随病残体遗留在_____越冬,菌核萌发产生的菌丝从寄主植物的根部或近地面茎基部_____侵入或从_____侵入进行初侵染。

46. 根癌病病原细菌在_____内越冬,或在_____中越冬,_____和_____是传病的主要媒介,_____在病害传播上也起一定的作用。_____或_____造成的伤口,是病菌侵入植物的主要通道。苗木带菌是_____的重要途径。

47. 常见的地老虎有_____、_____、_____。其中_____分布最广、危害最重。

48. 防治地老虎的关键是掌握在_____龄以前,因为这时幼虫食害_____,食量_____,抗药力_____。

49. 小地老虎预测可用_____或_____,或成虫盛发期后_____法。

50. 我国为害十字花科蔬菜的蚜虫主要有_____、_____、_____三种。

51. 菜粉蝶属_____目_____科,以_____越冬。

52. 黄守瓜以_____越冬。

53. 温室白粉虱成虫对_____色有强趋性。

55. 十字花科蔬菜菌核病主要以_____在_____或混杂在_____、_____中越冬。

56. 茄子三大病害是指_____、_____、_____。

57. 白粉病在瓜类的_____期均能发病,_____期受害较重,一般多从_____开始逐渐向上扩展蔓延。

58. 瓜类枯萎病又叫_____病、_____病,是瓜类作物一种重要的_____传真菌病害。

59. 果树上重要的害螨有_____、_____、_____等,其中以卵越冬的是_____。

60. 葡萄霜霉病流行的主要环境条件是_____,在同一植株上_____叶较抗病。防治它的当家农药是_____。

61. 柑橘溃疡病流行的主要因素是_____。

62. 柑橘花蕾蛆的防治是_____和_____。

63. 柑橘全爪螨以_____危害柑橘叶片,被害叶片呈_____,严重时叶片苍白、脱落。

64. 葡萄黑痘病菌侵害幼果,病斑_____,呈灰白色、边缘_____,形成鸟眼状,后期病斑硬化、开裂。

65. 葡萄透翅蛾以_____蛀食枝蔓,被害茎上有_____,并堆有虫类。

66. 龙眼、荔枝鬼帚病主要通过调运_____和_____是远距离传播的主要途径。

67. 荔枝、龙眼蒂蛀虫主要以幼虫_____为害。除此之外,幼虫还蛀食。

68. 荔枝霜疫霉病可导致大量落花和霉烂,是在_____和_____的3～4月间温度上升,是荔枝霜疫病大流行时期。

69. 在观赏植物上,为害以后会造成叶片及其他发病部位出现粉状物的病害是_____和_____,其病原分别被称为_____和_____。

70. 兰花炭疽病主要为害兰花的_____,也为害兰花的_____。在兰花的发病后期,病斑上一般可以见到轮纹状排列的小黑点是病原菌的_____。

71. 仙客来灰霉病的病原菌是_____,其分类地位属_____亚门、_____目、_____属。

72. 在药剂防治病毒病时,推荐三种目前为止效果相对较好的药剂及使用倍数分别是_____、_____、_____。

73. 观赏植物食叶害虫大多数为鳞翅目的蛾类和蝶类昆虫,但也有部分鞘翅目害虫的_____和少数膜翅目害虫的。

74. 丝棉木金星尺蠖,又称为_____,主要为害_____、_____、_____等。

75. _____是霜天蛾的主要天敌,应注意交易保护和利用。

76. 为害观赏植物的蝶类主要有粉蝶、凤蝶、蛱蝶等,常见的为害观赏植物的凤蝶种类主要有_____、_____和_____等。

77. _____、_____、_____和_____并称为观赏植物的"五小"害虫。此类害虫的典型特点是_____。

78. 蚜虫对_____色有正趋向性,对_____色有负趋向性。

79. 月季枝枯并主要发生在月季植株的部位是_____,发病部位在后期病斑下陷,表皮纵向开裂,病斑上着生的许多小黑点是病原菌的_____,分类地位属于_____亚门、_____目、_____属。

80. 天牛主要以_____虫态钻蛀植物茎干,在植物的_____部分和_____部分形成蛀道为害。

三、选择题

1. 接合菌亚门真菌无性繁殖产生的孢子是(　　)。
   A. 接合孢子　　　　B. 孢囊孢子　　　　C. 游动孢子　　　　D. 分生孢子

2. 大多数昆虫对波长为(　　)的光特别敏感。
   A. 250～700 nm　　B. 330～400 nm　　C. 400～770 nm　　D. 550～650 nm

3. 利用害虫的性外激素诱杀害虫是利用昆虫的(　　)。
   A. 趋光性　　　　　B. 趋化性　　　　　C. 趋湿性　　　　　D. 趋温性

4. 昆虫的体壁可分为(　　)三个主要层次。
   A. 内表皮、外表皮、上表皮　　　　　　B. 底膜、皮细胞层、表皮层
   C. 外表皮、蜡层、护蜡层　　　　　　　D. 皮细胞层、表皮层、护蜡层

5. 下列昆虫中属于周期性孤雌生殖的是(　　)。
   A. 叶蝉　　　　　　B. 网蝽　　　　　　C. 蚧虫　　　　　　D. 蚜虫

6. 下列昆虫中成虫触角末端有弯钩的是(　　)。

　　A. 夜蛾　　　　　　　B. 螟蛾　　　　　　　C. 天蛾　　　　　　　D. 枯叶蛾

7. 鞘翅目的蛹一般为(　　)。

　　A. 围蛹　　　　　　　B. 离蛹　　　　　　　C. 被蛹

8. 下列昆虫中幼虫属于无足型的是(　　)。

　　A. 蛾　　　　　　　　B. 蝶　　　　　　　　C. 蝗虫　　　　　　　D. 蝇

9. 植物细菌性病害的病征为(　　)。

　　A. 粉霉状物　　　　　B. 锈状物　　　　　　C. 颗粒状物　　　　　D. 溢脓

10. 樱花根癌病的病原是(　　)。

　　A. 病毒　　　　　　　B. 植原体　　　　　　C. 细菌　　　　　　　D. 真菌

　　E. 线虫　　　　　　　F. 螨类

11. 利用害虫的性外激素诱杀害虫是利用昆虫的(　　)。

　　A. 趋光性　　　　　　B. 趋化性　　　　　　C. 趋湿性　　　　　　D. 趋温性

12. 冬季或早春园艺植物休眠季节用石硫合剂防治病虫害常用的使用浓度为(　　)。

　　A. $0.2\sim0.3°Be$　　B. $0.5\sim0.8°Be$　　C. $3\sim5°Be$　　　D. $6\sim8°Be$

13. (　　)的成、若虫在叶背刺吸汁液,使叶片正面出现失绿斑点,叶背有虫体分泌和排泄的蝇粪状污物。

　　A. 梨网蝽　　　　　　B. 小绿叶蝉　　　　　C. 梧桐木虱　　　　　D. 黑翅粉虱

14. 以下害虫以成虫越冬的是(　　)。

　　A. 星天牛　　　　　　B. 咖啡木蠹蛾　　　　C. 小地老虎　　　　　D. 柳蓝叶甲

15. 以老熟幼虫在枝杈处结钙质茧越冬的是(　　)。

　　A. 黄刺蛾　　　　　　B. 青刺蛾　　　　　　C. 扁刺蛾　　　　　　D. 大袋蛾

16. 赤眼蜂是(　　)的寄生蜂。

　　A. 卵　　　　　　　　B 蛹　　　　　　　　C. 幼虫　　　　　　　D. 成虫。

17. 樱花根癌病的病原是(　　)。

　　A. 病毒　　　　　　　B. 植原体　　　　　　C. 细菌　　　　　　　D. 真菌

　　E. 线虫　　　　　　　F. 螨类

18. 幼苗立枯病的症状特点是(　　),其病原是(　　)。

　　A. 站立死亡,茎基部有蛛丝状物;半知菌

　　B. 倒伏死亡,茎基部有白色棉絮状物;鞭毛菌

　　C. 站立死亡,茎基部有蛛丝状物;鞭毛菌

　　D. 倒伏死亡,茎基部有白色棉絮状物;半知菌

19. 一地老虎幼虫,其特征是体色黑褐,表皮密生明显的颗粒状物,臀板黄褐色,有深褐色纵带 2 条,该地老虎为(　　)。

　　A. 黄地老虎　　　　　B. 大地老虎　　　　　C. 小地老虎　　　　　D. 八字地老虎

20. 某一金龟子成虫,其特征是头、胸、鞘翅背面皆绿色有铜绿色金属闪光,腹部黄白色,体长约 2 cm,其种类为(　　)。

　　A. 东北大黑鳃金龟　　B. 蒙古丽金龟　　　　C. 铜绿丽金龟　　　　D. 华北大黑鳃金龟

21. 白绢病的主要症状特点是(　　)。

　　A. 植物地上茎叶萎蔫,根茎腐烂,在病部产生粉红霉层

B. 植物地上茎叶萎蔫,根茎腐烂,茎基及地表有白色绢状菌丝层或菌核

C. 植物地上茎叶萎蔫,茎基腐烂,病部产生蛛丝状物

D. 植物地上茎叶黄萎或无明显症状,根茎肿大

22. 病斑受叶脉限制而呈多角形或不规则形的是(　　)。

    A. 黑斑病　　　　　　B. 霜霉病　　　　　　C. 叶霉病　　　　　　D. 疫病

    E. 灰霉病

23. 十字花科蔬菜软腐病菌只能从(　　)侵入。

    A. 气孔　　　　　　　B. 表皮　　　　　　　C. 水孔　　　　　　　D. 伤口

24. 及时防治蚜虫可减轻(　　)的发生。

    A. 霜霉病　　　　　　B. 软腐病　　　　　　C. 病毒病　　　　　　D. 疫病

    E. 枯萎病

25. 品种间抗病性存在明显差异时,选择(　　)方法防治最经济有效。

    A. 轮作　　　　　　　B. 抗病品种　　　　　C. 化学防治　　　　　D. 生物防治

26. 剖检病茎,维管束变成褐色的是(　　)。

    A. 瓜类疫病　　　　　B. 瓜类病毒病　　　　C. 瓜类枯萎病　　　　D. 瓜类白粉病

27. 桃穿孔病病原不同,引起的病害主要有(　　)。

    A. 细菌性穿孔病　　　B. 霉斑穿孔病　　　　C. 灰霉病　　　　　　D. 褐斑穿孔病

    E. 白粉病

28. 梨锈病在梨叶正、背面出现的病征为锈菌的(　　)。

    A. 冬孢子菌　　　　　B. 夏孢子堆　　　　　C. 性子器　　　　　　D. 锈子器

    E. 担子及担孢子

29. 柑橘黄龙病是由(　　)传播。

    A. 蚜虫　　　　　　　B. 蚂蚁　　　　　　　C. 木虱　　　　　　　D. 星天牛

30. 柑橘疮痂病可为害柑橘叶片、新梢、果实等,其病害主要通过(　　)传播。

    A. 风雨　　　　　　　B. 嫁接　　　　　　　C. 人为农事活动　　　D. 昆虫

31. 以幼虫在柑橘嫩茎、嫩叶表皮下潜食,形成银白色弯曲的隧道。是(　　)造成的,受害叶卷缩硬化,易脱落。

    A. 柑橘红蜘蛛　　　　B. 卷叶蛾　　　　　　C. 柑橘潜叶蛾　　　　D. 柑橘蚜虫

32. 葡萄果实受病菌侵染后,在果粒基部呈浅褐色水渍状腐烂,后全粒变褐色腐烂。表面密生灰白色小颗粒为(　　)。

    A. 葡萄炭疽病　　　　B. 葡萄黑痘病　　　　C. 葡萄白腐病　　　　D. 葡萄房枯病

33. 葡萄叶片最初在叶背面发生苍白色斑,以后表面逐渐隆起。叶背形成似毛毡状的绒毛状物为(　　)所致。

    A. 葡萄缺节瘿螨　　　B. 葡萄二星叶蝉　　　C. 葡萄短须螨　　　　D. 葡萄叶甲

34. 白粉病在发病阶段出现的白色粉末是白粉菌的(　　)。

    A. 分生孢子　　　　　B. 分生孢子盘　　　　C. 菌丝　　　　　　　D. 厚垣孢子

35. 具有转主为害特性的病原菌是(　　)。

    A. 蔷薇多胞锈菌　　　B. 炭疽菌　　　　　　C. 柄锈菌　　　　　　D. 胶锈菌

36. 仙客来灰霉病的发病适宜条件是(　　)。

A. 高温高湿　　　　　　　　　　　　B. 15～22℃,RH>90%

C. 22～28℃,RH>90%　　　　　　　D. 15～22℃,RH<90%

37. 引起唐菖蒲花叶病的病原菌主要是(　　)。

　　A. CMV 和 TMV　B. TMV 和 BYMV　C. CMV 和 BYMV　D. CMV 和 BMV

38. 刺蛾类害虫的为害期主要集中在(　　)。

　　A. 5—7月　　　　B. 4—6月　　　　C. 6—7月　　　　D. 6—9月

39. 幼虫体多毒或毒腺,刺入以后会引起皮肤红肿、疼痛的害虫是(　　)。

　　A. 刺蛾和夜蛾　　　B. 刺蛾和毒蛾　　　C. 夜蛾和毒蛾　　　D. 尺蛾和舟蛾

40. 玫瑰三节叶蜂主要为害(　　)。

　　A. 玫瑰　　　　　　B. 蔷薇　　　　　　C. 月季　　　　　　D. 三者都为害

41. 能够分泌大量白色絮状蜡丝的是梧桐木虱的(　　)。

　　A. 幼虫　　　　　　B. 幼虫和成虫　　　C. 若虫　　　　　　D. 若虫和成虫

42. 体背两侧各具有 1 个横"山"形深色斑块的是(　　)。

　　A. 二点叶螨　　　　B. 朱砂叶螨　　　　C. 山楂叶螨　　　　D. 植绥螨

43. 鸢尾细菌性软腐病的病原菌是(　　)。

　　A. 假单胞杆菌　　　B. 欧文氏杆菌　　　C. 黄单胞杆菌　　　D. 短小杆菌

44. 草坪草褐斑病在有露水或空气湿度较大的情况下,枯草圈外缘出现的"烟圈"是(　　)。

　　A. 病原菌的菌丝　　B. 水汽　　　　　　C. 雾　　　　　　　D. 草根

45. 条件适宜时,能够在一夜之间将草坪大面积毁坏的病害是(　　)。

　　A. 币斑病　　　　　B. 褐斑病　　　　　C. 镰刀菌枯萎病　　D. 腐霉枯萎病

46. 成虫前翅有近三角形银斑的是(　　)。

　　A. 斜纹夜蛾　　　　B. 银纹夜蛾　　　　C. 淡剑夜蛾　　　　D. 草地螟

47. 配制波尔多液的原料为(　　)。

　　A. 硫黄粉、生石灰和水　　　　　　　　B. 硫酸铜、生石灰和水

　　C. 硫酸铜、石膏和水　　　　　　　　　D. 硫酸锌、生石灰和水

48. (　　)的生物是有害生物。

　　A. 取食园艺植物叶片

　　B. 取食园艺植物果实

　　C. 危害园艺植物达到经济受害允许水平之上

　　D. 取食园艺植物害虫天敌

49. 病害的农业防治,下列描述不正确的是(　　)。

　　A. 选用无病种子和无病苗木　　　　　　B. 合理轮作倒茬、适期播种

　　C. 加强肥水管理、搞好田园卫生　　　　D. 温汤浸种

50. 害虫生物防治法,下列不正确的是(　　)。

　　A. 天敌昆虫的利用

　　B. 病原微生物及其代谢产物的利用

　　C. 其他有益动物的利用

　　D. 利用高频电流、激光等防治害虫

四、判断题

1. 缘蝽科的成虫小盾片较大超过爪片到达膜区,而蝽科的成虫小盾片较小不到过膜区。

                                                         ( )

2. 鳞翅目蛾蝶类成虫前后翅上的鳞片是一种昆虫的体壁衍生物,是一种单细胞突起。

                                                          ( )

3. 鳞翅目的多足型幼虫和膜翅目多足型幼虫的一个重要区别之一是膜翅目多足型幼虫的腹足有趾钩而鳞翅目多足型幼虫的腹足无趾钩。( )

4. 真菌的无性孢子一般在寄主生长季节的末期形成,通常一年只进行一次,真菌常以无性孢子越冬或越夏。( )

5. 半知菌亚门的真菌中目前已发现有性阶段的大多属于子囊菌,少数属于担子菌。

                                                          ( )

6. 寄蝇科翅上 R 与 M 脉之间有一纵褶(伪脉)。( )

7. 姬蜂科昆虫有第二回脉,而茧蜂科昆虫只有第一回脉。( )

8. 蓑蛾科昆虫雌雄异型,雌虫有翅。( )

9. 鳞翅目成虫展翅要求是前翅前缘成一条直线,后翅自然压在前翅上面。( )

10. 转主寄生是锈菌特有的一种现象。( )

11. 植物病原细菌主要通过寄主体表的自然孔口和伤口侵入,也可借助鞭毛的作用直接侵入,其传播主要是通过雨水的飞溅、灌溉水、介体昆虫和线虫等,植物病原细菌没有特殊的越冬结构,必须依附于感病植物,不能离开感病植物而独立存活。( )

12. 植物病毒病大部分属于系统侵染的病害,植物感染病毒后,往往全株表现症状。病毒是活养生物,必须寄生在寄主细胞内,病毒入侵时必须从植物表面轻微的伤口侵入。

                                                          ( )

13. 植原体形态结构介于细菌与病毒之间,它没有细胞壁,但有一个分为 3 层的单位膜。植原体对青霉素非常敏感,而对四环素族的抗菌素都具有抗药性。( )

14. 昆虫真菌病通称为软化病,被真菌感染的昆虫,食欲减退,口腔和肛门具黏性排泄物,死后体色加深,虫体迅速腐败变形、软化、组织溃烂、有恶臭味。( )

15. 波尔多液是一种常用的治疗剂应在病害发生后马上使用才能达到良好的防治效果。

                                                          ( )

16. 铜绿金龟子的成虫是食叶害虫,其幼虫是地下害虫。( )

17. 植物细菌性病害主要通过刺吸式口器昆虫传播。( )

18. 大部分溃疡病的病菌为兼性寄生菌,经常在寄主的外皮或枯枝上营腐生生活,当有利于病害发生的条件出现时即侵染为害。( )

19. 如果一种农药对某一种病虫害防治效果很好,我们应该按照对症下药的原则坚持长期单一使用这种农药,以达到控制这种病虫害的目的。( )

20. 蛀干害虫大多为次期性害虫。( )

21. 金龟甲的成虫是食叶害虫,其幼虫为地下害虫,在防治上我们可以利用趋光性设置黑光灯诱杀成虫。( )

22. 踏查的目的是为了精确统计病虫数量、为害程度,并对病虫害的发生环境做深入的分

析研究。（　　）

23. 植原体对四环素族的抗菌素非常敏感,而对青霉素都具有抗药性。这一特性是植原体与病毒的一个重要区别。（　　）

24. 休眠和滞育的昆虫都表现为不吃不动、生长发育暂时停滞,但其诱因是不一样的,休眠是由不良环境条件直接引起的,而滞育是由环境条件和昆虫的遗传特性的共同影响或诱导引起的。（　　）

25. 在园艺植物的休眠季节用石硫合剂防治病虫害的常用浓度是 $0.2\sim0.3°Be$。（　　）

26. 植物细菌性病害主要通过刺吸式口器昆虫传播。（　　）

27. 大多数寄生物都有致病作用,且寄生性强的生物一般致病性也强。（　　）

28. 病原物与寄主建立寄生关系到寄主开始表现症状,这一时期称为发病期。（　　）

29. 猝倒病菌的菌核无定形,似菜籽或米粒大小,多褐色至深褐色。（　　）

30. 引起猝倒病的病原物是半知菌。（　　）

31. 根癌病又名冠瘿病,是一种真菌病害,在生产上造成非常大的损失。（　　）

32. 根癌病只发生在果树的根部。（　　）

33. 根癌病病原细菌在癌瘤组织的皮层内越冬,病菌在土壤中能存活一年以上。（　　）

34. 苗木带菌是根癌病远距离传播的重要途径。（　　）

35. 及时防治地下害虫,可以减轻根癌病的发生。（　　）

36. 蛴螬幼虫啃食幼苗的根、茎或块根、块茎,成虫主要取食各种植物叶片。（　　）

37. 东北大黑、华北大黑、暗黑鳃金龟和铜绿丽金龟都是昼伏夜出。（　　）

38. 华北蝼蛄用黑光灯诱集的效果比东方蝼蛄好。（　　）

39. 葱蝇可危害百合科、十字花科蔬菜等,同时引致被害部位腐烂。（　　）

40. 种蝇以老熟幼虫在寄主植物根际附近土中越冬。（　　）

41. 移栽或春播前清除田间及田埂杂草是防治小地老虎的有效措施。（　　）

42. 防治地老虎的关键是在 3 龄以后,因为这时幼虫为害切断幼苗近地面的茎部,危害严重。（　　）

43. 病毒均可通过蚜虫或汁液接触传染。（　　）

44. 豆野螟幼虫蛀食种荚时蛀孔处有绿色的腐烂状粪便。（　　）

45. 菜粉蝶幼虫称菜青虫,小菜蛾幼虫称小青虫、两头尖。（　　）

46. 小菜蛾成虫的寿命和产卵期都很长,所以世代重叠现象非常严重。（　　）

47. 黄瓜菌核病病菌以菌核在土壤中或混杂在种子中越冬。（　　）

48. 茄二十八星瓢虫主要以成虫群集越冬。（　　）

49. 瓜类病毒病是由多种病毒侵染引起的。（　　）

50. 黄守瓜只有成虫才可为害寄主植物。（　　）

51. 果树根癌病是由病毒所致。（　　）

52. 桃缩叶病的防治适期为桃芽膨大,花瓣露红时。（　　）

53. 桃流胶病是一种真菌引起的病害。（　　）

54. 防治草莓病毒病最有效的措施是控制蚜虫。（　　）

55. 果实套袋,果实就不会发病、生虫。（　　）

56. 为害桃的蚜虫是桃蚜。（　　）

57. 根据柑橘红蜘蛛发生规律及习性,喷药时应注意树冠下部、内部、果实阴暗面的喷洒。
（　　）

58. 柑橘锈壁虱主要为害果实,因此,以幼果期为重点喷药防治。（　　）

59. 防治柑橘煤烟病的关键是适时防治蚧类、粉虱、蚜虫、木虱等害虫。（　　）

60. 葡萄扇叶病株叶片变小,畸形,呈黄绿相间的斑驳叶,病原为葡萄短须螨引起的。
（　　）

61. 葡萄二星叶蝉的防治,关键是第一代若虫集中发生期喷药。（　　）

62. 香蕉束顶病为病毒引起的病害,最根本的防治是种植组织培养苗和无病吸芽。（　　）

63. 荔枝、龙眼蒂蛀虫和小灰蝶都是蛀果害虫,但它们的为害特点,发生规律有不同,在防治时期上有差异。
（　　）

64. 防治龙眼、荔枝鬼帚病用代森锰锌、甲基硫菌灵等药剂效果好。（　　）

65. 防治荔枝椿象应在春暖期和低龄若虫期。（　　）

四、简答题

1. 学习昆虫消化系统、呼吸系统、生殖系统对害虫防治有什么实践意义？

2. 学习昆虫行为与习性对害虫防治有什么指导意义？

3. 咀嚼式口器、刺吸式口器害虫在危害特点和防治选用的药剂上有何不同？

4. 已知某种昆虫卵的发育起点为 12℃,完成卵期发育所需的有效积温常数为 72 日度,据天气预报今后一段时间平均气温为 21℃,问从卵产下到幼虫孵化需要几天？

5. 园艺植物细菌性叶斑病的症状特点有哪些？

6. 简述当地自然天敌昆虫的保护利用方法。

7. 什么是高效、低毒、低残留农药？

8. 食叶害虫的发生特点有哪些？

9. 某一街道的行道树发生杜英干腐病,调查发现健康的有 10 株,二级的有 20 株,三级的有 8 株,四级的有 2 株。请计算出该街道杜英干腐病的发病指数。（调查时病害分为五级）

10. 简述园艺植物食叶害虫的类群及发生特点。

11. 简述化学防治法的特点。

12. 有效积温法则有何应用？

13. 什么叫病虫害的综合治理？

14. 列出真菌门分亚门的主要特征。

15. 合理使用农药应注意哪些问题？

16. 用 70％的甲基托布津可湿性粉剂 30 g 加水稀释成 1 000 倍液防治灰霉病,需加水多少千克？

17. 简述园艺植物地下害虫的类群及发生特点。

18. 简述综合治理方案设计的原则和步骤。

19. 简述园艺植物病虫害防治的发展方向。

20. 早期防蚜对防治十字花科蔬菜病毒病有何意义？怎样用药剂防治十字花科蔬菜软腐病？

21. 什么是园艺技术防治？有什么特点？常用措施有哪些？

22. 简述有效积温法则的概念，有效积温法则在园艺植物害虫防治上有何应用？有何局限？

23. 海棠锈病大发生的三个条件是什么？

24. 简述兰花炭疽病的发病规律。

25. 列表比较四种刺蛾的主要形态特征。

26. 简述草坪褐斑病的防治措施。

27. 简述小菜蛾的测报方法。

28. 小地老虎成虫有哪些习性？怎样用糖醋液诱杀小地老虎成虫？

29. 防治苗期立枯病、猝倒病的措施有哪些？

30. 怎样综合防治十字花科蔬菜常发生的害虫？

参 考 文 献

[1] 王就光. 蔬菜病理学. 2版. 北京:农业出版社,1986.

[2] 曹若彬,张志铭,冷怀琼,等. 果树病理学. 2版. 上海:上海科学出版社,1988.

[3] 曹若彬,张志铭,冷怀琼,等. 果树病理学. 3版. 北京:中国农业出版社,1999.

[4] 陈永萱,陆家云,许志刚. 植物病理学. 北京:中国农业出版社,1995.

[5] 方中达. 中国农业百科全书——植物病理学卷. 北京:中国农业出版社,1996.

[6] 方中达. 中国农业植物病害. 北京:中国农业出版社,1996.

[7] 侯保林. 果树病害. 上海:上海科学出版社,1987.

[8] 华中农业大学,等. 蔬菜病理学. 2版. 北京:农业出版社,1985.

[9] 冷怀琼. 果树病害. 成都:四川科学出版社,1987.

[10] 李宝栋,冯东昕. 黄瓜病虫害防治新技术. 北京:金盾出版社,1993.

[11] 李宏喜,陈丽. 实用果蔬保鲜技术. 北京:科学技术文献出版社,2000.

[12] 王就光,刘淑静,袁美丽,等. 蔬菜病理学. 2版. 北京:农业出版社,1989.

[13] 孙益知,马谷芳,花蕾. 苹果病虫害防治. 西安:陕西科学出版社,1990.

[14] 李庆孝. 西瓜甜瓜病虫草鼠防治手册. 北京:中国农业出版社,1999.

[15] 陆家去. 植物病害诊断. 2版. 北京:中国农业出版社,1997.

[16] 吕佩珂,李明远,吴矩文,等. 中国蔬菜病虫原色图谱. 北京:农业出版社,1992.

[17] 吕佩珂,庞震,刘文玲,等. 中国果树病虫原色图谱. 北京:华夏出版社,1993.

[18] 戚佩坤. 果蔬储运病害. 北京:中国农业出版社,1994.

[19] 王就光. 蔬菜病虫防治及杂草防除. 北京:农业出版社,1990.

[20] 徐雍皋,徐敬友. 农业植物病理学. 南京:江苏科学技术出版社,1996.

[21] 浙江农业大学. 农业病理学(下册). 上海:上海科学技术出版社,1980.

[22] 张中义,冷怀琼,张志铭,等. 植物病原真菌学. 成都:四川科学技术出版社,1988.

[23] 张中义. 植物病原真菌学. 成都:四川科学技术出版社,1988.

[24] 王金友,王焕玉,冯明祥,等. 苹果、梨、桃、葡萄病虫害防治手册. 北京:金盾出版社,
1990.

[25] 王就光,郭晓宓,李华平,等. 蔬菜病虫害防治. 重庆:科学技术文献出版社重庆分社,
1990.

[26] 许志刚. 普通植物病理学. 2版. 北京:中国农业出版社,1997.

[27] 华南农业大学,河北农业大学. 植物病理学. 2版. 北京:农业出版社,1995.

[28] 方中达. 中国植物病害. 北京:中国农业出版社,1997.

[29] 方中达. 中国农业百科全书(植物病理学卷). 北京:农业出版社,1996.

[30] 华南农业大学,河北农业大学. 植物病理学.2 版. 北京:中国农业出版社,1995.

[31] 华中农业大学. 蔬菜病理学. 2 版. 北京:农业出版社,1997.

[32] 房德纯. 蔬菜生理病害防治图册. 沈阳:辽宁科学技术出版社,1999.

[33] 谢联辉,林奇英,吴祖建. 植物病毒名称及归属. 北京:中国农业出版社,1999.

[34] 许志刚. 普通植物病理学. 2 版. 北京:中国农业出版社,1997.

[35] 曹若彬,张志铭,冷怀琼,等. 果树病理学. 北京:农业出版社,1993.

[36] 江苏农学院. 植物病害诊断. 北京:农业出版社,1978.

[37] 许志刚. 普通植物病理学. 2 版. 北京:中国农业出版社,1997.

[38] 沈阳农业大学植保系. 作物病虫害防治手册. 沈阳:辽宁科学技术出版社,1986.

[39] 河北省保定农业学校. 植物病理学. 北京:农业出版社,1993.

[40] 方中达. 植病研究方法. 3 版. 北京:中国农业出版社,1998.

[41] 江苏农学院. 植物病害诊断. 北京:农业出版社,1978.

[42] 华南农业大学. 植物化学保护. 北京:农业出版社,1990.

[43] 农业部农药检定所. 新编农药手册. 北京:农业出版社,1989.

[44] 刘承焕,王继煌. 园林病虫害防治技术. 北京:中国农业出版社,2011.